HTML 5 从入门到精通

创客诚品
苏超　编著

北京希望电子出版社
Beijing Hope Electronic Press
www.bhp.com.cn

内容简介

本书从初学者角度出发配以相关案例，全面介绍了使用 HTML 5 进行网页设计应该掌握的各项技术。全书共分为 20 章，包括 HTML 基础知识、CSS 基础知识、HTML 5 新增元素、网页设计中的表格应用、文本和图片应用、使用列表、超链接、编辑表单、多媒体页面、HTML 5 中文件拖放、视频播放、绘制图形、数据存储、离线与处理程序、通信 API、获取地理位置信息、视频和音频的添加、网页特效的添加等，最后又以两个具体项目实例对 HTML 5 的实战应用进行了综合讲解。

本书是一本实用的关于网站设计与构造的工具书，既可作为各培训机构、各大中专院校相关专业的教材，也可供网站设计人员参考之用。

图书在版编目（CIP）数据

HTML 5 从入门到精通 / 创客诚品，苏超编著 . -- 北京：北京希望电子出版社，2017.12

ISBN 978-7-83002-539-7

Ⅰ . ① H… Ⅱ . ①创… ②苏… Ⅲ . ①超文本标记语言—程序设计—教材 Ⅳ . ① TP312.8

中国版本图书馆 CIP 数据核字 (2017) 第 220729 号

出版： 北京希望电子出版社

地址： 北京市海淀区中关村大街 22 号中科大厦 A 座 10 层

邮编： 100190

网址： www.bhp.com.cn

电话： 010-82620818（总机）转发行部

010-82626237（邮购）

传真： 010-62543892

经销： 各地新华书店

封面： 玄叉叉

编辑： 安　源

校对： 王丽锋

开本： 787mm×1092mm　1/16

印张： 29

字数： 688 千字

印刷： 固安县京平诚乾印刷有限公司

版次： 2018 年 6 月 1 版 1 次印刷

定价： 85.00 元（配 1DVD）

PERFACE

前言

大部分编程人员在职场中都会经历程序员、软件工程师、架构师等职位的磨炼，在程序员的成长道路上每天都要不断地修改代码、寻找并解决Bug，不停地进行程序测试和完善项目。虽然这份工作与诸多其他领域的工作相比有着优厚的待遇，但无论是时间成本还是脑力耗费上，程序员的背后辛苦付出也是巨大的。只有在研发生涯中稳扎稳打，勤于总结和思考，最终才会得到可喜的收获。

选择一本合适的书

对于一名想从事程序开发的初学者来说，如何能快速高效地提升自己的程序开发技术呢？买一本适合自己的程序开发教程进行学习是最简单直接的办法。但是市场上面向初学者的编程图书大多都是以基础理论讲解为主，内容非常枯燥，很多用户阅读后仍然对实操无从下手。如何能将理论知识应用到实战项目，独立地掌控完整的项目，是初学者迫切需要解决的问题。为此，我们特意编写了程序设计“从入门到精通”这一系列图书。

本系列图书内容设置

本系列图书遵循循序渐进的学习思路，第一批主要推出以下课程：

课程	学习课时	内容概述
HTML 5 从入门到精通	64	HTML超文本标记语言是迄今为止网络上应用最为广泛的语言，也是构成网页文档的主要手段。HTML文本是由HTML命令组成的描述性文本，HTML命令可以说明文字、图形、动画、声音、表格、链接等。HTML的结构包括头部（Head）、主体（Body）两大部分，其中头部描述浏览器所需的信息，而主体则包含所要说明的具体内容
C#从入门到精通	64	C#是由C和C++衍生出来的面向对象的编程语言。它不仅继承了C和C++的强大功能，还省去了一些复杂特性（比如不允许多重继承），并最终以其强大的操作能力、优雅的语法风格、创新的语言特性和便捷的面向组件编程的支持成为.NET开发的首选语言

（续 表）

课程	学习课时	内容概述
C语言从入门到精通	60	C 语言是一种计算机程序设计语言，它既具有高级语言的优势，又具有汇编语言的特点。之所以命名为 C，是因为 C 语言源自 Ken Thompson 发明的 B 语言，而 B 语言则源自 BCPL 语言。C 语言可以作为工作系统设计语言用于编写系统应用程序，也可以作为应用程序设计语言，编写不依赖计算机硬件的应用程序
Java从入门到精通	60	Java是一种可以撰写跨平台应用程序的面向对象的程序设计语言，它具有卓越的通用性、高效性、平台移植性和安全性，广泛应用于PC、数据中心、游戏控制台、科学超级计算机、移动电话和互联网，同时拥有全球最大的开发者专业社群
SQL Server 从入门到精通	64	SQL全称Structured Query Language（结构化查询语言），是一种数据库查询和程序设计语言，用于存取数据以及查询、更新和管理关系数据库系统；同时也是数据库脚本文件的扩展名。结构化查询语言是高级的非过程化编程语言，允许用户在高层数据结构上工作。结构化查询语言语句可以嵌套，这使它具有极大的灵活性和强大的功能

本书特色

☞ 从技术入门轻松掌握

为了满足初级编程入门读者的需求，本书采用“从入门到精通”基础大全类图书的写作方法，科学安排知识结构，内容由浅入深，循序渐进逐步展开，让读者平稳地从基础知识过渡到实战项目。

☞ 理论+实践完美结合，学+练两不误

300多个基础知识+近200个实战案例+2个完整项目实操，轻松掌握“基础入门—核心技术—技能提升—完整项目开发”四大学习阶段的重点难点。每章都提供课后练习，学完即可进行自我测验，真正做到举一反三，提升编程能力和逻辑思维能力。

☞ 讲解通俗易懂，知识技巧贯穿全书

知识内容不是简单的理论罗列，而是在讲解过程中随时插入一些实战技巧，让用户知其然并知其所以然，掌握解决问题的关键。

☞ 同步高清多媒体教学视频，提升学习效率

该系列每书附赠一张DVD光盘，包含书中所有的实例代码和每章的重点案例教学视频，这些视频可以帮助读者解决在随书操作中遇到的困惑，还能帮助大家快速理解所学知识，方便参考学习。

☞ **程序员入门必备海量开发资源库**

为了给大家提供一个全面的"基础+实例+项目实战"学习套餐，本书的DVD光盘中不但提供了本书所有案例的源代码，还提供了项目资源库、面试资源库和测试题资源库等海量素材。

☞ **QQ群在线答疑+微信平台互动交流**

为了方便为大家解惑答疑，我们提供了QQ群、微信平台等技术支持，以便大家在学习中相互交流遇到的问题。

程序开发交流QQ群： 650083534

微信学习平台： 微信扫一扫，关注"德胜书坊"，即可获得更多让你惊叫的代码和海量素材！

作者团队

创客诚品团队由多位程序开发工程师、高校计算机专业导师组成。团队核心成员都有多年的教学经验，后加入知名科技公司担任高端工程师。现为程序设计类畅销图书作者，所著曾在"全国计算机图书排行榜"同品类排行中名列前茅，受到广大工程设计人员的好评。

本书由一线前端设计师苏超编写，并进行了程序的编码与调试工作。

读者对象

- 初学编程的入门自学者
- 程序开发爱好者
- 刚毕业的莘莘学子
- 互联网公司编程相关职位的"菜鸟"
- 初中级前端设计师
- 程序测试及维护人员
- 大中专院校计算机专业教师和学生
- 计算机培训机构的教师和学员

致谢

转眼间，从开始策划到完成写作已经过去了半年，这期间对程序代码做了多次调试，对正文稿件做了多次修改，最后尽心尽力地完成了本次书稿的编写工作。在此首先感谢选择并阅读本系列图书的读者朋友，你们的支持是我们最大的动力。其次感谢为此次出版给予支持的出版社领导及编辑，感谢为本书付出过辛苦劳作的所有人。

因编写水平毕竟有限，书中难免有错误和疏漏之处，恳请广大读者给予批评指正。

最后感谢您选择购买本书，希望本书能成为您编程学习中的引领者。

从基本概念到实战练习最终升级为完整项目开发，本书能帮助零基础的您快速掌握程序设计！

READ THE INSTRUCTIONS

阅读说明

在学习本书之前，请您先仔细阅读“阅读说明”，这里说明了书中各部分的重点内容和学习方法，有助于您正确地使用本书，让学习更高效。

目录层级分明。由浅入深，结构清晰，快速理顺全书要点

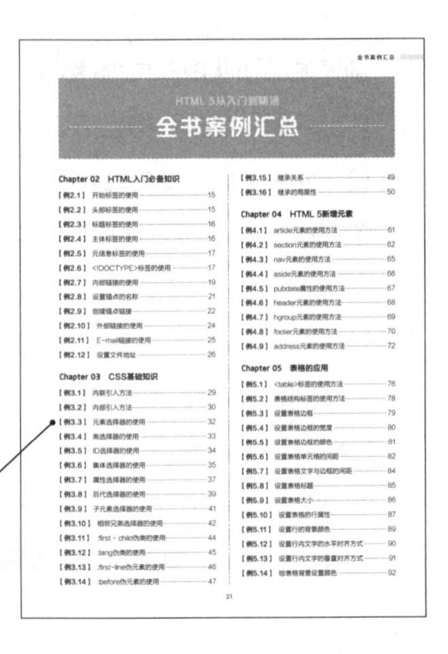

实战案例丰富全面。224个实战案例搭配理论讲解，高效实用，让你快速掌握问题重难点

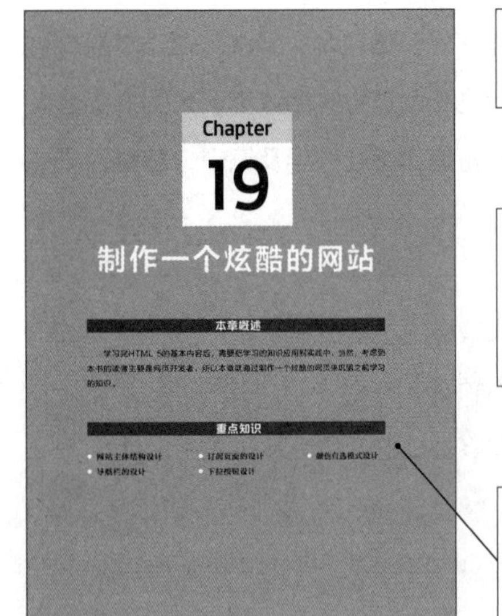

TIPS贴心提示！技巧小版块，贴心帮读者绕开学习陷阱

解析帮你掌握代码变容易！丰富细致的代码段与文字解析，让你快速进入程序编写情景，直击代码常见问题

章前页重点知识总结。每章的章前页上均有重点知识罗列，清晰了解每章内容

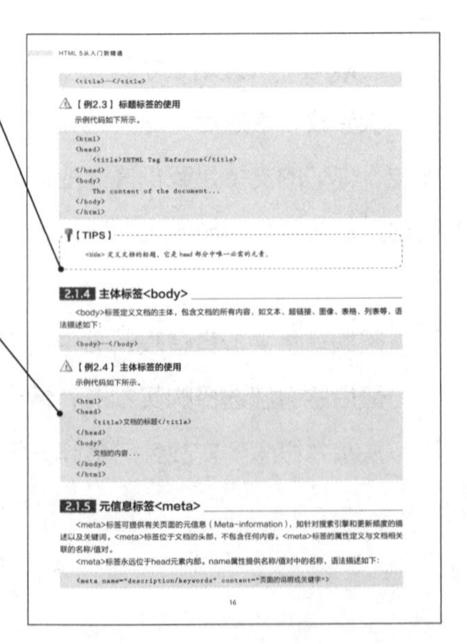
HTML 5从入门到精通

```
<title>…</title>
```

【例2.3】标题标签的使用

示例代码如下所示。

```
<html>
<head>
    <title>HTML Tag Reference</title>
</head>
<body>
    The content of the document...
</body>
</html>
```

【TIPS】

<title>定义文档的标题，它是head部分中唯一必需的元素。

2.1.4 主体标签<body>

<body>标签定义文档的主体，包含文档的所有内容，如文本、超链接、图像、表格、列表等，语法描述如下：

```
<body>…</body>
```

【例2.4】主体标签的使用

示例代码如下所示。

```
<html>
<head>
    <title>文档的标题</title>
</head>
<body>
    文档的内容...
</body>
</html>
```

2.1.5 元信息标签<meta>

<meta>标签可提供有关页面的元信息（Meta-information），如针对搜索引擎和更新频度的描述以及关键词。<meta>标签位于文档的头部，不包含任何内容。<meta>标签的属性定义与文档相关联的名称/值对。

<meta>标签永远位于head元素内部。name属性提供名称/值对中的名称，语法描述如下：

```
<meta name="description/keywords" content="页面的说明或关键字">
```

16

CONTENTS

目 录

Chapter 01 从HTML的发展说起

Chapter 02 HTML入门必备知识

Chapter 07

表单的应用

Chapter 08 多媒体的应用

Chapter 09 列表的应用

Chapter 10 图形的绘制

Chapter 11

离线与处理线程

Chapter 12

获取地理位置

Chapter 13

视频和音频的添加

Chapter 14

新型表单详解

Chapter 15

文件拖放的应用

Chapter 16

CSS 3实际应用

Chapter 17 网页特效的添加

Chapter 20 HTML 5的开发软件

HTML 5从入门到精通

全书案例汇总

Chapter 02 HTML入门必备知识

Chapter 03 CSS基础知识

Chapter 04 HTML 5新增元素

Chapter 05 表格的应用

Chapter 06 文字和图片样式的应用

Chapter 07 表单的应用

Chapter 08 多媒体的应用

Chapter 09 列表的应用

Chapter 10 图形的绘制

Chapter 11 离线与处理线程

Chapter 12 获取地理位置

Chapter 13 视频和音频的添加

Chapter 14 新型表单详解

Chapter 15 文件拖放的应用

Chapter 16 CSS 3实际应用

Chapter 17 网页特效的添加

Chapter 20 HTML 5的开发软件

Chapter

01

从HTML的发展说起

本章概述

随着Internet的飞速发展，各种网上商城遍地开花，需要制作的网页也越来越多。当浏览到这些网页时，看到的是丰富的文字、图片和影像等元素，而这些元素中的大部分都是通过HTML语言表现的。本章就来介绍HTML的基础知识，了解HTML是如何发展和壮大的。

重点知识

- Internet与万维网
- 从HTML到XHTML
- 使用HTML 5的优势
- Web架构
- HTML 5的兼容性
- HTML 5的未来发展

1.1 Web工作原理

通常将那些向Web服务器请求获取资源的软件称为Web客户端。它的工作流程是：用户点击超链接或在浏览器中输入网址后，浏览器将信息转换成标准的HTTP请求发送给Web服务器；当Web服务器接收到HTTP请求后，根据请求内容查找所需资源；找到相应资源后，Web服务器将该部分资源通过标准的HTTP响应发送回浏览器；浏览器接收到响应后将HTML文档显示出来。

1.1.1 Internet与万维网

Internet是互联网的英文名称，音译为因特网，也有人称之为国际计算机互联网，是目前世界上影响最大的国际性计算机网络。WWW是World Wide Web的缩写，中文名称为万维网、环球网，常简称为Web，分为Web客户端和Web服务器程序。Web是一种网络服务，是因特网的产物。

因特网是一个网络的网络（A Network of Network）。它以TCP/IP网络协议将各种不同类型、不同规模、位于不同地理位置的物理网络联接成一个整体。它也是一个国际性的通信网络集合体，融合了现代通信技术和现代计算机技术，集各个部门、领域的各种信息资源为一体，从而构成网上用户共享的信息资源网。它的出现是世界由工业化走向信息化的象征和必然。

因特网最早来源于1969年美国国防部高级研究计划局(Defense Advanced Research Projects Agency, DARPA）的前身ARPA建立的ARPAnet。最初的ARPAnet主要用于军事研究。1972年，ARPAnet首次与公众见面，由此成为现代计算机网络诞生的标志。ARPAnet在技术上的另一个重大贡献是TCP/IP协议簇的开发和使用。ARPAnet试验并奠定了因特网存在和发展的基础，较好地解决了各种计算机网络之间互联的一系列理论和技术问题。

同时，局域网和其他广域网的出现和发展对因特网的进一步发展起了重要作用。其中，最有影响的就是美国国家科学基金会（National Science Foundation, NSF）建立的美国国家科学基金网NSFnet。它于1990年6月彻底取代了ARPAnet而成为因特网的主干网，NSFnet对因特网的最大贡献是使因特网向全社会开放。随着网上通信量的迅猛增长，1990年9月，Merit、IBM和MCI公司联合成立了先进网络与科学公司ANS（Advanced Network & Science, Inc），其目的是建立一个全美范围的T3级主干网，能以45Mb/s的速率传送数据，相当于每秒传送1400页文本信息。到1991年底，NSFnet的全部主干网都已同ANS提供的T3级主干网相通。

近十年来，随着社会、科技、文化和经济的发展，特别是计算机网络技术和通信技术的大力发展，人们对开发和使用信息资源越来越重视，强烈刺激着因特网的发展。在因特网上，按从事的业务分类，包括广告公司、航空公司、农业生产公司、艺术、导航设备、书店、化工、通信、计算机、咨询、娱乐、财贸、各类商店、旅馆等100多类，覆盖了社会生活的方方面面，构成信息社会的缩影。

万维网的历史很短。1989年，欧洲粒子物理实验室（CERN）的研究人员为了研究的需要，希望能开发出一种共享资源的远程访问系统，这种系统能够提供统一的接口来访问各种不同类型的信息，包括文字、图像、音频、视频信息。1990年，完成了早期的浏览器产品，1991年，开始在内部发行WWW，这就是万维网的开始。目前，大多数知名公司都在Internet上建立了自己的万维网站。

因特网于1969年诞生于美国，最初名为阿帕网（ARPAnet），是一个军用研究系统，后来又成为连接大学及高等院校计算机的学术系统，现在则已发展成为一个覆盖五大洲150多个国家的开放型全球计算机网络系统，拥有许多服务商。普通电脑用户只需要一台个人电脑并用电话线通过调制解调器和因特网服务商连接，便可连入因特网。但因特网并不是全球唯一的互联网络。例如，在欧洲，跨国的互联网络就有欧盟网（Euronet）、欧洲学术与研究网（EARN）、欧洲信息网（EIN），在美国还有国际学术网（BITNET），世界范围内还有飞多网（全球性的BBS系统）。

1.1.2 Web架构

Web程序的架构基本可以分成三类。

（1）基于“Web页面/文件”，如CGI和php/ASP程序。程序分别存储在不同的目录里，与URL相对应。当HTTP请求提交至服务器时，URL直接指向某个文件，然后由该文件来处理请求，并返回响应结果。

假设，我们在站点根目录的news目录下放置一个readnews.php文件。

这种开发方式最自然，最易理解，也是PHP最常用的方式。产生的URL对搜索引擎不友好，不过可以用服务器提供的URL重写方案来处理，如Apache的mod_rewrite。

（2）基于“动作”(Action)。这是MVC架构的Web程序所采用的最常见的方式。目前，主流的Web框架都采用这种设计，如Struts、Webwork（Java）、Ruby on Rails（Ruby）、Zend Framework（PHP）等。URL映射到控制器（Controller）和控制器中的动作（Action），由action来处理请求并输出响应结果。这种设计和上面的基于文件的方式一样，都是请求/响应驱动的方案，离不开HTTP。

在实际代码中，会有一个控制器newsController，其中有一个readAction。不同框架的默认实现方式稍有不同，有的是一个Controller一个文件，其中有多个Action；有的是每个Action一个文件。当然这些都可以自己决定。

这种方式的URL通常很漂亮，对搜索引擎友好，因为很多框架都自带URL重写功能。可以自由规定URL中的Controller、Action及参数出现的位置。

另外，还有更直接的基于URL的设计方案REST。通过人为规定URL的构成形式（如Action限制为只有几种）来促进网站之间的互相访问，降低开发的复杂性，提高系统的可伸缩性。对于Web Services来说，REST是一个创新。

虽然REST用于解决网站之间的通讯问题，但REST的出现会对单个项目的架构造成影响，在开发时就要构造规范的URL。混用REST和MVC也是一种趋势。RoR提供良好的REST支持，Zend Framework也提供了Zend_Rest来支持REST，包括Server和Client。

（3）基于“组件”（Component，GUI设计也常称控件）、事件驱动的架构。最常见的是微软的.NET。把程序分成很多组件，每个组件都可以触发事件，调用特定的事件处理器来处理。比如，在一个HTML按钮上设置onClick事件链接到一个PHP函数。这种设计会远离HTTP，HTTP请求完全抽象，映射到一个事件。

事实上这种设计原本常应用于传统桌面GUI程序的开发，如Delphi、Java Swing等。所有表现层的组件，如窗口或HTML表单，都可以由IDE来提供，只需要在IDE里点击或拖动鼠标就能够自动添加一个组件，并且添加一个相应的事件处理器。

这种开发方式有以下优点。

- 复用性：代码高度可重用。
- 易于使用：通常只需要配置控件的属性，编写相关的事件处理函数。

1.2 从HTML到HTML 5

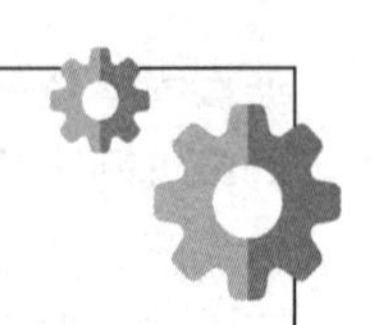

HTML（Hyper Text Markup Language）是超文本编辑语言，而不是编程语言。它不同于C、Java、C#等编程语言，HTML是一种标记语言（Markup Language），是由一套标记标签（markup tag，如<html></html>、<head></head>、<title></title>、<body></body>等）组成的。HTML就使用这些标记标签来描述网页的。

1.2.1 HTML发展史

超文本标记语言（Hyper Text Markup Language，HTML）是为网页创建和其他可在网页浏览器中看到的信息设计的一种标记语言。HTML被用来结构化信息，如标题、段落和列表等，也可在一定程度上描述文档的外观和语义。由蒂姆·伯纳斯-李（Tim Berners-Lee）给出原始定义，由IETF用简化的标准通用标记语言（SGML）语法进一步发展的HTML，后来成为国际标准，由万维网联盟（W3C）维护。包含HTML内容的文件最常用的扩展名是.html。像DOS这样的旧操作系统限制扩展名为最多3个字符，所以.htm也能使用。虽然现在使用得比较少，但是.htm仍旧普遍被支持。可以用任何文本编辑器或所见即所得的HTML编辑器来编辑HTML文件。早期的HTML语法被定义成较松散的规则，以便于不熟悉网页编辑的人采用。网页浏览器接受了这个现实，并且可以显示语法不严格的网页。虽然官方标准渐渐趋于严格的语法，但是浏览器继续显示一些远称不上合乎标准的HTML。使用XML的严格规则的可扩展超文本标记语言（XHTML）是W3C计划中HTML的接替者。虽然很多人认为它已经成为当前的HTML标准，但它实际上是一个独立的、与HTML平行发展的标准。W3C目前的建议是使用XHTML 1.1、XHTML 1.0或者HTML 4.01进行网页编辑。

1.2.2 从HTML到XHTML

HTML只是标记语言，只要理解了各种标记的用法，就能够学会HTML。HTML的格式非常简单，由文字及标记组合而成，任何文字编辑器都可以使用，只要能将文件另存成ASCII纯文字格式即可。当然，推荐使用专业的网页编辑软件。

下面介绍发展过程。

- 超文本标记语言（第一版）：1993年6月作为互联网工程工作小组（IETF）工作草案发布（并非标准）。
- HTML 2.0：1995年11月作为RFC 1866发布，在RFC 2854于2000年6月发布之后被宣布已经过时。
- HTML 3.2：1996年1月14日，W3C推荐标准。
- HTML 4.0：1997年12月18日，W3C推荐标准。
- HTML 4.01（微小改进）：1999年12月24日，W3C推荐标准。
- ISO/IEC 15445:2000（“ISO HTML”）：2000年5月15日发布，基于严格的HTML 4.01语法，是国际标准化组织和国际电工委员会的标准。

- XHTML 1.0：发布于2000年1月26日，是W3C推荐标准，后来经过修订于2002年8月1日重新发布。
- XHTML 1.1：于2001年5月31日发布。

HTML没有1.0版本，因为当时有很多不同的版本。有些人认为蒂姆·伯纳斯-李的版本应该算初版，这个版本没有IMG元素。被称为HTML+的后续版的开发工作于1993年开始，最初被设计成为"HTML的一个超集"。第一个正式规范为了和当时的各种HTML标准区分开来，使用了2.0作为其版本号。HTML+继续发展，但是它从未成为标准。

HTML3.0规范由当时刚成立的W3C于1995年3月提出，提供了很多新的特性，如表格、文字绕排和复杂数学元素的显示。虽然它是被用来兼容2.0版本的，但是实现这个标准的工作在当时过于复杂，且草案于1995年9月过期，标准开发也因为缺乏浏览器支持而中止了。3.1版从未被正式提出，下一个版本是开发代号为Wilbur的HTML 3.2，去掉了大部分3.0中的新特性，但是加入了很多特定浏览器，如Netscape和Mosaic的元素和属性。HTML对数学公式的支持最后成为另外一个标准MathML。

HTML 4.0也加入了很多特定浏览器的元素和属性，但是也开始"清理"这个标准，把一些元素和属性标记为过时的，建议不再使用它们。HTML的未来和CSS结合得会更好。

设计HTML语言的目的是为了能把存放在一台电脑中的文本或图形与另一台电脑中的文本或图形方便地联系在一起，形成有机的整体，人们不用考虑具体信息是在当前电脑上还是在网络中的其他电脑上。只需使用鼠标在某一文档中单击一个图标，Internet就会马上转到与此图标相关的内容，而这些信息可能存放在网络中的另一台电脑中。HTML文本是由HTML命令组成的描述性文本，HTML命令可以说明文字、图形、动画、声音、表格、链接等。HTML的结构包括头部（Head）、主体（Body）两大部分，其中头部描述浏览器所需的信息，而主体则包含所要说明的具体内容。

另外，HTML是网络的通用语言，一种简单通用的全置标记语言。它允许网页制作人建立文本与图片相结合的复杂页面，这些页面可以被网上任何人浏览，无论使用的是什么类型的电脑或浏览器。

不需要用任何专门的软件来建立HTML页面，需要的只是一个文字处理器（如Microsoft Word、记事本、写字板等）以及HTML的常识。

HTML是组合成一个文本文件的一系列标签。它们像乐队的指挥，告诉乐手们哪里需要停顿，哪里需要继续。

1.2.3 HTML 5的发展

HTML 5是标准通用标记语言下的一个应用超文本标记语言（HTML）的第五次重大修改。HTML 5是近10年来Web开发标准的最大新成果。较之以前的版本，HTML 5不仅仅用来表示Web内容，新功能会将Web带进一个新的成熟平台。在HTML 5上，视频、音频、图像、动画、同计算机的交互都被标准化。

自1999年12月发布HTML4.01后，后续的HTML 5和其他标准被束之高阁。为了推动Web标准化运动的发展，一些公司联合起来，成立了一个名为Web超文本应用技术工作组（Web Hypertext Application Technology Working Group-WHATWG）的组织。WHATWG 致力于Web表单和应用程序，而万维网联盟（World Wide Web Consortium，W3C）专注于XHTML 2.0。在 2006年，双方决定进行合作，创建一个新版本的HTML。

这个新版本的HTML就是今天人们所熟知的HTML 5。HTML 5是HTML的下一个主要修订版本，现在正处于发展阶段，目标是取代1999年制定的HTML 4.01和XHTML 1.0标准，以期在互联网应用高速发展的情况下，网络标准符合当代的网络需求。从广义上来说，HTML 5实际是指包括HTML、

CSS和JavaScript在内的一套技术组合，希望能够减少浏览器对插件的丰富性网络应用服务（Plug-in-based Rich Internet Application, RIA），如Adobe Flash、Micsoft03.Silverlight与Oracle JavaFX的需求，并且提供更多能有效增强网络应用的标准集。

具体来说，HTML 5添加了很多语法特征，其中<audio>、<video>和<canvas>元素同时集成了SVG内容。这些元素是为了更容易地在网页中添加并处理多媒体和图片内容而添加的。其他新的元素包括<section>、<article>、<heade>、<nav>和<footer>，是为了丰富文档的数据内容。API和DOM已经成为HTML 5中的基础部分。HTML 5还定义了处理非法文档的具体细节，使所有浏览器和客户端能都相同一致处理语法的错误。

1.3 认识HTML 5

“ HTML 5将成为HTML、XHTML以及HTML DOM的新标准。而HTML 5本身并非技术，而是标准。它所使用的技术早已很成熟，通常所说的HTML 5实际上是HTML与CSS3、JavaScript、API等的组合，大概可以理解为HTML 5≈HTML+CSS3+JavaScript+API。”

1.3.1 HTML 5的兼容性

HTML 5的一个核心理念就是保持一切新特性的平稳过渡衔接。一旦浏览器不支持HTML 5的某项功能，针对该项功能的备用方案就会被启用。另外，互联网上的有些HTML文档已经存在很多年了，因此支持所有的现存HTML文档是非常重要的。HTML 5的研究者们花费了大量的精力用于加强HTML 5的通用性。很多开发人员使用<div id="header">标记页眉区域。在HTML 5中添加一个<header>就可以解决这个问题。

在浏览器方面，支持HTML 5的浏览器包括Firefox（火狐浏览器）、IE9及更高版本、Chrome（谷歌浏览器）、Safari、Opera等；基于IE或Chromium（Chrome的工程版或称实验版）推出的360浏览器、搜狗浏览器、QQ浏览器、猎豹浏览器等国产浏览器同样具备支持HTML 5的能力。

HTML 5将会取代1999年制定的HTML 4.01、XHTML 1.0标准，以期在互联网应用迅速发展的时候，使网络标准符合当代网络的需求，为桌面和移动平台带来无缝衔接的丰富内容。

1.3.2 HTML 5的化繁为简

化繁为简是HTML 5的目标，HTML 5在功能上做了以下几个方面的改进。

- 以浏览器的基本功能代替复杂的JavaScript代码。
- 重新简化了DOCTYPE。
- 重新简化了字符集声明。
- 简单而强大的HTML 5 API。

下面就详细讲解这些改进。

HTML 5在实现上述改变的同时，其规范已经变得非常严格。HTML 5的规范实际上比以往的任何版本的HTML规范都要明确。为了达到在未来几年能够实现浏览器互通的目标，HTML 5规范制定了一系列定义明确的行为，任何有歧义和含糊的规范都可能延缓这一目标的实现。

HTML 5规范比以往任何版本都要详细，其目的是避免造成误解。HTML 5规范的目标是完全、彻底地给出定义，特别是对Web的应用。所以整个规范内容非常庞大，竟然超过了900页。

HTML 5提倡重大错误的平缓修复，再次把最终用户的利益放在了第一位。比如，页面中有错误时，以前可能会影响整个页面的展示，而在HTML 5中则不会出现这种情况，而是以标准的方式显示breoken标记，这要归功于HTML 5中精确定义的错误恢复机制。

1.3.3 HTML 5的通用访问

通用访问的原则可以分为以下三个方面。

- 可访问性：考虑到残障人士的实际需求，HTML与WAI（Web Accessibility Intiative，Web可访问性倡议）和ARIA（Accessible Ritc Internet Applicaions，可访问的富Internet应用）紧密结合，WAI-ARIA中以屏幕阅读器为基础的元素已经被添加到HTML中。
- 媒体中立：不久的将来，HTML 5的所有功能都能在各种不同的设备和平台上正常运行。
- 支持所有语种：能够支持所有语种。例如，新的<ruby>标签支持在东亚页面排版中会用到Ruby注释。

1.3.4 HTML 5标准改进

HTML 5提供了一些新的元素和属性，如<nav>（网站导航栏）和<footer>。这种标签将有利于搜索引擎的索引整理，同时有助于屏幕装置和视障人士使用。除此之外，还为其他浏览要素提供了新的功能，如<audio>和<vedio>标签。

在HTML 5中，一些过时的HTML 4标签将被取消，其中包括纯显示效果的标签，如<font>和<center>等，这些标签已经被CSS取代。

HTML 5吸取了XHTML 2的一些建议，包括用来改善文档结构的功能，如一些新的HTML标签hrader、footer、section、dialog和aside的使用，使得内容创作者能够更加轻松地创建文档。之前的开发人员在这些场合一律使用<div>标签。

HTML 5还包含一些将内容和样式分离的功能，<b>和<i>标签仍然存在，但是其意义已经有了很大的不同。这些标签的意义只是为了将一段文字标识出来，而不是单纯用于设置粗体和斜体文字样式。<u>、<font>、<center>和<strike>则完全被废弃了。

新标准使用了一些全新的表单输入对象，包括日期、URL和Email地址，其他的对象则增加了对拉丁字符的支持。HTML还引入了微数据，一种使用机器可以识别的标签标注内容的方法，使语义Web的处理更为简单。总的来说，这些与结构有关的改进使开发人员可以创建更干净、更容易管理的网页。

HTML 5具有全新的更合理的Tag，多媒体对象不再全部绑定到Object中，而是视频有视频的Tag，音频有音频的Tag。

Canvas对象将使浏览器具有直接在上面绘制矢量图的能力，这意味着用户可以脱离Flash和Silverlight，直接在浏览器中显示图形和动画。很多新的浏览器，除了IE，都支持Canvas。

浏览器中的真正程序将提供API浏览器内的编辑、拖放以及各种图形用户界面的能力。内容修饰Tag将被移除，转而使用CSS。

1.4 HTML 5新增功能

与以往的HTML版本不同，HTML 5在字符集/元素、属性等方面做了大量的改进。在讨论HTML 5编程之前，首先学习HTML的一些新增功能，以便为后面的编程之路做好铺垫。

1.4.1 字符集和DOCTYPE的改进

HTML 5在字符集上有了很大的改进，下面的代码表述的是以往的字符集。

```
<meta http-equiv="content-type" content="text/html;charset-utf-8">
```

上述代码经过简化后，可表述为下面的形式。

```
<meta charset="utf-8">
```

除了字符集的改进之外，HTML 5还使用了新的DOCTYPE。在使用了新的DOCTYPE之后，浏览器默认以标准模式显示页面。例如，在Firefox浏览器中打开一个HTML 5页面，执行“工具→页面信息”命令，会看到如图1-1所示的页面。

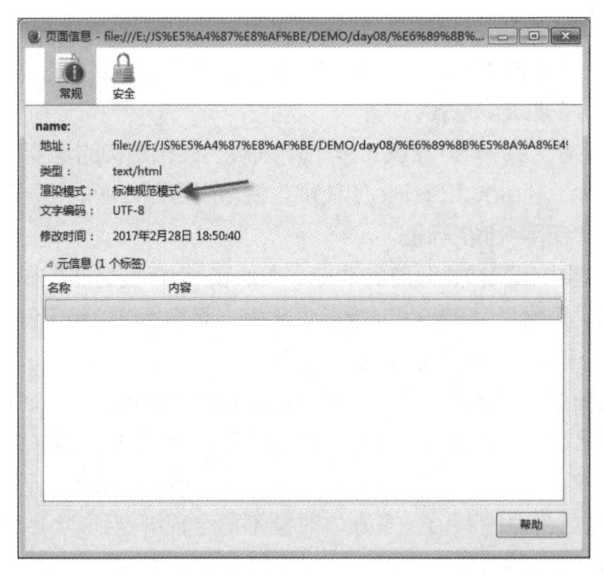

图1-1

1.4.2 页面的交互性能更强大

与之前的版本相比，HTML 5在交互上做了很大的文章。以前所能看见的页面中的文字都是只能看，不能修改的。而在HTML 5中只需要添加一个contenteditable属性，能看见的页面内容即可变得可编辑，代码如图1-2所示。

```html
<!DOCTYPE html>
<html lang="en">
<head>
    <meta charset="UTF-8">
    <title>Document</title>
</head>
<body>
    <p>我们是一行只能让用户阅读不能被用户编辑的文字！</p>
    <p contenteditable="true">我们是一行既可以让用户编辑也可以让用户编辑的文字！</p>
</body>
</html>
```

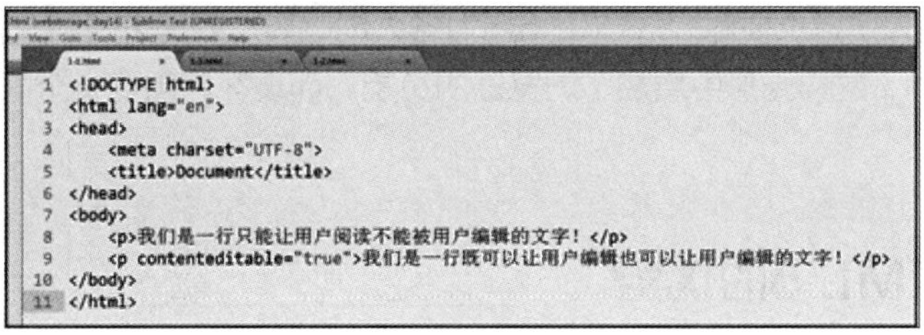

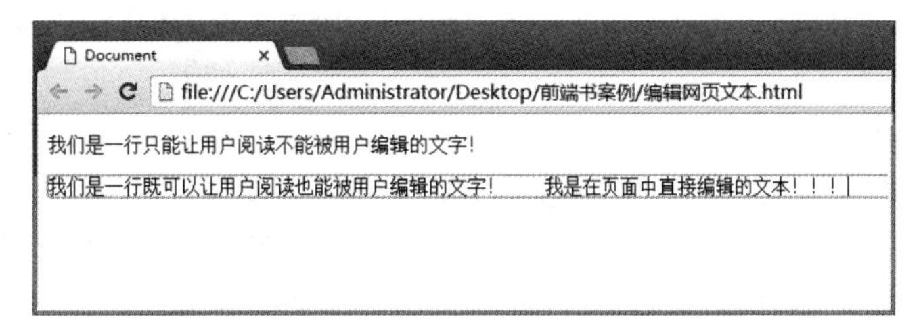

图1-2

只需要在p标签内部加入contenteditable属性，并且让其值为真即可。在浏览器中显示的效果如图1-3所示。

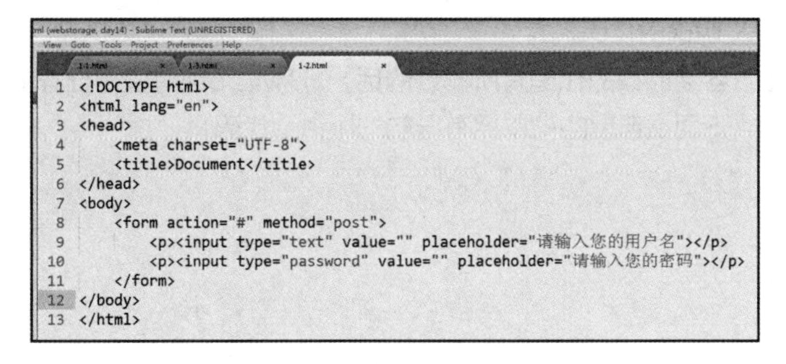

图1-3

通过图1-3可以看出，HTML 5在交互方面提供了很大便利与权限，但是HTML 5强大的交互性能远不止这一点。除了对用户展现出非常友好的态度之外，对开发者也是非常友好的。例如，在一个文本输入框输入“请输入您的账号”，在HTML 5之前需要写大量的JavaScript代码来完成这一操作，但是在HTML 5中只需要一个placeholder属性即可轻松搞定，为开发人员节省了大量的时间与精力。代码如图1-4所示。

```html
<!DOCTYPE html>
<html lang="en">
<head>
    <meta charset="UTF-8">
    <title>Document</title>
</head>
<body>
    <form action="#" method="post">
        <p><input type="text" value="" placeholder="请输入您的用户名"></p>
        <p><input type="password" value="" placeholder="请输入您的密码"></p>
    </form>
</body>
</html>
```

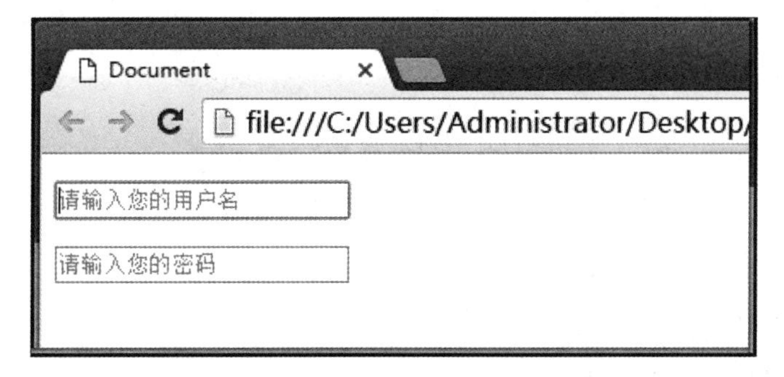

图1-4

代码的运行效果如图1-5所示。

图1-5

除了为用户和开发人员提供便利，HTML 5还为各大浏览器厂商提供便利。例如，在网页中看视频时，以前需要flash插件，这样无形中增加了浏览器的负担，而现在只需要一个简单vedio即可满足用户需要。

1.4.3 使用HTML 5的优势

这里列出了使用HTML 5的原因。

（1）简单。

HTML 5使创建网站更加简单。新的HTML标签（如<header>、<footer>、<nav>、<section>、<aside>等），使得阅读者更加容易访问内容。以前，即使定义了class或id，阅读者也没有办法了解给出的div究竟是什么。使用新的语义学的定义标签可以更好地了解HTML文档，并且创建更好的使用体验。

（2）视频和音频支持。

以前，在网页上实现视频和音频的播放都需要借助第三方插件，但在HTML 5中可以直接使用标签<video>和<audio>访问资源，而且HTML 5视频和音频标签基本将它们视为图片：<video src=""/>。对于其他参数，只需要像其他HTML标签一样定义：<video src="url" width="640px" height="380px" autoplay/>。

HTML 5把以前非常繁琐的过程变得异常简单，但一些过时的浏览器，可能对HTML 5的支持度并不是很友好，需要添加更多代码来让它们正确工作。尽管这样，还是要比<embed>和<object>简单得多。

（3）文档声明。

doctype，不需要拷贝粘贴一堆无法理解的代码，也没有多余的head标签。除了简单，它还能在每一个浏览器中正常工作，即使在IE6中也没有问题。

（4）结构清晰且语义明确的代码。

如果对简单、优雅、容易阅读的代码有所偏好的话，HTML 5绝对值得推荐。HTML 5允许写出简单清晰富于描述的代码。下面是典型的简单拥有导航的heaer代码：

```
<div id="header">
<h1>Header Text</h1>
<div id="nav">
<ul>
<li><a href="#">Link</a></li>
<li><a href="#">Link</a></li>
<li><a href="#">Link</a></li>
</ul>
</div>
</div>
```

使用HTML 5后会使得代码更加简单，并且富有含义：

```
<header>
<h1>Header Text</h1>
<nav>
<ul>
<li><a href="#">Link</a></li>
```

```
<li><a href="#">Link</a></li>
<li><a href="#">Link</a></li>
</ul>
</nav>
</header>
```

HTML 5可以通过使用语义学的HTML header标签描述内容解决div及其class定义的问题。以前需要大量使用div来定义每个页面的内容区域，但是使用新的<section>、<article>、<header>、<footer>、<aside>和<nav>标签，会让代码更加清晰，易于阅读。

（5）强大的本地存储。

HTML 5中引入了本地存储，这是一个非常酷炫的新特性。类似于cookie和客户端数据库的融合，但是比cookie更好用，存储量也更大，因为支持多个Windows存储，它拥有更好的安全性能，浏览器关闭后数据也可以保存。

本地存储是一个不需要第三方插件实现的工具。因为能够保存数据到用户的浏览器中，所以可以简单地创建一些应用特性，如保存用户信息、缓存数据、加载用户上一次的应用状态等。

（6）交互升级。

人们偏好于对用户有反馈的动态网站，因为可以享受互动的过程。HTML 5中的<canvas>标签允许做更多的互动和动画，就像使用Flash达到的效果。经典游戏水果忍者就可以通过canvas画图功能来实现。

（7）HTML 5游戏。

前几年，基于HTML 5开发的游戏非常火爆。但是近两年这类游戏受到不小的冲击。如果能找到合适的盈利模式，HTML 5依然是在手机端开发游戏的首选技术。如果开发Flash游戏，就会喜欢上HTML 5的游戏开发。

（8）移动互联网。

现如今移动设备已经占领世界。这意味着传统的PC机将会面临巨大的挑战，日常生活只需要一部智能手机，即可被安排得妥妥当当。HTML 5是最移动化的开发工具。随着Adobe宣布放弃移动Flash开发，用户将会考虑使用HTML 5来开发Web应用。当手机浏览器完全支持HTML 5时，开发移动项目将会和设计更小的触摸显示一样简单。HTML 5有很多的meta标签允许用户优化移动，它们是：

- viewport：允许用户定义viewport宽度和缩放设置。
- 全屏浏览器：ISO指定的数值允许Apple设备全屏模式显示。
- Home Screen Icons：这些图标可以用来添加收藏到IOS和Android移动设备的首页。

（9）HTML 5是现在和未来。

HTML 5是当今世界上最好的前端开发技术。虽然它可能不会往每个方向都发展，但是更多的元素已经被很多公司采用，并且开发得很成熟。HTML 5其实更像HTML，它不是一个新的技术，不需要用户重新学习。如果用户开发过XHTML strict，那么就可以开发HTML 5了。

没有任何借口不接受HTML 5，使用它可以书写简单清晰的代码，还可以改变书写代码的方式及其设计理念。

1.4.4 HTML 5的未来发展

HTML 5从根本上改变了开发商开发Web应用的方式，从桌面浏览器到移动应用，这种语言和标准都正在影响并将继续影响着各种操作平台。那么，HTML 5未来的发展趋势是什么呢？

（1）移动端。

在如今的社会，智能手机已经完全占据手机市场，这促使各种移动端的应用呈爆炸式的增长。伴随着移动互联网的发展，HTML 5在移动端的发展优先级也会提升到最高。

（2）HTML 5游戏。

在游戏领域，更多的移动游戏开发商开始使用HTML 5。众所周知，在IOS平台上运行的付费游戏，是需要向苹果支付30%的提成，通过HTML 5开发的游戏则可以避免这笔支出。游戏是各种智能手机吸引用户的重要手段，也就是说游戏是推动移动设备得以畅销的主要原因之一。

在移动领域，开发Web应用，还是原生应用？随着HTML 5标准的发展，两者之间的差异已经逐渐变得模糊。

（3）响应式。

在早些年的Web开发中，很少考虑到一个网页在不同分辨率的屏幕上显示的差异，因为一个宽度为960px的内容居中的DIV就足以应付一切屏幕设备的分辨率了。现在，必须要考虑不同设备之间的兼容性。传统的PC端浏览器和移动端的浏览器的分辨率肯定有很大差别，同一个网页无法在众多客户端中使用同一个样式的网页布局，这就需要响应式的设计，也就是页面可以根据屏幕的分辨率大小而自动调整大小。

（4）本地存储与离线缓存。

以前实现本地存储都是通过Cookie的方式，而HTML 5中的本地存储使本地的存储量更大。虽然也是明文存储，但是数据是放在一个小型的数据库中，不会像Cookie一样很随意地就被看见，也不能从浏览器控制台直接阅读。HTML 5的本地存储是永久保存的。

离线缓存是在离线的状态下，应用程序也能照常运作，这也是HTML 5的强大之处。经典的离线缓存应用是亚马逊的Kindle云阅读器，可以在浏览器中将内容同步到所有的Kindle设备上，并能记忆用户在Kindle图书馆的一切。智能手机上的各种阅读类的App，其实也做了差不多的操作，几乎都效仿了Kindle产品。

（5）开发框架。

目前，HTML 5还是一个处于少年时代的技术，但是已经表现得非常强大了。现在的HTML 5还无法和一些成熟的语言和技术相比，例如，目前HTML 5还没有非常完善的IDE，现在从事HTML 5的开发者还会有很多代码需要写，也没有比较成熟的框架，一切都要靠自己。在HTML 5未来的开发过程中，必然会慢慢完善开发工具和开发框架。

Chapter

02

HTML入门必备知识

本章概述

HTML是目前在网络上应用最为广泛的语言，是构成网页文档的主要方式之一。HTML文档是由许多HTML标签组合而成的描述性文本，HTML标签可以设置文字、图形、动画、声音、表格和链接等。HTML是一种规范，一种标准，它通过标记符号来标记要显示在网页中的各个部分。

重点知识

- HTML的基本结构
- HTML单位
- 绝对路径
- 相对路径
- 锚点链接
- 外部链接

2.1 HTML的基本结构

HTML页面是静态的，从头到尾都没有程序的执行，不经过服务器处理就直接呈现给浏览者。在动态页面中，服务器对各自的程序进行处理后才由浏览器把处理完的数据呈现给用户，所以网页的内容数据可以随后台数据的改变而改变。

首先看一下HTML的基本结构：

```
<html>
<head>
<title>放置文章标题</title>
<meta http-equiv="Content-Type" content="text/html; charset=gb2312" /> //这里是网页编码现在是gb2312
<meta name="keywords" content="关键字" />
<meta name="description" content="本页描述或关键字描述" />
</head>
<body>
这里就是正文内容
</body>
</html>
```

无论是HTML，还是其他动态页面，HTML的语言结构都是这样的，只是在命名网页文件时以不同的后缀结尾。

动态和静态页面都是以<html>开始，在网页最后以</html>结尾。

<html>后面是<head>页头，<head></head>里的内容在浏览器中无法显示，主要用于服务器、浏览器、链接外部JS、链接CSS样式等区域。

<title></title>中放置的是网页标题。

<meta name="keywords" content="关键字" />和<meta name="description" content="本页描述或关键字描述" />两个标签里的内容是给搜索引擎看的，说明本网页的关键字及主要内容。

<body></body>中放置的内容可以通过浏览器呈现给用户，它可以是table表格布局的内容，也可以是DIV布局的内容，甚至可以是文字，这里也是最主要的网页内容呈现区。

以上是一个完整且最简单的HTML语言基本结构。

根据XHTML标准，要求每个标签都要闭合，例如，以<html>开始，就要以</html>闭合。如果没有闭合，如<meta name="keywords" content="关键字" />后面没有</meta>，那么要以<meta 内容…/>来完成闭合。

如果需要查看更多更丰富的HTML语言结构，可以打开一个网页，然后执行“查看→查看源代码”命令，查看网页的HTML语言结构，这样可以根据此源代码来分析该网页的HTML语言结构与内容。

2.1.1 开始标签<html>

<html>与</html> 标签限定了文档的开始点和结束点，在它们之间是文档的头部和主体，语法描述如下：

```
<html>…</html>
```

【例2.1】开始标签的使用

示例代码如下所示。

```
<html>
<head>
    这里是文档的头部 ...
</head>
<body>
    这里是文档的主体 ...
</body>
</html>
```

2.1.2 头部标签<head>

<head>标签用于定义文档的头部，它是所有头部元素的容器。<head>中的元素可以是引用脚本、指示浏览器在哪里找到样式表、提供元信息等。文档的头部描述了文档的各种属性和信息，包括文档的标题、在Web中的位置、和其他文档的关系等。绝大多数文档头部包含的数据都不会真正作为内容显示，语法描述如下：

```
<head>…</head>
```

【例2.2】头部标签的使用

示例代码如下所示。

```
<html>
<head>
    文档的头部…
</head>
<body>
    文档的内容...
</body>
</html>
```

2.1.3 标题标签<title>

<title>标签可定义文档的标题。浏览器会以特殊的方式使用标题，并且通常把它放置在浏览器窗口的标题栏或状态栏上。当把文档加入用户的链接列表、收藏夹或书签列表时，标题将成为该文档链接的默认名称，语法描述如下：

```
<title>…</title>
```

【例2.3】标题标签的使用

示例代码如下所示。

```
<html>
<head>
    <title>XHTML Tag Reference</title>
</head>
<body>
    The content of the document...
</body>
</html>
```

【TIPS】

<title> 定义文档的标题，它是 head 部分中唯一必需的元素。

2.1.4 主体标签<body>

<body>标签定义文档的主体，包含文档的所有内容，如文本、超链接、图像、表格、列表等，语法描述如下：

```
<body>…</body>
```

【例2.4】主体标签的使用

示例代码如下所示。

```
<html>
<head>
    <title>文档的标题</title>
</head>
<body>
    文档的内容...
</body>
</html>
```

2.1.5 元信息标签<meta>

<meta>标签可提供有关页面的元信息（Meta-information），如针对搜索引擎和更新频度的描述以及关键词。<meta>标签位于文档的头部，不包含任何内容。<meta>标签的属性定义与文档相关联的名称/值对。

<meta>标签永远位于head元素内部。name属性提供名称/值对中的名称，语法描述如下：

```
<meta name="description/keywords" content="页面的说明或关键字">
```

【例2.5】元信息标签的使用

示例代码如下所示。

```
<!doctype html>
<html>
<head>
<meta name="description" content="页面说明">
<title>文档的标题</title>
</head>
<body>
..文档的内容...
</body>
</html>
```

2.1.6 <!DOCTYPE>标签

<!DOCTYPE>声明必须是HTML文档的第一行，位于<html>标签之前。<!DOCTYPE>声明不是HTML标签，而是指示Web浏览器使用哪个HTML版本进行编写的指令。

【例2.6】<!DOCTYPE>标签的使用

示例代码如下所示。

```
<!DOCTYPE html>
<html>
<head>
<title>文档的标题</title>
</head>
<body>
..文档的内容...
</body>
</html>
```

【TIPS】

<!DOCTYPE>声明没有结束标签，且不限制大小写。

2.2 HTML单位

> px指像素，是相对于显示器的屏幕分辨率而言的；em指相对长度单位，相对于当前对象内文本的字体尺寸；pt点（Point），是绝对长度单位，老版本的table使用绝对长度单位，但是现在基本不使用。

HTML的长度单位主要有以下两种。

- px：相对长度单位。
- pt：绝对长度单位。

以前，IE无法调整那些使用px作为单位的字体的大小，但现在几乎IE都支持。在这里，推荐使用px作为单位。国外的大部分网站能够调整，原因在于其使用了em作为字体单位。

像素px是相对于显示器屏幕分辨率而言的，QQ截图也是使用px作为长度和宽度的单位。

em是相对于当前对象内文本的字体尺寸。如果当前行内文本的字体尺寸没有被设置，则相对于浏览器的默认字体尺寸。

2.3 HTML链接

> 正确地创建链接需要了解链接与被链接之间的路径。一个是相对路径，一个是绝对路径。

2.3.1 绝对路径

绝对路径是指从根目录开始一直到文件所在位置要经过的所有目录，目录名之间用反斜杠（\）隔开。

例如，要显示WIN95目录下的COMMAND目录中的DELTREE命令，其绝对路径为C:\WIN95\COMMAND\DELTREE:EXE。

2.3.2 相对路径

相对路径就是相对于自己的目标文件的位置。舍去磁盘盘符、计算机名等信息，以当前文件夹为根目录的路径即为相对路径。在制作网页文件链接、设计程序使用的图片时，使用文件的相对路径。这样可以防止因网页和程序文件存储路径变化而造成的网页不正常显示、程序不正常运行等现象的发生。

例如，制作网页的存储根文件夹是D:\html，图片路径是D:\html\pic，如果在D:\html下存储的网页文件里插入D:\html\pic\xxx.jpg的图片，使用的路径为pic\xxx.jpg即可。把D:\html文件夹移动到E:\，甚至是C:\WINDOWS\Help这样比较深的目录后，打开HTML文件夹的网页文件仍然会正常显示。

2.4 创建超链接

> 超链接是一个网页指向其他目标的链接关系，这个目标可以是另一个网页，也可以是相同网页上的不同位置。

2.4.1 超链接标签的属性

超链接在网页中的标签很简单，只有一个，即<a>。其相关属性及含义如下。

- herf：指定链接地址。
- name：给链接命名。
- title：给链接设置提示文字。
- target：指定链接的目标窗口。
- accesskey：指定链接热键。

2.4.2 内部链接

在创建网页的时候，可以使用target属性来控制打开的目标窗口，因为超链接在默认情况下是在原来的浏览器窗口中打开，语法描述如下：

```
<a herf="链接目标" target="目标窗口的打开方式">
```

【例2.7】内部链接的使用

示例代码如下所示。

```
<!doctype html>
<html>
<head>
<meta http-equiv="Content-Type" content="text/html; charset=utf-8" />
<title>内部链接</title>
</head>
<body>
苏轼
<p>
1.<a href="songci.html" target="_blank">江城子·乙卯正月二十日夜记梦</a>
<p>
2. <a href="1" target="_parent">念奴娇·赤壁怀古</a>
<p>
3.<a href="2" target="_self">江城子·密州出猎</a>
```

```
</body>
</html>
```

内部链接的效果如图2-1所示。

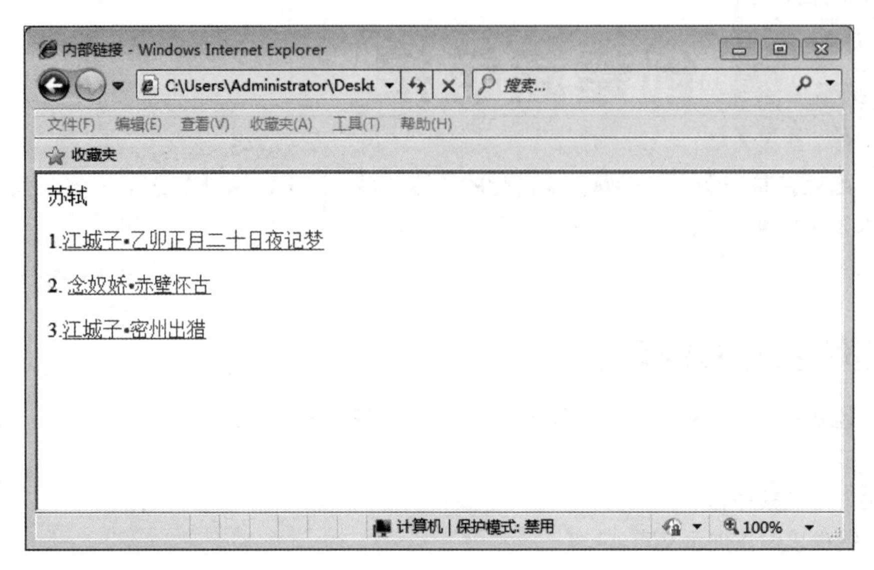

图2-1

单击“江城子 · 乙卯正月二十日夜记梦”，效果如图2-2所示。

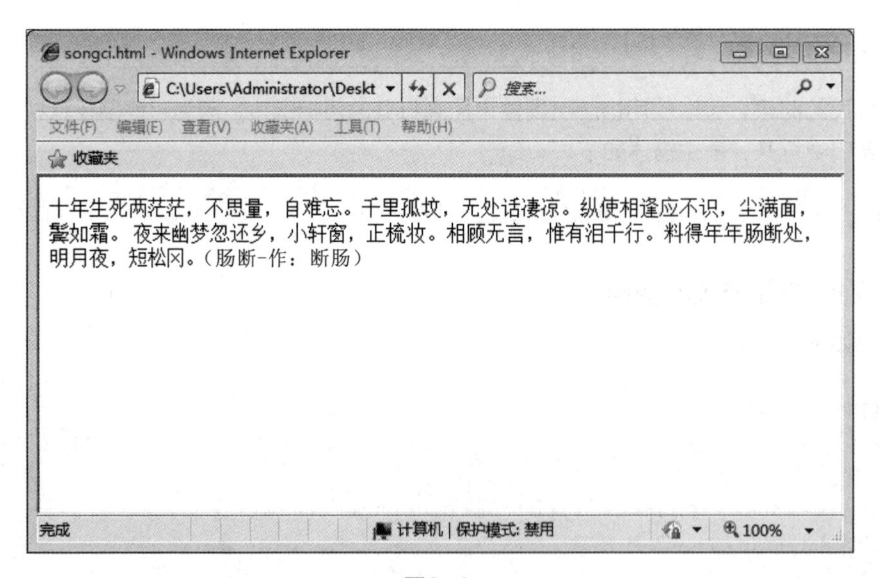

图2-2

【TIPS】

- target属性值是_self时，在当前页面中打开链接。
- target属性值是_blank时，在一个全新的空白窗口中打开链接。
- target属性值是_top时，在顶层框架中打开链接。
- target属性值是_parent时，在当前页面中打开链接。

2.4.3 锚点链接

锚点链接是为了方便用户查看文档的内容。在网页中，经常会因内容过多导致页面过长，这时就可以在文档中进行锚点链接。在创建锚点链接之前需要先创建锚点，创建锚点的语法描述：

```
<a name="锚点的名称"></a>
```

【例2.8】设置锚点的名称

示例代码如下所示。

```
<!doctype html>
<html>
<head>
<meta http-equiv="Content-Type" content="text/html; charset=utf-8" />
<title>创建锚点</title>
</head>
<body>
<table width="600" border="0" cellspacing="6" cellpadding="1" >
<tr>
<td>念奴娇 赤壁怀古</td>
<td>苏轼</td>
<td>诗文</td>
</tr>
<tr>
<td colspan="2"> </td>
</tr>
<tr>
<td colspan="2"> </td>
</tr>
<tr>
<td colspan="2">
<p>
<a name="a"></a>念奴娇 赤壁怀古
</p>
<p>
<a name="b"></a>
苏轼  宋
</p>
<p>
<a name="c"></a>诗文
大江东去，浪淘尽，千古风流人物。<br>
故垒西边，人道是，三国周郎赤壁。<br>
乱石穿空，惊涛拍岸，卷起千堆雪。<br>
江山如画，一时多少豪杰。<br>
遥想公瑾当年，小乔初嫁了，雄姿英发。<br>
羽扇纶巾，谈笑间，樯橹灰飞烟灭。(樯橹 一作：强虏) <br>
故国神游，多情应笑我，早生华发。<br>
人生如梦，一尊还酹江月。(人生 一作：人间；尊 通：樽) <br>
</p>
```

```
</td>
</tr>
</table>
<body>
</html>
```

建立锚点后浏览器中的显示效果如图2-3所示。

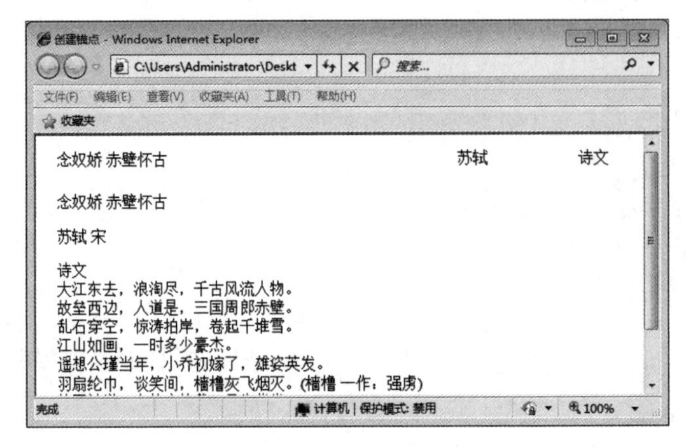

创建锚点 - Windows Internet Explorer
C:\Users\Administrator\Deskt
文件(F) 编辑(E) 查看(V) 收藏夹(A) 工具(T) 帮助(H)
收藏夹
念奴娇 赤壁怀古
苏轼
诗文
念奴娇 赤壁怀古
苏轼 宋
诗文
大江东去，浪淘尽，千古风流人物。
故垒西边，人道是，三国周郎赤壁。
乱石穿空，惊涛拍岸，卷起千堆雪。
江山如画，一时多少豪杰。
遥想公瑾当年，小乔初嫁了，雄姿英发。
羽扇纶巾，谈笑间，樯橹灰飞烟灭。(樯橹 一作：强虏)
完成
计算机 | 保护模式: 禁用
100%

图2-3

【TIPS】

利用锚点名称可以链接到相应的位置。设置名称的时候，可以是数字，也可以是字母。同一个网页中的锚点不可重复命名。

创建锚点之后就可以为锚点创建链接了，语法描述如下：

```
<ahref = "#锚点链接">…</a>
```

【例2.9】创建锚点链接

示例代码如下所示。

```
<!doctype html>
<html>
<head>
<meta http-equiv="Content-Type" content="text/html; charset=utf-8" />
<title>创建锚点链接</title>
</head>
<body>
<table width="600" border="0" cellspacing="6" cellpadding="1" >
<tr>
<td><a href="#a">念奴娇  赤壁怀古</a></td>
<td><a href="#b">苏轼</a></td>
<td><a href="#c">诗文</a></td>
</tr>
<tr>
```

```
<td colspan="2"> </td>
</tr>
<tr>
<td colspan="2"> </td>
</tr>
<tr>
<td colspan="2">
<p>
<a name="a"></a>念奴娇 赤壁怀古
</p>
<p>
<a name="b"></a>
苏轼  宋
</p>
<p>
<a name="c"></a>诗文
大江东去，浪淘尽，千古风流人物。<br>
故垒西边，人道是，三国周郎赤壁。<br>
乱石穿空，惊涛拍岸，卷起千堆雪。<br>
江山如画，一时多少豪杰。<br>
遥想公瑾当年，小乔初嫁了，雄姿英发。<br>
羽扇纶巾，谈笑间，樯橹灰飞烟灭。(樯橹 一作：强虏) <br>
故国神游，多情应笑我，早生华发。<br>
人生如梦，一尊还酹江月。(人生 一作：人间；尊 通：樽) <br>
</p>
</td>
</tr>
</table>
<body>
</html>
```

创建链接之后，在浏览器中显示的效果如图2-4所示。

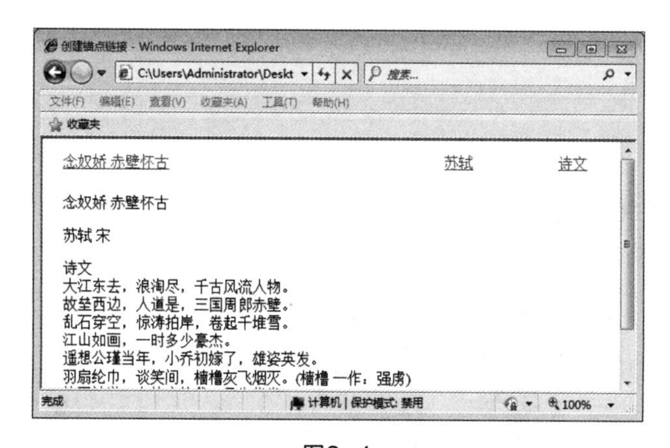

图2-4

【TIPS】

如果在屏幕上已经看到了链接的锚点，那么浏览器有可能不会再跳到那个锚点上。

2.4.4 外部链接

外部链接分为链接到外部网站、E-mail、下载地址等，下面讲解这些链接的设置方法。

在制作网页时，需要链接到外部网站，语法描述如下：

```
<a href="http://......">…</a>
```

【例2.10】外部链接的使用

示例代码如下所示。

```
<!doctype html>
<html>
<head>
<meta http-equiv="Content-Type" content="text/html; charset=gb2312" />
<title>链接到外网</title>
</head>
<body>
<p>友情链接</p>
<p><a href="https://item.jd.com/12719908620.html">京东商城</a></p>
<p><a href="http://product.dangdang.com/24568732.html">当当图书</a></p>
<body>
</html>
```

设置外部链接的效果如图2-5所示。

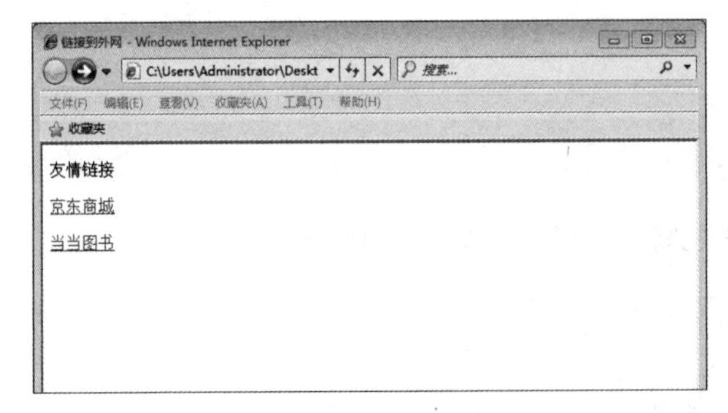

图2-5

单击“京东商城”的效果如图2-6所示。

图2-6

通过网页上的E-mail链接，浏览者可以反馈自己的建议和意见，收件人的邮件地址由E-mail超链接中指定的地址自动更新，不需要浏览者输入，语法描述如下：

```
<a href="mailto:邮件地址">…</a>
```

【例2.11】E-mail链接的使用

示例代码如下所示。

```
<!doctype html>
<html>
<head>
<meta http-equiv="Content-Type" content="text/html; charset=gb2312" />
<title>创建邮件链接</title>
</head>
<body>
<p>如果还需要购买书请到我们授权的平台购买正版书籍</p>
<p><a href="mailto: dssf007@qq.com">您可以在此输入您对本书的建议，或者还需要购买什么书
</a></p>
<body>
</html>
```

在浏览器中显示的效果如图2-7所示。

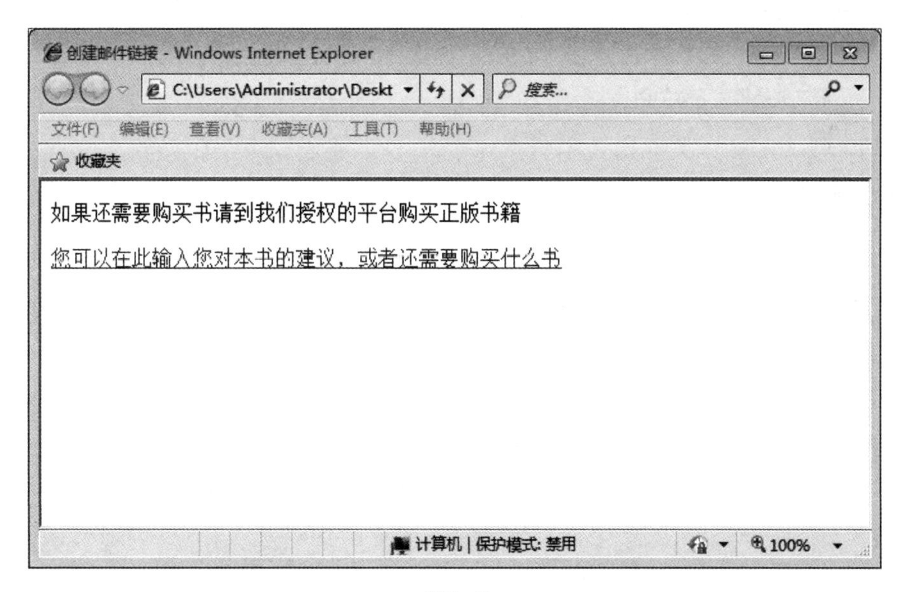

图2-7

【TIPS】

在语法描述中的mailto：后面输入电子邮件的地址，再单击中间的文字，就可以链接到输入的邮箱了。

使用下载链接可以从网站下载文件，语法描述如下：

```
<a href="文件地址">…</a>
```

【例2.12】设置文件地址

示例代码如下所示。

```
<!doctype html>
<html>
<head>
<meta http-equiv="Content-Type" content="text/html; charset=utf-8" />
<title>创建下载链接</title>
</head>
<body>
<p>下面这些是需要下载的图片 </p>
<p><a href="1.jpg">花瓶</a></p>
<p><a href="2.jpg">陶瓷</a></p>
<p><a href="3.jpg">幕墙</a></p>
<p><a href="4.jpg">天鹅</a></p>
<body>
</html>
```

创建下载链接的页面，在浏览器中显示的效果如图2-8所示。

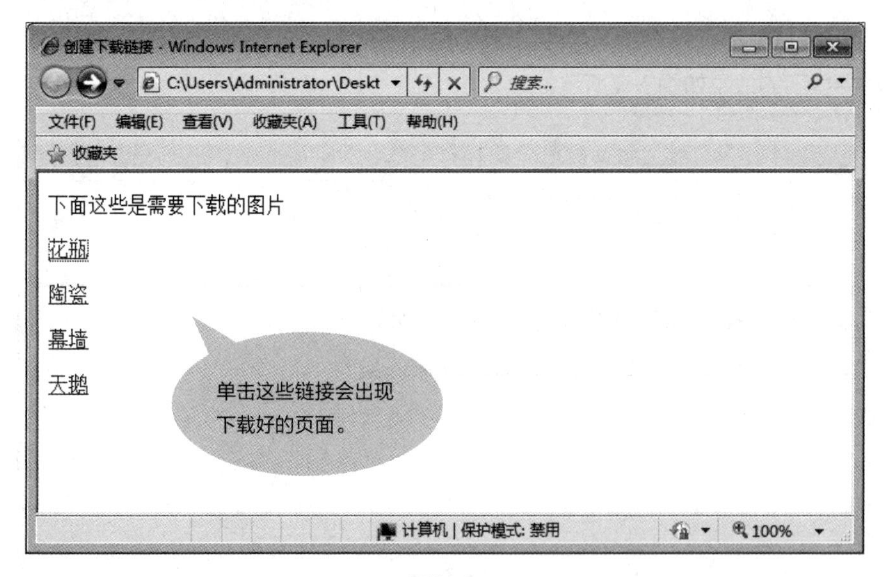

图2-8

【TIPS】

在文件所在地址部分设置文件的路径时，可以是相对地址，也可以是绝对地址。如果超链接指向的不是一个网页文件，而是其他（如MP3、EXE文件等），那么单击链接的时候就会下载文件。

Chapter

03

CSS基础知识

本章概述

CSS是一种为网站添加布局效果以及显示样式的工具，有助于节省大量的时间，并采用一种全新的方式设计网站。CSS是每个网页开发人员必须掌握的一门技术，本章就将带领大家学习CSS的基础知识。

重点知识

- CSS语法
- 引入CSS的方法
- 集体选择器
- 属性选择器
- 伪元素
- 继承关系

3.1 CSS概述

CSS是一门老技术。在互联网领域中，任何一门技术只要超过了3年时间都可以称为老技术。下面要学习的CSS的第一个版本出现在1996年12月17日，所以它的存在已经超过20个年头了。但它的布局方式是崭新的，而且有了正在完善的CSS3标准。

在2007年之前，CSS多数情况下用于纯粹的页面编写样式，如加一个边框或一段虚线，并没有多少人采用今天所熟知的CSS盒子布局。而从2007年开始，国外不少网站都已经摒弃了以前的表格布局，而是采用CSS布局方式。它比以前的表格布局更加好看更加灵活，而依然正在完善的CSS3版本则有更多的新功能。

3.1.1 CSS简介

CSS的全称是Cascading Style Sheet（层叠样式表）。它是用于控制页面样式与布局，并允许样式信息与网页内容相分离的一种标记性语言。

相对于传统的HTML表现来说，CSS能够对网页中对象的位置排版进行精确的控制，支持几乎所有的字体和字号样式，拥有对网页中的对象创建盒模型的能力，并且能够进行初步的交互设计，是目前基于文本展示的最优秀的表现设计语言。

同样的一个网页，如果不使用CSS，页面就只剩下内容部分，所有的修饰部分（如字体样式、背景、高度等）都会消失。可以把CSS看成人的衣服和化妆品，配上一身裁剪得体的衣服，再画上漂亮的妆容，即便是普通人也可以光彩照人。对于网页来说，使用了CSS之后，就可以让一个看上去不那么出彩的页面变得非常上档次。

3.1.2 CSS特点

以前，进行网页排版布局时，如果不是专业人员或特别有耐心的人，很难让网页按照自己的构思与想法显示信息。即便是掌握了HTML语言精髓的人也要经过多次测试，才能驾驭信息的排版。

CSS样式表就是在这种需求下应运而生的，它首先为网页上的元素进行精确定位，进而轻易地控制文字、图片等元素。

其次，把网页上的内容结构和表现形式进行分离。为了让浏览者更加轻松和方便地看到信息，就要通过格式来控制。以前的内容结构和表现形式是交错结合的，查看和修改都非常不方便，而现在把两者分开就会大大方便网页设计。内容结构和表现形式的分离使得网页可以只由内容结构来构成，而所有的表现形式保存到某个样式表中。这样处理的优点有以下两个方面。

- 简化了网页的格式代码，外部CSS样式表会被浏览器保存在缓存中，加快了下载显示的速度，同时减少了需要上传的代码量。
- 需要修改样式的时候，只需要修改保存CSS代码的样式表即可，不需要改变HTML页面的结构。这对修改数量庞大的站点显得格外有用和重要，避免了一个一个地修改，极大地减少了重复性劳动。

3.1.3 CSS语法

CSS样式表用到的许多CSS属性与HTML属性类似，如果熟悉HTML布局的话，在使用CSS的时候许多代码就不会陌生。下面一起来看一个具体的实例。

例如，希望将网页的背景色设置为浅灰色，HTML代码如下：

```
<body bgcolor="#ccc"></body>
```

CSS代码如下：

```
body{background-color:#ccc;}
```

CSS语言是由选择器、属性和属性值组成的，基本语法如下：

```
选择器{属性名:属性值;}也就是selector{properties:value;}
```

这里介绍选择器、属性和属性值。

- 选择器：用来定义CSS样式名称，每种选择器都有各自的写法，后面将进行具体介绍。
- 属性：它是CSS重要的组成部分，是修改网页中元素样式的根本，如网页中的字体样式、字体颜色、背景颜色、边框线形等都是属性。
- 属性值：它是CSS属性的基础，所有的属性都需要有一个或以上的属性值。

关于CSS的语法需要注意以下几点。

- 属性和属性值必须写在{}中。
- 属性和属性值中间用“:”分割开。
- 每写完一个完整的属性和属性值都需要以“;”结尾（如果只写了一个属性或者最后一个属性后面可以不写，但是不建议这么做）。
- 在书写属性时，属性与属性之间对空格和换行是不敏感的，允许空格和换行的操作。
- 如果一个属性里面有多个属性值，则每个属性值之间需要以空格分隔开。

3.1.4 引入CSS的方法

在网页中，需要引用CSS，如何让CSS成为网页的修饰工具呢？下面就为大家介绍应该如何引入CSS样式表。

在页面中引入CSS样式表，具体有3种做法：内联引入方法、内部引入方法、外部引入方法。

1. 内联引入方法

每一个HTML元素都拥有style属性，它是用来控制元素的外观。这个属性的特别之处在于，可以在style属性里面写入需要的CSS代码，而这些CSS代码都是作为HTML中style属性的属性值出现的。

【例3.1】 内联引入方法

示例代码如下所示。

```
<p style="color:red;">一行文字的颜色样式可以通过color属性来改变</p>
```

代码运行效果如图3-1所示。

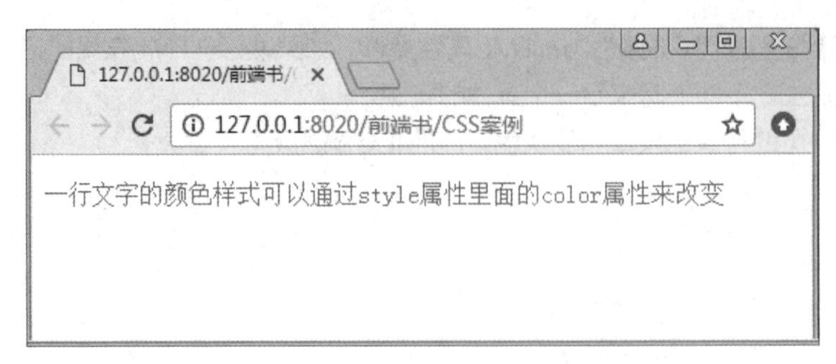

图3-1

2. 内部引入方法

在管理页面中的诸多元素时，内联引入CSS样式很显然是不合适的，因为那样会产生很多重复性的操作与劳动。例如，我们需要把页面中所有的<p>标签中的文字都改成红色，使用内联CSS的话，就需要往每一个<p>里手动添加（在不考虑JavaScript的情况下），这样的工作量是非常惊人的。很显然，程序员不可能让自己变成流水线上的机器人，所以可以把有相同需求的元素整理成很多类别，让相同类别的元素使用同一个样式。

在页面的<head>部分引入<style>标签，然后在<style>标签内部写入需要的CSS样式。例如，可以让<p>标签里的文字为红色，文字大小为20像素，<div>标签里的文字为绿色，文字大小为10像素。

【例3.2】内部引入方法

示例代码如下所示。

```
<body>
<p>我是第1行P标签文字</p>
<div>我是第2行div标签文字</div>
<p>我是第3行P标签文字</p>
<div>我是第4行div标签文字</div>
<p>我是第5行P标签文字</p>
<div>我是第6行div标签文字</div>
<p>我是第7行P标签文字</p>
<div>我是第8行div标签文字</div>
<p>我是第9行P标签文字</p>
<div>我是第10行div标签文字</div>
</body>
```

CSS代码如下所示。

```
<style>
p{
color:red;
font-size:20px;
}
span{
color:green;
```

```
font-size:10px;
}
</style>
```

代码运行效果如图3-2所示。

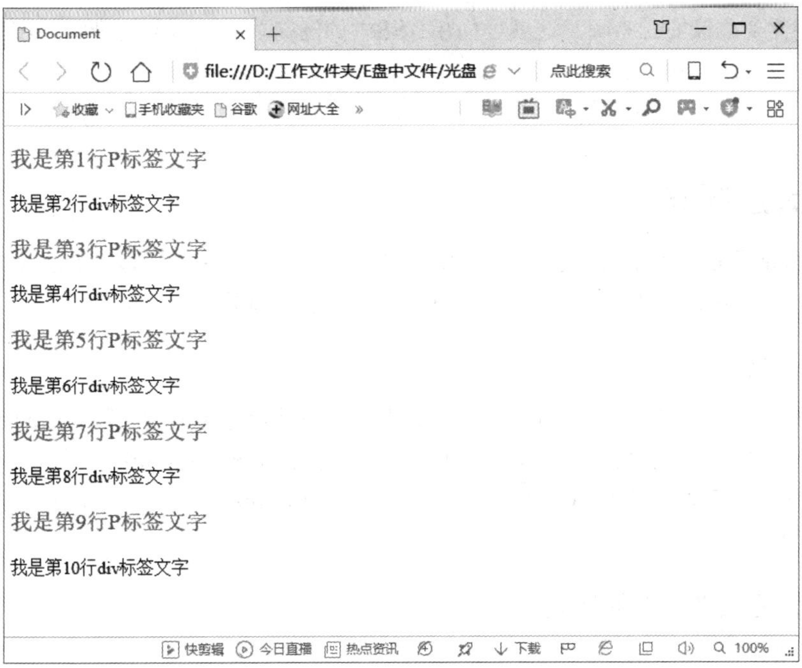

图3-2

在这里，本来用内联样式需要复制粘贴很多次的操作，通过内部样式表很轻松地达到了效果，省心省力。这样的方式也更有利于后期代码的编写和页面的维护。

3. 外部引入方法

前面介绍了内联样式表和内部样式表，但是并不推荐大家在开发中使用它们。在开发中通常是一个团队一起合作，项目的页面想必也不会很少（一般一个移动App至少要20个页面），如果使用内部样式表进行开发，会遇到一个非常头疼的问题：对于众多页面中样式相同的地方，是不是都要在样式表中再写一遍?

事实上，根本不需要这么做。最好的方法是在HTML文档的外部新建一个CSS样式表，然后把样式表引入HTML文档中，这样就可以实现同一个CSS样式，可以被无数个HTML文档调用。具体做法是：新建一些HTML文档，在HTML文档外部新建一个以.css为后缀名的CSS样式表，在HTML文档的<head>部分以<link type="text/css" rel="stylesheet" href="url">标签进行引入。

这时，外部样式表内的样式已经可以在HTML文档中使用了，需要对所有页面进行样式修改的时候，只需要修改一个CSS文件即可，不用对所有的页面逐个进行修改，并且只修改CSS样式，不需要对页面中的内容进行改动。

3.2 CSS选择器

对页面中的元素进行样式修改的时候，首先需要找到修改的元素。如何才能找到这些需要修改的元素呢？这就要使用CSS中的选择器了，本节将带领大家一起学习CSS中的选择器。

3.2.1 三大选择器

CSS中的选择器可以分为元素选择器、类选择器、ID选择器，另外还有属性选择器，而由这些选择器衍生出来的复合选择器和后代选择器，其实都是它们的扩展应用。

1. 元素选择器

在页面中有很多元素，它们也是构成页面的基础。CSS元素选择器用来声明页面中哪些元素使用将要适配的CSS样式。所以，每一个元素名都可以成为CSS元素选择器的名称。例如，div选择器用来选中页面中所有的div元素。同理，可以对页面中的p、ul、li等元素进行选取，再对这些被选中的元素进行CSS样式的修改。

【例3.3】 元素选择器的使用

示例代码如下所示。

```
<p>我是第1行P标签文字</p>
<ul>
<li>第1个li标签</li>
<li>第2个li标签</li>
<li>第3个li标签</li>
<li>第4个li标签</li>
</ul>
<a href="">我是a标签</a>
<p>我是第2行P标签文字</p>
```

CSS代码如下所示。

```
<style>
p{
color:red;
font-size: 20px;
}
ul{
list-style-type:none;
}
a{
text-decoration:none;
}
```

```
</style>
```

以上代码表示的是：在HTML页面中，所有<p>标签的文字颜色都采用红色，文字大小为20像素。所有<ul>无序列表采用没有列表标记风格，而所有<a>取消下划线显示。每个CSS选择器都包含选择器本身、属性名和属性值，其中属性名和属性值均可以同时设置多个，以达到对同一个元素声明多重CSS样式风格的目的。代码运行结果如图3-3所示。

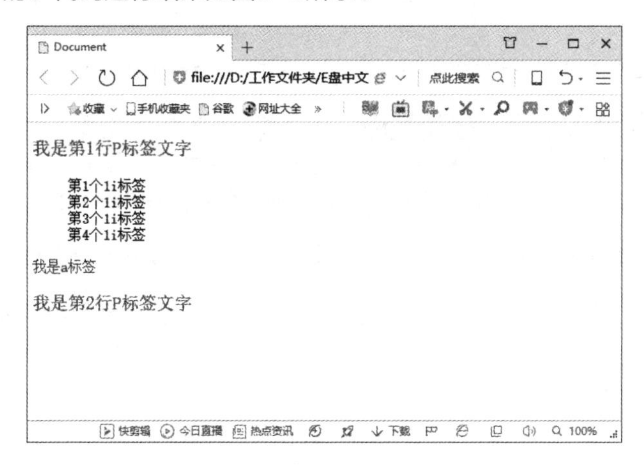

图3-3

2. 类选择器

在页面中可能有一些元素的元素名并不相同，但是依然需要它们拥有相同的样式。如果使用元素选择器来操作就会显得非常繁琐，所以不妨换种思路来考虑这个事情。假如现在需要对页面中的<p>标签、<a>标签和<div>标签使用同一种文字样式，这时就可以把这三个元素看成是同一种类型样式的元素，并对它们进行归类。

在CSS中，使用类操作需要在元素内部使用class属性，而class的值就是为元素定义的“类名”。

【例3.4】类选择器的使用

示例代码如下所示。

（1）为需要的元素添加class类名。

```
<body>
<p class="myTxt">我是一行p标签文字</p>
<p class="myTxt"><a class="myTxt" href="#">我是a标签内部的文字</a></p>
<div class="myTxt">div文字也和它们的样式相同</div>
</body>
```

（2）为当前类添加样式。

```
<style type="text/css">
.myTxt{
color:red;
font-size: 30px;
text-align: center;
}
</style>
```

以上两段代码分别是为需要改变样式的元素添加class类名，以及为需要改变的类添加CSS样式。这样，就可以同时为多个不同元素添加相同的CSS样式。这里需要注意的是，<a>标签天生自带下划线，所以页面中<a>标签的内容还是会有下划线。可以单独为<a>标签多添加一个类名（一个标签是可以存在多个类名的，类名与类名之间使用空格分隔），代码如下：

```
<p class="myTxt"><a class="myTxt myA" href="#">我是a标签内部的文字</a></p>
.myA{text-decoration: none;}
```

通过以上代码可以实现取消<a>标签下划线，两次代码运行效果如图3-4和图3-5所示。

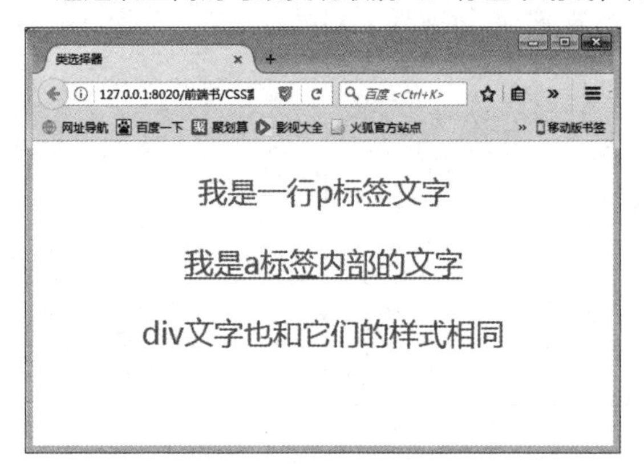

图3-4

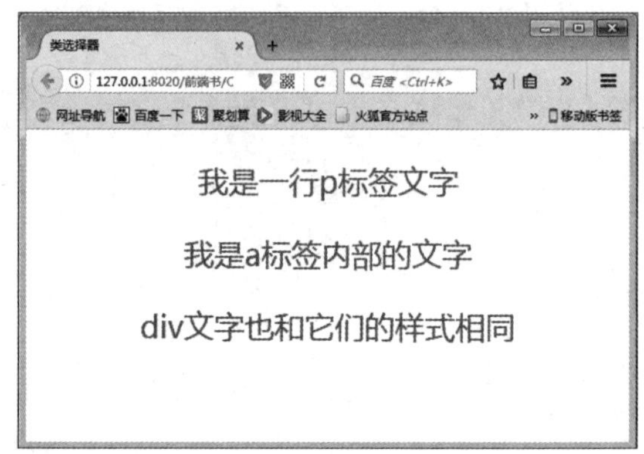

图3-5

3. ID选择器

元素选择器和类选择器都是对一类元素进行选取和操作的。假设需要对页面中众多的<p>标签中的某一个进行选取和操作，使用类选择器同样可以达到目的，但是类选择器毕竟是对一类或一群元素进行操作的，单独为某一个元素使用类选择器显得不是那么合理，所以需要一个独一无二的选择器。ID选择器就是这样的选择器，因为ID属性的值是唯一的。

【例3.5】ID选择器的使用

示例代码如下所示。

```
HTML代码
<p>这是第1行文字</p>
<p id="myTxt">这是第2行文字</p>
<p>这是第3行文字</p>
<p>这是第4行文字</p>
<p>这是第5行文字</p>
CSS代码
<style>
    #myTxt{
        font-size: 30px;
        color:red;
    }
</style>
```

在第二个<p>标签中设置了id属性，并且在CSS样式表中对id进行了样式设置，让id属性的值为myTxt的元素的字体大小为30像素，文字颜色为红色。代码运行效果如图3-6所示。

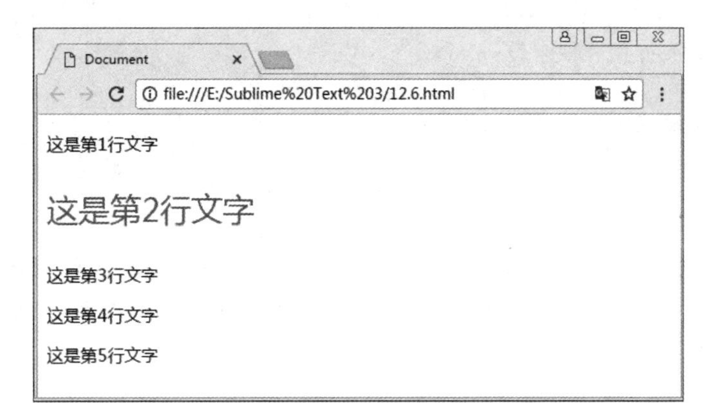

图3-6

3.2.2 集体选择器

在编写页面的时候，会遇到很多个元素都采用同一种样式属性的情况，这时会把样式相同的元素放在一起进行集体声明而不是单个分开声明，这样可以极大地简化操作。集体选择器就是为了这种情况而设计的。

【例3.6】集体选择器的使用

示例代码如下所示。

```
<!DOCTYPE html>
<html lang="en">
<head>
<meta charset="UTF-8">
<title>Document</title>
<style>
li,.mytxt,span,a{
font-size: 20px;
color:red;
}
</style>
</head>
<body>
<ul>
<li>item1</li>
<li>item2</li>
<li>item3</li>
<li>item4</li>
</ul>
<hr/>
<p>这是第1行文字</p>
<p class="mytxt">这是第2行文字</p>
<p class="mytxt">这是第3行文字</p>
<p class="mytxt">这是第4行文字</p>
<p>这是第5行文字</p>
<hr/>
```

```
<span>这是span标签内部的文字</span>
<hr/>
<a href="#">这是a标签内部的文字</a>
</body>
</html>
```

集体选择器的语法是让每个选择器之间使用逗号隔开。通过集体选择器可以达到对多个元素进行集体声明的目的，以上代码选中了页面中所有的<li>、<span>、<a>以及类名为myTxt的元素，并且对它们进行集体的样式编写。代码运行效果如图3-7所示。

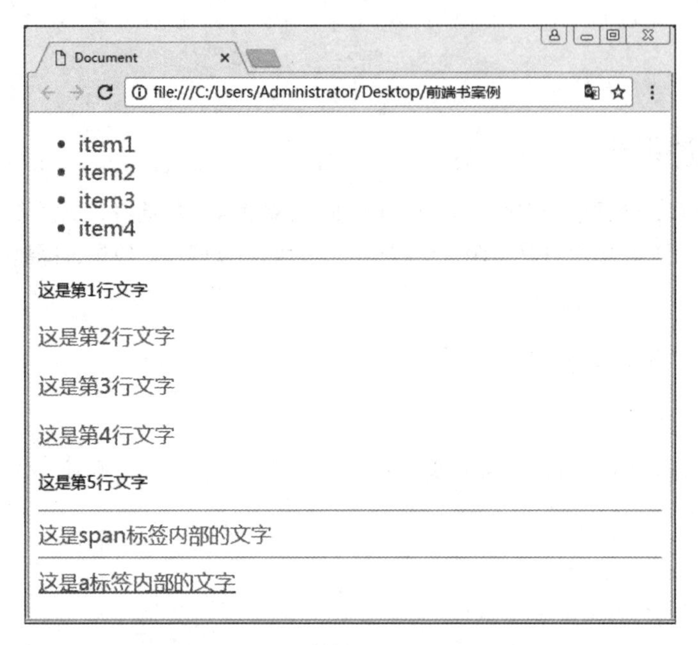

图3-7

3.2.3 属性选择器

CSS属性选择器可以根据元素的属性和属性值来选择元素。

属性选择器的语法是把需要选择的属性写在一对中括号中，如果希望把包含标题（Title）的所有元素变为红色，可以写作：

```
*[title] {color:red;}
```

也可以采取与上面类似的写法，只对有href属性的锚（a 元素）应用样式：

```
a[href] {color:red;}
```

还可以根据多个属性进行选择，只需将属性选择器链接在一起即可。

例如，为了将同时有href和title属性的HTML超链接的文本设置为红色，可以这样写：

```
a[href][title] {color:red;}
```

这些都是属性选择器的用法，同时也可以把以上选择器组合起来创造性地使用这个特性。

【例3.7】属性选择器的使用

示例代码如下所示。

```
<!DOCTYPE html>
<html lang="en">
<head>
<meta charset="UTF-8">
<title>Document</title>
<style>
img[alt]{
border:3px solid red;
}
img[alt="image"]{
border:3px solid blue;
}
</style>
</head>
<body>
<img src="风景.jpg" alt="" width="300">
<img src="风景.jpg" alt="image" width="300">
<img src="风景.jpg" alt="" width="300">
<img src="风景.jpg" alt="" width="300">
<img src="风景.jpg" alt="" width="300">
<img src="风景.jpg" alt="" width="300">
</body>
</html>
```

上面这段代码的运行结果是，所有拥有alt属性的img标签都有3个像素宽的边框，采用实线类型，并且为红色；但是又对alt属性的值为image的元素重新设置了样式，希望它的边框颜色有所变化，所以设置为蓝色。代码运行效果如图3-8所示。

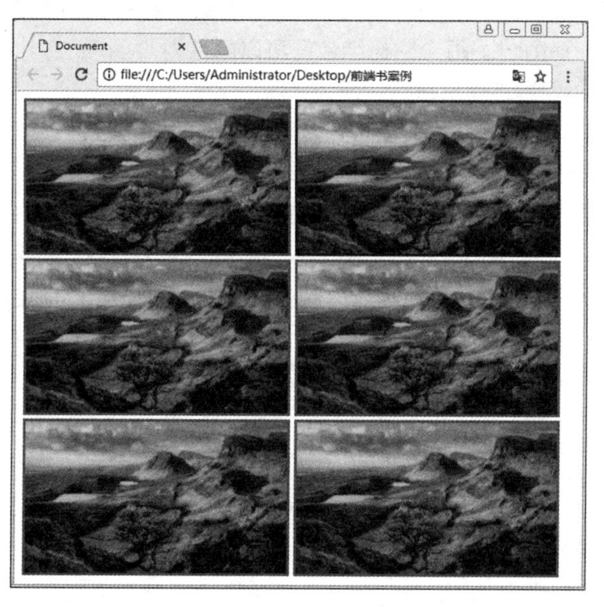

图3-8

3.2.4 后代选择器

后代选择器（Descendant Selector）又称为包含选择器，它可以用于选择作为某元素后代的元素。

可以定义后代选择器以创建一些规则，使这些规则在某些文档结构中起到作用，而在另外一些结构中不起作用。

举例来说，如果希望只对h1元素中的em元素应用样式，可以这样写：

```
h1 em {color:red;}
```

上面这个规则会把作为h1元素后代的em元素的文本变为红色，而其他em元素（如段落或块引用中的em）则不会被这个规则选中：

```
<h1>This is a <em>important</em> heading</h1>
<p>This is a <em>important</em> paragraph.</p>
```

效果如图3-9所示。

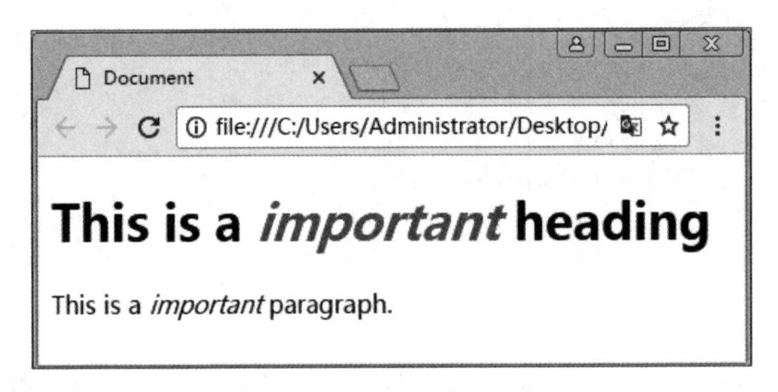

图3-9

当然，也可以在h1中找到的每个em元素上都放一个class属性，但是后代选择器的效率更高。

在后代选择器中，规则左边的选择器一端包括两个或多个用空格分隔的选择器。选择器之间的空格是一种结合符（Combinator）。每个空格结合符可以解释为“... 在 ... 找到”“... 作为 ... 的一部分”“... 作为 ... 的后代”，但是必须从右向左读选择器。

因此，h1 em选择器可以解释为“作为h1元素后代的任何em元素”。如果要从左向右读选择器，可以换成：“包含em的所有h1会把以下样式应用到该em”。

后代选择器的功能极其强大。有了它，可以使在HTML中不可能实现的任务都成为可能。

假设有一个文档，包括有一个边栏和一个主区。边栏的背景为蓝色，主区的背景为白色，这两个区都包含链接列表。不能把所有链接都设置为蓝色，因为这样会使边栏中的蓝色链接都无法看到。

在这种情况下，使用后代选择器，可以为包含边栏的div指定值为sidebar的class属性，并把主区的class属性值设置为maincontent。然后编写以下样式：

```
div.sidebar {background:blue;}
div.maincontent {background:white;}
div.sidebar a:link {color:white;}
div.maincontent a:link {color:blue;}
```

后代选择器有一个容易被忽视的地方：两个元素之间的层次间隔可以是无限的。

例如，如果写作ul li，这个语法就会选择从ul元素继承的所有li元素，而不论li元素的嵌套层次多深。因此，ul li将会选择以下标记中的所有li元素。

【例3.8】后代选择器的使用

示例代码如下所示。

```
<!DOCTYPE html>
<html lang="en">
<head>
<meta charset="UTF-8">
<title>Document</title>
<style>
ul li{
color:red;
}
</style>
</head>
<body>
<ul>
<li>第1部分
<ol>
<li>item1</li>
<li>item2</li>
<li>item3</li>
<li>item4</li>
</ol>
</li>
<li>第2部分
<ol>
<li>item1</li>
<li>item2</li>
<li>item3</li>
<li>item4</li>
</ol>
</li>
<li>第3部分
<ol>
<li>item1</li>
<li>item2</li>
<li>item3</li>
<li>item4</li>
</ol>
</li>
<li>第4部分
<ol>
<li>item1</li>
<li>item2</li>
```

```
<li>item3</li>
<li>item4</li>
</ol>
</li>
</ul>
</body>
</html>
```

运行以上代码后，隶属于ul元素下的所有li元素的文字颜色都变成了红色，即便是ol元素下的li元素，也会一起进行样式的设置。代码运行结果如图3-10所示。

图3-10

3.2.5 子元素选择器

与后代选择器相比，子元素选择器（Child Selectors）只能选择作为某元素子元素的元素。

如果不希望选择任意后代元素，而是缩小范围，只选择某个元素的子元素，请使用子元素选择器（Child Selector）。

例如，如果希望选择只作为h1元素子元素的strong元素，可以这样写：

```
h1 > strong {color:red;}
```

这个规则会把第一个h1下面的两个strong元素变为红色，但是第二个h1中的strong不受影响。

【例3.9】子元素选择器的使用

示例代码如下所示。

```
<h1>这是<strong>子级</strong>关系</h1>
<h1>这是<em>子级和<strong>后代</strong></em>关系</h1>
```

代码运行效果如图3-11所示。

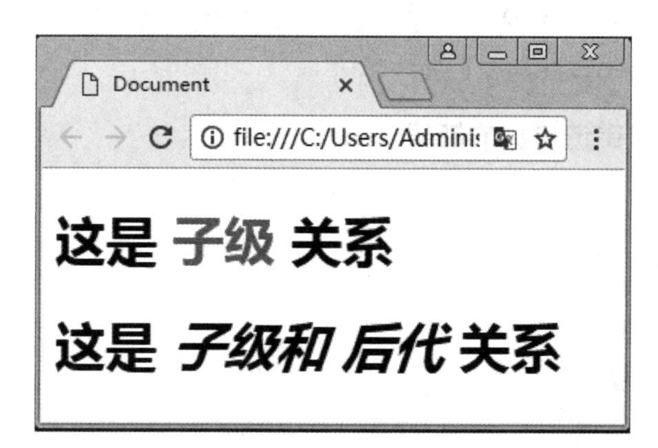

图3-11

3.2.6 相邻兄弟选择器

相邻兄弟选择器（Adjacent Sibling Selector）可选择紧接在另一元素后的元素，且二者有相同的父元素。

例如，如果要增加紧接在h1元素后出现的段落的上边距，可以这样写：

```
h1 + p {color:red;}
```

这个选择器读作："选择紧接在h1元素后出现的段落，h1和p元素拥有共同的父元素。"

相邻兄弟选择器使用了加号（+），即相邻兄弟结合符（Adjacent Sibling Combinator）。与子结合符一样，相邻兄弟结合符旁边可以有空白符。

请看下面的代码：

```
<div>
<ul>
<li>List item 1</li>
<li>List item 2</li>
<li>List item 3</li>
</ul>
<ol>
<li>List item 1</li>
<li>List item 2</li>
<li>List item 3</li>
</ol>
</div>
```

在上面的代码中，div元素中包含两个列表：一个无序列表；一个有序列表，每个列表都包含三个列表项。这两个列表是相邻兄弟，列表项本身也是相邻兄弟。不过，第一个列表中的列表项与第二个列表中的列表项不是相邻兄弟，因为这两组列表项不属于同一父元素（最多只能算“堂兄弟”）。

请记住，用一个结合符只能选择两个相邻兄弟中的第二个元素，请看下面的选择器：

```
li + li {font-weight:bold;}
```

上面这个选择器只会把列表中的第二个和第三个列表项变为粗体。第一个列表项不受影响。

相邻兄弟结合符还可以结合其他选择器一起使用。

【例3.10】相邻兄弟选择器的使用

示例代码如下所示。

```
<!DOCTYPE html>
<html lang="en">
<head>
<meta charset="UTF-8">
<title>Document</title>
</head>
<body>
<div>一个div容器</div>
<span>一个span容器</span>
<hr/>
<ul>
<li>items1</li>
<li>items2</li>
<li>items3</li>
<li>items4</li>
</ul>
</body>
</html>
```

现在想以<html>根元素为起点，找到<div>元素后面的<span>元素，以及<hr/>元素后面的<ul>元素下面的所有<li>元素，并且为其设置CSS样式，CSS代码如下：

```
<style>
html>body div+span,html>body hr+ul li{
color:red;
border:red solid 2px;
}
</style>
```

上面这段CSS代码使用了子元素选择器、后代选择器、集体选择器和相邻兄弟选择器。CSS选择器代码可以解释为：从<html>元素中找到一个叫做<body>的子元素，并且在<body>元素中找到所有后代为<div>的元素，接着从<div>元素的同级后面找到元素名为<span>的元素，第二个选择器声明解释相同。

代码运行效果如图3-12所示。

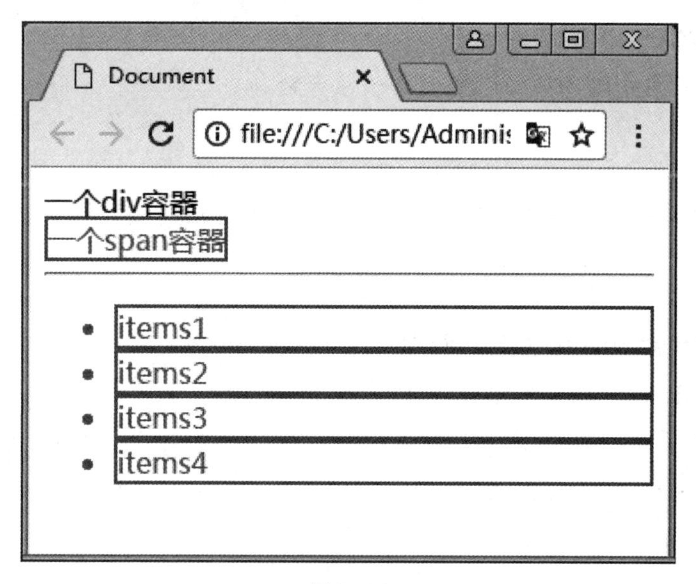

图3-12

3.2.7 伪类

在CSS中，伪类用来添加一些选择器的特殊效果。伪类的语法：

```
selector:pseudo-class {property:value;}
```

CSS类也可以使用伪类：

```
selector.class:pseudo-class {property:value;}
```

1. anchor伪类

在支持CSS的浏览器中，链接的不同状态可以用不同的方式显示。

```
a:link {color:#FF0000;}        /* 未访问的链接 */
a:visited {color:#00FF00;}     /* 已访问的链接 */
a:hover {color:#FF00FF;}       /* 鼠标划过链接 */
a:active {color:#0000FF;}      /* 已选中的链接 */
```

通过以上伪类可以为链接添加不同状态的效果，但是一定要掌握关于链接伪类的“小技巧”。

- 在CSS定义中，a:hover必须被置于a:link和a:visited之后，才是有效的。
- 在CSS定义中，a:active必须被置于a:hover之后，才是有效的。

2. 伪类和CSS类

伪类可以与CSS类配合使用：

```
a.red:visited {color:#FF0000;}
<a class="red" href="#">CSS</a>
```

如果在上面的例子的链接已被访问，则它会显示为红色。

3. CSS- :first-child伪类

可以使用 :first-child伪类来选择元素的第一个子元素。

【TIPS】

IE8之前的版本必须声明<!DOCTYPE>，这样 :first-child才能生效。

【例3.11】:first-child伪类的使用

示例代码如下所示。

```
<!DOCTYPE html>
<html lang="en">
<head>
<meta charset="UTF-8">
<title>Document</title>
<style>
ul li:first-child{
color:red;
}
</style>
</head>
<body>
<ul>
<li>items1</li>
<li>items2</li>
<li>items3</li>
<li>items4</li>
</ul>
</body>
</html>
```

以上代码在HTML文档中写入一个无序列表，使用:first-child伪类选择第一个<li>元素，并且设置了文字颜色，代码运行效果如图3-13所示。

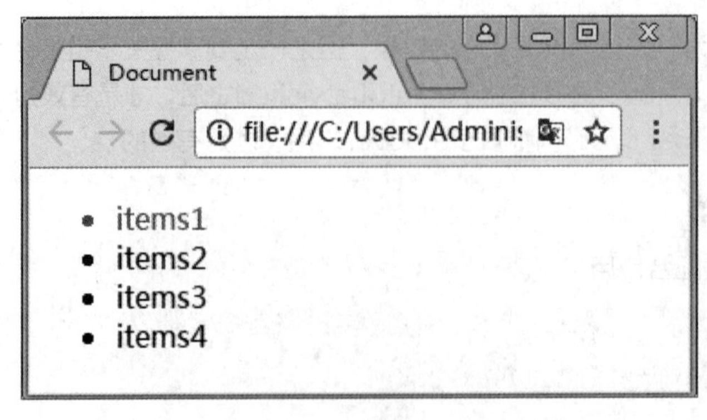

图3-13

4. CSS - :lang伪类

使用:lang伪类可以为不同的语言定义特殊的规则。

【TIPS】

使用IE8时必须声明<!DOCTYPE>才能支持:lang伪类。

在下面的例子中，:lang伪类为属性值为no的q元素定义引号的类型。

【例3.12】:lang伪类的使用

示例代码如下所示。

```
<!DOCTYPE html>
<html lang="en">
<head>
<meta charset="UTF-8">
<title>Document</title>
<style>
q:lang(no){
quotes: "~" "~"
}
</style>
</head>
<body>
<p>文字<q lang="no">段落中的引用的文字</q>文字</p>
</body>
</html>
```

代码运行效果如图3-14所示。

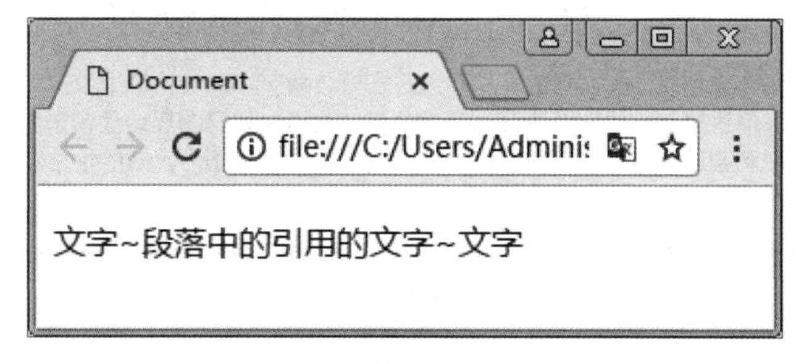

图3-14

3.2.8 伪元素

CSS伪元素用于添加一些选择器的特殊效果，伪元素的语法：

```
selector:pseudo-element {property:value;}
```

CSS类也可以使用伪元素：

```
selector.class:pseudo-element {property:value;}
```

1.:first-line伪元素

:first-line伪元素用于为文本的首行设置特殊样式，可以为一段文本的第一行文字设置红色文字。

【例3.13】:first-line伪元素的使用

示例代码如下所示。

```
<!DOCTYPE html>
<html lang="en">
<head>
<meta charset="UTF-8">
<title>Document</title>
<style>
p:first-line{
color:red;
}
</style>
</head>
<body>
<p>马布里到底是怎么样的球员？近日，巴尔博萨在球员论坛中撰文，深情讲述自己的NBA生涯。在他的职业生涯中，马布里给他带来温暖和帮助。巴尔博萨的讲述也让我们了解马布里不为人知的性格和故事。</p>
</body>
</html>
```

代码运行效果如图3-15所示。

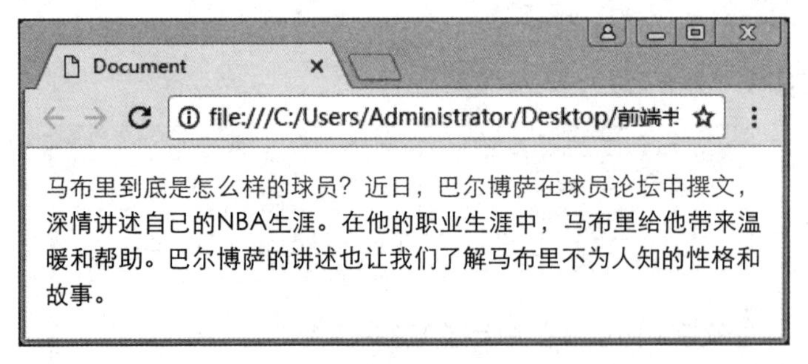

图3-15

2.:first-letter 伪元素

:first-letter伪元素用于为文本的首字母设置特殊样式。

```
p:first-lette
color:#ff0000;
font-size:xx-large;
}
```

【TIPS】

:first-letter伪元素只能用于块级元素。

下面的属性可应用于:first-letter伪元素：

```
font properties
color properties
background properties
margin properties
padding properties
border properties
text-decoration
vertical-align (only if "float" is "none")
text-transform
line-height
float
clear
```

3.伪元素和CSS类

伪元素可以结合CSS类：

```
p.article:first-letter {color:#ff0000;}
<p class="article">A paragraph in an article</p>
```

上面的例子会使所有class为article的段落的首字母变为红色。

4.:before伪元素

:before伪元素用于在元素的内容前面插入新内容。插入的新内容可以是文本，也可以是图片等，下面展示如何使用:before伪元素在<div>元素之前插入文本和图片。

【例3.14】:before伪元素的使用

示例代码如下所示。

```
<!DOCTYPE html>
<html lang="en">
<head>
<meta charset="UTF-8">
<title>Document</title>
<style>
div:before{
content: "周星驰大话西游经典台词：";
}
</style>
</head>
<body>
<div>"曾经有一份真诚的爱情摆在我的面前，我没有珍惜，等到失去的时候才追悔莫及，人世间最痛苦
```

```
的事情莫过于此。如果上天能够给我一个重新来过的机会，我会对那个女孩子说三个字：‘我爱你’。如果非要给这份爱加上一个期限，我希望是，一万年。”</div>
    </body>
    </html>
```

以上代码展示了一段经典台词。作为解释行的文字“周星驰大话西游经典台词：”没有直接写在<div>元素中，而是写在:before伪元素中。这里特别说明的是，花括号中的content是必须存在的。如果没有content，:before伪元素就将失去作用，要写入的文本可以直接写在引号内。

代码运行效果如图3-16所示。

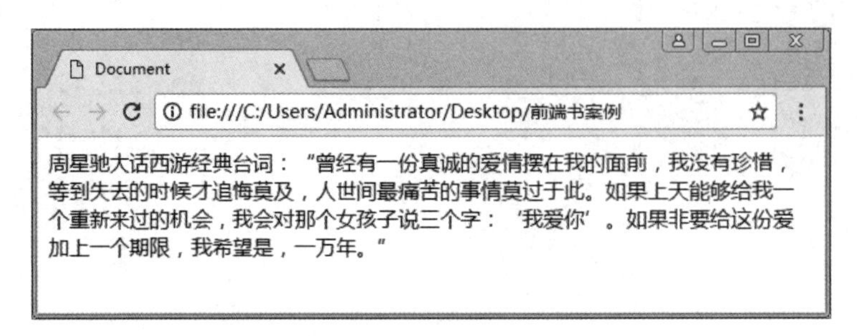

图3-16

虽然在页面中已经能够很清晰地看见使用:before伪元素添加的内容，并且占据了一定的位置空间，但是这些内容是通过CSS样式展示在页面中的，并没有被放入HTML结构树中，可以通过浏览器的控制台看到，如图3-17所示。

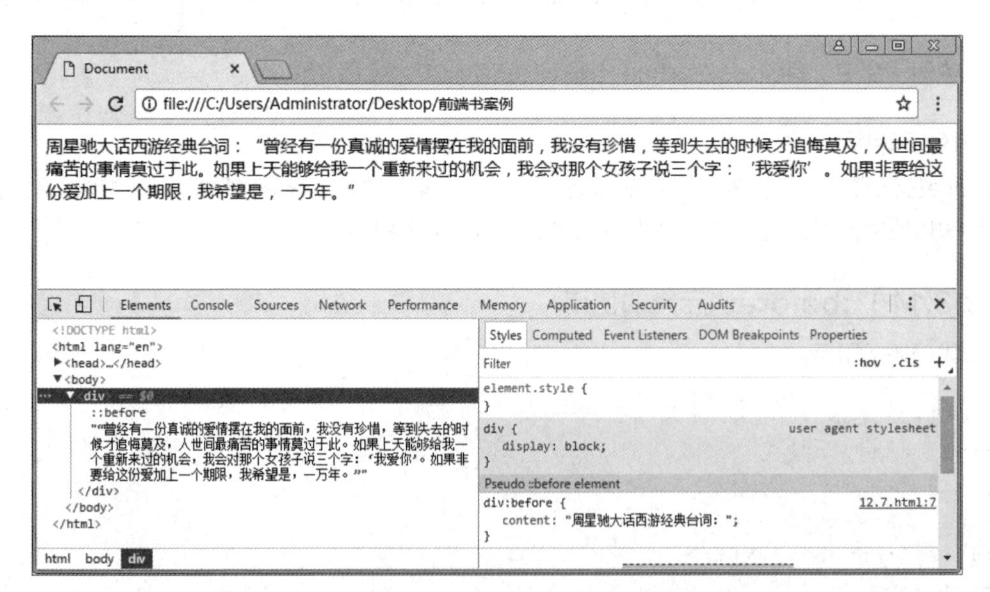

图3-17

在图3-17中，<div>元素的内容前面是一个:before伪元素，而:before伪元素中的content内容则是“周星驰大话西游经典台词：”。所以，这一段内容并没有真正被解析到HTML结构树中。

5.CSS2 - :after 伪元素

:after伪元素用于在元素的内容之后插入新内容，它的用法和之前介绍的:before伪元素完全一致，但结果不同。

3.3 CSS的继承

“　CSS的继承是指被包含在内部的标签将拥有外部标签的样式。继承特性最典型的应用是初始化整个网页的样式，需要指定为其他样式的部分在个别元素里。这项特性可以给网页设计者更充分的发挥空间。”

3.3.1 继承关系

CSS有一个非常重要的特性就是继承，该特性依赖于祖先——后代的关系。继承是一种机制，允许样式不仅可以应用于某个特定的元素，还可以应用于它的后代。换句话说，继承是指设置父级的CSS样式，子级以及以下都可以应用此样式。

例如，在body中定义文字大小和颜色后，会影响页面中的段落文本。

【例3.15】继承关系

示例代码如下所示。

```
<!DOCTYPE html>
<html lang="en">
<head>
<meta charset="UTF-8">
<title>Document</title>
<style>
body{
font-size: 30px;
color:red;
}
</style>
</head>
<body>
<span>这是span元素中的文本</span>
<p>这是p元素中的文本</p>
<div>这是div元素中的文本</div>
</body>
</html>
```

代码运行效果如图3-18所示。

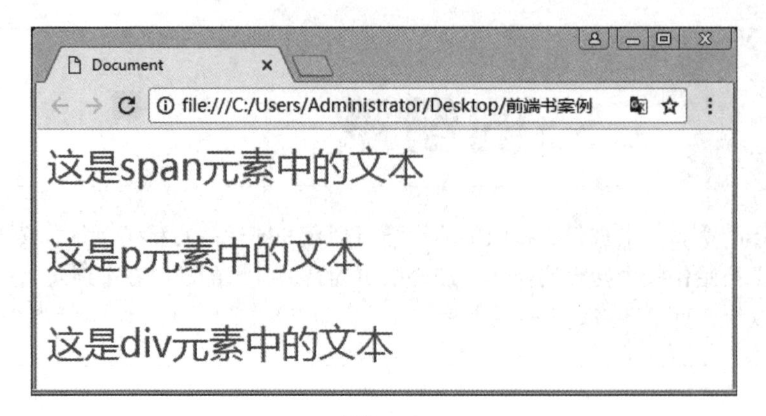

图3-18

从以上代码和运行的效果可以看出，并没有为<body>元素中的<p>、<span>和<div>元素设置CSS样式，但是它们都应用了这些CSS样式，可以打开浏览器的控制台查看这些CSS样式，如图3-19所示。

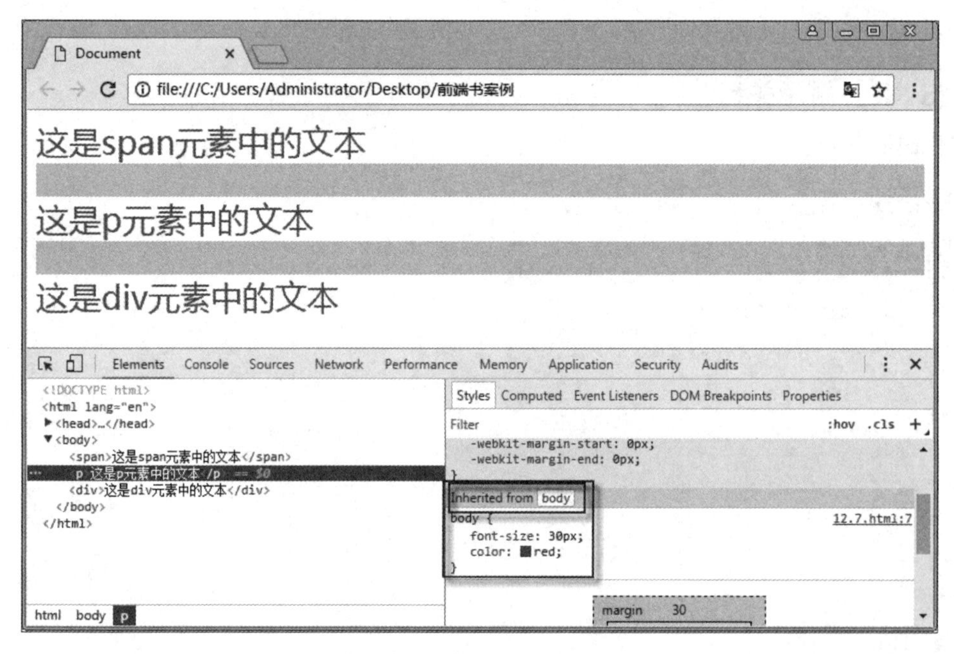

图3-19

从图3-19中可以看出，<p>元素的CSS样式是继承自<body>元素的。利用CSS的继承特性，可以很方便地通过设置父级元素的样式为子级和后代元素设置相同的样式，这样可以减少代码，也更便于维护。

3.3.2 CSS继承的局限性

继承是CSS非常重要的特性，但是它也有局限性。有一些CSS属性是不能被继承的，如border、margin、padding、background等，所以为父级元素添加border属性时，子级元素是不会继承的。

【例3.16】 继承的局限性

示例代码如下所示。

```
<!DOCTYPE html>
<html lang="en">
<head>
<meta charset="UTF-8">
<title>Document</title>
<style>
div{
border:2px solid red;
}
</style>
</head>
<body>
<div>border属性是不会<em>被子级元素</em>继承的</div>
</body>
</html>
```

代码运行效果如图3-20所示。

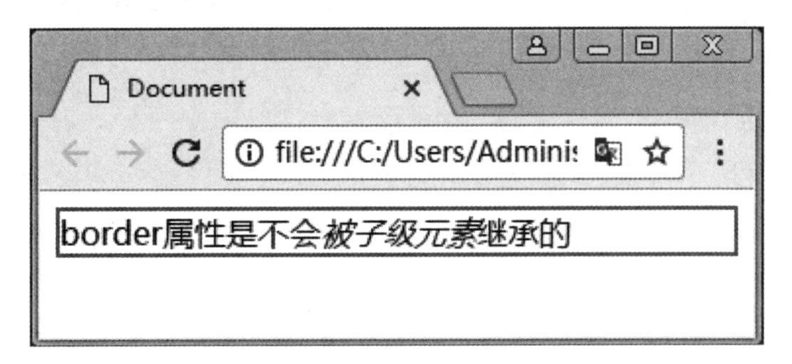

图3-20

如果需要为<em>元素添加border属性，就需要单独为<em>编写CSS样式：

```
em{
border:2px solid red;
}
```

代码运行效果如图3-21所示。

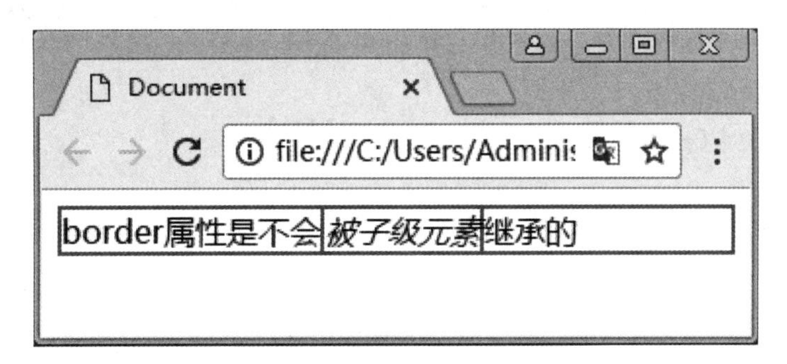

图3-21

当子级元素和父级元素的样式产生冲突时，子级元素会遵循自己的样式，而不会继承父级元素的CSS样式。

3.4 CSS绝对数值单位

> CSS中的绝对数值单位是一个固定的值，它反映的是真实的物理尺寸，绝对长度单位视输出介质而定，不依赖于环境（显示器、分辨率、操作系统等）。

CSS中的绝对数值单位有以下几个。

1. 像素（px）

像素是网页中常见的长度单位，也是学习Web前端最基础的长度单位。

显示器的分辨率（无论是PC端，还是移动端）是由最基础的像素构成的。例如，常见PC显示器的分辨率就是1920×1080，这里的长度单位就是像素（px）。一些4K屏和苹果的视网膜屏都是分辨率更高的屏幕。像素就是分布在屏幕上的一个个发光点，常见的2K屏就是横向分布着1920个像素点，纵向分布着1080个像素点。

2. 常见长度单位

常见的长度单位如下。

- 毫米：mm。
- 厘米：cm。
- 英寸：in（1in = 96px = 2.54cm）。
- 点：pt（point），大约1/72英寸（1pt = 1/72in）。

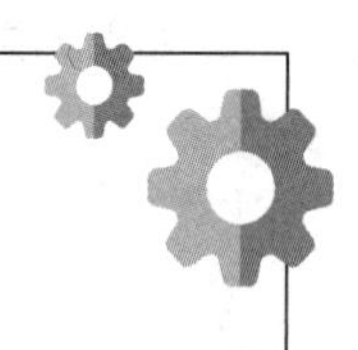

3.5 CSS相对数值单位

相对长度单位是指定了一个长度相对于另一个长度的属性，对于不同的设备相对长度更适用。

- em：描述相对于应用在当前元素的字体尺寸，也是相对长度单位。一般浏览器的字体大小默认为16px，2em=32px。
- ex：依赖于英文字母小x的高度。
- ch：数字0的宽度。
- rem：根元素（html）的font-size。
- vw：viewpoint width，视窗宽度，1vw=视窗宽度的1%。
- vh：viewpoint height，视窗高度，1vh=视窗高度的1%。
- vimn：vh和vw中较小的那个。
- vmax：vh和vw中较大的那个。

Chapter

04

HTML 5新增元素

本章概述

HTML 5中在废除很多标签的同时，也新增了很多标签，如section元素、video元素等。本章主要通过与HTML 4对比讲解这些新增和废除的元素。

重点知识

- HTML 5中新增的元素
- 新的非主体结构元素
- 其他相关属性
- 主体结构元素
- 表单相关属性
- HTML 5中废除的元素

4.1 HTML 5中新增的元素

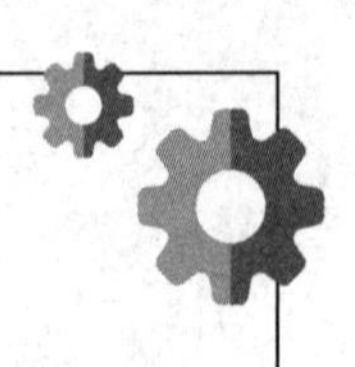

在HTML 5中，增加了以下元素。

1. section元素

section元素用于定义文档中的节（section、区段），如章节、页眉、页脚或文档中的其他部分。
在HTML 4中，div元素与section元素具有相同的功能，其语法格式如下：

```
<div>...</div>
```

示例代码如下：

```
<div>HTML 5学习指南</div>
```

在HTML 5中，section元素的语法格式如下：

```
<section>...</section>
```

示例代码如下：

```
<section>HTML 5学习指南</section>
```

2. article元素

article元素用于定义外部的内容。
外部内容可以是来自外部的文章、来自blog的文本、来自论坛的文本，抑或是其他外部源内容。
在HTML 4中，div元素与article元素具有相同的功能，其语法格式如下：

```
<div>...</div>
```

示例代码如下：

```
<div>HTML 5学习指南</div>
```

在HTML 5中，article元素的语法格式如下：

```
< article >...</ article >
```

示例代码如下：

```
< article >HTML 5学习指南</ article >
```

3. aside元素

aside元素用于表示article元素内容之外，且与aside元素内容相关的一些辅助信息。

在HTML 4中，div元素与aside元素具有相同的功能，其语法格式如下：

```
<div>...</div>
```

示例代码如下：

```
<div>HTML 5学习指南</div>
```

在HTML 5中，aside元素的语法格式如下：

```
< aside >...</ aside >
```

示例代码如下：

```
< aside >HTML 5学习指南</ aside >
```

4. header元素

header元素表示页面中一个内容区域或整个页面的标题。
在HTML 4中，div元素与header元素具有相同的功能，其语法格式如下：

```
<div>...</div>
```

示例代码如下：

```
<div>HTML 5学习指南</div>
```

在HTML 5中，header元素的语法格式如下：

```
<header>...</header>
```

示例代码如下：

```
<header>HTML 5学习指南</header>
```

5. fhgroup元素

fhgroup元素用于组合整个页面或页面中一个内容区块的标题。
在HTML 4中，div元素与fhgroup元素具有相同的功能，其语法格式如下：

```
<div>...</div>
```

示例代码如下：

```
<div>HTML 5学习指南</div>
```

在HTML 5中，fhgroup元素的语法格式如下：

```
<fhgroup>...</fhgroup>
```

示例代码如下:

```
<fhgroup>HTML 5学习指南</fhgroup>
```

6. footer元素

footer元素用于组合整个页面或页面中一个内容区块的脚注。

在HTML 4中，div元素与footer元素具有相同的功能，其语法格式如下:

```
<div>...</div>
```

示例代码如下:

```
<div>
XXX大学计算机系2016届 学员<br/>
李磊<br/>
139xxxx2505<br/>
2017-03-12
</div>
```

在HTML 5中，footer的语法格式如下:

```
<footer>...</footer>
```

示例代码如下:

```
<footer>
XXX大学计算机系2016届学员<br/>
李磊<br/>
139xxxx2505<br/>
2017-03-12
</footer>
```

7. nav元素

nav元素用于定义导航链接的部分。

在HTML 4中，使用ul元素替代nav元素，其语法格式如下:

```
<ul>...</ul>
```

示例代码如下:

```
<ul>
<li>items01</li>
<li>items02</li>
<li>items03</li>
<li>items04</li>
</ul>
```

在HTML 5中，nav元素的语法格式如下:

```
<nav>...</nav>
```

示例代码如下：

```
<nav>
<a href="">items01</a>
<a href="">items02</a>
<a href="">items03</a>
<a href="">items04</a>
</nav>
```

8. figure元素

figure元素用于对元素进行组合。
在HTML 4中，示例代码如下：

```
<dl>
<h1>HTML 5</h1>
<p>HTML 5是当今最流行的网络应用技术之一</p>
</dl>
```

在HTML 5中，figure元素的使用范例如下：

```
<figure>
<figcaption>HTML 5</figcaption>
<p>HTML 5是当今最流行的网络应用技术之一</p>
</figure>
```

9. video元素

video元素用于定义视频，如电影片段等。
在HTML 4中，示例代码如下：

```
<object data="movie.ogg" type="video/ogg">
<param name="" value="movie.ogg">
</object>
```

在HTML 5中，video元素的使用范例如下：

```
<video width="320" height="240" controls>
<source src="movie.mp4" type="video/mp4">
<source src="movie.ogg" type="video/ogg">
您的浏览器不支持Video标签。
</video>
```

10. audio元素

audio元素用于定义音频，如歌曲片段等。
在HTML 4中，示例代码如下：

```
<object data="music.mp3" type="application/mp3">
<param name="" value="music.mp3">
</object>
```

在HTML 5中，audio使用范例如下：

```
<audio controls>
<source src="music.mp3" type="audio/mp4">
<source src="music.ogg" type="audio/ogg">
您的浏览器不支持audio标签。
</audio>
```

11. embed元素

embed元素用于定义嵌入的内容，如插件。
在HTML 4中，示例代码如下：

```
<object data="flash.swf" type="application/x-shockwave-flash"></object>
```

在HTML 5，中embed的使用范例如下：

```
<embed src="helloworld.swf" />
```

12. mark元素

mark元素用于突出显示部分文本。
在HTML 4中，span元素与mark元素具有相同的功能，其语法格式如下：

```
<span>...</span>
```

示例代码如下：

```
<span>HTML 5技术的运用</span>
```

在HTML 5中，mark元素的语法格式如下：

```
<mark>...</mark>
```

示例代码如下：

```
<mark>HTML 5技术的运用</mark>
```

13. progress元素

progress元素表示运行中的进程，可使用progress元素显示JavaScript中耗费时间函数的进程。
在HTML 5中，progress元素的语法格式如下：

```
<progress></progress>
```

progress元素是HTML 5中新增的元素，HTML 4中没有相应的元素来表示。

14. meter元素

meter元素表示度量，仅用于已知最大值和最小值的度量。

在HTML 5中，meter元素的语法格式如下：

```
<meter>...</meter>
```

meter元素是HTML 5中新增的元素，HTML 4中没有相应的元素来表示。

15. time元素

time元素表示日期和时间。

在HTML 5中，time元素的语法格式如下：

```
<time>...</time>
```

time元素是HTML 5中新增的元素，HTML 4中没有相应的元素来表示。

16. wbr元素

wbr (Word Break Opportunity) 元素用于规定在文本中的何处适合添加换行符。

在HTML 5中，time元素的语法格式如下：

```
<p>尝试缩小浏览器窗口，以下段落的 "XMLHttpRequest" 单词会被分行：</p>
<p>学习 AJAX ,您必须熟悉 <wbr>Http<wbr>Request 对象。</p>
<p><b>注意：</b> IE 浏览器不支持 wbr 标签。</p>
```

wbr元素是HTML 5中新增的元素，HTML 4中没有相应的元素来表示。

17. canvas元素

canvas元素用于定义图形，如图表和其他图像，必须使用脚本来绘制图形。

在HTML 5中，canvas元素的语法格式如下：

```
<canvas id="myCanvas" width="500" height="500"></canvas>
```

canvas元素是HTML 5中新增的元素，HTML 4中没有相应的元素来表示。

18. command元素

command元素可以定义用户可能调用的命令（如单选按钮、复选框或按钮）。

在HTML 5中，command元素的语法格式如下：

```
<command onclick="cut()" label="cut"/>
```

command元素是HTML 5中新增的元素，HTML 4中没有相应的元素来表示。

19. datalist元素

datalist元素规定了input元素可能的选项列表，它通常与input元素配合使用。

在HTML 5中，datalist元素的语法格式如下：

```
<input list="browsers">
```

```
<datalist id="browsers">
<option value="Internet Explorer">
<option value="Firefox">
<option value="Chrome">
<option value="Opera">
<option value="Safari">
</datalist>
```

datalist元素是HTML 5中新增的元素，HTML 4中没有相应的元素来表示。

20. details元素

details元素规定了用户可见的或者隐藏的需求的补充细节。

details元素用来供用户开启关闭的交互式控件。任何形式的内容都能放在details元素里边。

details元素的内容对用户是不可见的，除非设置了open属性。

在HTML 5中，details元素的语法格式如下：

```
<details>
<summary>Copyright 1999-2011.</summary>
<p> - by Refsnes Data. All Rights Reserved.</p>
<p>All content and graphics on this web site are the property of the
company Refsnes </p>
</details>
```

details元素是HTML 5中新增的元素，HTML 4中没有相应的元素来表示。

21. datagrid元素

datagrid元素表示可选数据的列表，它以树形列表的形式来显示。

在HTML 5中，datagrid元素的语法格式如下：

```
<datagrid>...</datagrid>
```

datagrid元素是HTML 5中新增的元素，HTML 4中没有相应的元素来表示。

22. keygen元素

keygen元素用于生成密钥。

在HTML 5中，keygen元素的语法格式如下：

```
<keygen>
```

keygen元素是HTML 5中新增的元素，HTML 4中没有相应的元素来表示。

23. output元素

output元素表示不同类型的输出，如脚本的输出。

在HTML 5中，output元素的语法格式如下：

```
<output>...</output>
```

在HTML 4中应用实例代码如下：

```
<span></span>
```

24. source元素

source元素用于为媒介元素定义媒介资源。

在HTML 5中，source元素的使用示例代码如下：

```
<source type="" src=""/>
```

在HTML 4中的示例代码如下：

```
<param>
```

25. menu元素

menu元素表示菜单列表。当希望列出表单控件时使用该标签。

在HTML 5中，menu元素的使用示例代码如下：

```
<menu>
<li>items01</li>
<li>items02</li>
</menu>
```

4.2 新的主体结构元素

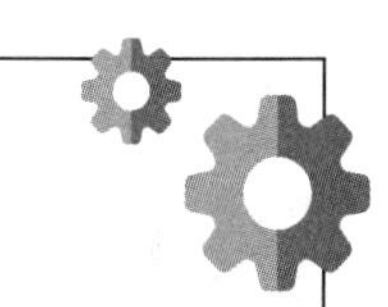

HTML 5可以引用更多灵活的段落标签和功能标签，与HTML 4相比，其结构元素更加成熟。本节将带领大家了解这些新增的结构元素。

4.2.1 article元素

article元素一般用于文章区块，定义外部内容，如某篇新闻的文章、来自微博的文本，或者来自论坛的文本。通常用来表示来自其他外部源内容，它可以独立被外部引用。

【例4.1】article元素的使用方法

示例代码如下所示。

```
<!DOCTYPE html>
<html lang="en">
<head>
<meta charset="UTF-8">
<title>article元素</title>
```

```
<style>
h1,h2,p{text-align: center;}
</style>
</head>
<body>
<article>
<header>
<hgroup>
<h1>article元素</h1>
<h2>article元素HTML5中的新增结构元素</h2>
</hgroup>
</header>
<p>article元素一般用于文章区块，定义外部内容。</p>
<p>比如某篇新闻的文章，或者来自微博的文本，或者来自论坛的文本。</p>
<p>通常用来表示来自其他外部源内容，它可以独立被外部引用。</p>
</article>
</body>
</html>
```

代码的运行效果如图4-1所示。

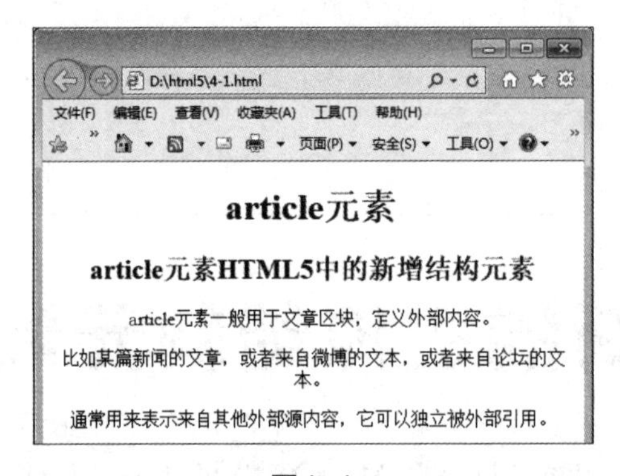

图4-1

4.2.2 section元素

section元素主要同于定义文档中的节（Section），如章节、页面、页脚或文档中的其他部分。通常它用于成节的内容，或在文档流中开始一个新的节。

【例4.2】section元素的使用方法

示例代码如下所示。

```
<!DOCTYPE html>
<html lang="en">
<head>
<meta charset="UTF-8">
<title>section元素</title>
<style>
h1,p{text-align: center;}
```

```
</style>
</head>
<body>
<section>
<h1>section元素</h1>
<p>section元素是HTML5中新增的结构元素</p>
<p>section元素是HTML5中新增的结构元素</p>
<p>section元素是HTML5中新增的结构元素</p>
<p>section元素是HTML5中新增的结构元素</p>
<p>section元素是HTML5中新增的结构元素</p>
</section>
</body>
</html>
```

代码的运行结果如图4-2所示。

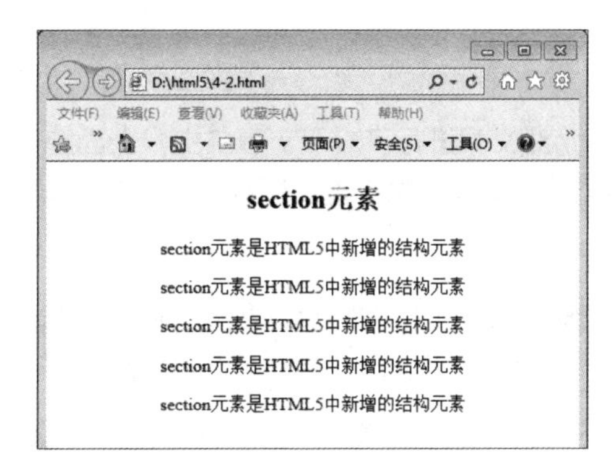

图4-2

对于没有标题的内容，不推荐使用section元素。section元素强调的是一个专题性的内容，一般会带有标题。当元素内容聚合起来表示一个整体时，应该使用article元素替代section元素。section元素应用的典型环境为文章的章节标签对话框中的标签页，或者网页中有编号的部分。

section元素不仅是一个普通的容器元素。当section元素只是为了样式或者方便脚本使用时，应该使用div。一般来说，当元素内容明确地出现在文档大纲中时，section就是适用的。

下面是一个article元素与section元素结合使用的示例，代码如下：

```
<!DOCTYPE html>
<html lang="en">
<head>
<meta charset="UTF-8">
<title>article&section</title>
<style>
*{text-align: center;   }
</style>
</head>
<body>
<article>
<hgroup>
<h1>HTML5结构元素解析</h1>
```

```
</hgroup>
<p>HTML5中两个非常重要的元素，article与section</p>
<section>
<h1>article元素</h1>
<p>article元素一般用于文章区块，定义外观的内容</p>
</section>
<section>
<h1>section元素</h1>
<p>section元素主要用来定义文档中的节</p>
</section>
<section>
<h1>区别</h1>
<p>二者区别较为明显，大家注意两个元素的应用范围与场景</p>
</section>
</article>
</body>
</html>
```

上面的示例代码利用section对文章进行了分段。事实上，上面的代码可以用section代替article元素，但是使用article元素更能强调文章的独立性，而section元素强调它的分段和分节功能。代码的运行效果如图4-3所示。

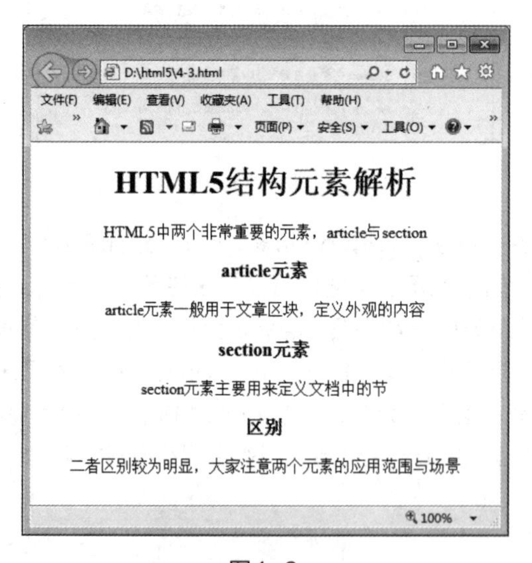

图4-3

article元素是一个特殊的section元素，它比section元素具有更明确的语义，代表一个独立完整的相关内容块。一般来说，article会有标题部分，有时也包含footer。虽然section也是带有主体性的一块内容，但是从结构和内容上来说，article本身就是独立的。

4.2.3 nav元素

nav元素用来定义导航栏链接的部分，链接到本页的某部分或其他页面。

需要注意的是，并不是所有成组的超链接都需要放在nav元素里，因为nav元素里应该放入一些当前页面的主要导航链接。

【例4.3】nav元素的使用方法

示例代码如下所示。

```
<!DOCTYPE html>
<html lang="en">
<head>
<meta charset="UTF-8">
<title>nav元素</title>
</head>
<body>
<h1>HTML5结构元素</h1>
<nav>
<ul>
<li><a href="#">items01</a></li>
<li><a href="#">items02</a></li>
</ul>
</nav>
<header>
<h2>nav元素</h2>
<nav>
<ul>
<li><a href="">nav元素的应用场景01</a></li>
<li><a href="">nav元素的应用场景02</a></li>
<li><a href="">nav元素的应用场景03</a></li>
<li><a href="">nav元素的应用场景04</a></li>
</ul>
</nav>
</header>
</body>
</html>
```

代码的运行效果如图4-4所示。

图4-4

上面的示例就是nav元素应用的场景，通常会把主要的链接放入nav当中。

4.2.4 aside元素

aside元素用来定义article以外的信息，适用于成节的内容，也可以用于表达注记、侧栏、摘要及插入的引用等作为补充主体的内容。它会在文档流中开始一个新的节，一般用于与文章内容相关的侧栏。

【例4.4】aside元素的使用方法

示例代码如下所示。

```
<!DOCTYPE html>
<html>
<head>
<meta charset="utf-8">
<meta http-equiv="X-UA-Compatible" content="IE=edge">
<title>aside元素</title>
<link rel="stylesheet" href="">
</head>
<body>
<article>
<h1>HTML5aside元素</h1>
<p>正文部分</p>
<aside>正文部分的附属信息部分，其中的内容可以是与当前文章有关的相关资料、名词解释，等等。
</aside>
</article>
</body>
</html>
```

代码的运行效果如图4-5所示。

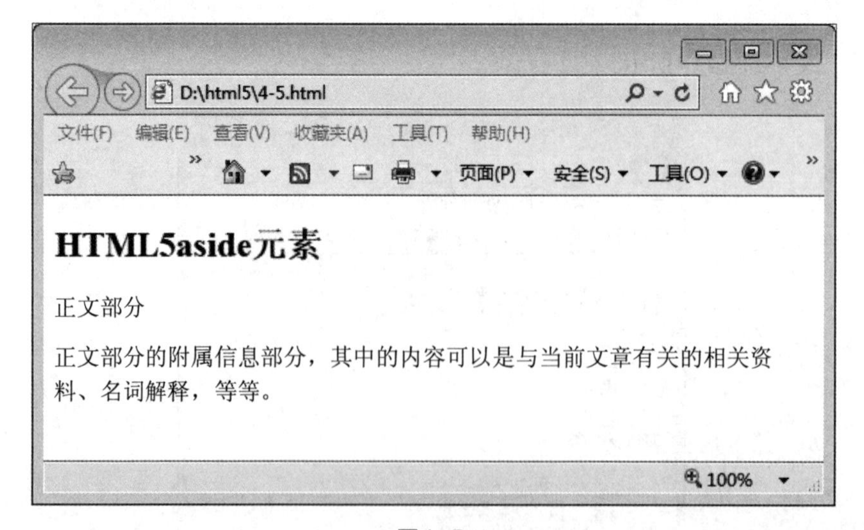

图4-5

4.2.5 pubdate属性

pubdate属性是一个可选的boolean值的属性，可用于article元素中的time元素上，意思是time代表了文章或整个网页的发布日期。

【例4.5】pubdate属性的使用方法

示例代码如下所示。

```
<!DOCTYPE html>
<html lang="en">
<head>
<meta charset="UTF-8">
<title>pubdate属性</title>
</head>
<body>
<article>
<header>
<h1>澳门</h1>
<p>我国澳门特别行政区是于<time datetime="1999-12-10">1999年12月20日</time>回归的</p>
<p>notice date <time datetime="2017-08-15" pubdate>2017年08月15日</time></p>
</header>
<p>正文部分...</p>
</article>
</body>
</html>
```

代码的运行效果如图4-6所示。

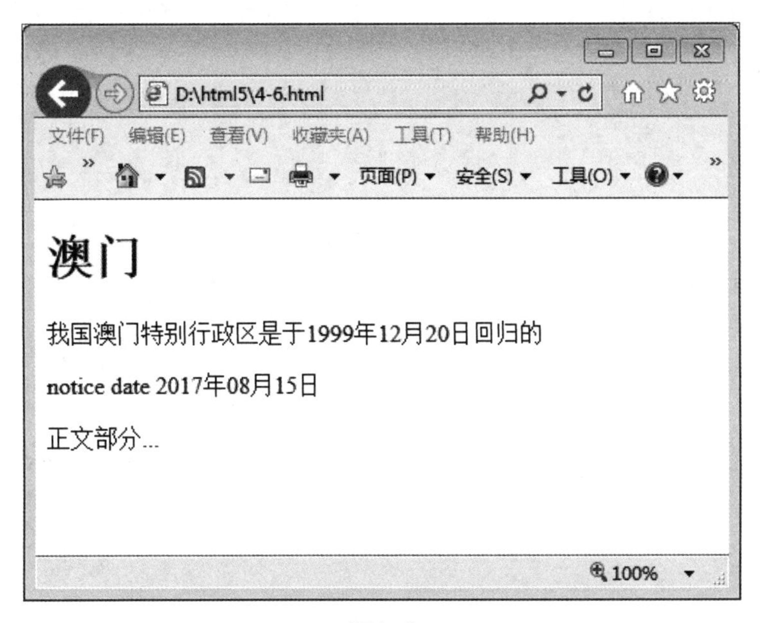

图4-6

在这个示例中有两个time元素，分别定义了两个日期，一个是回归日期，另一个是发布日期。都用了time元素，所以需要使用pubdate属性表明哪个time元素代表了发布日期。

4.3 新的非主体结构元素

HTML 5中不仅新增了主体结构元素，还增加了非主体元素，如header元素、hgroup元素、footer元素和address元素等，这些元素使工作又轻松了很多。本节讲解非主体结构元素的使用。

4.3.1 header元素

header元素是一种具有引导和导航作用的辅助元素，通常代表一组简介或者导航性质的内容。其位置在页面或节点的头部。

通常header元素用于包含页面标题。当然这不是绝对的，header元素也可以用于包含节点的内容列表导航，如数据表格、搜索表单或相关的logo图片等。

在整个页面中，标题一般放在页面的开头。一个网页可以拥有header元素，可以为每个内容区块加一个header元素。

【例4.6】header元素的使用方法

示例代码如下所示。

```
<!DOCTYPE html>
<html lang="en">
<head>
<meta charset="UTF-8">
<title>header元素</title>
</head>
<body>
<header>
<h1>这是页面的标题</h1>
</header>
<article>
<h2>这是第一章</h2>
<p>第一章的正文部分...</p>
</article>
<header>
<h2>第二个header标签</h2>
<p>因为html文档不会对header标签进行限制，所以我们可以创建多个header标签</p>
</header>
</body>
</html>
```

代码的运行效果如图4-7所示。

当header元素只包含一个标题元素时，就不必使用header元素了。article元素肯定会让标题在文档大纲中显现出来，而且header元素并不包含多重内容。

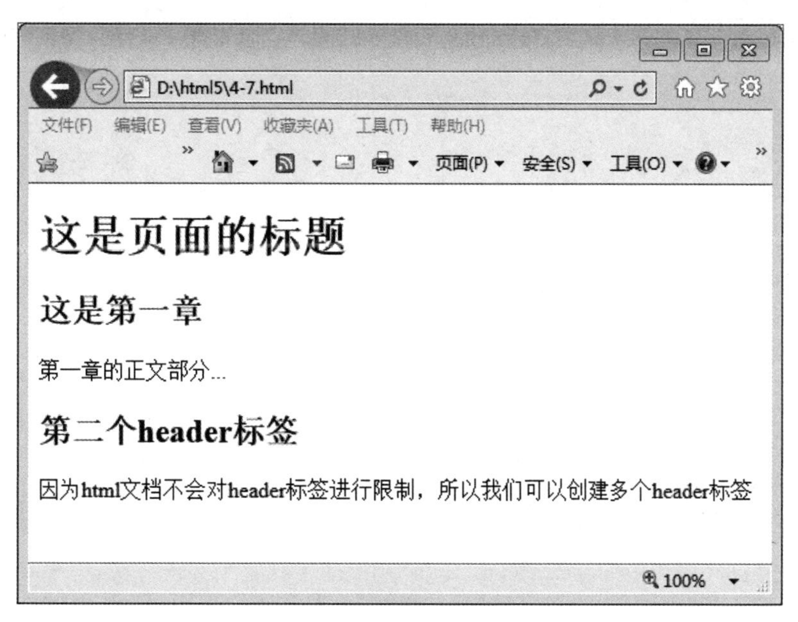

图4-7

4.3.2 hgroup元素

hgroup元素用于将不同层级的标题封装成一组，例如把一个内容区块的标题及其子标题封装为一组。如果要定义一个页面的大纲，使用hgroup非常合适，例如定义文章的大纲层级。

【例4.7】hgroup元素的使用方法

示例代码如下所示。

```
<hgroup>
<h1>第三节</h1>
<h2>2.5hgroup元素</h2>
</hgroup>
```

在以下两种情况中，header元素和hgroup元素不能一起使用。

一种是当只有一个标题的时候，二者不能一起用，示例代码如下：

```
<header>
<hgroup>
<h1>第三节</h1>
<p>正文部分...</p>
</hgroup>
</header>
```

在这种情况下，只能将hgroup元素移除，仅保留其标题元素。

```
<header>
<h1>第三节</h1>
<p>正文部分...</p>
</header>
```

一种是当header元素的子元素只有hgroup元素的时候，二者不能一起用，示例代码如下:

```
<header>
<hgroup>
<h1>HTML 5 hgroup元素</h1>
<h2>hgroup元素使用方法</h2>
</hgroup>
</header>
```

在上面的代码中，header元素的子元素只有hgroup元素，这时就可以直接将header元素去掉，如下所示:

```
<hgroup>
<h1>HTML 5 hgroup元素</h1>
<h2>hgroup元素使用方法</h2>
</hgroup>
```

如果只有一个标题元素，那么这时并不需要hgroup。当出现两个或者以上的标题元素时，可以使用hgroup元素。当一个标题有副标题或其他与section、article有关的元数据时，适合将hgroup和元数据放到一个单独的header元素中。

4.3.3 footer元素

虽然人们已经习惯使用<div id="footer">来定义页脚部分，但是HTML 5提供了用途更广、扩展性更强的footer元素。footer元素定义文档或节的页脚，通常包含文档的作者、版权信息、使用条款链接、联系信息等。可以在一个文档中使用多个footer元素。

【例4.8】footer元素的使用方法

示例代码如下所示。

```
<div id="footer">
<ul>
<li>关于我们</li>
<li>网站地图</li>
<li>联系我们</li>
<li>回到顶部</li>
<li>版权信息</li>
</ul>
</div>
而现在我们不需要再这样写了，而是使用footer:
<footer>
<ul>
<li>关于我们</li>
<li>网站地图</li>
<li>联系我们</li>
<li>回到顶部</li>
<li>版权信息</li>
</ul>
```

```
</footer>
```

代码的运行效果如图4-8所示。

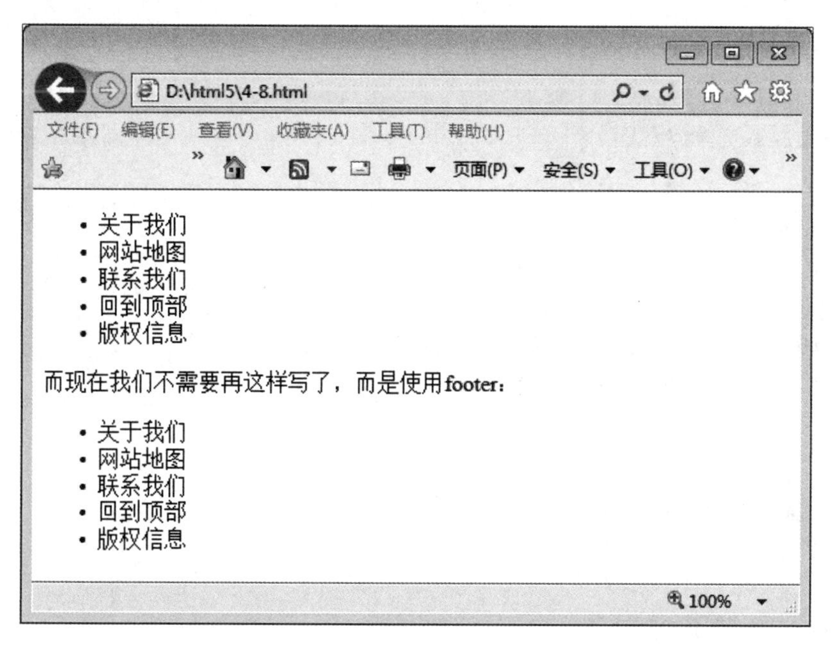

图4-8

比较而言，使用footer元素更加语义化了。

同样，在一个页面中可以使用多个footer元素，既可以用作页面整体的页脚，也可以作为一个内容区块的结尾。比如，在article元素中可以添加脚注，代码如下所示：

```
<article>
<h1>文章标题</h1>
<p>正文部分...</p>
<footer>文章脚注</footer>
</article>
```

在section元素中可以添加脚注，代码如下所示：

```
<section>
<h1>段落标题</h1>
<p>正文部分</p>
<footer>本段脚注</footer>
</section>
```

4.3.4 address元素

address元素定义文档、文章的作者或拥有者的联系信息。

如果address元素位于body元素内，则它表示文档的联系信息。

如果address元素位于article元素内，则它表示文章的联系信息。

address元素中的文本通常呈现为斜体，多数浏览器会在address元素前后添加折行。

【例4.9】address元素的使用方法

示例代码如下所示。

```
<!DOCTYPE html>
<html lang="en">
<head>
<meta charset="UTF-8">
<title>address元素</title>
</head>
<body>
<header>
<address>
写信给我们<br/>
<a href="xxxitanyxxx.com">进入官网</a><br/>
地址：江苏徐州云龙区矿大软件园458号8栋<br/>
tel：221333
</address>
</header>
</body>
</html>
```

代码的运行效果如图4-9所示。

图4-9

4.4 表单相关属性

在HTML 5中，表单新增的属性如下。

- autofocus属性：它可以用在input（type=text、select、textarea、button）元素中。autofocus属性可以让元素在打开页面时自动获得焦点。
- placeholder属性：它可以用在input（type=text、password、textarea）元素中，使用该属性会对用户的输入进行提示，通常用于提示可以输入的内容。
- form属性：它用在input、output、select、textarea、button和fieldset元素中。
- required属性：它用在input（type=text）元素和textarea元素中，表示提交时要进行检查，确认该元素内一定要有输入内容。
- 在input元素与button元素中增加了新属性formaction、formenctype、formmethod、formnovavalidate与formtarget，这些属性可以重载form元素的action、enctype、method、novalidate与target属性。
- 在input元素、button元素和form元素中增加了novalidate属性，该属性可以取消提交时的有关检查，表单可以被无条件地提交。

4.5 其他相关属性

在HTML 5中，与链接相关的新增属性如下。

- 在a与area元素中增加了media属性，它规定目标URL用什么类型的媒介进行优化。
- 在area元素中增加了hreflang属性与rel属性，以保持与a元素和link元素的一致。
- 在link元素中增加了sizes属性，它用于指定关联图标（icon元素）的大小，通常可以与icon元素结合使用。
- 在base元素中增加了target属性，主要目的是保持与a元素的一致性。
- 在meta元素中增加了charset属性，它为文档的字符编码的指定提供了一种良好的方式。
- 在meta元素中增加了type和label两个属性。label属性为菜单定义一个可见的标注，type属性让菜单可以以上下文菜单、工具条、列表菜单3种形式出现。
- 在style元素中增加了scoped属性，它用来规定样式的作用范围。
- 在script元素中增加了async属性，它用于定义脚本是否异步执行。

4.6 HTML 5中废除的元素

在HTML 5中除了新增元素，也废弃了一些以前的元素。

（1）能使用CSS替代的元素。

在HTML 5中，使用编辑CSS和添加CSS样式表的方式替代了basefont、big、center、font、s、strike、tt和u元素。这些元素都是为页面展示服务的，在HTML 5中使用CSS来替代这些元素完成相应的功能，所以这些标签就被废弃了。

（2）删除frame框架。

由于frame框架对网页可用性存在负面影响，因此HTML 5已不支持frame框架，只支持iframe框架，或者使用服务器方创建的由多个页面组成的复合页面形式。

（3）属性上的差异。

HTML 5与HTML 4不但在语法上和元素上有差异，在属性上也有差异。HTML 5与HTML 4相比，增加了许多属性，同时删除了许多不用的属性。

4.7 HTML 5中废除的属性

在HTML 5中，省略或采用其他属性、方案替代了一些属性，具体说明如下。

- rav：该属性在HTML 5中被rel替代。
- charset：该属性在被链接的资源中使用HTTPContent-type头元素。
- target：该属性在HTML 5中被省略。
- nohref：该属性在HTML 5中被省略。
- profile：该属性在HTML 5中被省略。
- version：该属性在HTML 5中被省略。
- archive、classid和codebase：在HTML 5中，这三个属性被param属性替代。
- scope：该属性在被链接的资源中使用HTTPContent-type头元素。

实际上，在HTML 5中还有很多被废弃的属性，这里就不过多介绍了。

Chapter

05

表格的应用

本章概述

利用表格可以实现不同的布局方式。首先需要了解表格在网页中的作用，表格在网页中基本组成单位是什么，了解了这些之后才能一步步设置单元格、表格边框和表格中的文字。本章就一起学习关于表格的基本常识。

重点知识

- 表格标签
- 表格的结构标签
- 设置表格边框样式
- 给边框设置颜色
- 为表格背景插入图片
- 合并单元格

5.1 创建表格

表格是排版网页的最佳手段。在HTML网页中，绝大多数的页面是使用表格进行排版的。在HTML的语法中，表格主要通过三个标记构成，即表格标记、行标记、单元格标记，它们的说明如表5-1所示。

表5-1　表格的标记

标记	标记描述
<table></table>	表格标记
<tr></tr>	行标记
<td></td>	设置所使用的脚本语言，此属性已代替language属性

5.1.1 表格的基本构成

表格中各元素的含义介绍如下。

- 行和列：一张表格中横向的叫行，纵向的叫列。
- 单元格：行列交叉的部分。
- 边距：单元格中的内容和边框之间的距离。
- 间距：单元格和单元格之间的距离。
- 边框：整张表格的边缘。
- 表格的三要素：行、列、单元格。
- 表格的嵌套：是指在一个表格的单元格中插入另一个表格。表格大小受单元格的大小限制。

5.1.2 表格标签

<table>用来定义表格，一个表格只能出现一次。<tr>标签定义表格中的行，一个表格可以出现多次。<td>标签用来定义表格中的标准单元格，<td>中的文本一般显示为正常字体且左对齐。

【例5.1】<table>标签的使用方法

示例代码如下所示。

```
<!doctype html>
<html>
<head>
<meta http-equiv="Content-Type" content="text/html; charset=utf-8" />
<title><table>标签</title>
</head>
<body>
```

```
<table>
<tr>
<th>班级</th>
<th>平均分</th>
</tr>
<tr>
<td>三年级</td>
<td>85.6</td>
</tr>
<tr>
<td>四年级</td>
<td>86.5</td>
</tr>
<tr>
<td>五年级</td>
<td>85.1</td>
</tr>
<tr>
<td>六年级</td>
<td>82.3</td>
</tr>
</table>
</body>
</html>
```

代码的运行效果如图5-1所示。

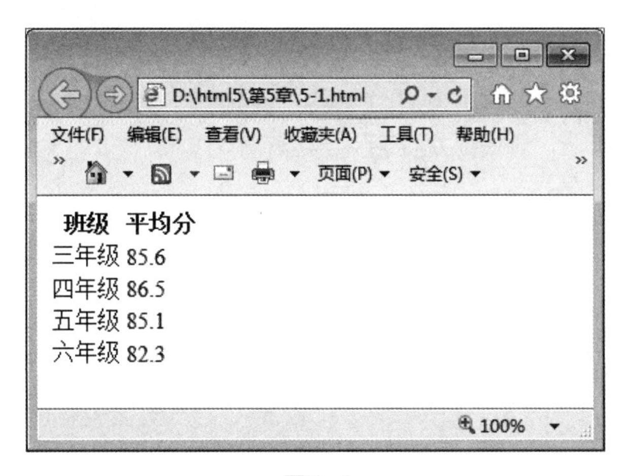

图5-1

从上面的代码可以看出标签的语法：<table><tr><td></td></tr></table>。

5.1.3 表格的结构标签

表格的结构标签有表首标签<thead>、表主体标签<tbody>、表尾标签<tfoot>，这些标签都是成对出现的。

表首标签<thead>用于表格最上端表首的样式，可以设置文本对齐方式、背景颜色。

【例5.2】表格结构标签的使用方法

示例代码如下所示。

```
<!doctype html>
<html>
<head>
<meta http-equiv="Content-Type" content="text/html; charset=utf-8" />
<title>表格的结构标签</title>
</head>
<body>
<table>
<thead>
<tr>
<th>三月</th>
<th>营业额</th>
</tr>
</thead>
<tfoot>
<tr>
<td>总和</td>
<td>$180</td>
</tr>
</tfoot>
<tbody>
<tr>
<td>第二周</td>
<td>$100</td>
</tr>
<tr>
<td>第三周</td>
<td>$80</td>
</tr>
</tbody>
</table>
</body>
</html>
```

代码的运行效果如图5-2所示。

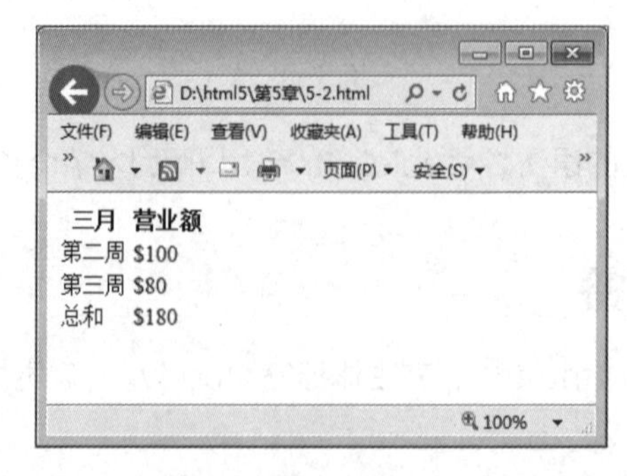

图5-2

5.2 设置表格边框样式

> 表格的边框可以设置粗细、颜色等效果，使用border属性进行设置。单元格的间距同样可以调整。

5.2.1 给表格设置边框

如果不指定border属性，那么浏览器将不会显示表格的边框。如果想要给表格设置边框，就需要使用border属性。

【例5.3】设置表格边框

示例代码如下所示。

```
<!doctype html>
<html>
<head>
<meta http-equiv="Content-Type" content="text/html; charset=utf-8" />
<title>设置表格边框</title>
</head>
<body>
<table border="1">
<tr>
<th>班级</th>
<th>平均分</th>
</tr>
<tr>
<td>三年级</td>
<td>85.6</td>
</tr>
<tr>
<td>四年级</td>
<td>86.5</td>
</tr>
<tr>
<td>五年级</td>
<td>85.1</td>
</tr>
<tr>
<td>六年级</td>
<td>82.3</td>
</tr>
</table>
</body>
</html>
```

代码的运行效果如图5-3所示。

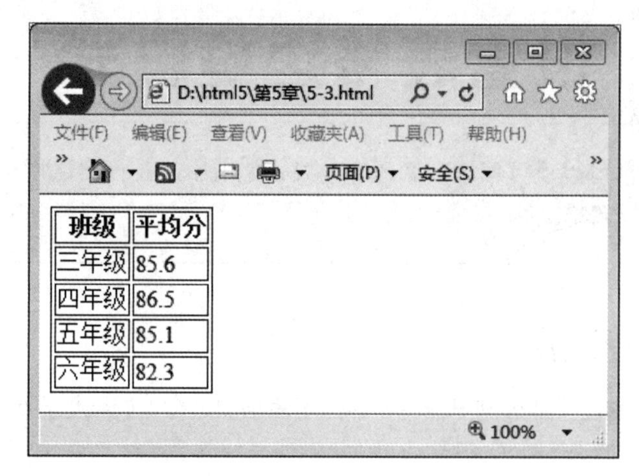

图5-3

从上面的代码可以看出，border属性的使用方法：border=“值”。

5.2.2 设置表格边框宽度

设置表格的边框宽度就是对border属性的值进行修改，接下来通过一个示例来了解表格的边框宽度该怎么设置。

【例5.4】设置表格边框的宽度

示例代码如下所示。

```
<!doctype html>
<html>
<head>
<meta http-equiv="Content-Type" content="text/html; charset=utf-8" />
<title>设置表格边框的宽度</title>
</head>
<body>
<table border="5">
<tr>
<th>班级</th>
<th>平均分</th>
</tr>
<tr>
<td>三年级</td>
<td>85.6</td>
</tr>
<tr>
<td>四年级</td>
<td>86.5</td>
</tr>
<tr>
<td>五年级</td>
```

```
<td>85.1</td>
</tr>
<tr>
<td>六年级</td>
<td>82.3</td>
</tr>
</table>
</body>
</html>
```

代码的运行效果如图5-4所示。

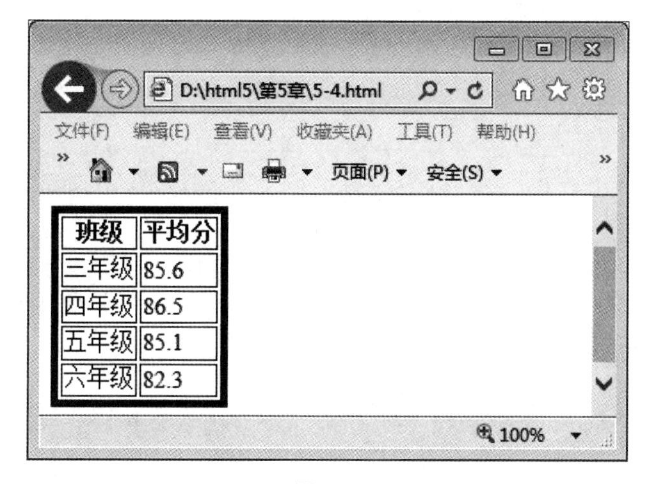

图5-4

以上代码将border的值设置为5个像素，如图5-4所示的表格边框就比图5-3所示的边框粗了。

5.2.3 设置表格边框颜色

如果不设置边框的颜色，那么边框在浏览器中显示为灰色。可以使用bordercolor属性设置边框的颜色。

【例5.5】设置表格边框的颜色

示例代码如下所示。

```
<!doctype html>
<html>
<head>
<meta http-equiv="Content-Type" content="text/html; charset=utf-8" />
<title>设置表格边框的颜色</title>
</head>
<body>
<table border="5" bordercolor="#ccffoo">
<tr>
<th>班级</th>
<th>平均分</th>
```

```
</tr>
<tr>
<td>三年级</td>
<td>85.6</td>
</tr>
<tr>
<td>四年级</td>
<td>86.5</td>
</tr>
<tr>
<td>五年级</td>
<td>85.1</td>
</tr>
<tr>
<td>六年级</td>
<td>82.3</td>
</tr>
</table>
</body>
</html>
```

代码的运行效果如图5-5所示。

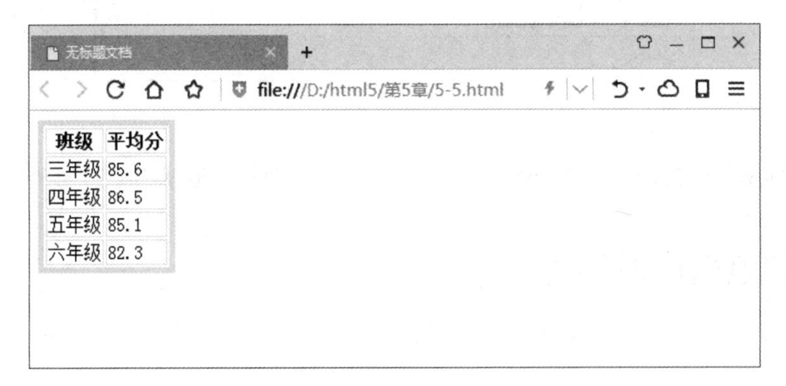

图5-5

从以上代码可以看出，给边框设置颜色的方法是：bordercolor=“颜色值”。

5.2.4 设置表格单元格的间距

单元格之间的间距用cellspacing属性设置，宽度值是像素。

【例5.6】设置表格单元格的间距

示例代码如下所示。

```
<!doctype html>
<html>
<head>
<meta http-equiv="Content-Type" content="text/html; charset=utf-8" />
```

```
<title>设置表格单元格的间距</title>
</head>
<body>
<table border="5" bordercolor="red" cellspacing="6">
<tr>
<th>班级</th>
<th>平均分</th>
</tr>
<tr>
<td>三年级</td>
<td>85.6</td>
</tr>
<tr>
<td>四年级</td>
<td>86.5</td>
</tr>
<tr>
<td>五年级</td>
<td>85.1</td>
</tr>
<tr>
<td>六年级</td>
<td>82.3</td>
</tr>
</table>
</body>
</html>
```

代码的运行效果如图5-6所示。

图5-6

从以上代码可以看出，单元格之间的间距是6像素。

5.2.5 设置表格文字与边框的间距

单元格中的文字在默认情况下都是紧贴单元格的边框，如果设置文字与边框的间距值就要用到cellpadding属性。

【例5.7】设置表格文字与边框的间距

示例代码如下所示。

```
<!doctype html>
<html>
<head>
<meta http-equiv="Content-Type" content="text/html; charset=utf-8" />
<title>设置表格文字与边框的间距</title>
</head>
<body>
<table border="5" bordercolor="red" cellspacing="6" cellpadding="8">
<tr>
<th>班级</th>
<th>平均分</th>
</tr>
<tr>
<td>三年级</td>
<td>85.6</td>
</tr>
<tr>
<td>四年级</td>
<td>86.5</td>
</tr>
<tr>
<td>五年级</td>
<td>85.1</td>
</tr>
<tr>
<td>六年级</td>
<td>82.3</td>
</tr>
</table>
</body>
</html>
```

代码的运行效果如图5-7所示。

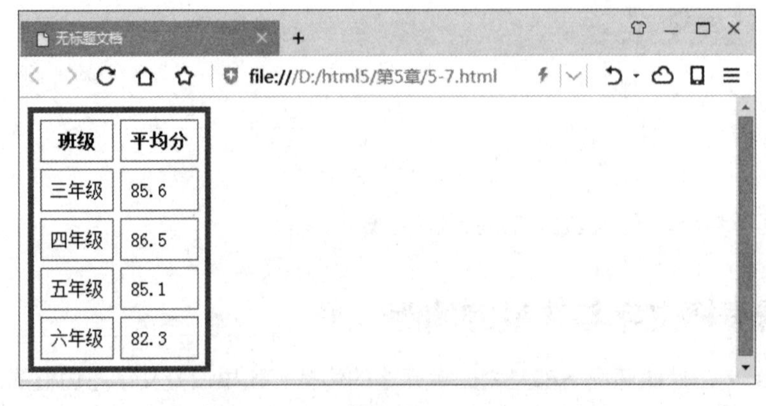

图5-7

从以上代码可以看出，文字与边框的边距为8像素（cellpadding="8"）。

5.2.6 设置表格标题

在实际应用中，每个表格都会用一个标题来说明表格的主题，可以用caption属性来设置表格的标题。

【例5.8】设置表格标题

示例代码如下所示。

```
<!doctype html>
<html>
<head>
<meta http-equiv="Content-Type" content="text/html; charset=utf-8" />
<title>设置表格标题</title>
</head>
<body>
<table border="5" bordercolor="red" cellspacing="6" cellpadding="8">
<caption>四到六年级平均分</caption>
<tr>
<th>班级</th>
<th>平均分</th>
</tr>
<tr>
<td>三年级</td>
<td>85.6</td>
</tr>
<tr>
<td>四年级</td>
<td>86.5</td>
</tr>
<tr>
<td>五年级</td>
<td>85.1</td>
</tr>
<tr>
<td>六年级</td>
<td>82.3</td>
</tr>
</table>
</body>
</html>
```

代码的运行效果如图5-8所示。从以上代码可以看出，设置表格的标题要用到caption属性，需要注意的是caption标签在代码中的位置。

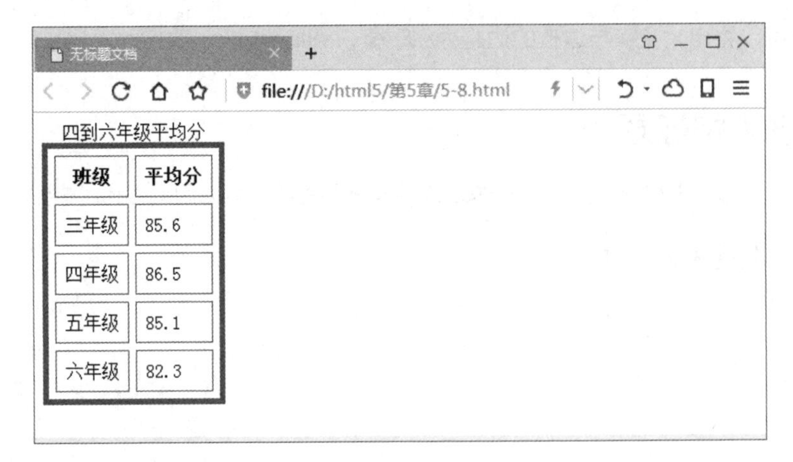

图5-8

5.3 设置表格大小和行内属性

本节讲解整个表格大小的设置。在设置了表格大小之后，还可以设置每行的大小和属性。下面将对相关属性进行一一讲解。

5.3.1 设置整个表格的大小

表格的宽和高可以用width和height属性设置，其中width属性用来规定表格的宽度，height属性用以指定表格的高度。这两个属性的参数值可以是数字或者百分数，其中数字表示表格的宽（高）所占的像素点，百分数表示表格的宽（高）占据浏览器窗口的宽（高）度的百分比。

【例5.9】设置表格大小

示例代码如下所示。

```
<!doctype html>
<html>
<head>
<meta http-equiv="Content-Type" content="text/html; charset=utf-8" />
<title>设置表格大小</title>
</head>
<body>
<table border="1" width="400" >
<caption>四到六年级平均分</caption>
<tr>
<th>班级</th>
<th>平均分</th>
</tr>
<tr>
```

```
<td>三年级</td>
<td>85.6</td>
</tr>
<tr>
<td>四年级</td>
<td>86.5</td>
</tr>
<tr>
<td>五年级</td>
<td>85.1</td>
</tr>
<tr>
<td>六年级</td>
<td>82.3</td>
</tr>
</table>
</body>
</html>
```

代码的运行效果如图5-9所示。

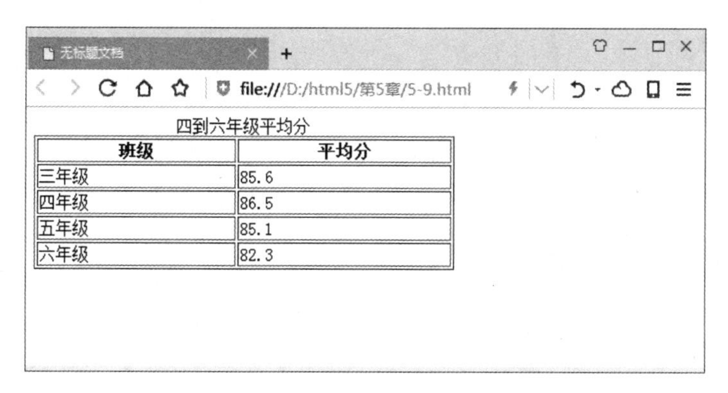

图5-9

从以上代码可以看出，表格的宽度是400像素，没有设置高度，采用默认值。

5.3.2 设置表格中行的属性

使用height属性可以设置表格中行的高度，下面将介绍如何设置行的属性。

【例5.10】设置表格的行属性

示例代码如下所示。

```
<!doctype html>
<html>
<head>
<meta http-equiv="Content-Type" content="text/html; charset=utf-8" />
<title>设置表格的行属性</title>
</head>
```

```
<body>
<table border="1" width="400" >
<caption>四到六年级平均分</caption>
<tr height="80">
<th>班级</th>
<th>平均分</th>
</tr>
<tr>
<td>三年级</td>
<td>85.6</td>
</tr>
<tr>
<td>四年级</td>
<td>86.5</td>
</tr>
<tr>
<td>五年级</td>
<td>85.1</td>
</tr>
<tr>
<td>六年级</td>
<td>82.3</td>
</tr>
</table>
</body>
</html>
```

代码的运行效果如图5-10所示。

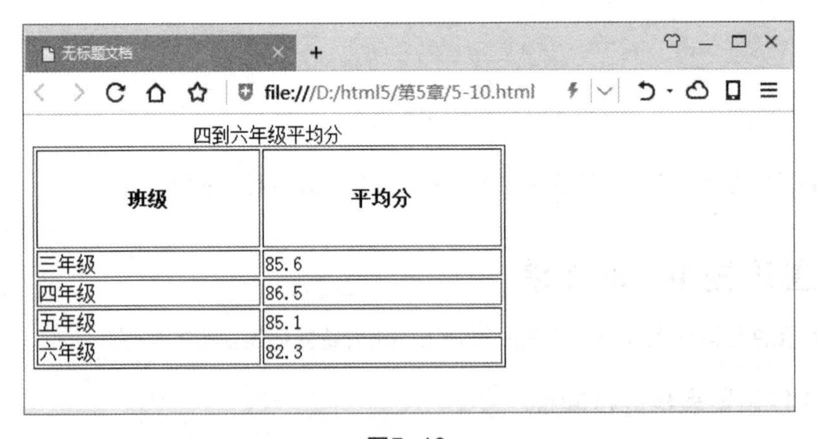

班级	平均分
三年级	85.6
四年级	86.5
五年级	85.1
六年级	82.3

图5-10

从以上代码可以看出，给第一行设置的高度为80像素。

5.3.3 设置行的背景颜色

设置行背景需用到bgcolor属性，而这里设置的背景颜色只用于当前行，并会覆盖<table>中的颜色，同时它会被单元格的颜色所覆盖。

【例5.11】设置行的背景颜色

示例代码如下所示。

```
<!doctype html>
<html>
<head>
<meta http-equiv="Content-Type" content="text/html; charset=utf-8" />
<title>设置行的背景颜色</title>
</head>
<body>
<table border="1" width="400" >
<caption>四到六年级平均分</caption>
<tr height="80" bgcolor="#FFFF66">
<th>班级</th>
<th>平均分</th>
</tr>
<tr>
<td>三年级</td>
<td>85.6</td>
</tr>
<tr>
<td>四年级</td>
<td>86.5</td>
</tr>
<tr>
<td>五年级</td>
<td>85.1</td>
</tr>
<tr>
<td>六年级</td>
<td>82.3</td>
</tr>
</table>
</body>
</html>
```

代码的运行效果如图5-11所示。

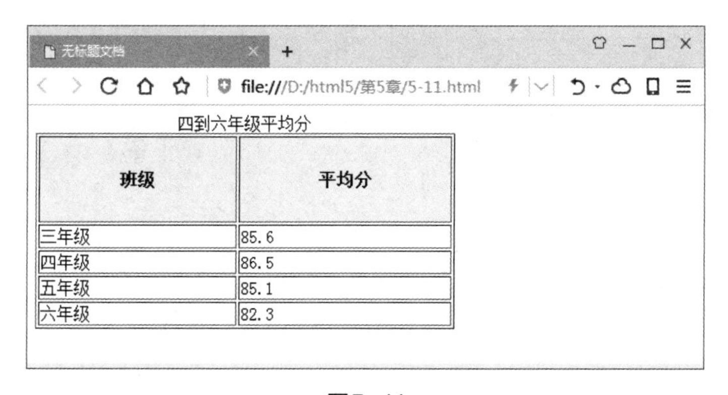

图5-11

从以上代码可以看出，第一行的颜色属性值是#FFFF66。

5.3.4 设置行内文字的对齐方式

如果想单独给表格内的某一行设置不同的样式，就要用到align属性和valign属性。

行内的align属性是控制选中行的水平对齐方式。虽然不受整个表格对齐方式的影响，但会被单元格的对齐方式覆盖。

【例5.12】设置行内文字的水平对齐方式

示例代码如下所示。

```
<!doctype html>
<html>
<head>
<meta http-equiv="Content-Type" content="text/html; charset=utf-8" />
<title>设置行内文字的水平对齐方式</title>
</head>
<body>
<table border="1" width="400" >
<caption>四到六年级平均分</caption>
<tr height="80" bgcolor="#FFFF66" align="right">
<th>班级</th>
<th>平均分</th>
</tr>
<tr>
<td>三年级</td>
<td>85.6</td>
</tr>
<tr>
<td>四年级</td>
<td>86.5</td>
</tr>
<tr>
<td>五年级</td>
<td>85.1</td>
</tr>
<tr>
<td>六年级</td>
<td>82.3</td>
</tr>
</table>
</body>
</html>
```

代码的运行效果如图5-12所示。从上面的代码可以看出，给第一行文字设置了水平右对齐。水平对齐方式有三种，分别是left、right和center。默认的对齐方式是左对齐。

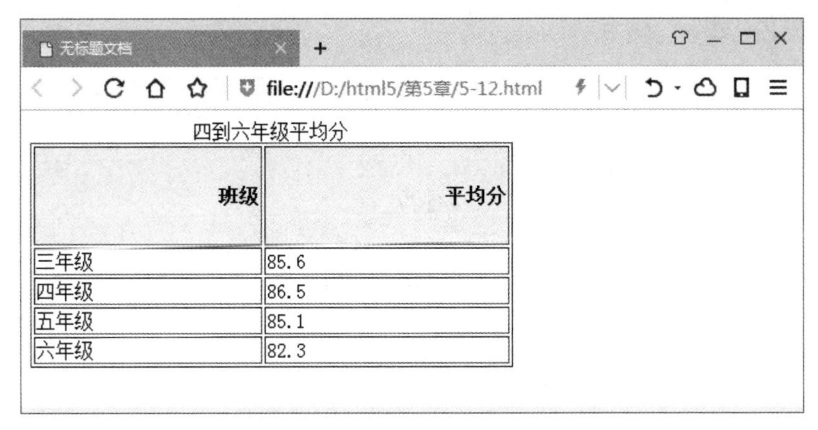

图5-12

【例5.13】设置行内文字的垂直对齐方式

示例代码如下所示。

```
<!doctype html>
<html>
<head>
<meta http-equiv="Content-Type" content="text/html; charset=utf-8" />
<title>设置行内文字的垂直对齐方式</title>
</head>
<body>
<table border="1" width="400" >
<caption>四到六年级平均分</caption>
<tr height="80" bgcolor="#FFFF66" valign="top">
<th>班级</th>
<th>平均分</th>
</tr>
<tr>
<td>三年级</td>
<td>85.6</td>
</tr>
<tr>
<td>四年级</td>
<td>86.5</td>
</tr>
<tr>
<td>五年级</td>
<td>85.1</td>
</tr>
<tr>
<td>六年级</td>
<td>82.3</td>
</tr>
</table>
</body>
</html>
```

代码的运行效果如图5-13所示。

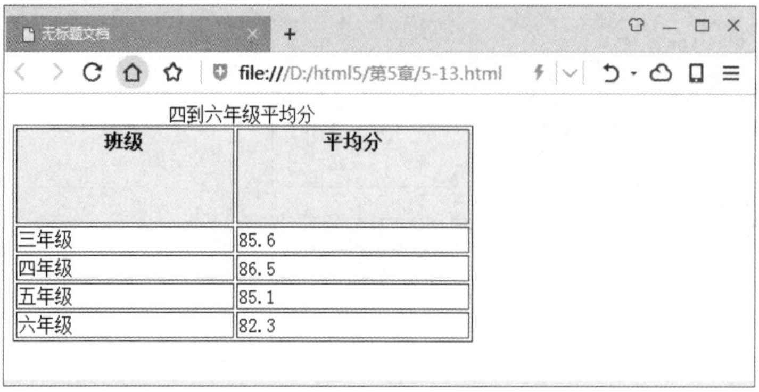

四到六年级平均分

班级	平均分
三年级	85.6
四年级	86.5
五年级	85.1
六年级	82.3

图5-13

从这段代码可以看出，给第一行设置的垂直对齐方式为上对齐。垂直对齐方式同样有三种，分别是top、bottom和middle。

5.4 设置表格的背景

为了美化表格，可以设置表格背景的颜色，还可以为表格的背景添加图片，使表格看起来不单调。

5.4.1 设置表格背景的颜色

可以使用bgcolor属性定义表格的背景颜色。需要注意的是，bgcolor定义的颜色是整个表格的背景颜色，如果行、列或者单元格被定义了颜色，那么将会覆盖背景颜色。

【例5.14】给表格背景设置颜色

示例代码如下所示。

```
<!doctype html>
<html>
<head>
<meta http-equiv="Content-Type" content="text/html; charset=utf-8" />
<title>给表格背景设置颜色</title>
</head>
<body>
<table border="1" width="400" bgcolor="#ffff66">
<caption>四到六年级平均分</caption>
<tr>
<th>班级</th>
<th>平均分</th>
```

```
</tr>
<tr>
<td>三年级</td>
<td>85.6</td>
</tr>
<tr>
<td>四年级</td>
<td>86.5</td>
</tr>
<tr>
<td>五年级</td>
<td>85.1</td>
</tr>
<tr>
<td>六年级</td>
<td>82.3</td>
</tr>
</table>
</body>
</html>
```

代码的运行效果如图5-14所示。

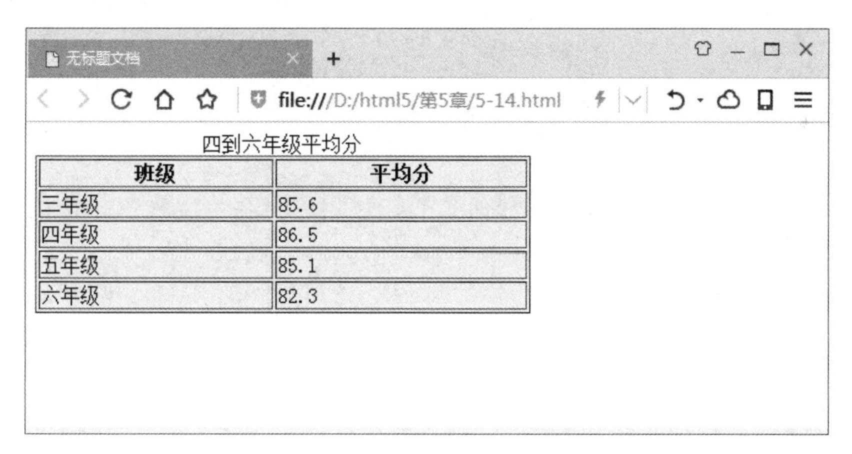

图5-14

从上面的代码可以看出，表格的背景颜色为#ffff66。

5.4.2 为表格背景插入图片

除了设置表格背景的颜色之外，还可以为其插入图片。当然插入的图片颜色不要很深，以免看不清文字。

【例5.15】为表格的背景插入图片

示例代码如下所示。

```
<!doctype html>
```

```
<html>
<head>
<meta http-equiv="Content-Type" content="text/html; charset=utf-8" />
<title>为表格的背景插入图片</title>
</head>
<body>
<table border="1" width="400" background="img.png">
<caption>四到六年级平均分</caption>
<tr>
<th>班级</th>
<th>平均分</th>
</tr>
<tr>
<td>三年级</td>
<td>85.6</td>
</tr>
<tr>
<td>四年级</td>
<td>86.5</td>
</tr>
<tr>
<td>五年级</td>
<td>85.1</td>
</tr>
<tr>
<td>六年级</td>
<td>82.3</td>
</tr>
</table>
</body>
</html>
```

代码的运行效果如图5-15所示。

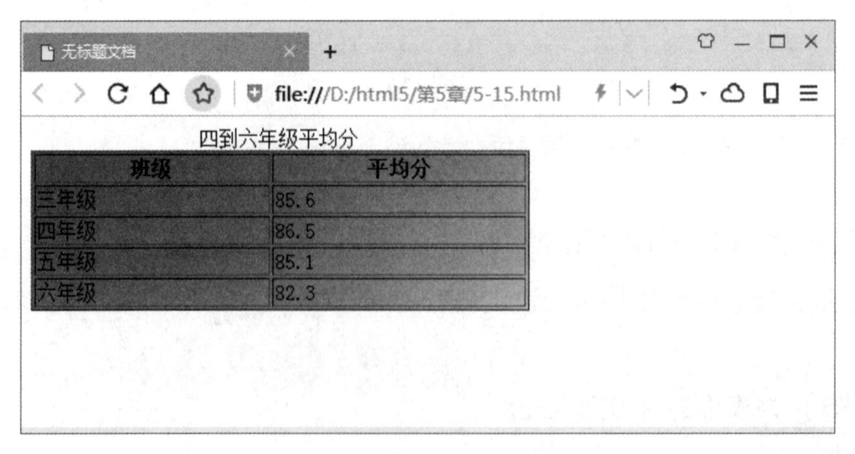

图5-15

从上面的代码可以看出，表格的背景是一张图片。

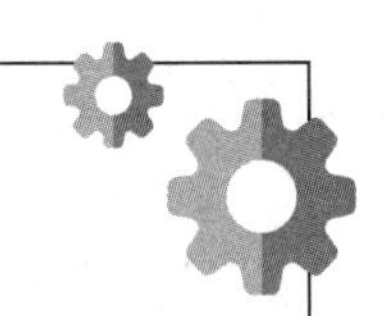

5.5 设置单元格的样式

“单元格是表格中的基本单位，一行可以有多个单元格，每个单元格都可以设置不同的样式，如颜色、跨度、对齐方式等，这些样式可以覆盖整个表格或者某个行的已经定义的样式。”

5.5.1 设置单元格的大小

如果不单独设置单元格的属性，其宽度和高度都会根据内容自动调整。如果要单独设置单元格的大小，可以通过width和height进行设置。

【例5.16】设置单元格的大小

示例代码如下所示。

```
<!doctype html>
<html>
<head>
<meta http-equiv="Content-Type" content="text/html; charset=utf-8" />
<title>设置单元格的大小</title>
</head>
<body>
<table border="1" width="400">
<caption>四到六年级平均分</caption>
<tr>
<th>班级</th>
<th>平均分</th>
</tr>
<tr>
<td width="60" height="50">三年级</td>
<td>85.6</td>
</tr>
<tr>
<td height="30">四年级</td>
<td>86.5</td>
</tr>
<tr>
<td>五年级</td>
<td>85.1</td>
</tr>
<tr>
<td>六年级</td>
<td>82.3</td>
</tr>
```

```
</table>
</body>
</html>
```

代码的运行效果如图5-16所示。

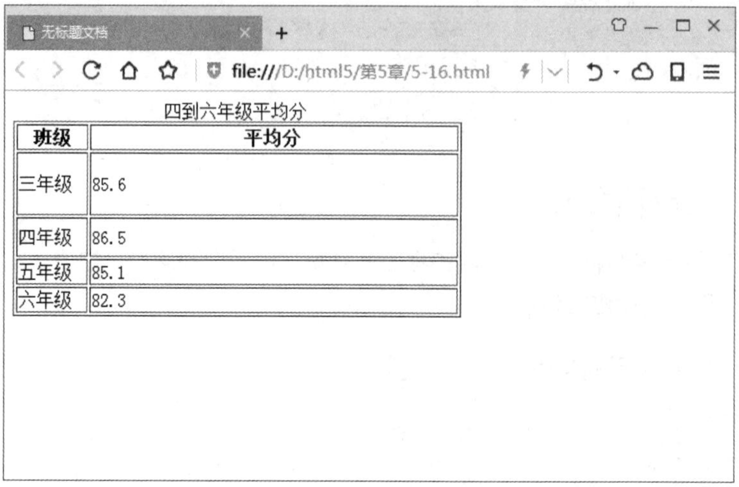

图5-16

从以上代码可以看出，表格第二行的宽度是60像素，高度是50像素，第三行的高度是30像素。

5.5.2 设置单元格的背景颜色

定义单元格的背景颜色和定义表格的背景颜色大致相同，都是用bgcolor属性进行设置。不同的是，单元格的背景可以覆盖表格定义的背景色。

【例5.17】设置单元格的背景颜色

示例代码如下所示。

```
<!doctype html>
<html>
<head>
<meta http-equiv="Content-Type" content="text/html; charset=utf-8" />
<title>设置单元格的背景颜色</title>
</head>
<body>
<table border="1" width="400">
<caption>四到六年级平均分</caption>
<tr>
<th>班级</th>
<th>平均分</th>
</tr>
<tr>
<td width="60" height="50">三年级</td>
<td>85.6</td>
```

```
</tr>
<tr>
<td height="30">四年级</td>
<td>86.5</td>
</tr>
<tr>
<td bgcolor="#009999">五年级</td>
<td>85.1</td>
</tr>
<tr>
<td>六年级</td>
<td>82.3</td>
</tr>
</table>
</body>
</html>
```

代码的运行效果如图5-17所示。

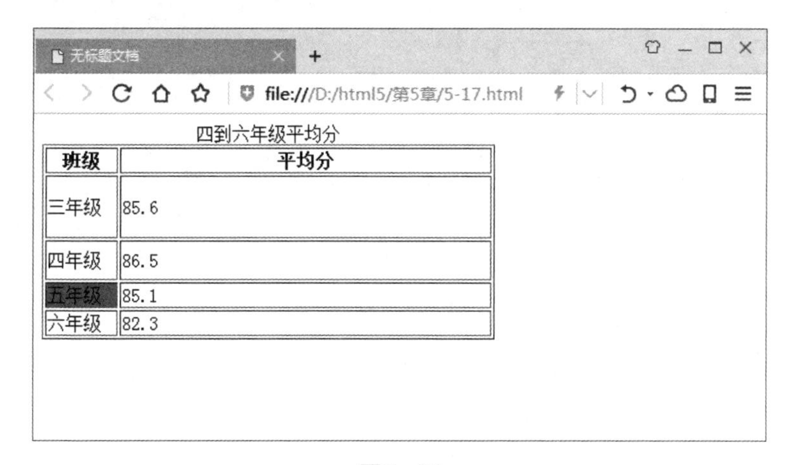

图5-17

从以上代码可以看出，给表格的第四行第一列的单元格设置了颜色属性。

5.5.3 设置单元格的边框属性

单元格的边框属性其实很简单，和整个表格的边框属性设置相似，下面就详细讲解。

【例5.18】设置单元格边框的颜色

示例代码如下所示。

```
<!doctype html>
<html>
<head>
<meta http-equiv="Content-Type" content="text/html; charset=utf-8" />
<title>设置单元格边框的颜色</title>
</head>
```

```
<body>
<table border="1" width="600">
<caption>四到六年级平均分</caption>
<tr>
<th>班级</th>
<th>平均分</th>
</tr>
<tr>
<td width="60" height="50">三年级</td>
<td>85.6</td>
</tr>
<tr>
<td height="30">四年级</td>
<td>86.5</td>
</tr>
<tr>
<td bgcolor="#009999">五年级</td>
<td>85.1</td>
</tr>
<tr>
<td>六年级</td>
<td bordercolor="red">82.3</td>
</tr>
</table>
</body>
</html>
```

代码的运行效果如图5-18所示。

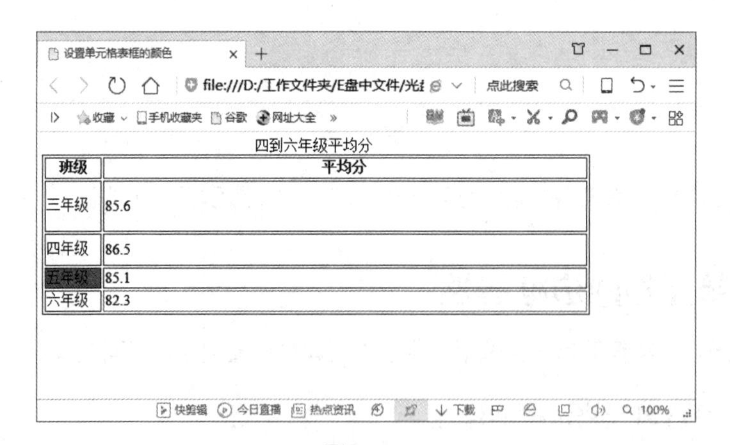

图5-18

从以上代码可以看出，表格第五行第二列的单元格的边框颜色为红色。

5.5.4 合并单元格

在设计表格的时候，有时需要将两个或者几个相邻的单元格合并成一个单元格，这时就要用到colspan属性和rowspan属性。

【例5.19】设置表格的水平跨度

示例代码如下所示。

```
<!doctype html>
<html>
<head>
<meta http-equiv="Content-Type" content="text/html; charset=utf-8" />
<title>设置表格的水平跨度</title>
</head>
<body>
<table border="1" width="600">
<caption>四到六年级平均分</caption>
<tr>
<th>班级</th>
<th>平均分</th>
</tr>
<tr>
<td width="60" height="50">三年级</td>
<td>85.6</td>
</tr>
<tr>
<td height="30">四年级</td>
<td>86.5</td>
</tr>
<tr>
<td bgcolor="#009999">五年级</td>
<td>85.1</td>
</tr>
<tr>
<td colspan="2" align="center">六年级 平均分82.3</td>
</tr>
</table>
</body>
</html>
```

代码的运行效果如图5-19所示。

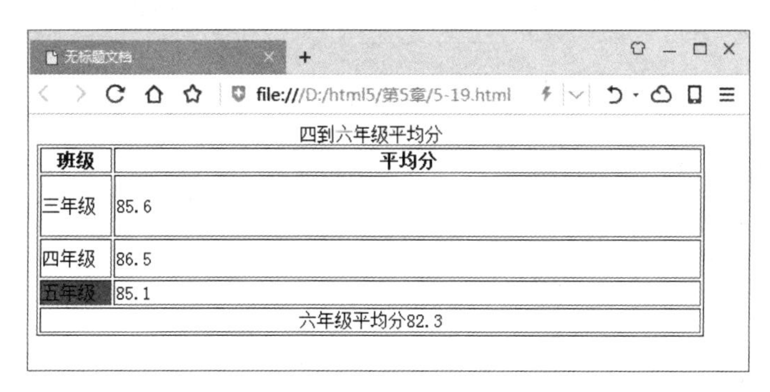

图5-19

从以上代码可以看出，表格最后一行的两个单元格被合并了。

【例5.20】设置表格的垂直跨度

示例代码如下所示。

```
<!doctype html>
<html>
<head>
<meta http-equiv="Content-Type" content="text/html; charset=utf-8" />
<title>设置表格的垂直跨度</title>
</head>
<body>
<table border="1" width="600">
<caption>四到六年级平均分</caption>
<tr>
<th>班级</th>
<th>平均分</th>
</tr>
<tr>
<td width="60" height="50">三年级</td>
<td>85.6</td>
</tr>
<tr>
<td rowspan="2">四年级和五年级</td>
<td>86.5</td>
</tr>
<tr>
<td>85.1</td>
</tr>
<tr>
<td colspan="2" align="center">六年级 平均分82.3</td>
</tr>
</table>
</body>
</html>
```

代码的运行效果如图5-20所示。

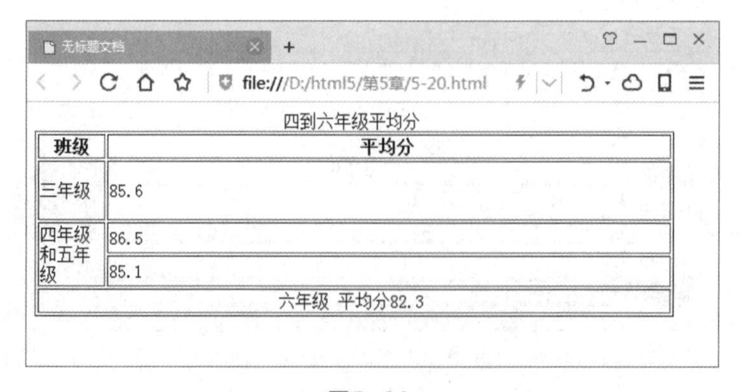

图5-20

从以上代码可以看出，第三行和第四行的第一列的单元格合并在一起了。

Chapter

06

文字和图片样式的应用

本章概述

使用HTML标签可以设置文字、图形、动画、声音、表格、链接等。本章讲解文字样式和图片样式。可以为文字设置段落、字体等样式；可以为图片设置大小、颜色等样式。

重点知识

- 标题文字标签
- 标题文字的对齐方式
- 设置删除线
- 倾斜标签的用法
- 图片的提示文字
- 为图片添加超链接

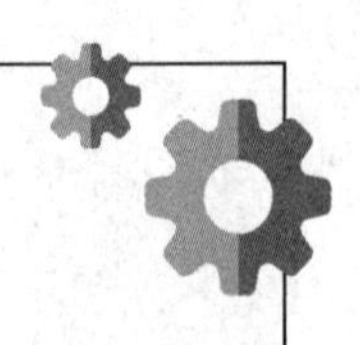

6.1 文字的属性

> 如果想在网页中把文字有序地显示出来，那么需要使用文字的属性标签。从网页中看到的文字有很多样式，如倾斜、加粗、换行等，只需要添加相应的属性即可设置。

6.1.1 标题文字标签

如何设置文章的标题呢？其实很简单，使用<h>标签即可实现。

【例6.1】设置标题文字

示例代码如下所示。

```
<!doctype html>
<html>
<head>
<meta http-equiv="Content-Type" content="text/html; charset=utf-8" />
<title>设置标题文字</title>
</head>
<body>
<h1>标题1</h1>
<h2>标题2</h2>
<h3>标题3</h3>
<h4>标题4</h4>
<h5>标题5</h5>
<h6>标题6</h6>
</body>
</html>
```

代码的运行效果如图6-1所示。

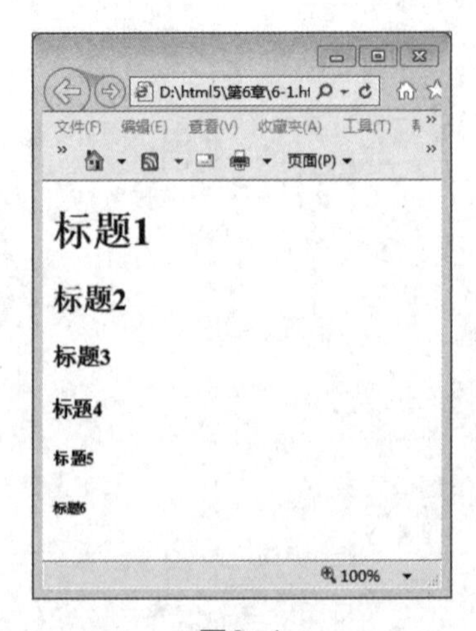

图6-1

从以上代码可以看出，标题标签<h1>~<h6>可以定义标题，<h1>定义最大的标题，<h6>定义最小的标题。

【TIPS】

不要为了加粗文字而使用h标签，需要加粗文字时可以使用b标签。

6.1.2 设置标题文字的对齐方式

在制作网页的时候，标题文字都是使用默认的对齐方式。如果要使用其他对齐方式，就需要使用align属性设置，其属性值如表6－1所示。

表6－1　标题文字的对齐方式

属性值	含义
Left	左对齐（默认对齐方式）
Center	居中对齐
Right	右对齐

语法描述：

```
align="对齐方式"
```

【例6.2】设置标题文字的对齐方式

示例代码如下所示。

```
<!doctype html>
<html>
<head>
<meta http-equiv="Content-Type" content="text/html; charset=utf-8" />
<title>设置标题文字的对齐方式</title>
</head>
<body>
<h1>古诗词鉴赏</h1>
<h2 align="center">清明</h2>
<h3 align="center">杜牧</h3>
<h4 align="left">清明时节雨纷纷，路上行人欲断魂。</h4>
<h4 align="right">借问酒家何处有，牧童遥指杏花村。</h4>
</body>
</html>
```

代码的运行效果如图6-2所示。

从上面的代码和运行效果可以看出，不同对齐方式的标题效果。

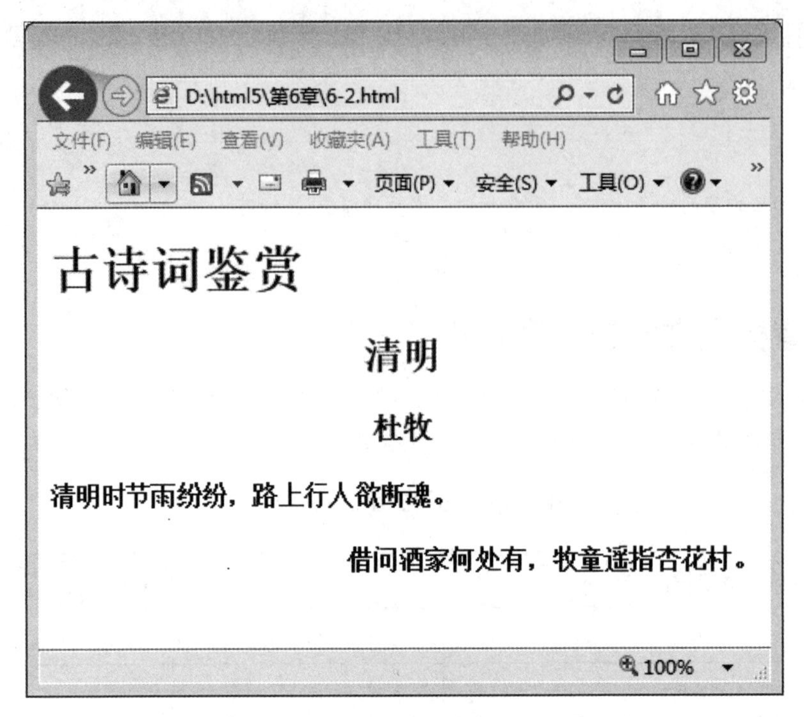

图6-2

6.1.3 设置文字字体

在HTML中，可以使用face属性设置文字的字体效果，注意必须安装相应的字体后，才能浏览设置的字体效果，否则还是会被通用字体所替代，语法描述如下：

```
<font face="字体">应用了该字体的文字</font>
```

【例6.3】设置字体样式

示例代码如下所示。

```
<!doctype html>
<html>
<head>
<meta http-equiv="Content-Type" content="text/html; charset=utf-8" />
<title>设置字体样式</title>
</head>
<body>
<h2 align="center">清明</h2>
<h3 align="center">杜牧</h3>
<font face="黑体">清明时节雨纷纷，路上行人欲断魂。</font>
<font face="楷体">借问酒家何处有，牧童遥指杏花村。</font>
</body>
</html>
```

代码的运行效果如图6-3所示。从以上代码可以看出，文字分别被设置为“黑体”和“楷体”两种字体。

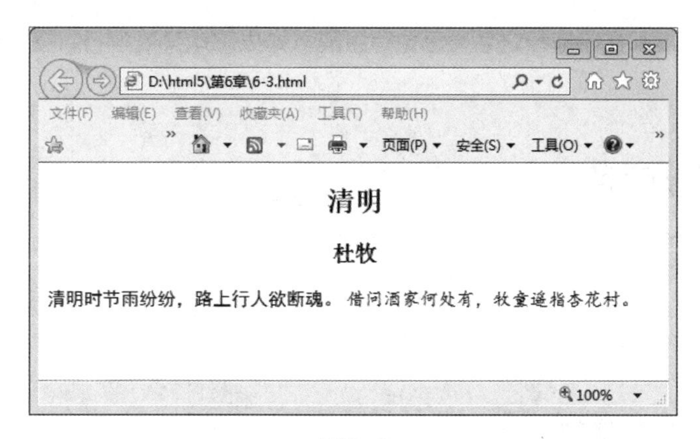

图6-3

6.1.4 设置段落换行

在网页中出现长段文字的时候，为了浏览方便需要把长段文字换行。这里需要使用换行标签
，语法描述如下：

```
<br>                    //此处换行
```

【例6.4】设置段落换行

示例代码如下所示。

```
<!doctype html>
<html>
<head>
<meta http-equiv="Content-Type" content="text/html; charset=utf-8" />
<title>设置段落换行</title>
</head>
<body>
<p>清明时节雨纷纷，路上行人欲断魂。借问酒家何处有，牧童遥指杏花村。</p>
<p>清明时节雨纷纷，<br>路上行人欲断魂。<br>借问酒家何处有，<br>牧童遥指杏花村。</p>
</body>
</html>
```

代码的运行效果如图6-4所示。

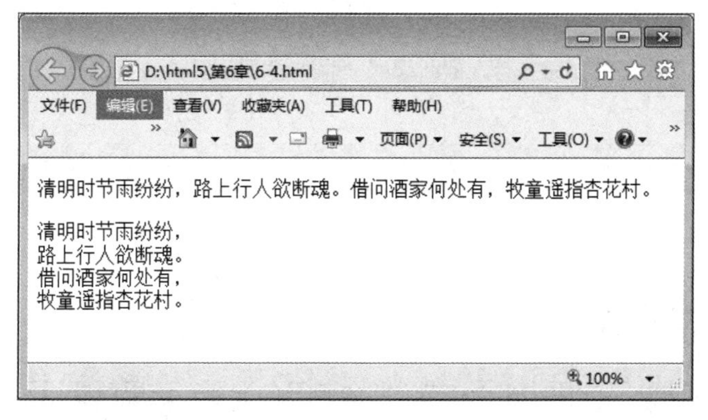

图6-4

从以上效果可以看出，文字换行之后显示更有条理。如果想从某处换行，在想要换行的文字后面添加
标签即可。

6.1.5 设置字体颜色

在网页中，不同颜色的文字可以为文本增加表现力。下面就用color属性来设置文字的颜色，语法描述如下：

```
<font color="颜色值"></font>
```

【例6.5】设置字体颜色

示例代码如下所示。

```
<!doctype html>
<html>
<head>
<meta http-equiv="Content-Type" content="text/html; charset=utf-8" />
<title>设置字体颜色</title>
</head>
<body>
<h2 align="center">清明</h2>
<h3 align="center">杜牧</h3>
<font color="red">清明时节雨纷纷，路上行人欲断魂。</font>
<font color="green">借问酒家何处有，牧童遥指杏花村。</font>
</body>
</html>
```

代码的运行效果如图6-5所示，给一段文字分别设置了红色和绿色。

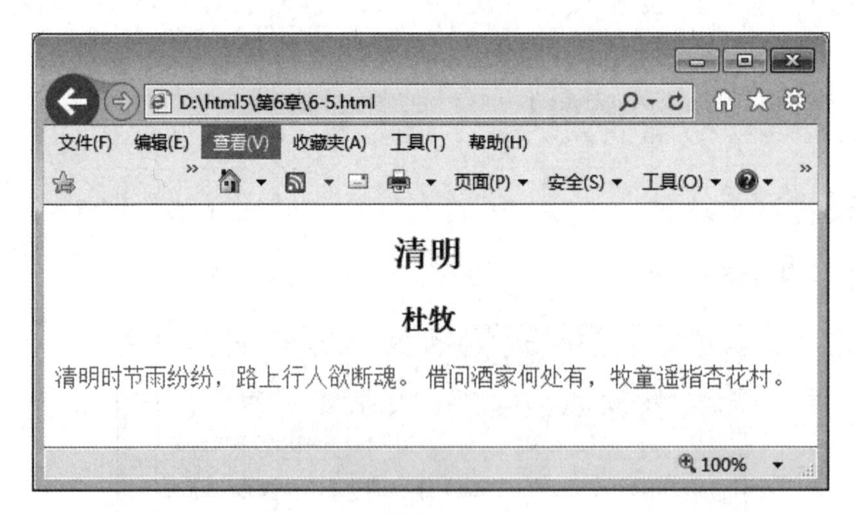

图6-5

6.1.6 设置上标和下标

如果在设计网页的时候，要用到数学公式，那么该怎么设置？这里就要用到sup和sub标签了，语法描述如下：

```
<sup></sup>         //上标标签
<sub></sub>         //下标标签
```

【例6.6】设置文字的上下标记

示例代码如下所示。

```
<!doctype html>
<html>
<head>
<meta http-equiv="Content-Type" content="text/html; charset=utf-8" />
<title>设置文字的上下标记</title>
</head>
<body>
在数学的方程式中应用上标的效果<br/>
X<sup>2</sup>+7X<sup>3</sup>-28=0<br/>
在数学的方程式中应用下标的效果<br/>
X<sub>2</sub>+7X<sub>3</sub>-28=0
</body>
</html>
```

代码的运行效果如图6-6所示，上标和下标出现在数学方程式中了。

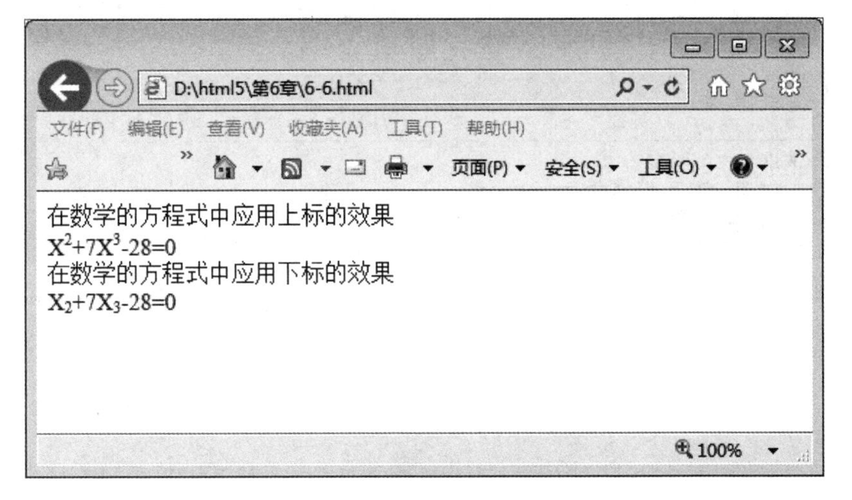

图6-6

6.1.7 设置删除线

可以使用strike属性为文字添加删除线效果，语法描述如下：

```
<strike>文字</strike>
```

或者

```
<s>文字</s>
```

【例6.7】给文字设置删除线

示例代码如下所示。

```
<!doctype html>
<html>
<head>
<meta http-equiv="Content-Type" content="text/html; charset=utf-8" />
<title>给文字设置删除线</title>
</head>
<body>
正常文字的效果<br/>
在文字上使用s标签来添加删除线<br/>
<s>删除文字效果</s><br/>
在文字上使用strike标签来添加删除线<br/>
<strike>删除文字效果</strike>
</body>
</html>
```

代码的运行效果如图6-7所示，两种标签的效果相同。

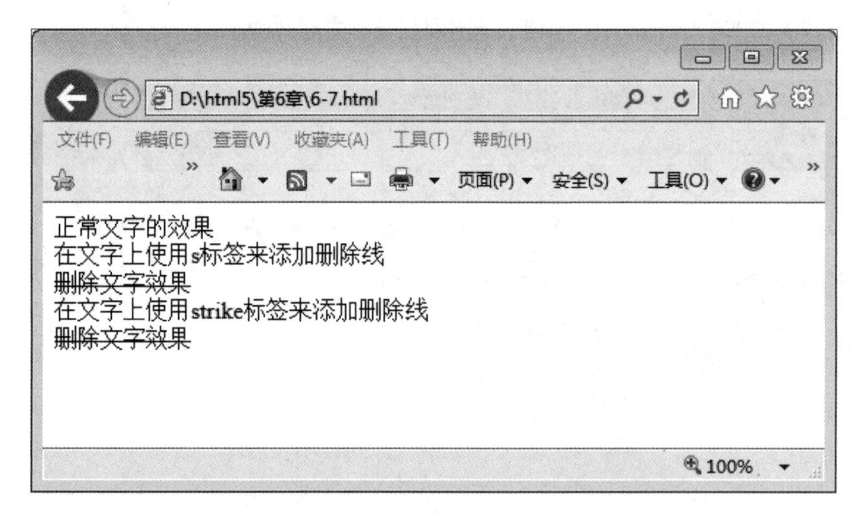

图6-7

6.1.8 使用不换行标签

如果某段文字过长，就会受浏览器限制而自动换行。如果不想换行，就需要使用到nobr属性，语法描述如下：

```
<nobr>不需换行文字</nobr>
```

【例6.8】使用不换行标签

示例代码如下所示。

```
<!doctype html>
<html>
```

```
<head>
<meta http-equiv="Content-Type" content="text/html; charset=utf-8" />
<title>使用不换行标签</title>
</head>
<body>
<p>床前明月光，<br>疑是地上霜。<br>举头望明月，<br>低头思故乡。</p>
<p>
<nobr>
平淡的语言娓娓道来，如清水芙蓉，不带半点修饰。完全是信手拈来，没有任何矫揉造作之痕。本诗从“疑”到“举头”，从“举头”到“低头”，形象地表现了诗人的心理活动过程，一幅鲜明的月夜思乡图生动地呈现在我们面前。客居他乡的游子，面对如霜的秋月怎能不想念故乡、不想念亲人呢？如此一个千人吟、万人唱的主题却在这首小诗中表现得淋漓尽致，以致千年以来脍炙人口，流传不衰！
</nobr>
</p>
</body>
</html>
```

代码的运行效果如图6-8所示，长段文字被强行不用换行了。

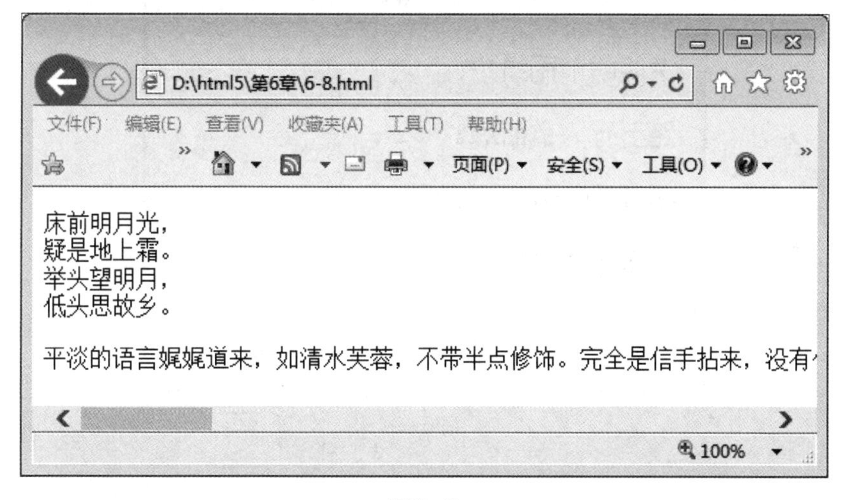

图6-8

6.1.9 使用加粗标签

在一段文字中，如果某句话需要突出，可以为文字加粗显示。这时就会用到文字的加粗标签<b>，语法描述如下：

```
<b>需要加粗的文字</b>
```

【例6.9】设置文字加粗

示例代码如下所示。

```
<!doctype html>
<html>
<head>
```

```
<meta http-equiv="Content-Type" content="text/html; charset=utf-8" />
<title>设置文字加粗</title>
</head>
<body>
<p>清明时节雨纷纷，</p>
<p>路上行人欲断魂。</p>
<p><b>借问酒家何处有，</b></p>
<p>牧童遥指杏花村。</p>
</body>
</html>
```

代码的运行效果如图6-9所示，“借问酒家何处有”被加粗了，显得比别的文字重要。

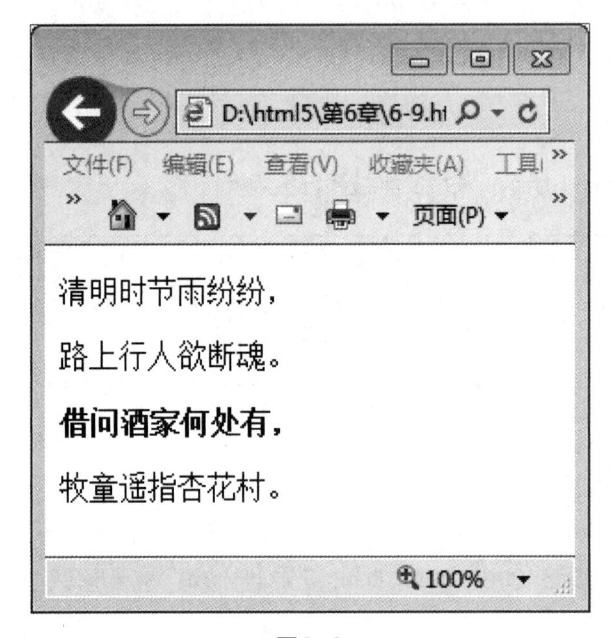

图6-9

6.1.10 使用倾斜标签

在一段文字中，如果需要设置文字为倾斜状态，就要使用<i>标签，告诉浏览器将包含其中的文本以斜体字（Italic）或者倾斜（Oblique）字体显示，语法描述如下：

```
<i>需要倾斜的文字</i>
```

【例6.10】设置文字倾斜

示例代码如下所示。

```
<!doctype html>
<html>
<head>
<meta http-equiv="Content-Type" content="text/html; charset=utf-8" />
<title>设置文字倾斜</title>
```

```
</head>
<body>
<p>清明时节雨纷纷，</p>
<p>路上行人欲断魂。</p>
<p><b>借问酒家何处有，</b></p>
<p><i>牧童遥指杏花村。</i></p>
</body>
</html>
```

代码的运行效果如图6-10所示，把“牧童遥指杏花村”做了倾斜的效果。

图6-10

6.2 图片的样式

图片是网页中必不可少的元素，使用图片对用户有更强的吸引力。美化网页最简单有效的方法就是添加图片，其恰当的应用能够成就优秀的设计。

6.2.1 图片的格式

在网页中的图片格式通常有三种，即GIF、JPEG和PNG。目前，对GIF和JPEG文件格式的支持情况最佳，多数浏览器都可以兼容。PNG格式的图片具有较强的灵活性，而且文件比较小，几乎适合任何类型的网页。如果浏览器的版本较老，建议使用GIF或JPEG格式的图片进行网页制作。

JPG的全名是JPEG。JPEG图片以24位颜色存储单个位图。JPEG是与平台无关的格式，支持最高级别的压缩，不过这种压缩是有损耗的。渐进式JPEG文件支持交错。

GIF分为静态GIF和动画GIF两种，扩展名为.gif，是一种压缩位图格式，支持透明背景图像，适用于多种操作系统，“体型”很小，很多小动画都是GIF格式。GIF是将多幅图像保存为一个图像文件，从而形成动画，归根到底它仍然是图片文件格式。GIF只能显示256色，和 J PG格式一样，是一种在网络上非常流行的图片文件格式。

PNG试图替代GIF和TIFF，同时增加一些GIF文件所不具备的特性。PNG的名称来源于“可移植网络图形格式”（Portable Network Gra-phic Format，PNG）。PNG在用来存储灰度图像时，灰度图像的深度可多到16位；在存储彩色图像时，彩色图像的深度可多到48位，并且可存储多到16位的α通道数据。PNG使用从LZ77派生的无损数据压缩算法，一般应用于Java程序、网页或S60程序，因为它压缩比高，生成的文件体积小。

6.2.2 添加图片

在制作网页的时候，为了使网页更美观和更能吸引用户，通常会插入一些图片。插入图片的标记只有img标签，语法描述如下：

```
<img src="图片文件地址">
```

【例6.11】在网页中添加图片

示例代码如下所示。

```
<!doctype html>
<html>
<head>
<meta http-equiv="Content-Type" content="text/html; charset=utf-8" />
<title>在网页中添加图片</title>
<body>
<p>
黄昏美景，大自然的创作，令我陶醉。傍晚时，走在路上，向西望去，眼前一亮：太阳此时并不耀眼，透着金色的光芒。
</p>
<img src="timg.jpg">
</body>
</html>
```

代码的运行效果如图6-11所示，图片出现在网页中了。

图6-11

6.2.3 设置图片大小

如果不设定图片的大小，那么图片在网页中显示为其原始尺寸。有时原始尺寸会过大或者过小，需要使用width和height属性来设置图片的大小，语法描述如下：

```
<img src="图片文件地址" width="图片的宽度" height="图片的高度">
```

【例6.12】设置图片大小

示例代码如下所示。

```
<!doctype html>
<html>
<head>
<meta http-equiv="Content-Type" content="text/html; charset=utf-8" />
<title>设置图片大小</title>
<body>
<p>
黄昏美景，大自然的创作，令我陶醉。傍晚时，走在路上，向西望去，眼前一亮：太阳此时并不耀眼，透
着金色的光芒。
</p>
<img src="timg.jpg" width="500" height="400">
</body>
</html>
```

代码的运行效果如图6-12所示，图片的宽是500像素，高是400像素。

图6-12

6.2.4 设置图片边框

给图片添加边框是为了突出显示，用border属性就可以实现，语法描述如下：

```
<img src="图片文件地址" border="边框粗细">
```

【例6.13】设置图片边框

示例代码如下所示。

```
<!doctype html>
<html>
<head>
<meta http-equiv="Content-Type" content="text/html; charset=utf-8" />
<title>设置图片边框</title>
<body>
<p>
黄昏美景，大自然的创作，令我陶醉。傍晚时，走在路上，向西望去，眼前一亮：太阳此时并不耀眼，透着金色的光芒。
</p>
<img src="timg.jpg" width="500" height="400" border="5">
</body>
</html>
```

代码的运行效果如图6-13所示，图片被添加了5像素的边框效果。

图6-13

6.2.5 图片的水平间距

如果不使用
标签或<p>标签进行换行显示，那么添加的图片会紧跟文字之后，其实图片和文字之间的水平距离可以通过hspace属性进行调整，语法描述如下：

```
<img src="图片文件地址" hspace="水平间距">
```

【例6.14】设置图片水平间距

示例代码如下所示。

```
<!doctype html>
<html>
<head>
<meta http-equiv="Content-Type" content="text/html; charset=utf-8" />
<title>设置图片水平间距</title>
<body>
没有设置水平间距的美景图片
<img src="timg.jpg" width="100" height="80" border="2">
<img src="timg.jpg" width="100" height="80" border="2">
<img src="timg.jpg" width="100" height="80" border="2"><br/>
设置了水平间距的美景图片
<img src="timg.jpg" width="100" height="80" border="2" hspace="20">
```

```
<img src="timg.jpg" width="100" height="80" border="2" hspace="20">
<img src="timg.jpg" width="100" height="80" border="2" hspace="20">
</body>
</html>
```

代码的运行效果如图6-14所示，被换行的文字和图片中间出现了水平的间距。

图6-14

6.2.6 图片的垂直间距

图片和文字之间的垂直距离也是可以调整的，使用vspace属性就可实现，语法描述如下：

```
<img src="图片文件地址" vspace="垂直间距">
```

【例6.15】设置图片垂直间距

示例代码如下所示。

```
<!doctype html>
<html>
<head>
<meta http-equiv="Content-Type" content="text/html; charset=utf-8" />
<title>设置图片垂直间距</title>
<body>
<p>
黄昏美景，大自然的创作，令我陶醉。傍晚时，走在路上，向西望去，眼前一亮：太阳此时并不耀眼，透着金色的光芒。
</p>
<img src="timg.jpg" width="500" height="400" border="5" vspace="60">
```

```
    <p>
    黄昏美景，大自然的创作，令我陶醉。傍晚时，走在路上，向西望去，眼前一亮：太阳此时并不耀眼，透
着金色的光芒。
    </p>
    </body>
    </html>
```

代码的运行效果如图6-15所示，图片和上下两段文字之间有了间距。

图6-15

6.2.7 图片的提示文字

设置提示文字有两个作用：一是当浏览网页时，如果图片没有被下载，那么在图片的位置会看到提示的文字；二是当浏览网页时，图片下载完成，当光标位于图片上时会出现提示文字。语法描述如下：

```
<img scr="图片文件地址" title="提示文字">
```

【例6.16】给图片设置提示文字

示例代码如下所示。

```
<!doctype html>
<html>
```

```
<head>
<meta http-equiv="Content-Type" content="text/html; charset=utf-8" />
<title>给图片设置提示文字</title>
<body>
<p>
黄昏美景，大自然的创作，令我陶醉。傍晚时，走在路上，向西望去，眼前一亮：太阳此时并不耀眼，透
着金色的光芒。
</p>
<img src="timg.jpg" width="500" height="400" title="美景">
</body>
</html>
```

代码的运行效果如图6-16所示，光标移到图片上时出现了提示文字。

图6-16

6.2.8 图片的替换文字

当图片路径或下载出现问题的时候，图片不能显示，可以通过alt属性，在图片位置显示定义的替换文字，语法描述如下：

```
<img scr="图片文件地址" alt="替换文字">
```

【例6.17】给图片设置替换文字

示例代码如下所示。

```
<!doctype html>
<html>
<head>
<meta http-equiv="Content-Type" content="text/html; charset=utf-8" />
<title>给图片设置替换文字</title>
<body>
<p>
黄昏美景，大自然的创作，令我陶醉。傍晚时，走在路上，向西望去，眼前一亮：太阳此时并不耀眼，透着金色的光芒。
</p>
<img src="timg.jpg" width="500" height="400" alt="美景">
</body>
</html>
```

代码的运行效果如图6-17所示，图片的路径出现问题的时候，出现了替换文字。

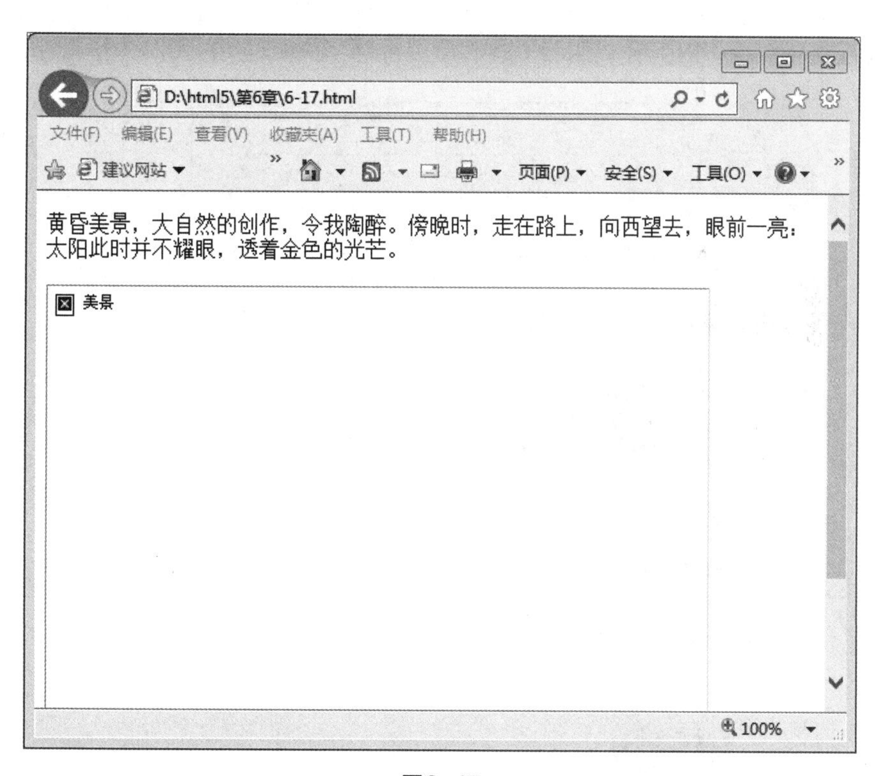

图6-17

6.2.9 图片相对于文字的对齐方式

img标签的align属性定义了图片相对于周围元素的水平和垂直对齐方式。水平对齐有right和left两种方式，垂直对齐有top、bottom和middle三种方式，语法描述如下：

```
<img scr="图片文件地址" align="对齐方式">
```

【例6.18】设置图片相对于文字的对齐方式

示例代码如下所示。

```
<!doctype html>
<html>
<head>
<meta http-equiv="Content-Type" content="text/html; charset=utf-8" />
<title>设置图片相对于文字的对齐方式</title>
</head>
<body class="txt">
<h3>未设置对齐方式的图片：<h3>
<p>图片 <img src=" timg.jpg" width="80" height="62"> 在文本中</p>
<h3>已设置对齐方式的图片：</h3>
<p>图片 <img src=" timg.jpg" width="80" height="62" align="bottom"> 在文本中</p>
<p>图片 <img src =" timg.jpg " width="80" height="62" align="middle"> 在文本中</p>
<p>图片 <img src =" timg.jpg" width="80" height="62" align="top"> 在文本中</p>
</body>
</html>
```

代码的运行效果如图6-18所示，图片和文字有上、中、下三种对齐方式。

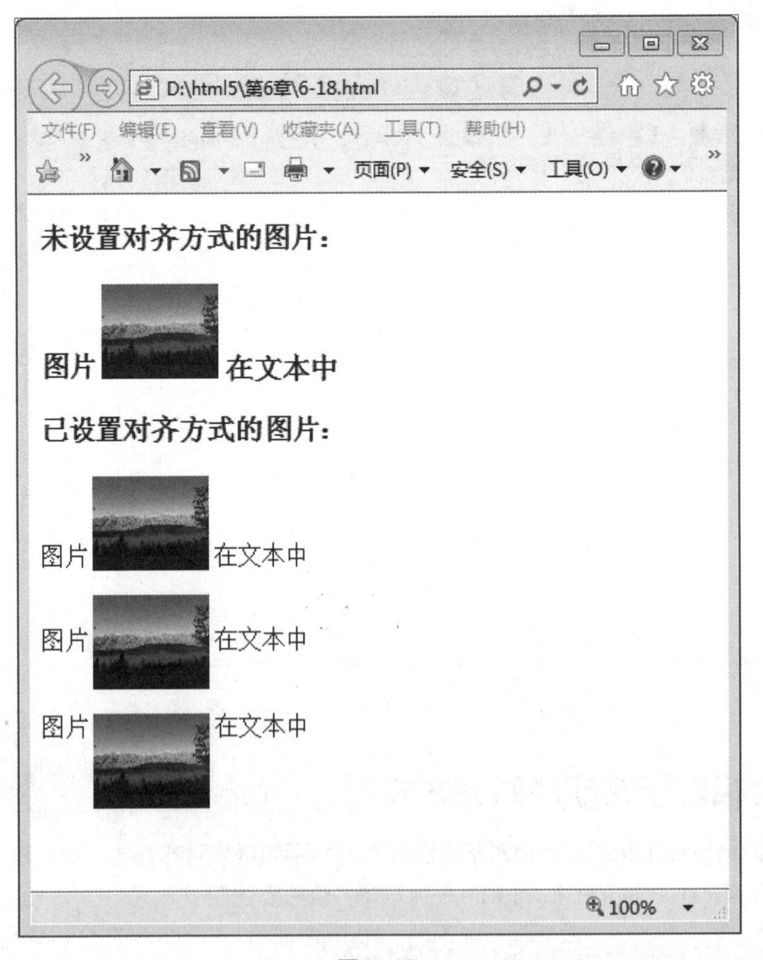

图6-18

6.2.10 为图片添加超链接

为图片添加超链接可以使用<a>标签来完成，语法描述如下：

```
<a href="链接地址"><img src="图片文件地址"></a>
```

【例6.19】为图片添加超链接

示例代码如下所示。

```
<!doctype html>
<html>
<head>
<meta http-equiv="Content-Type" content="text/html; charset=utf-8" />
<title>为图片添加超链接</title>
<body>
<p>
黄昏美景，大自然的创作，令我陶醉。傍晚时，走在路上，向西望去，眼前一亮：太阳此时并不耀眼，透着金色的光芒。
</p>
<a href="#"><img src="timg.jpg" width="500" height="400" alt="美景"></a>
</body>
</html>
```

代码的运行效果如图6-19所示，可以看到一个超链接的标志。

图6-19

Chapter

07

表单的应用

本章概述

表单主要是用来收集用户端提供的相关信息，使网页具有交互功能。在制作动态网页时经常使用表单，比如，会员注册和网上调查就会使用。访问者可以使用文本域、列表框、复选框、单选按钮等表单对象输入信息。

重点知识

- 传送方法
- 目标显示方式
- radio单选按钮
- image图像域
- 使用label定义标签
- 制作一个综合表单

7.1 表单的属性

“在制作网页的过程中，特别是动态网页，时常会用到表单。<form></form>标签用来创建表单，并且在form标签中可以设置表单的基本属性。”

7.1.1 处理动作

真正处理表单的数据脚本或程序在action属性中，这个值可以是程序或脚本的一个完整URL，语法描述如下：

```
<form action="表单的处理程序">
…
</form>
```

【例7.1】设置表单的处理程序

示例代码如下所示。

```
<html>
<head>
<title>设置表单的处理程序</title>
</head>
<body>
    <!--一个没有控件的表单-->
    <form action="mail:desheng@163.com">
    </form>
</body>
</html>
```

在以上语法中，表单的处理程序定义的表单是要提交的地址，也就是表单所收集资料的目标传递程序的地址。这个地址可以是绝对地址，也可以是相对地址，当然还可以是一些其他的地址形式，例如E-mail等。

以上示例的代码定义了表单提交的对象为一个邮件，当程序运行后，会将表单中收集到的内容以电子邮件的形式发送出去。

7.1.2 表单名称

名称属性name用于给表单命名。该属性不是表单的必须属性，但是为了防止表单信息在提交到后台处理程序时出现混乱，一般要设置一个与表单功能相符合的名称。例如，注册页面的表单可以命名为register。不同的表单尽量不用相同的名称，以避免混乱。语法描述如下：

```
<form name="表单名称">
```

```
…
</form>
```

【例7.2】设置表单的名称

示例代码如下所示。

```
<html>
<head>
<title>设置表单的名称</title>
</head>
<body>
    <!--一个没有控件的表单-->
    <form action="mail:desheng@163.com" name="register">
    </form>
</body>
</html>
```

需要注意的是，表单的名称不能包含特殊符号和空格。

7.1.3 传送方法

表单的method属性，用来定义处理程序从表单中获得信息的方式，可以取值为get或者post，它决定了表单已收集的数据用什么方法发送到服务器上。

method取值的含义如下。

- method=get：使用这个设置时，表单数据会被视为CGI或者ASP的参数发送，来访者输入的数据会附加在URL之后，由用户端直接发送至服务器，速度会比较快，但数据长度不能太长。在没有指定method的情形下，一般视get为默认值。
- method=post：使用这种设置时，表单数据是与URL分开发送的，用户端的计算机会通知服务器来读取数据，通常没有数据长度的限制，缺点是速度会比较慢。

method的语法描述如下：

```
<form method="传送方式">
…
</form>
```

【例7.3】设置表单的传送方式

示例代码如下所示。

```
<html>
<head>
<title>设置表单的传送方式</title>
</head>
<body>
    <!--一个没有控件的表单-->
    <form action="mail:desheng@163.com" name="register" method="post">
    </form>
```

```
</body>
</html>
```

在上述代码中，表单register的内容将会以post的方式，通过电子邮件传送出去。

7.1.4 编码方式

表单中的enctype参数用于设置表单信息提交的编码方式。

enctype取值及含义如下。

- text/plain：以纯文本的形式传送。
- application/x-www-form-urlencoded：默认的编码形式。
- multipart/form-date：MIME，上传文件的表单必须选择该项。

enctype的语法描述如下：

```
<form enctype="编码方式">
...
</form>
```

【例7.4】设置表单的编码方式

示例代码如下所示。

```
<html>
<head>
<title>设置表单的编码方式</title>
</head>
<body>
    <!--一个没有控件的表单-->
    <form action="mail:desheng@163.com" name="register" method="post" enctype
="text/plain">
    </form>
</body>
</html>
```

以上代码设置了表单信息以纯文本的编码形式发送。

7.1.5 目标显示方式

指定目标显示方式要使用target属性。表单的目标窗口往往用来显示表单的返回信息，如是否成功提交了表单的内容、是否出错等。target属性有4个选项：_blank、_parent、_self、_top，说明如下。

- _blank：链接的文件载入一个未命名的浏览器窗口中。
- _parent：链接的文件载入含有该链接的父框架集中。
- _self：链接的文件载入链接所在的同一框架或窗口中。
- _top：返回信息显示在顶级浏览器窗口中。

target的语法描述如下：

```
<form enctype="目标显示方式">
…
</form>
```

【例7.5】设置表单的目标显示方式

示例代码如下所示。

```
<html>
<head>
<title>设置表单的目标显示方式</title>
</head>
<body>
    <!--一个没有控件的表单-->
    <form action="mail:desheng@163.com" name="register" method="post" enctype
="text/plain" target="_self">
    </form>
</body>
</html>
```

在此示例中，表单的返回信息将在同一窗口中显示。

以上讲解的只是表单的基本结构标签，而表单的<form>标记，只有和它包含的具体控件相结合才能真正实现表单收集信息的功能。

7.2 表单的控件

按照填写方式控件可分为输入类和菜单列表类。输入类的控件一般以input标记开始，表示用户需要输入；而菜单列表类以select标记开始，表示用户需要选择。按照表现形式，控件可以分为文本类、选项按钮、菜单等。

在HTML表单中，input标签是最常用的控件标签，包括常见的文本域、按钮都采用这个标签，语法描述如下：

```
<form>
    <input name="控件名称" type="控件类型"/>
</form>
```

在这里，name参数便于程序对不同控件进行区分，而type参数确定了这个控件域的类型。

type取值和取值的含义如下。

- 取值为text：文字字段。
- 取值为password：密码域，用户在页面中输入时不显示具体的内容，以星号“*”代替。
- 取值为radio：单选按钮。

- 取值为checkbox：复选框。
- 取值为button：普通按钮。
- 取值为submit：提交按钮。
- 取值为reset：重置按钮。
- 取值为image：图形域，也称为图像提交按钮。
- 取值为hidden：隐藏域，隐藏域将不显示在页面上，只将内容传递到服务器中。
- 取值为file：文件域。

除了输入控件之外，还有一些控件（如文字区域、菜单列表）不是用input标记的。它们有自己的特点标记，如文字区域直接使用textarea标记，菜单标记需要结合使用select和option标记。

7.3 输入型控件

输入型控件包含文本框、多行文本框、密码框、隐藏域、复选框、单选框、下拉选择框等，用于采集用户的输入或选择的数据。

7.3.1 text文字字段

text属性用来设定在表单的文本域输入任何类型的文本、数字或字母。输入的内容以单行显示。

text文字字段的参数如下。

- name：文字字段的名称，用于区别页面中其他控件，命名时不能包含特殊字符，也不能以HTML预留作为名称。
- size：定义文本框在页面中显示的长度，以字符作为单位。
- maxlength：定义在文本框中最多可以输入的文字数。
- value：用于定义文本框中的默认值。

text的语法描述如下：

```
<input name="控件名称" type="text" value="字段默认值" size="控件的长度" maxlength
="最长字符数">
```

【例7.6】设置文字字段

示例代码如下所示。

```
<!doctype html>
<html>
<head>
<meta http-equiv="Content-Type" content="text/html; charset=utf-8" />
<title>设置文字字段</title>
</head>
<body>
<h1>输入姓名和分数</h1>
```

```
        <form action="form_action.asp" method="get" name="form2">
        姓名:
        <input name="name" type="text" size="4">
        <br/>
        分数:
        <input name="fenshu" type="text" size="3" value="10" maxlength="3">
        </form>
    </body>
    </html>
```

代码的运行效果如图7-1所示，设定了两个文本框，第一个“姓名”文本框的宽度为4字符，第二个“分数”文本框的宽度为3字符，最多可以输入3个字符，显示的初始值是10。

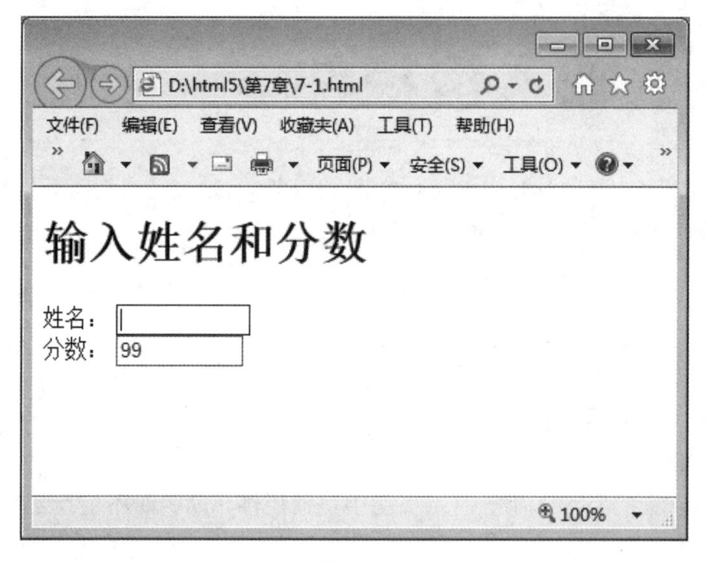

图7-1

7.3.2 password密码域

在表单中，还有一种文本域的形式就是密码域password，在文本域输入的文字都是以星号“*”或者圆点显示。

password密码域的参数及含义如下。

- name：域的名称，用于区别页面中其他控件，命名时不能包含特殊字符，也不能以HTML预留作为名称。
- size：定义密码域的文本框在页面中显示的长度，以字符作为单位。
- maxlength：定义在密码域文本框中最多可以输入的文字数。
- value：用于定义密码域中的默认值，以星号“*”显示。

password的语法描述如下：

```
<input name="控件名称" type="password" value="字段默认值" size="控件的长度" maxlength
="最长字符数">
```

【例7.7】设置密码域

示例代码如下所示。

```
<!doctype html>
<html>
<head>
<meta http-equiv="Content Type" content="text/html; charset=utf-8" />
<title>设置密码域</title>
</head>
<body>
<h1>输入用户名和密码</h1>
<form action="form_action.asp" method="get" name="form2">
用户名:
<br/>
<input name="name" type="text" size="4">
<br/>
密码:
<br/>
<input name="fenshu" type="password" size="10" value="10" maxlength="10">
</form>
</body>
</html>
```

代码的运行效果如图7-2所示。

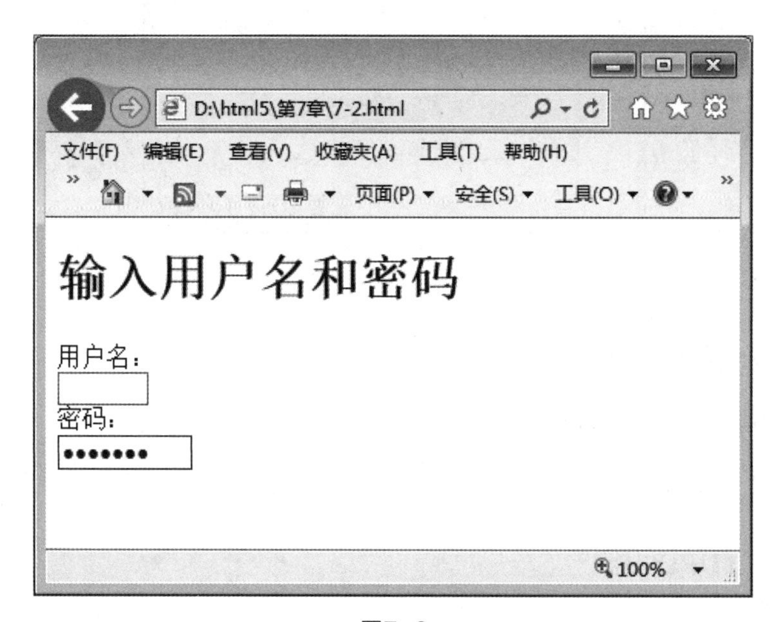

图7-2

虽然在密码域中，已经将所输入的字符以掩码的形式显示了，但是它并没有实现真正的保密。复制该密码域中的内容并粘贴到其他文档中，就可以查看密码了。为了实现密码的真正安全，可以将密码域的复制功能屏蔽，同时改变密码域的掩码字符。

通过控制密码域的oncopy、oncut和onpaste事件，可以禁止密码域的内容被复制，改变其style样式属性，可以改变密码域中掩码的样式。示例代码如下所示。

（1）在页面中添加密码域。

```
<input name="txt_passwd" type="password" class="textbox" id="txt_passwd" size
="12" maxlength="50">
```

（2）添加代码以禁止用户复制、剪切和粘贴密码。

```
<input name="txt_passwd" type="password" class="textbox" id="txt_passwd" size=
"12" maxlength="50" oncopy="return false" oncut="return false" onpaste="return false">
```

代码的运行效果如图7-3所示，复制功能不可用。

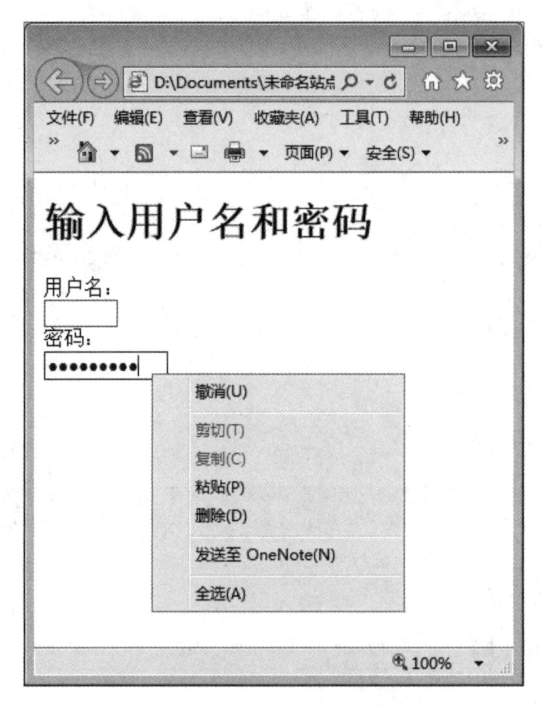

图7-3

7.3.3 radio单选按钮

单选按钮通常是个圆形的小按钮，可供选择一个选项，语法描述如下：

```
<input name="按钮名称" type="radio" value="按钮的值" checked/>
```

【例7.8】设置单选按钮

示例代码如下所示。

```
<!doctype html>
<html>
<head>
<meta http-equiv="Content-Type" content="text/html; charset=utf-8" />
<title>设置单选按钮</title>
</head>
```

```
<body>
<form action="form_action.asp" method="post " name="form2">
    请选择一个爱好:
    <br/>
    <input name="checkbox" type=" radio " value="checkbox" checked="checked"/>
    旅游
    <br/>
    <input name="checkbox" type=" radio " value="checkbox" />
    音乐
    <br/>
    <input name="checkbox" type=" radio " value="checkbox" />
    运动
    <br/>
    <input name="checkbox" type=" radio " value="checkbox" />
    游泳
</form>
</body>
</html>
```

代码的运行效果如图7-4所示，页面中包含4个单选按钮。

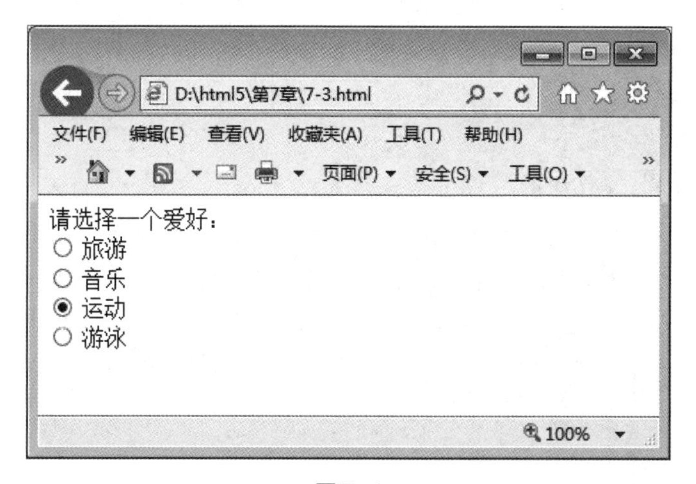

图7-4

在上述代码中，checked属性表示默认被选中，而在一个单选按钮组中，只能有一个单选按钮控件设置为checked。value设置用户选中该选项后传送到处理程序中的值。

7.3.4 checkbox复选框

在网页设计中，有些选择的内容可以是一个，也可以是多个，需要使用复选框控件checkbox，语法描述如下：

```
<input name="复选框名称" type=" checkbox" value="复选框的值" checked/>
```

【例7.9】设置复选框

示例代码如下所示。

```
<!doctype html>
<html>
<head>
<meta http-equiv="Content-Type" content="text/html; charset=utf-8" />
<title>设置复选框</title>
</head>
<body>
<form action="form_action.asp" method="post " name="form2">
请选择自己的爱好:
<br/>
<input name="checkbox" type="checkbox" value="checkbox" checked="checked"/>
旅游
<br/>
<input name="checkbox" type="checkbox" value="checkbox" />
音乐
<br/>
<input name="checkbox" type="checkbox" value="checkbox" />
运动
<br/>
<input name="checkbox" type="checkbox" value="checkbox" />
游泳
</form>
</body>
</html>
```

代码的运行效果如图7-5所示。

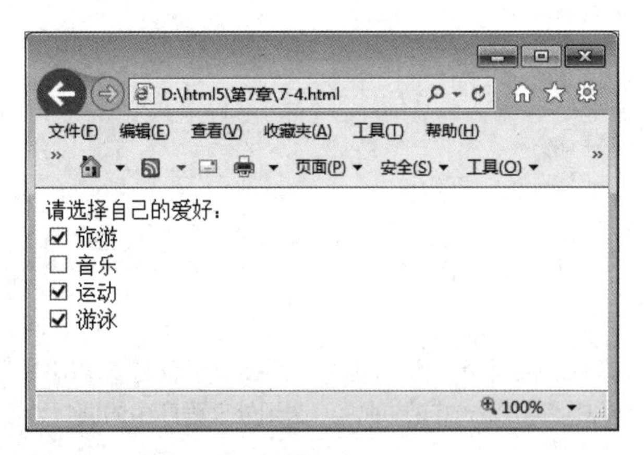

图7-5

在上述代码中，checkbox参数表示该选项在默认情况下已经被选中，通常可以有多个复选框被选中。

7.3.5 button普通按钮

button一般情况下需配合脚本进行表单处理，<input type="button"/>用来定义可以单击的按钮，语法描述如下：

```
<input name="按钮名称" type="button" value=”按钮的值" onclick="处理程序">
```

【例7.10】设置普通按钮

示例代码如下所示。

```
<!doctype html>
<html>
<head>
<meta http-equiv="Content-Type" content="text/html; charset=utf-8" />
<title>设置普通按钮</title>
</head>
<body>
<form action="form_action.asp" method="get" name="form2">
    试试单击按钮会出现什么效果:
    <br/>
    <input name="button" type="button" value="点击试试" onclick="window.close
()"/>
</form>
</body>
</html>
```

代码的运行效果如图7-6所示。

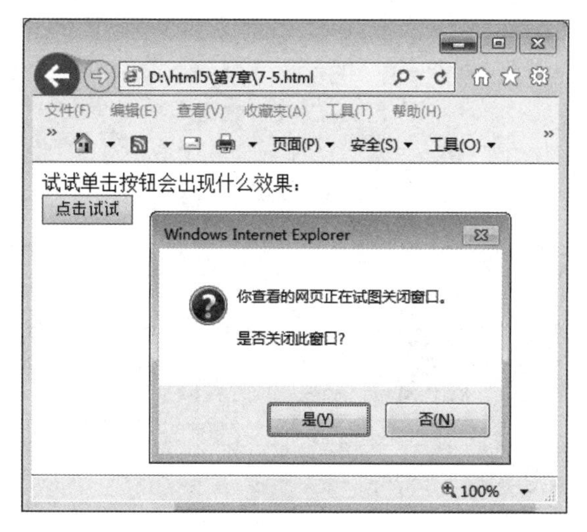

图7-6

value的取值就是显示在按钮上的文字，可以根据需要输入相关的信息。在button中添加onlick是为了实现一些特殊的功能，比如关闭浏览器，此功能也可根据需求添加效果。

7.3.6 submit提交按钮

提交按钮在表单中起到至关重要的作用，用于提交用户在表单中填写的内容，语法描述如下:

```
<input name="按钮名称" type="submit" value="按钮名称"/>
```

【例7.11】设置提交按钮

示例代码如下所示。

```
<!doctype html>
<html>
<head>
<meta http-equiv="Content-Type" content="text/html; charset=utf-8" />
<title>设置提交按钮</title>
</head>
<body>
    <form action="form_action.asp" method="post " name="form2">
    请选择自己的爱好:
    <br/>
    <input name="checkbox" type="checkbox" value="checkbox" checked="checked"/>
    旅游
    <br/>
    <input name="checkbox" type="checkbox" value="checkbox" />
    音乐
    <br/>
    <input name="checkbox" type="checkbox" value="checkbox" />
    运动
    <br/>
    <input name="checkbox" type="checkbox" value="checkbox" />
    游泳
    <br/>
    <input type="submit" name="submit" value="提交">
    </form>
</body>
</html>
```

代码的运行效果如图7-7所示。

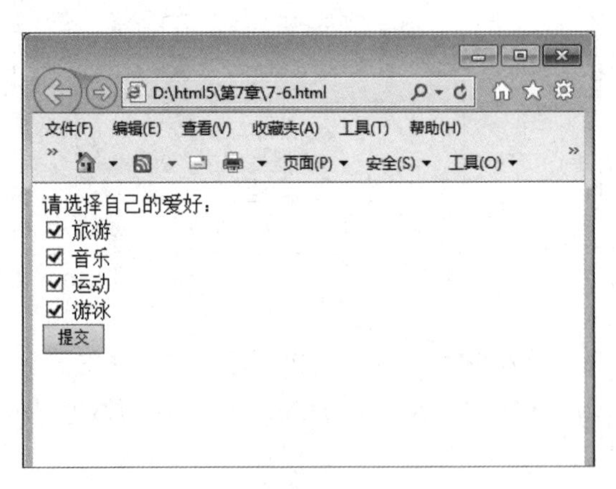

图7-7

在以上代码中，value用于定义按钮上显示的文字。单击“提交”按钮，会将信息提交到表单设置的提交方式中。

7.3.7 reset重置按钮

重置按钮用于清除用户在页面上输入的信息，语法描述如下：

```
<input name="按钮名称" type="reset" value="按钮名称"/>
```

【例7.12】设置重置按钮

示例代码如下所示。

```
<!doctype html>
<html>
<head>
<meta http-equiv="Content-Type" content="text/html; charset=utf-8" />
<title>设置重置按钮</title>
</head>
<body>
<form action="form_action.asp" method="post " name="form2">
请选择自己的爱好:
<br/>
<input name="checkbox" type="checkbox" value="checkbox" checked="checked"/>
旅游
<br/>
<input name="checkbox" type="checkbox" value="checkbox" />
音乐
<br/>
<input name="checkbox" type="checkbox" value="checkbox" />
运动
<br/>
<input name="checkbox" type="checkbox" value="checkbox" />
游泳
<br/>
<input type="submit" name="submit" value="提交">
<input type="reset" name="submit1" value="重置">
</form>
</body>
</html>
```

代码的运行效果如图7-8所示。

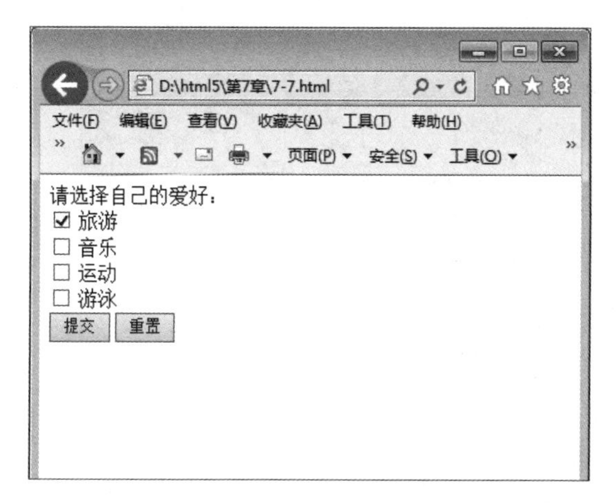

图7-8

7.3.8 image图像域

图像域是指可以用在提交按钮上的图片，且这张图片具有按钮的功能。使用默认按钮往往让人觉得单调，为了使网页更有美感，可以使用图像域来设置按钮，语法描述如下：

```
<input name="按钮名称" type="image" src="图像路径"/>
```

【例7.13】设置图像域

示例代码如下所示。

```
<!doctype html>
<html>
<head>
<meta http-equiv="Content-Type" content="text/html; charset=utf-8" />
<title>设置图像域</title>
</head>
<body>
    <form action="form_action.asp" method="post " name="form2">
    请选择自己的爱好:
    <br/>
    <input name="checkbox" type="checkbox" value="checkbox" checked="checked"/>
    旅游
    <br/>
    <input name="checkbox" type="checkbox" value="checkbox" />
    音乐
    <br/>
    <input name="checkbox" type="checkbox" value="checkbox" />
    运动
    <br/>
    <input name="checkbox" type="checkbox" value="checkbox" />
    游泳
    <br/>
    <input type="image" src="icon.png" name="submit" >
    </form>
</body>
</html>
```

代码的运行效果如图7-9所示。

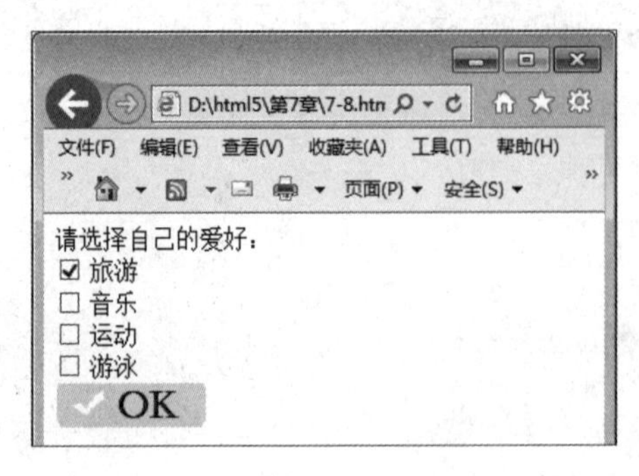

图7-9

在以上代码中，图像的地址可以是相对的地址，也可以是绝对地址。

7.3.9 file文件域

文件域在表单中起到至关重要的作用。需要到表单中添加图片或者是上传文件的时候，都需要使用文件域，语法描述如下：

```
<input name="名称" type="file" size="控件长度" maxlength="最长字符数"/>
```

【例7.14】设置文件域

示例代码如下所示。

```
<!doctype html>
<html>
<head>
<meta http-equiv="Content-Type" content="text/html; charset=utf-8" />
<title>设置文件域</title>
</head>
<body>
    <form action="form_action.asp" method="post " name="form2">
    用户名:
    <br/>
    <input name="name" type="text" size="4">
    <br/>
    密码:
    <br/>
    <input name="fenshu" type="password" size="10" value="10" maxlength="10">
    <br/>
    身份证照片:
    <br/>
    <input name="file" type="file" size="25" maxlength="30"/>
    </form>
</body>
</html>
```

代码的运行效果如图7-10所示，单击“浏览”按钮，就会出现图中的效果，可以从电脑中选择自己需要的文件。

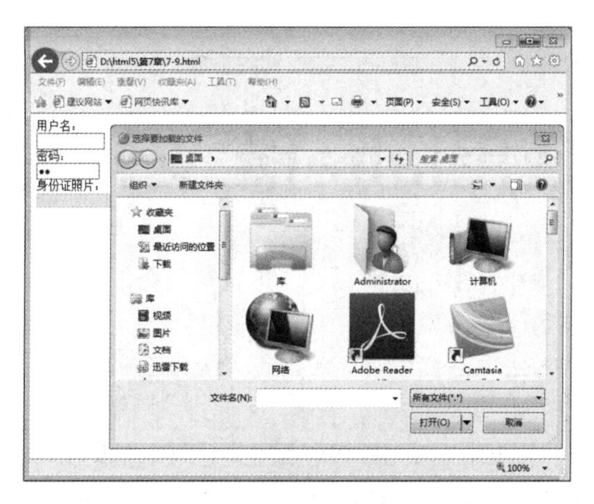

图7-10

7.3.10 hidden隐藏域

在传送的数据需要对用户不可见时，可以使用hidden属性进行隐藏，语法描述如下：

```
<input name="名称" type="hidden" value="取值"/>
```

【例7.15】设置隐藏域

示例代码如下所示。

```
<!doctype html>
<html>
<head>
<meta http-equiv="Content-Type" content="text/html; charset=utf-8" />
<title>设置隐藏域</title>
</head>
<body>
<form action="form_action.asp" method="post " name="form2">
爱好:
<input name="checkbox" type="checkbox" value="checkbox" checked="checked"/>
旅游
<input name="checkbox" type="checkbox" value="checkbox" />
音乐
<input name="checkbox" type="checkbox" value="checkbox" />
运动
<input name="checkbox" type="checkbox" value="checkbox" />
游泳
<input name="hidden" type="hidden" value="a" />
<br/>
<input type="image" src="icon.png" name="submit" >
</form>
</body>
</html>
```

运行这段代码后，隐藏域的内容并不能显示在页面中，但是在提交表单时，其名称form和取值invest将会同时传送给处理程序。

7.4 使用label定义标签

“ <label>用于在表单元素中定义标签，这些标签可以对其他表单控件元素（如单行文本框、密码框等）进行说明。”

<label>标签可以指定id、style、class等核心属性，也可以指定onclick等事件属性。除此之外，<label>标签还有for属性，它指定<label>标签与哪个表单控件相关联。

虽然<label>定义的标签只输出普通文本，但是<label>生成的标签还有另外一个作用，单击<label>标签生成的标签时，和该标签相关联的表单控件元素就会获得焦点。也就是说，选择<label>标签生成的标签时，浏览器会自动将焦点转移到和该标签相关联的表单控件元素上。

使标签和表单控件相关联主要有两种方式。

- 隐式关联：使用for属性，指定<label>标签的for属性值为所关联的表单控件的id属性值。
- 显式关联：将普通文本、表单控件一起放在<label>标签内部。

【例7.16】用label定义标签

示例代码如下所示。

```
<!doctype html>
<html>
<head>
<meta http-equiv="Content-Type" content="text/html; charset=utf-8" />
<title>用label定义标签</title>
</head>
<body>
<h1>label定义标签</h1>
<form action="form_action.asp" method="get" name="form2">
用户名:
<br/>
<label><input name="name" type="text" size="10"></label>
<br/>
密码:
<br/>
<input name="fenshu" type="password" size="10" value="10" maxlength="10">
</form>
</body>
</html>
```

代码的运行效果如图7-11所示，单击表单控件前面的标签时，该表单控件就可以获得焦点。

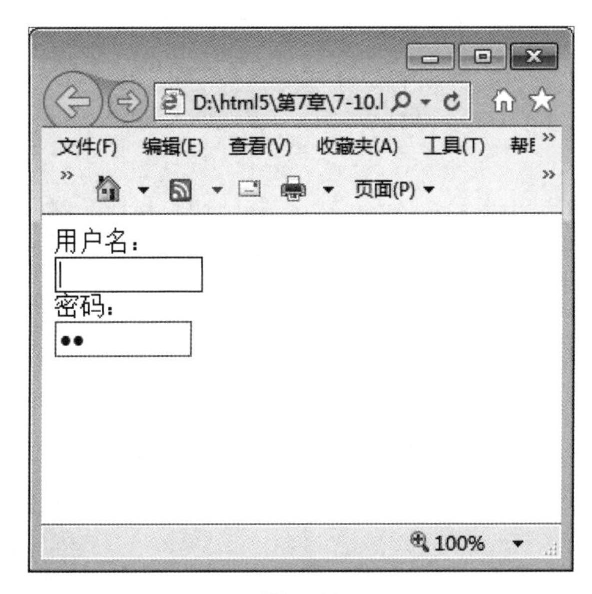

图7-11

7.5 使用button定义按钮

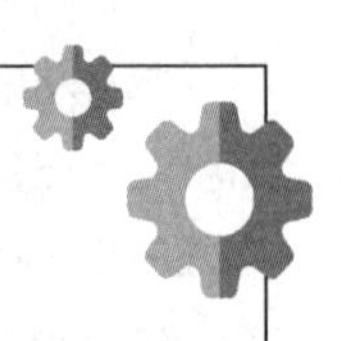

“ <button>标签用于定义按钮，在该标签的内部可以包含普通文本、文本格式化标签、图像等。这也是<button>按钮和<input>按钮的不同之处。”

与<input type="button"/>相比，<button>按钮具有更强大的功能和更丰富的内容。<button>与</button>之间的所有信息都是该按钮的内容，其中包括任何可接受的正文内容，如文本或图像。

<button>标签可以指定id、style、class等核心属性，也可以指定onlick等时间属性。除此之外，可以指定以下几个属性。

- disabled：指定是否禁用该按钮。它的值只能是disabled，或者省略。
- name：指定该按钮的唯一名称。它通常与id属性值保持一致。
- type：指定该按钮属于哪种按钮，它的值只能是button、reset或submit三者之一。
- value：指定该按钮的初始值。它的值可以通过脚本进行修改。

【例7.17】使用button定义按钮

示例代码如下所示。

```
<!doctype html>
<html>
<head>
<meta http-equiv="Content-Type" content="text/html; charset=utf-8" />
<title>使用button定义按钮</title>
</head>
<body>
<form action="form_action.asp" method="get" name="form2">
用户名:
<br/>
<label><input name="name" type="text" size="10"></label>
<br/>
密码:
<br/>
<input name="fenshu" type="password" size="10" value="10" maxlength="10">
<br/><br/>
<button type="submit"><img src="icon.png"></button>
</form>
</body>
</html>
```

代码的运行效果如图7-12所示，表单中定义了一个按钮，按钮的内容是图片，相当于一个重置按钮。

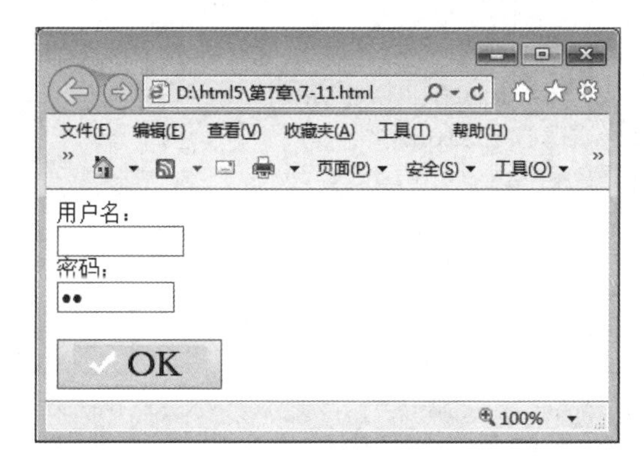

图7-12

7.6 列表、表单标签

菜单列表类的控件，主要用于选择给定答案的一种，这类给定答案往往比较多，使用单选按钮会浪费空间。菜单列表类的控件主要是为了节省页面空间而设计的。菜单和列表都是通过<select>和<option>标签来实现的。

菜单和列表标记的属性如下。

- name：菜单和列表的名称。
- size：显示的选项数目。
- multiple：列表中的项目，多项。
- value：选项值。
- selected：默认选项。

语法描述：

```
<select multiple size="可见选项数">
<option value="值" selected="selected"></option>
</select>
```

【例7.18】设置列表表单

示例代码如下所示。

```
<!doctype html>
<html>
<head>
<meta http-equiv="Content-Type" content="text/html; charset=utf-8" />
<title>设置列表表单</title>
</head>
<body>
<form action="form_action.asp" method="get">
```

```
<select name="1">
<option value="美食小吃">美食小吃</option>
<option value="火锅">火锅</option>
<option value="麻辣烫">麻辣烫</option>
<option value="砂锅">砂锅</option>
</select>
<br/><br/>
<select name="1" size="4" multiple>
<option value="美食小吃">美食小吃</option>
<option value="火锅">火锅</option>
<option value="麻辣烫">麻辣烫</option>
<option value="砂锅">砂锅</option>
</select>
</form>
</body>
</html>
```

代码的运行效果如图7-13所示。

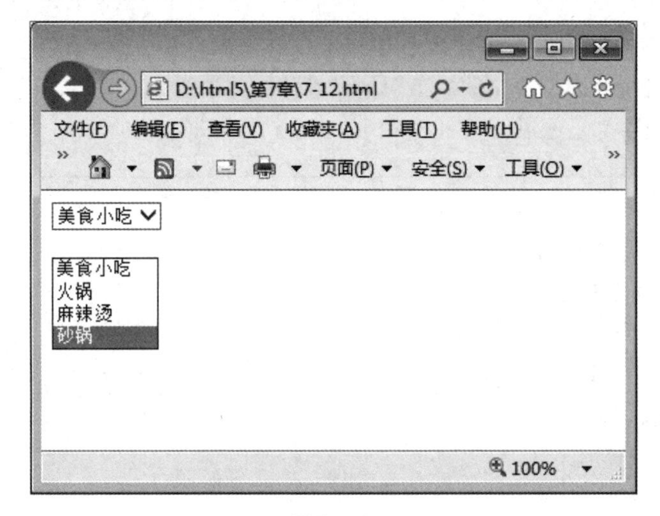

图7-13

7.7 文本域标签

<textarea>标签定义多行文本输入控件。文本域可以容纳无限数量的文本，其中文本的默认字体是等宽字体。可以通过cols和rows属性来规定textarea的尺寸。

文字域标签的属性如下。

- name：文字域的名称。

- rows：文字域的行数。
- cols：文字域的列表。
- value：文字域的默认值。

语法描述如下：

```
<textarea name="名称" cols="列数" row="行数" wrap="换行方式">文本内容</textarea>
```

【例7.19】设置表单的文本域

示例代码如下所示。

```
<!doctype html>
<html>
<head>
<meta http-equiv="Content-Type" content="text/html; charset=utf-8" />
<title>设置表单的文本域</title>
</head>
<body>
<form action="form_action.asp" method="get">
<textarea name="content" cols="40" rows="5" wrap="virtual">
苏轼
宋词
《江城子·乙卯正月二十日夜记梦》
十年生死两茫茫，不思量，自难忘。千里孤坟，无处话凄凉。纵使相逢应不识，尘满面，鬓如霜。
夜来幽梦忽还乡，小轩窗，正梳妆。相顾无言，惟有泪千行。料得年年肠断处，明月夜，短松冈。
</textarea>
</form>
</body>
</html>
```

代码的运行效果如图7-14所示，定义了名称为content的五行四十列的文本框，换行方式为自动换行。

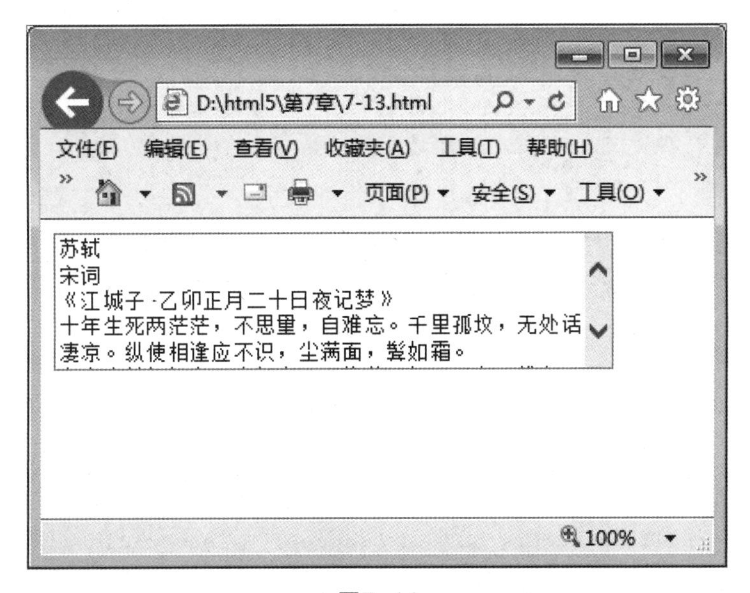

图7-14

7.8 制作综合表单

为了把前面学习的内容应用在实际中，下面就来创建一个综合表单。

【例7.20】制作综合表单

示例代码如下所示。

```
<!doctype html>
<html>
<head>
<meta http-equiv="Content-Type" content="text/html; charset=utf-8" />
<title>制作综合表单</title>
</head>
<body>
<table width="952" border="0" align="center" cellpadding="0" cellspacing="0">
<tr>
<td><img src="jpeg.jpg" width="1000" height="234" /></td>
</tr>
<tr>
<td valign="top" bgcolor="#F2F6F7"><form action="" method="post" enctype=
"multipart/form-data" name="form1" id="form1">
<table width="100%" border="0" cellspacing="2" cellpadding="0">
<tr>
<td width="21%" height="30" align="center" valign="middle">用户名：</td>
<td width="79%"><label for="name"></label>
<input name="name" type="text" id="name" size="20" maxlength="20" /></td>
</tr>
<tr>
<td height="30" align="center" valign="middle">密 码：</td>
<td><label for="password"></label>
<input name="password" type="password" id="password" size="20" maxlength="20"
/></td>
</tr>
<tr>
<td height="30" align="center" valign="middle">确认密码：</td>
<td><input name="password2" type="password" id="password2" size="20" maxlength
="20"/></td>
</tr>
<tr>
<td height="30" align="center" valign="middle">性 别：</td>
<td>
<input name="radio" type="radio" id="radio" value="radio" checked="checked" />
<label for="radio">男
<input type="radio" name="radio" id="radio2" value="radio" />
女</label></td>
```

```
</tr>
<tr>
<td height="30" align="center" valign="middle">爱 好: </td>
<td>
<input name="checkbox" type="checkbox" id="checkbox" />
<label for="checkbox">写作
<input type="checkbox" name="checkbox2" id="checkbox2" />
唱歌
</label>
<input type="checkbox" name="checkbox3" id="checkbox3" />
舞蹈
<input type="checkbox" name="checkbox4" id="checkbox4" />
游泳
<input type="checkbox" name="checkbox5" id="checkbox5" />
其他</td>
</tr>
<tr>
<td height="30" align="center" valign="middle">电 话: </td>
<td>
<label for="select"></label>
<select name="select" id="select">
<option>固定电话</option>
<option>移动电话</option>
</select>
<label for="textfield"></label>
<input type="text" name="textfield" id="textfield" /></td>
</tr>
<tr>
<td height="30" align="center" valign="middle">地 址: </td>
<td><label for="select2"></label>
<select name="select2" size="4" id="select2">
<option>徐州市</option>
<option>南京市</option>
<option>无锡市</option>
<option>苏州市</option>
<option>常州市</option>
<option>镇江市</option>
<option>盐城市</option>
<option>淮安市</option>
</select></td>
</tr>
<tr>
<td height="30" align="center" valign="middle">头 像: </td>
<td><label for="image"></label>
<input name="image" type="file" id="image" size="30" maxlength="30" /></td>
</tr>
<tr>
<td height="30" align="center" valign="middle">自 评: </td>
<td><label for="content"></label>
<textarea name="content" id="content" cols="50" rows="10"></textarea></td>
</tr>
```

```
    <tr>
    <td height="30" align="center" valign="middle"><select name="jumpMenu"
id="jumpMenu" onchange="MM_jumpMenu('parent',this,0)">
    <option>友情链接</option>
    <option value="http://weibo.com/">新浪微博</option>
    </select></td>
    <td><input type="submit" name="button" id="button" value="确定" />
    <input type="reset" name="button2" id="button2" value="重置" /></td>
    </tr>
    </table>
    </form></td>
    </tr>
    </table>
    </body>
    </html>
```

代码的运行效果如图7-15所示。

D:\html5\第7章\7-14.html
文件(F) 编辑(E) 查看(V) 收藏夹(A) 工具(T) 帮助(H)
建议网站 ▾ 网页快讯库 ▾ 页面(P) ▾ 安全(S) ▾ 工具(O) ▾
用户名：
密 码：
确认密码：
性 别： ◉ 男 ○ 女
爱 好： ☐ 写作 ☑ 唱歌 ☐ 舞蹈 ☐ 游泳 ☐ 其他
电 话： 固定电话
地 址： 常州市 镇江市 盐城市 淮安市
头 像： 浏览...
自 评：
友情链接 确定 重置
100%

图7-15

Chapter

08

多媒体的应用

本章概述

多媒体可以来自多种不同的格式，是听到或看到的任何内容，如文字、图片、音乐、音效、录音、电影、动画等。在因特网上经常会有嵌入网页的多媒体元素，现在的浏览器已支持多种多媒体格式。

重点知识

- 插入flash动画
- 设置滚动的背景颜色
- 插入背景音乐
- 设置滚动方向
- 设置空白空间
- 设置视频的自动播放

8.1 插入多媒体

给网页插入多媒体元素，可以使单调的网页变得更有吸引力，使浏览者能直观地了解网页的内容。可以为网页添加动画、音频、视频等多媒体元素。

8.1.1 插入音频和视频

为了使音频或视频文件在所有的浏览器和硬件上都能够播放，可以使用<embed>标签将插件添加到HTML页面中，语法描述如下：

```
<embed height="插件高" width="插件宽" src="路径.mp3"></embed>
```

【例8.1】插入音频

示例代码如下所示。

```
<!doctype html>
<html>
<head>
<meta http-equiv="Content-Type" content="text/html; charset=utf-8" />
<title>插入音频</title>
<body>
    <embed height="100" width="100" src="matisyahu - One Day.mp3"></embed>
</body>
</html>
```

代码的运行效果如图8-1所示，页面中被添加了MP3的音乐文件，且设置了大小。

图8-1

8.1.2 插入flash动画

在网页中经常会使用flash动画，下面介绍如何添加动画效果，语法描述如下：

```
<embed src="多媒体文件地址" width="多媒体的宽度" height="多媒体的高度"></embed>
```

【例8.2】插入flash动画

示例代码如下所示。

```
<!doctype html>
<html>
<head>
<meta http-equiv="Content-Type" content="text/html; charset=utf-8" />
<title>插入flash动画</title>
<body>
在网页中插入动画效果
    <embed src="donghua.swf" width="400" height="400"></embed>
</body>
</html>
```

代码的运行效果如图8-2所示。

图8-2

8.2 设置滚动效果

如果想在网页中添加动态的文字、图片等，最简单的方法就是为其添加滚动效果。下面就介绍如何设置滚动效果的滚动速度、方式等。

设置滚动效果要使用滚动标签<marquee>，可以在滚动标签之间添加需要滚动的内容，并设置滚动内容的属性。

8.2.1 设置滚动速度

设置滚动速度需要使用scrollamount属性，语法描述如下：

```
<marquee scrollamount="速度值">…</marquee>
```

【例8.3】设置滚动速度

示例代码如下所示。

```
<!doctype html>
<html>
<head>
<meta http-equiv="Content-Type" content="text/html; charset=utf-8" />
<title>设置滚动速度</title>
<body>
<marquee scrollamount="2">
苏轼<br/>
宋词<br/>
江城子·乙卯正月二十日夜记梦<br/>
十年生死两茫茫，不思量，自难忘。<br/>
千里孤坟，无处话凄凉。<br/>
纵使相逢应不识，尘满面，鬓如霜。<br/>
夜来幽梦忽还乡，小轩窗，正梳妆。<br/>
相顾无言，惟有泪千行。<br/>
料得年年肠断处，明月夜，短松冈。
</marquee>
</body>
</html>
```

代码的运行效果如图8-3所示，scrollamount属性的值以像素为单位，所以滚动的速度同样以像素为单位。

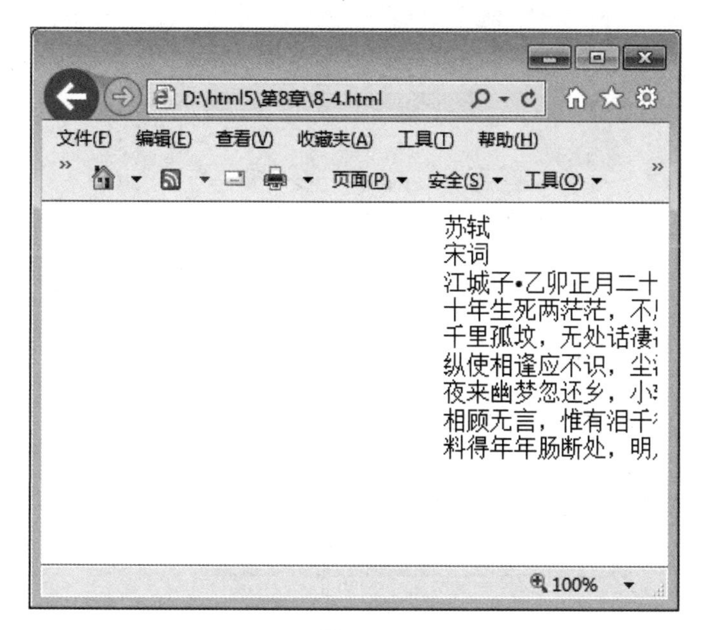

图8-3

8.2.2 设置滚动方向

可以为文本或图片设置滚动的方向，如果不想设置默认的从左到右的滚动方向，就要使用direction属性，语法描述如下：

```
<marquee direction="滚动方向">…</marquee>
```

【例8.4】设置滚动方向

示例代码如下所示。

```
<!doctype html>
<html>
<head>
<meta http-equiv="Content-Type" content="text/html; charset=utf-8" />
<title>设置滚动方向</title>
<body>
<marquee scrollamount="2" direction="up">
苏轼<br/>
宋词<br/>
江城子·乙卯正月二十日夜记梦<br/>
十年生死两茫茫，不思量，自难忘。<br/>
千里孤坟，无处话凄凉。<br/>
纵使相逢应不识，尘满面，鬓如霜。<br/>
夜来幽梦忽还乡，小轩窗，正梳妆。<br/>
相顾无言，惟有泪千行。<br/>
料得年年肠断处，明月夜，短松冈。
</marquee>
</body>
</html>
```

代码的运行效果如图8-4所示，滚动速度为2像素，滚动方向为从下往上。

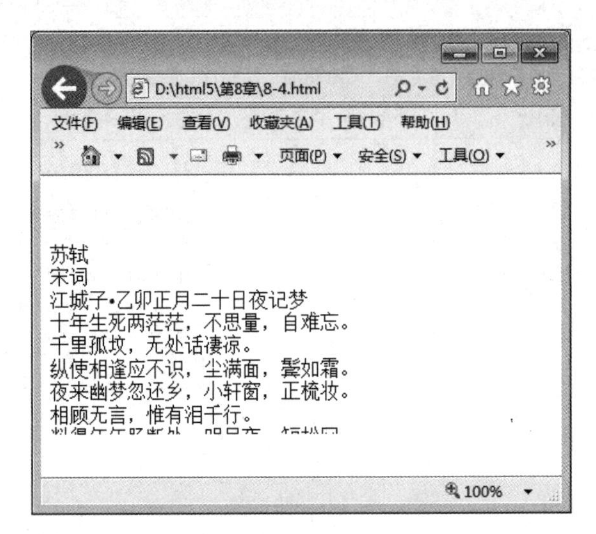

图8-4

需要说明的是，有四个滚动方向，默认的方向是left，即向左滚动。向下、向上、向右滚动的取值分别为down、up、right。

8.2.3 设置滚动延迟

在设置滚动效果时，可以设置滚动延迟，从而让页面显示内容更丰富。设置延迟需要使用scroll-delay属性，语法描述如下：

```
<marquee scrolldelay="时间间隔">…</marquee>
```

【例8.5】设置滚动延迟

示例代码如下所示。

```
<!doctype html>
<html>
<head>
<meta http-equiv="Content-Type" content="text/html; charset=utf-8" />
<title>设置滚动速度</title>
<body>
<marquee scrollamount="2" direction="up" scrolldelay="100">
苏轼<br/>
宋词<br/>
江城子·乙卯正月二十日夜记梦<br/>
十年生死两茫茫，不思量，自难忘。<br>
千里孤坟，无处话凄凉。<br>
纵使相逢应不识，尘满面，鬓如霜。<br>
夜来幽梦忽还乡，小轩窗，正梳妆。<br>
<marquee scrollamount="2" direction="left" scrolldelay="300">
相顾无言，惟有泪千行。<br>
料得年年肠断处，明月夜，短松冈。
```

```
</marquee>
</body>
</html>
```

代码的运行效果如图8-5所示。

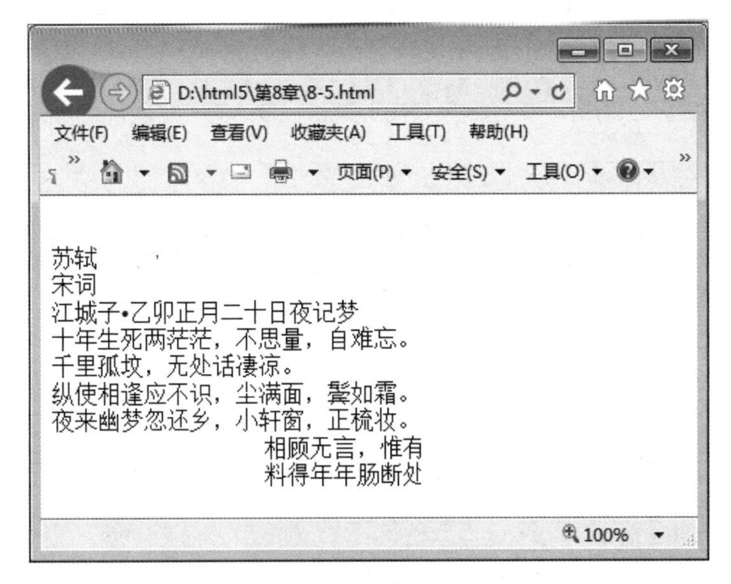

图8-5

需要说明的是，scrolldelay的取值是毫秒，如果以秒为单位，会出现停顿的效果。

8.2.4 设置滚动方式

设置滚动方式需要使用behavior属性。behavior可以取三个值：scroll、slide和alternate。这三个值代表的效果分别是循环滚动、只滚动一次就停止、来回交替进行滚动，语法描述如下：

```
<marquee behavior="滚动方式">…</marquee>
```

【例8.6】设置滚动方式

示例代码如下所示。

```
<!doctype html>
<html>
<head>
<meta http-equiv="Content-Type" content="text/html; charset=utf-8" />
<title>滚动方式</title>
<body>
<marquee direction="up" behavior="slide">
苏轼<br/>
宋词<br/>
江城子·乙卯正月二十日夜记梦<br/>
十年生死两茫茫，不思量，自难忘。<br/>
千里孤坟，无处话凄凉。<br/>
```

```
纵使相逢应不识，尘满面，鬓如霜。<br/>
夜来幽梦忽还乡，小轩窗，正梳妆。<br/>
相顾无言，惟有泪千行。<br/>
料得年年肠断处，明月夜，短松冈。
</marquee>
</body>
</html>
```

代码的运行效果如图8-6所示，滚动效果是向上滚动，滚动的方式是只滚动一次就停止。

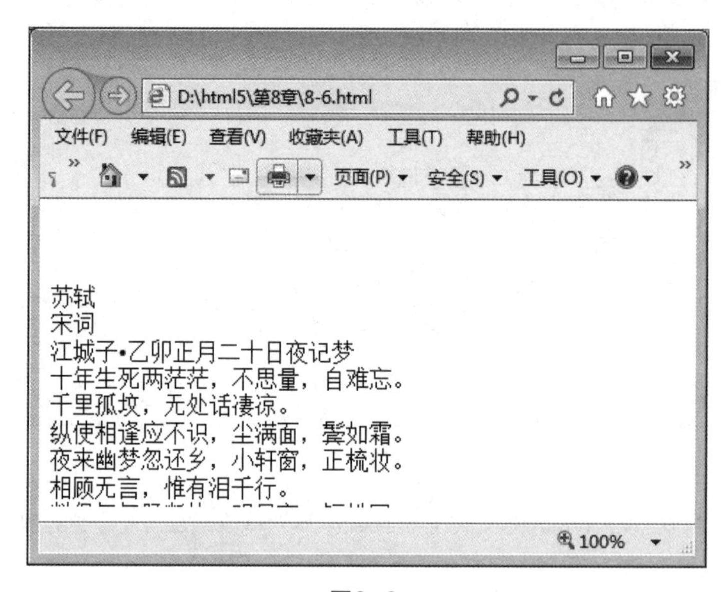

图8-6

8.2.5 设置滚动的背景颜色

在设置滚动效果时，可以为其设置背景颜色，这时就需要使用bgcolor属性，语法描述如下：

```
<marquee bgcolor="背景颜色">…</marquee>
```

【例8.7】设置滚动时的背景颜色

示例代码如下所示。

```
<!doctype html>
<html>
<head>
<meta http-equiv="Content-Type" content="text/html; charset=utf-8" />
<title>设置滚动时的背景颜色</title>
<body>
<marquee direction="right" scrollamount="3" bgcolor="#99FFCC">
苏轼<br/>
宋词<br/>
江城子·乙卯正月二十日夜记梦<br/>
十年生死两茫茫，不思量，自难忘。<br/>
```

```
千里孤坟，无处话凄凉。<br/>
纵使相逢应不识，尘满面，鬓如霜。<br/>
夜来幽梦忽还乡，小轩窗，正梳妆。<br/>
相顾无言，惟有泪千行。<br/>
料得年年肠断处，明月夜，短松冈。
</marquee>
</body>
</html>
```

代码的运行效果如图8-7所示，背景颜色为#99FFCC。

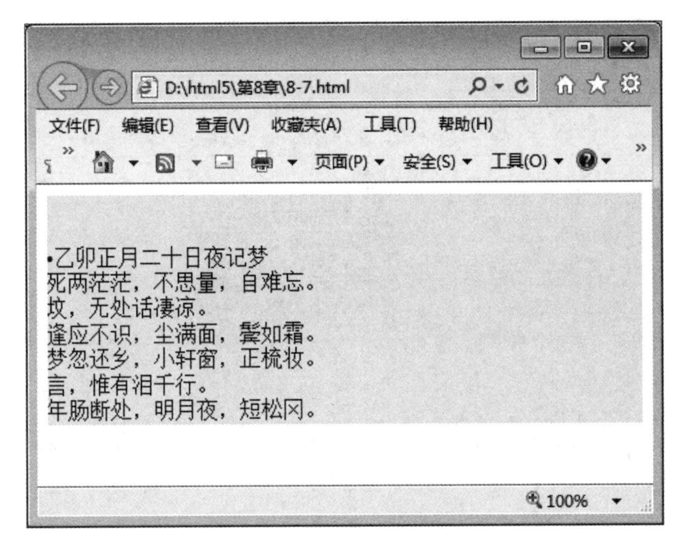

D:\html5\第8章\8-7.html
文件(F) 编辑(E) 查看(V) 收藏夹(A) 工具(T) 帮助(H)
页面(P) 安全(S) 工具(O)
•乙卯正月二十日夜记梦
死两茫茫，不思量，自难忘。
坟，无处话凄凉。
逢应不识，尘满面，鬓如霜。
梦忽还乡，小轩窗，正梳妆。
言，惟有泪千行。
年肠断处，明月夜，短松冈。
100%

图8-7

8.2.6 设置滚动范围

使用width和height属性可以调整滚动的水平和垂直范围，语法描述如下：

```
<marquee width="背景宽度" height="背景高度">…</marquee>
```

【例8.8】设置滚动范围

示例代码如下所示。

```
<!doctype html>
<html>
<head>
<meta http-equiv="Content-Type" content="text/html; charset=utf-8" />
<title>设置滚动范围</title>
<body>
<marquee direction="right" scrollamount="3" bgcolor="#99FFCC" width="400"
height="400">
苏轼<br/>
宋词<br/>
江城子·乙卯正月二十日夜记梦<br/>
```

```
十年生死两茫茫，不思量，自难忘。<br>
千里孤坟，无处话凄凉。<br>
纵使相逢应不识，尘满面，鬓如霜。<br>
夜来幽梦忽还乡，小轩窗，正梳妆。<br>
相顾无言，惟有泪千行。料得年年肠断处，明月夜，短松冈。
</marquee>
</body>
</html>
```

代码的运行效果如图8-8所示。

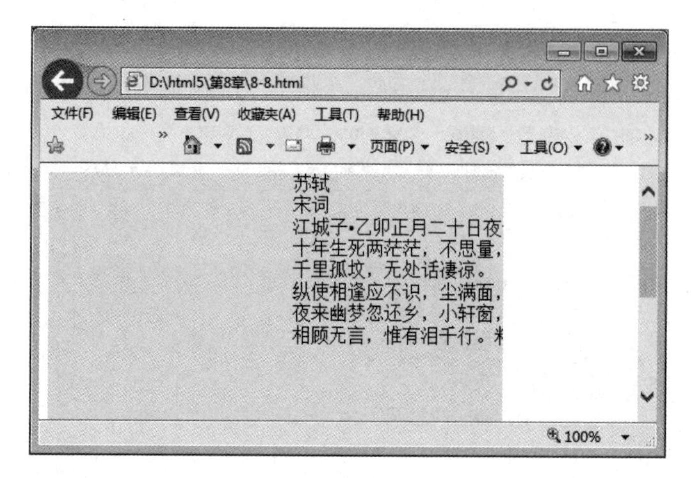

图8-8

8.2.7 设置空白空间

在默认情况下，滚动对象周围的文字或图像，是与滚动背景链接的。如果想使它们分开，则需要使用hspace和vspace属性设置它们之间的空白区域，语法描述如下：

```
<marquee hspace="水平范围" vspace="垂直范围">…</marquee>
```

【例8.9】设置滚动时的空白空间

示例代码如下所示。

```
<!doctype html>
<html>
<head>
<meta http-equiv="Content-Type" content="text/html; charset=utf-8" />
<title>空白空间</title>
<body>
江城子·乙卯正月二十日夜记梦
<br/>
苏轼
<br/>
<marquee direction="right" scrollamount="3" bgcolor="#99FFCC" hspace="40"
vspace="30">
```

```
十年生死两茫茫，不思量，自难忘。<br/>
千里孤坟，无处话凄凉。<br/>
纵使相逢应不识，尘满面，鬓如霜。<br/>
夜来幽梦忽还乡，小轩窗，正梳妆。<br/>
相顾无言，惟有泪千行。<br/>
料得年年肠断处，明月夜，短松冈。
</marquee>
</body>
</html>
```

代码的运行效果如图8-9所示，水平范围和垂直范围的单位都是像素，空白区域就是由这些像素组成的。

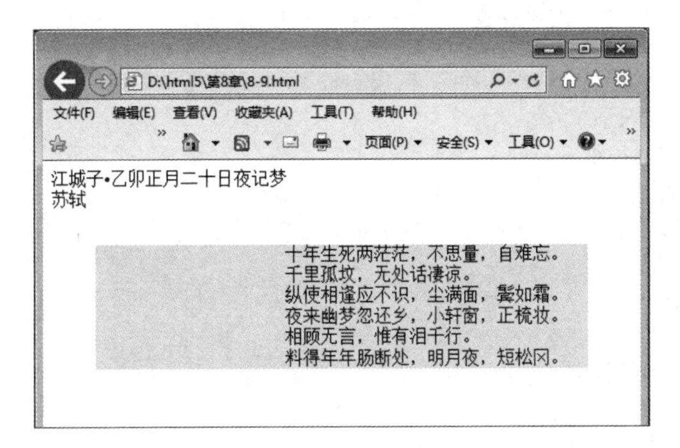

图8-9

8.3 设置背景音乐

“在网页中，除了可以嵌入普通的声音文件之外，还可以为网页设置背景音乐，如插入歌曲等，最常用的是midi格式。”

8.3.1 插入背景音乐

在网页设计中，可以使用bgsound属性插入背景音乐，语法描述如下：

```
<bgsound src="背景音乐的地址">
```

【例8.10】设置背景音乐

示例代码如下所示。

```
<!doctype html>
<html>
```

```
<head>
<meta http-equiv="Content-Type" content="text/html; charset=utf-8" />
<title>设置背景音乐</title>
<body>
<bgsound src="xiaochou.mp3"/>
<center>消愁</center><br/><br/>
<hr with="300" size="5"/>
<marquee scrollamount="1" scrolldelay="200" direction="up" bgcolor="#99FFCC"
height="400">
当你走进这欢乐场，背上所有的梦与想<br/><br/>
各色的脸上各色的妆，没人记得你的模样<br/><br/>
三巡酒过你在角落，固执的唱着苦涩的歌<br/><br/>
听他在喧嚣里被淹没，你拿起酒杯对自己说<br/><br/>
一杯敬朝阳，一杯敬月光<br/><br/>
唤醒我的向往，温柔了寒窗<br/><br/>
于是可以不回头地逆风飞翔，不怕心头有雨 眼底有霜<br/><br/>
一杯敬故乡，一杯敬远方<br/><br/>
守着我的善良，催着我成长<br/><br/>
所以南北的路从此不再漫长，灵魂不再无处安放<br/><br/>
一杯敬明天，一杯敬过往<br/><br/>
支撑我的身体，厚重了肩膀<br/><br/>
虽然从不相信所谓山高水长，人生苦短何必念念不忘<br/><br/>
一杯敬自由，一杯敬死亡<br/><br/>
宽恕我的平凡，驱散了迷惘<br/><br/>
好吧天亮之后总是潦草离场，清醒的人最荒唐<br/><br/>
好吧天亮之后总是潦草离场，清醒的人最荒唐
</marquee>
<hr size="5"/>
</body>
</html>
```

代码的运行效果如图8-10所示，在浏览器中可以听见背景音乐响起，同时在页面上显示背景音乐的歌词。

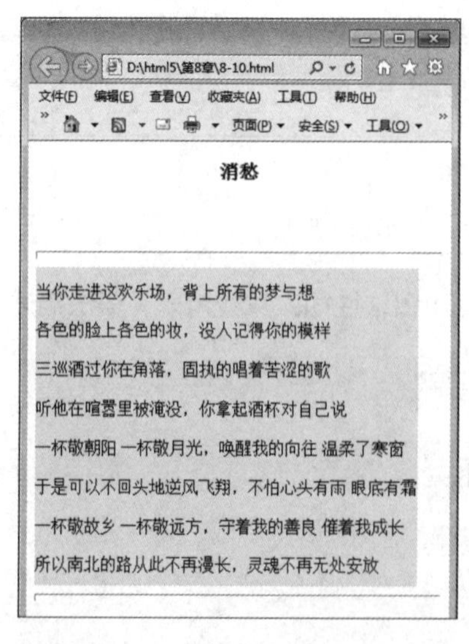

图8-10

8.3.2 设置背景音乐的循环播放次数

通常情况下，背景音乐需要不停地播放，有时也需要指定播放次数。可以使用loop参数设置背景音乐的播放模式，语法描述如下：

```
<bgsound src="背景音乐的地址" loop="循环次数">
```

【例8.11】设置背景音乐的循环播放次数

示例代码如下所示。

```
<!doctype html>
<html>
<head>
<meta http-equiv="Content-Type" content="text/html; charset=utf-8" />
<title>设置背景音乐的循环播放次数</title>
<body>
<bgsound src="xiaochou.mp3" loop="2"/>
<center>消愁</center><br/><br/>
<hr with="300" size="5"/>
<marquee scrollamount="1" scrolldelay="200" direction="up" bgcolor="#99FFCC"
height="400">
当你走进这欢乐场，背上所有的梦与想<br/><br/>
各色的脸上各色的妆，没人记得你的模样<br/><br/>
三巡酒过你在角落，固执的唱着苦涩的歌<br/><br/>
听他在喧嚣里被淹没，你拿起酒杯对自己说<br/><br/>
一杯敬朝阳，一杯敬月光<br/><br/>
唤醒我的向往，温柔了寒窗<br/><br/>
于是可以不回头地逆风飞翔，不怕心头有雨  眼底有霜<br/><br/>
一杯敬故乡，一杯敬远方<br/><br/>
守着我的善良，催着我成长<br/><br/>
所以南北的路从此不再漫长，灵魂不再无处安放<br/><br/>
一杯敬明天，一杯敬过往<br/><br/>
支撑我的身体，厚重了肩膀<br/><br/>
虽然从不相信所谓山高水长，人生苦短何必念念不忘<br/><br/>
一杯敬自由，一杯敬死亡<br/><br/>
宽恕我的平凡，驱散了迷惘<br/><br/>
好吧天亮之后总是潦草离场，清醒的人最荒唐<br/><br/>
好吧天亮之后总是潦草离场，清醒的人最荒唐
</marquee>
<hr size="5"/>
</body>
</html>
```

代码的运行效果和图8-10所示的效果一样，只是背景音乐在循环播放两次之后停止。

8.3.3 设置视频的自动播放

打开网页时，一些视频文件就会直接开始运行，不需要手动开始，如浏览网页时弹出的广告内容就会自动播放。可以使用autostart属性实现视频的自动播放，语法描述如下：

```
<embed src="多媒体文件地址" autostart=是否自动运行></embed>
```

【例8.12】设置视频的自动播放

示例代码如下所示。

```
<!doctype html>
<html>
<head>
<meta http-equiv="Content-Type" content="text/html; charset=utf-8" />
<title>设置视频的自动播放</title>
<body>
<center>
下面的视频文件第一个是自动播放的，第二个是需要手动播放的。
<hr size" 2" />
<embed height="100" width="100" src="shipin.avi" autostart=true></embed>
<hr size" 2" />
<embed height="100" width="100" src="shipin.avi" ></embed>
</center>
</body>
</html>
```

代码的运行效果如图8-11所示。

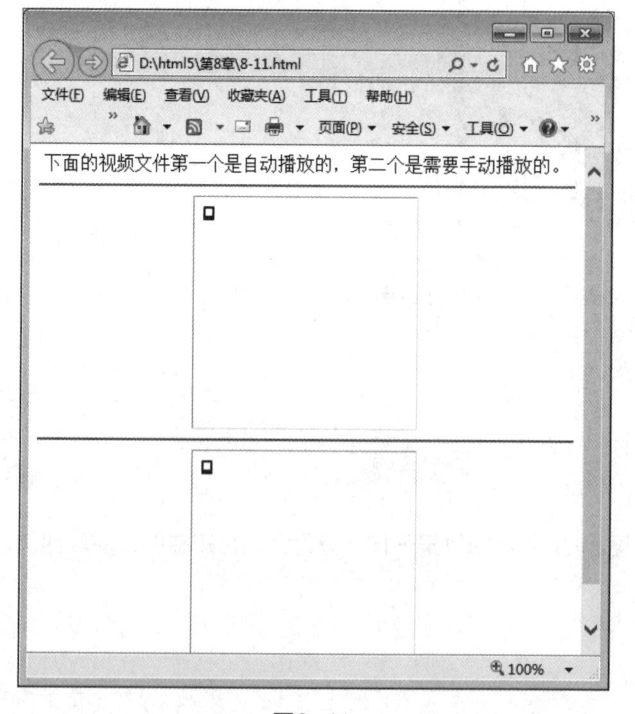

图8-11

Chapter

09

列表的应用

本章概述

列表包括无序列表、有序列表和定义列表。无序列表使用项目符号来标记无序的项目，有序列表则使用编号来记录项目的顺序。

重点知识

- type无序列表类型
- type有序列表类型
- dl定义列表标签
- menu菜单列表
- 定义列表的嵌套
- 有序列表之间的嵌套

9.1 使用无序列表

> 在无序列表中，各个列表项之间没有顺序级别之分，它通常使用项目符号作为每个列表项的前缀。无序列表主要使用<ul>、<dir>、<dl>、<menu>、<li>这几个标签和type属性。

9.1.1 ul标签

无序列表的特征是提供一种不编号的列表方式，在每个项目文字之前以符号作为标记，语法描述如下：

```
<ul>
<li>第1项</li>
<li>第2项</li>
<li>第3项</li>
</ul>
```

上述语法中，使用<ul>和</ul>表示无序列表的开始和结束，使用<li>标签表示列表项，一个无序列表可以包含多个列表项。

【例9.1】使用ul标签

示例代码如下所示。

```
<!doctype html>
<html>
<head>
<meta http-equiv="Content-Type" content="text/html; charset=utf-8" />
<title>使用ul标签</title>
</head>
<body>
<font size="+3" color="#006699">列表的分类：</font><br/><br/>
<ul>
<li>无序列表</li>
<li>有序列表</li>
<li>定义列表</li>
</ul>
</body>
</html>
```

代码的运行效果如图9-1所示，该列表包含3个列表项。

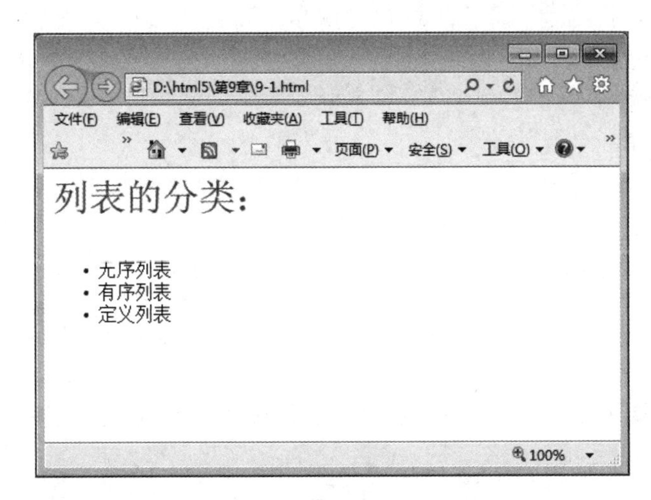

图9-1

9.1.2 无序列表的符号

在默认情况下，无序列表的项目符号是实心圆。使用type参数可以调整无序列表的项目符号，避免列表符号的单调。

类型值代表的列表符号如下所示。

- disc：实心圆形。
- circle：空心圆形。
- square：实心正方形。

语法描述：

```
<ul type=符号类型>
<li>第1项</li>
<li>第2项</li>
<li>第3项</li>
</ul>
```

【例9.2】定义统一的列表符号

示例代码如下所示。

```
<!doctype html>
<html>
<head>
<meta http-equiv="Content-Type" content="text/html; charset=utf-8" />
<title>定义统一的列表符号</title>
</head>
<body>
<font size="+3" color="#006699">列表的分类：</font><br/><br/>
<ul type="circle">
<li>无序列表</li>
<li>有序列表</li>
<li>定义列表</li>
</ul>
```

```
<hr color="red" size="2"/>
<font size="+3" color="#006699">列表的分类：</font><br/><br/>
<ul type="square">
<li>无序列表</li>
<li>有序列表</li>
<li>定义列表</li>
</ul>
</body>
</html>
```

代码的运行效果如图9-2所示，除了默认的列表项目符号之外，也显示了其他的效果。

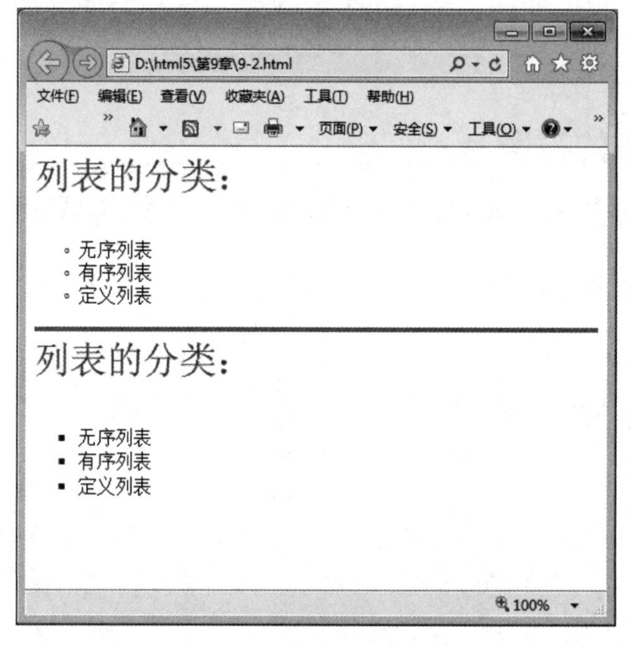

图9-2

当然，使用type也可以在<li>标签中定义无序列表的类型，而且是对单个项目进行定义的，语法描述如下：

```
<li type=符号类型>
```

【例9.3】定义不同的列表符号

示例代码如下所示。

```
<!doctype html>
<html>
<head>
<meta http-equiv="Content-Type" content="text/html; charset=utf-8" />
<title>定义不同的列表符号</title>
</head>
<body>
<font size="+3" color="#006699">列表的分类：</font><br/><br/>
```

```
<ul>
<li type="circle">无序列表</li>
<li type="square">有序列表</li>
<li>定义列表</li>
</ul>
</body>
</html>
```

代码的运行效果如图9-3所示，分别给第一个和第二个列表设置了项目符号。

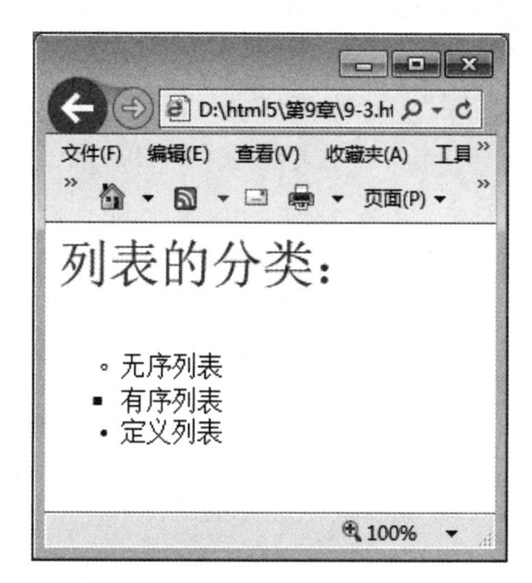

图9-3

9.2 使用有序列表

有序列表使用编号来编排项目，而不是使用项目符号。列表中的项目采用数字或英文字母，通常各项目之间有先后顺序。在有序列表中，主要使用<ol>和<li>两个标签、type和start两个属性。

9.2.1 ol标签

在有序列表中，各个列表项使用编号而不是符号进行排列。列表中的项目通常有先后顺序，一般采用数字或者字母作为序号，语法描述如下：

```
<ol>
<li>第1项</li>
<li>第2项</li>
<li>第3项</li>
</ol>
```

在语法中，<ol>和</ol>标志着有序列表的开始和结束，而<li>表示这是一个列表项的开始，在默认情况下，采用数字序号进行排列。

【例9.4】使用ol标签

示例代码如下所示。

```
<!doctype html>
<html>
<head>
<meta http-equiv="Content-Type" content="text/html; charset=utf-8" />
<title>使用ol标签</title>
</head>
<body>
<font size="+3" color="#006699">列表的分类：</font><br/><br/>
<ol>
<li>无序列表</li>
<li>有序列表</li>
<li>定义列表</li>
</ol>
</body>
</html>
```

代码的运行效果如图9-4所示，默认的情况下显示的是数字。

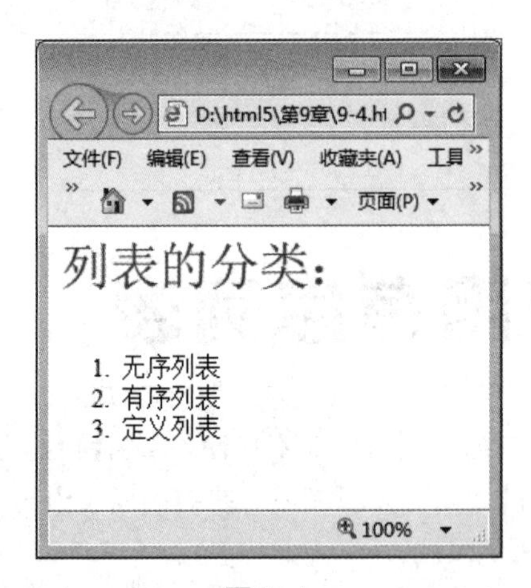

图9-4

9.2.2 有序列表的符号

在默认情况下，有序列表的序号是数字，通过type属性可调整序号的类型，如将其修改成字母等，语法描述如下：

```
<ol type=序号类型>
<li>第1项</li>
<li>第2项</li>
<li>第3项</li>
</ol>
```

⚠【例9.5】定义有序列表的符号

示例代码如下所示。

```
<!doctype html>
<html>
<head>
<meta http-equiv="Content-Type" content="text/html; charset=utf-8" />
<title>定义有序列表的符号</title>
</head>
<body>
<font size="+3" color="#006699">列表的分类: </font><br/><br/>
<ol type="a">
<li>无序列表</li>
<li>有序列表</li>
<li>定义列表</li>
</ol>
<hr color="red" size="2"/>
<font size="+3" color="#006699">列表的分类: </font><br/><br/>
<ol type="I">
<li>无序列表</li>
<li>有序列表</li>
<li>定义列表</li>
</ol>
</body>
</html>
```

代码的运行效果如图9-5所示。

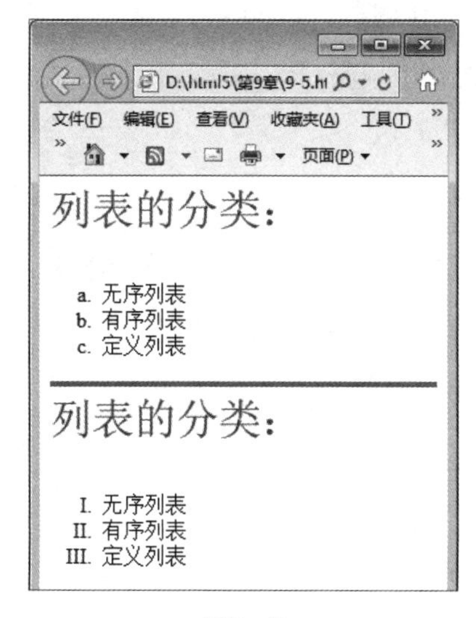

图9-5

9.2.3 有序列表的起始值

在默认情况下，有序列表的列表项是从数字1开始的，通过start参数可以调整起始数值。这个数值可应用于数字、英文字母和罗马数字，语法描述如下：

```
<ol start=起始数值>
<li>第1项</li>
<li>第2项</li>
<li>第3项</li>
</ol>
```

【例9.6】定义有序列表的起始值

示例代码如下所示。

```
<!doctype html>
<html>
<head>
<meta http-equiv="Content-Type" content="text/html; charset=utf-8" />
<title>定义有序列表的起始值</title>
</head>
<body>
<font size="+3" color="#006699">列表的分类：</font><br/><br/>
<ol type="A" start="4">
<li>无序列表</li>
<li>有序列表</li>
<li>定义列表</li>
</ol>
<hr color="red" size="2"/>
<font size="+3" color="#006699">列表的分类：</font><br/><br/>
<ol start="3">
<li>无序列表</li>
<li>有序列表</li>
<li>定义列表</li>
</ol>
</body>
</html>
```

代码的运行效果如图9-6所示。

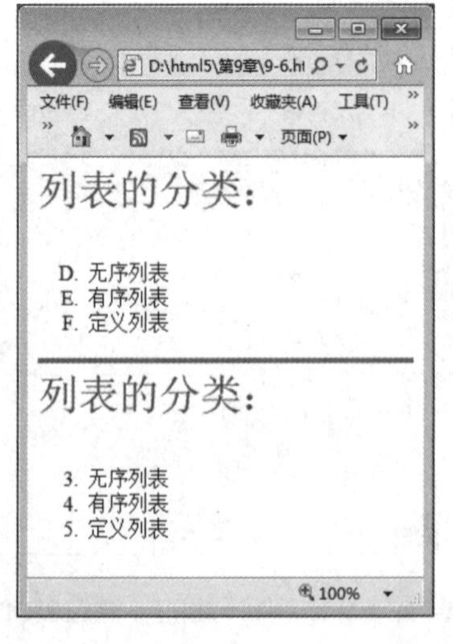

图9-6

从上图可以看出，起始值只能是数字。比如，想让英文字母从B开始，起始值就要输入2。

当然，可以动态设置列表编号。在以下示例中，会使用ol标签创建一个小说阅读量排名，先添加选项列表中的内容，再添加一个设置开始值的文本框和一个“确定”按钮。

【例9.7】start属性的高级应用

示例代码如下所示。

```
<html>
<meta http-equiv="content-type" content="text/html;charset=gb2312">
<head>
<title>start属性的高级应用</title>
<link href="Css/css1.css" rel="stylesheet" type="text/css">
<script type="text/javascript" async>
function click1(){
var num=document.getElementById("te").value;
var div=document.getElementById("list");
div.setAttribute("start",num);
}
</script>
</head>
<body>
<h3>小说阅读量 </h3>
<ol id="list">
<li>斗破苍穹</li>
<li>盗墓笔记</li>
<li>逆鳞</li>
</ol>
<h5>设置开始值</h5>
<input type="text" id="te" class="tt" style="width:60px" />
<input type="button" value="确定" class="bb" onClick="click1();">
</body>
</html>
```

代码的运行效果如图9-7所示。

在文本框中输入数字6，代码的运行效果如图9-8所示。

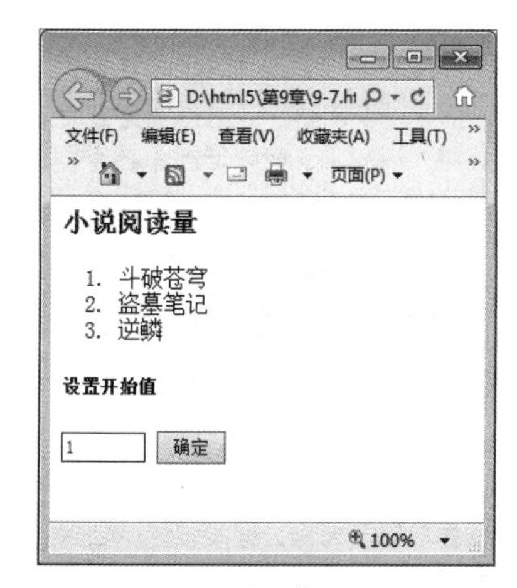

图9-7

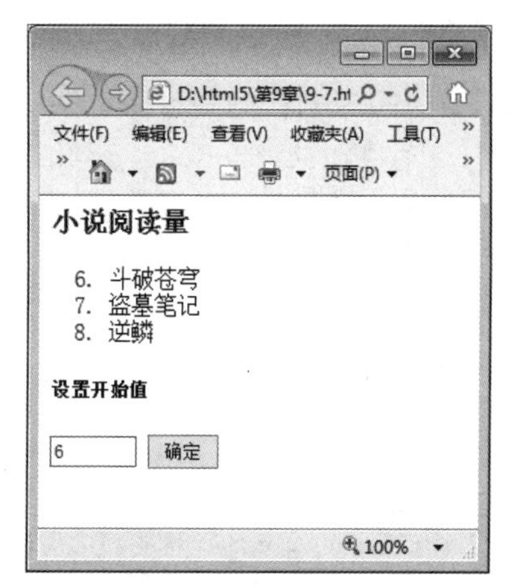

图9-8

9.3 定义列表

不同于无序列表和有序列表，定义列表主要用于解释名词，包含两个层次的列表，第一层是需解释的名词，第二层是具体解释，语法描述如下：

```
<dl>
<dt>名词1<dd>解释1
<dt>名词2<dd>解释2
<dt>名词3<dd>解释3
</dl>
```

在上述语法中，<dt>标签后面是要解释的名称，而在<dd>标签后面添加该名词的具体解释。

【例9.8】使用dl定义列表

示例代码如下所示。

```
<!doctype html>
<html>
<head>
<meta http-equiv="Content-Type" content="text/html; charset=utf-8" />
<title>使用dl定义列表</title>
</head>
<body>
<font size="+3" color="#006699">下列选项中的中国四大美女谁出生的最早</
font><br/><br/>
<ol type="A">
<li>西施浣纱</li>
<li>昭君出塞</li>
<li>貂蝉拜月</li>
<li>贵妃醉酒</li>
</ol>
<hr color="#993366" size="3"/>
<dl>
<dt>A：西施，名夷光，春秋时期越国人，出生于浙江诸暨苎萝山村。西施是中国古代四大美人之一，又称西子。天生丽质。当时越国称臣于吴国，越王勾践卧薪尝胆，谋复国。在国难当头之际，西施忍辱负重，以身救国，与郑旦一起被越王勾践献给吴王夫差，成为吴王最宠爱的妃子，乱吴宫，以霸越。施夷光世居越国苎萝。</dd>
<br/><br/>
<dt>B：王昭君，西汉时期，姓王名嫱，南郡秭归人。匈奴呼韩邪单于阏氏。她是汉元帝时以“良家子”入选掖庭的。时，呼韩邪来朝，帝敕以五女赐之。王昭君入宫数年，不得见御，积悲怨，乃请掖庭令求行。呼韩邪临辞大会，帝召五女以示之。昭君“丰容靓饰，光明汉宫，顾影徘徊，竦动左右。帝见大惊，意欲留之，而难于失信，遂与匈奴。</dd>
<br/><br/>
<dt>C：貂蝉，山西忻州人。是东汉末年司徒王允的歌女，国色天香，有倾国倾城之貌，见东汉王朝被奸臣董卓所操纵，於月下焚香祷告上天，愿为主人分忧。王允眼看董卓将篡夺东汉王朝，设下连环计。王允先把
```

```
貂蝉暗地里许给吕布，再明把貂蝉献给董卓。吕布英雄年少，董卓老奸巨猾。为了拉拢吕布，董卓收吕布为义子。二人都是好色之人。从此以后，貂蝉周旋于二人之间，送吕布于秋波，报董卓于妖媚。把二人撩拨得神魂颠倒。  </dd>
    <br/><br/>
    <dt>D：开元二十二年七月(734年)，唐玄宗的女儿咸宜公主在洛阳举行婚礼，杨玉环也应邀参加。咸宜公主之胞弟寿王李瑁对杨玉环一见钟情，唐玄宗在武惠妃的要求下当年就下诏册立她为寿王妃。婚后，两人甜美异常，后又受令出家，天宝四载（745年），杨氏正式被玄宗册封为贵妃。天宝十五载（755年），安禄山发动叛乱，玄宗西逃四川，杨氏在陕西兴平马嵬驿死于乱军之中，葬于马嵬坡。</dd>
    <br/>
    </dl>
    </body>
    </html>
```

代码的运行效果如图9-9所示。

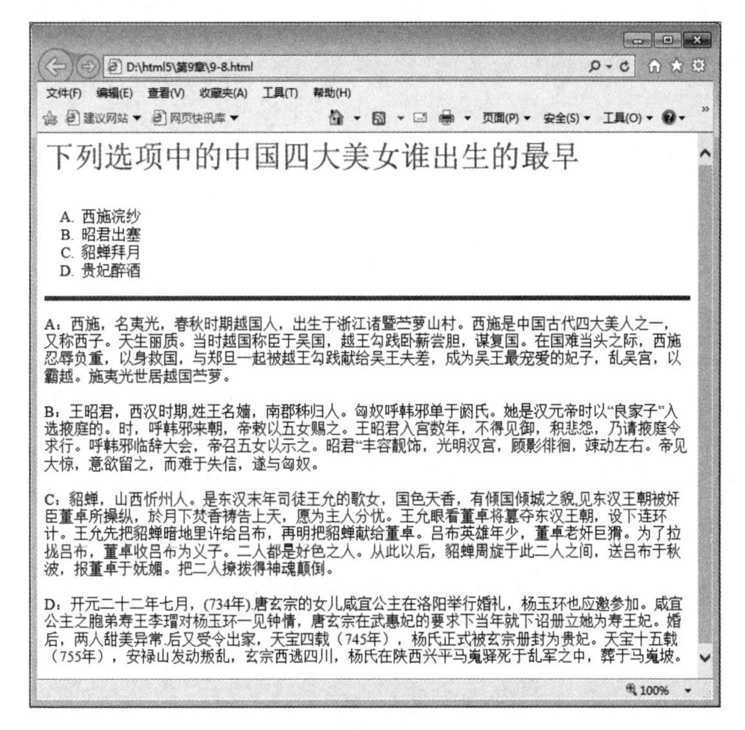

图9-9

在定义列表中，一个dt标签可以有多个dd标签作为名词的解释和说明，下面就是一个在dt下有多个dd的示例。

【例9.9】使用dt标签和dd标签

示例代码如下所示。

```
<!doctype html>
<html>
<head>
<meta http-equiv="Content-Type" content="text/html; charset=utf-8" />
<title>使用dt标签和dd标签</title>
</head>
```

```
<body>
<font size="+3" color="#006699">中国历史</font><br/><br/>
<dl>
<dt>
<u>原始社会</u>
<dd>黄帝</dd>
<dd>尧</dd>
<dd>舜</dd>
</dt>
<dt>
<u>奴隶社会</u>
<dd>夏</dd>
<dd>商</dd>
<dd>周</dd>
</dt>
<dt>
<u>封建社会</u>
<dd>秦</dd>
<dd>汉</dd>
<dd>隋</dd>
<dd>唐</dd>
<dd>宋</dd>
<dd>元</dd>
<dd>明</dd>
<dd>清</dd>
</dt>
</dl>
</body>
</html>
```

代码的运行效果如图9-10所示。

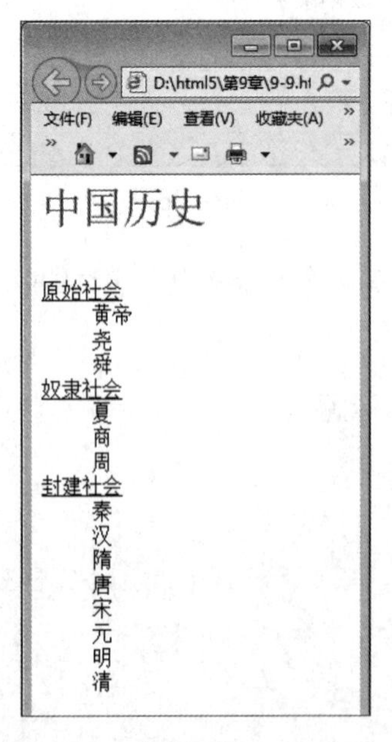

图9-10

9.4 菜单列表

菜单列表主要用于设计单列的菜单，它在浏览器中的显示效果和无序列表相同，因此它的功能也可以通过无序列表来实现，语法描述如下：

```
<menu>
<li>第1项</li>
<li>第2项</li>
<li>第3项</li>
</menu>
```

【例9.10】使用menu标签

示例代码如下所示。

```
<!doctype html>
<html>
<head>
<meta http-equiv="Content-Type" content="text/html; charset=utf-8" />
<title>菜单列表</title>
</head>
<body>
<font size="+3" color="#006699">列表的分类：</font><br/><br/>
<menu>
<li>无序列表</li>
<li>有序列表</li>
<li>定义列表</li>
</menu>
</body>
</html>
```

代码的运行效果如图9-11所示。

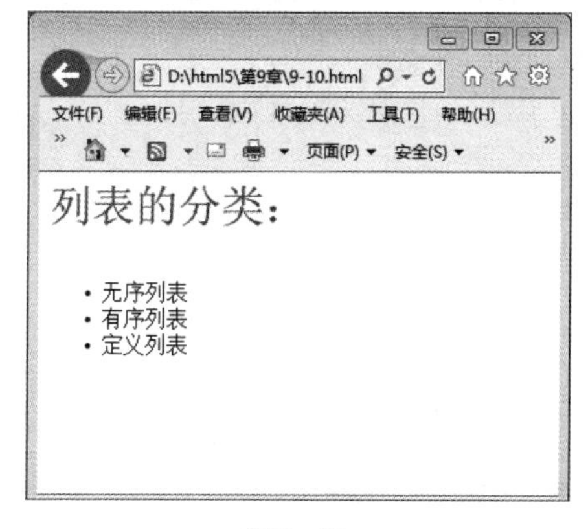

图9-11

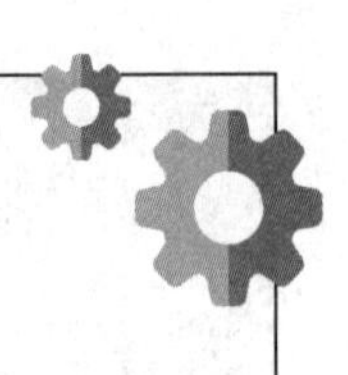

9.5 设置列表文字颜色

在创建列表时，可以单独设置列表中文字的颜色。这里直接对文字颜色进行设置，语法描述如下：

```
<li><font color="颜色值">列表项</font></li>
```

【例9.11】设置列表文字的颜色

示例代码如下所示。

```
<!doctype html>
<html>
<head>
<meta http-equiv="Content-Type" content="text/html; charset=utf-8" />
<title>设置列表文字的颜色</title>
</head>
<body>
<font size="+3" color="#006699">列表的分类：</font><br/><br/>
<menu>
<li><font color="red">无序列表</font></li>
<li><font color="blue">有序列表</font></li>
<li><font color="green">定义列表</font></li>
</menu>
</body>
</html>
```

代码的运行效果如图9-12所示，分别给三个列表项设置的颜色为红、蓝、绿，同时也可以在列表中对整体颜色进行设置。

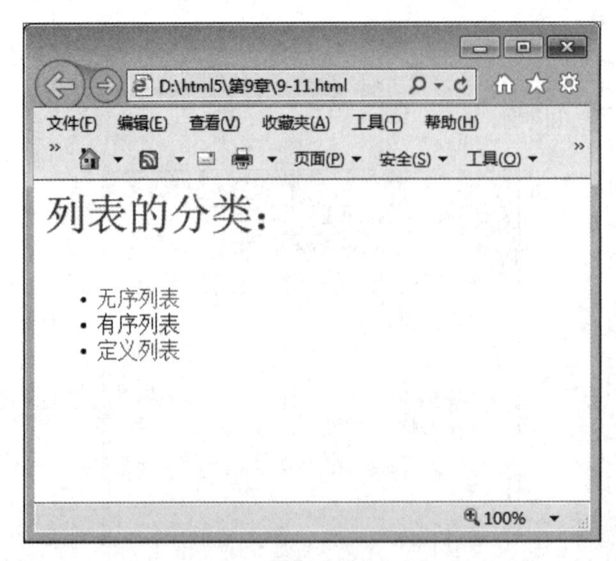

图9-12

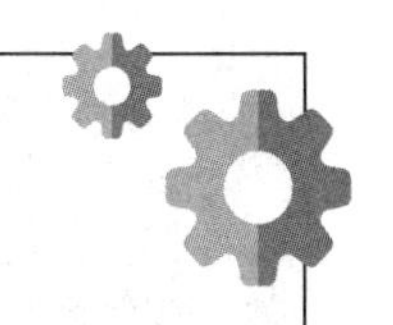

9.6 表格的嵌套

> 嵌套列表指多于一级层次的列表，一级项目下面可以存在二级项目、三级项目等。项目列表可以进行嵌套，以实现多级项目列表的形式。

9.6.1 定义列表的嵌套

定义列表是一种两个层次的列表，用于解释名词的定义，名词为第一层次，解释为第二层次，且不包含项目符号，语法描述如下：

```
<dl>
<dt>名词一</dt>
<dd>解释1</dd>
<dd>解释2</dd>
<dd>解释3</dd>
<dt>名词二</dt>
<dd>解释1</dd>
<dd>解释2</dd>
<dd>解释3</dd>
</dl>
```

【例9.12】使用列表嵌套

示例代码如下所示。

```
<!doctype html>
<html>
<head>
<meta http-equiv="Content-Type" content="text/html; charset=utf-8" />
<title>使用列表嵌套</title>
</head>
<body>
<font size="+2" color="#006699">古诗介绍：</font><br/><br/>
<dl>
<dt>秋思</dt><br/>
<dd>作者：白居易</dd><br/>
<dd>诗体：五言律诗</dd><br/>
<dd>病眠夜少梦，闲立秋多思。<br/>
寂寞余雨晴，萧条早寒至。<br/>
鸟栖红叶树，月照青苔地。<br/>
何况镜中年，又过三十二。<br/>
</dd>
<dt>蜀相</dt><br/>
<dd>作者：杜甫</dd><br/>
```

```
<dd>诗体：七言律诗</dd><br/>
<dd>丞相祠堂何处寻？ 锦官城外柏森森，<br/>
映阶碧草自春色， 隔叶黄鹂空好音。<br/>
三顾频烦天下计， 两朝开济老臣心。<br/>
出师未捷身先死， 长使英雄泪满襟。<br/>
</dd>
</body>
</html>
```

代码的运行效果如图9-13所示。

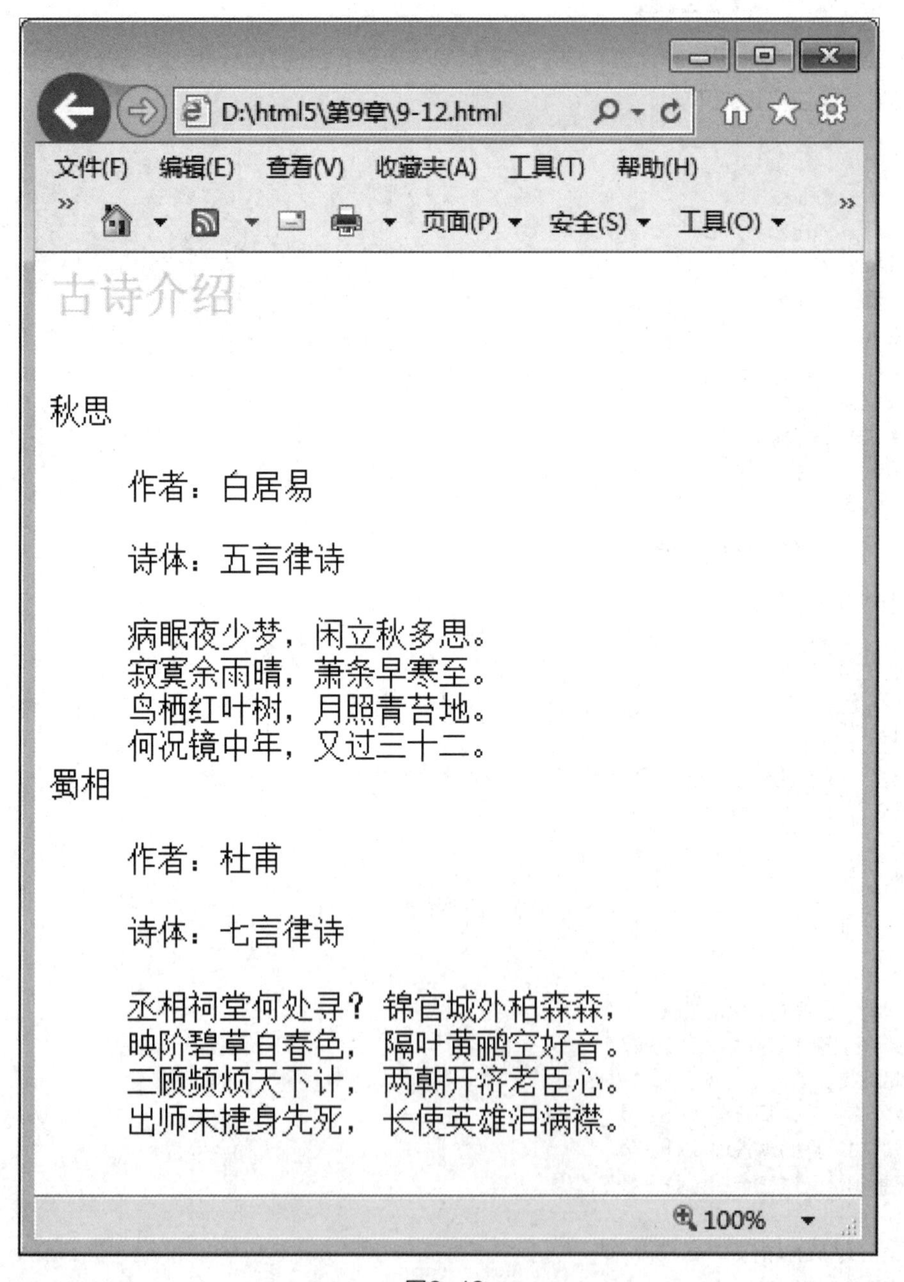

图9-13

9.6.2 无序列表和有序列表的嵌套

最常见的列表嵌套模式，就是有序列表和无序列表的嵌套，可以重复使用<ol>和<ul>标签组合实现。

【例9.13】嵌套有序列表和无序列表

示例代码如下所示。

```
<!doctype html>
<html>
<head>
<meta http-equiv="Content-Type" content="text/html; charset=utf-8" />
<title>嵌套有序列表和无序列表</title>
</head>
<body>
<font color="#3333FF" size="+2">中国历史</font>
<ul type="square">
<li><font size="+1" color="#FF9900"></font>原始社会</li>
</ul>
<ol type="1">
<li>黄帝</li><br/>
<li>尧</li><br/>
<li>舜</li><br/>
</ol>
<ul type="square">
<li><font size="+1" color="#FF9900"></font>奴隶社会</li>
</ul>
<ol type="1">
<li>夏</li><br/>
<li>商</li><br/>
<li>周</li><br/>
</ol>
<ul type="square">
<li><font size="+1" color="#FF9900"></font>封建社会</li>
</ul>
<ol type="1">
<li>秦</li><br/>
<li>隋</li><br/>
<li>唐</li><br/>
<li>宋</li><br/>
<li>元</li><br/>
<li>明</li><br/>
<li>清</li><br/>
</ol>
</body>
</html>
```

代码的运行效果如图9-14所示。

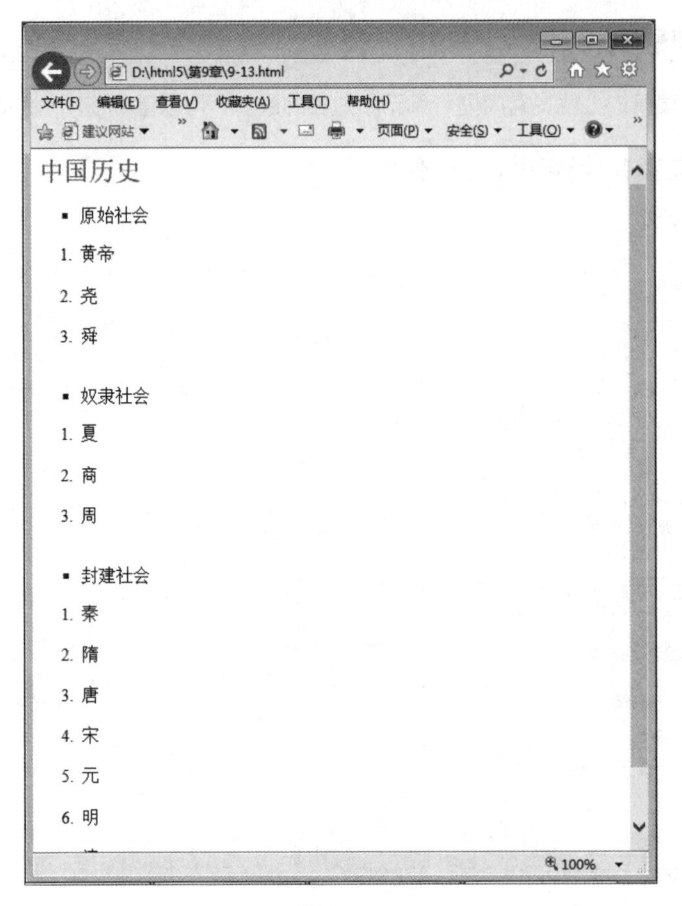

图9-14

9.6.3 有序列表之间的嵌套

有序列表之间的嵌套是指，有序列表的列表项同样是有序列表。在<ol>标签中可以重复使用<ol>标签来实现有序列表的嵌套。

【例9.14】嵌套有序列表

示例代码如下所示。

```
<!doctype html>
<html>
<head>
<meta http-equiv="Content-Type" content="text/html; charset=utf-8" />
<title>嵌套有序列表</title>
</head>
<body>
<font color="#3333FF" size="+2">中国历史</font>
<ol type="A">
<li>第一篇</li>
<ol type="1">
<li>第一章
<ol type="I">
```

```
<li>第一节</li>
<li>第二节</li>
<li>第三节</li>
<li>第四节</li>
</ol>
</li>
<li>第二章</li>
<li>第三章</li>
</ol>
<li>第二篇</li>
<ol type="1">
<li>第四章
<ol type="I">
<li>第一节</li>
<li>第二节</li>
<li>第三节</li>
</ol>
</li>
<li>第五章</li>
<li>第六章</li>
</ol>
</ol>
</body>
</html>
```

代码的运行效果如图9-15所示。

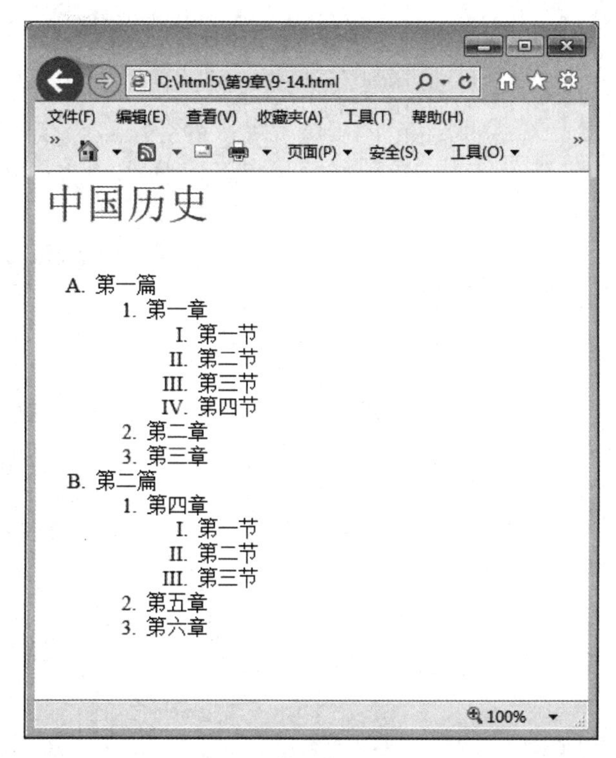

图9-15

Chapter

10

图形的绘制

本章概述

HTML 5有一个非常令人期待的新元素——canvas。利用它可以把自己喜欢的图形和图像随心所欲地展现在网页上。本章就介绍如何使用canvasAPI操作canvas元素。

重点知识

- 什么是canvas
- 绘制矩形和三角形
- 填充样式
- 绘制渐变图形
- 图形的缩放
- canvas文本应用

10.1 canvas基础

> 新的HTML 5 canvas是一个原生HTML绘图簿，用于JavaScript代码，不使用第三方工具。在新兴的支持中，canvas已经在多数浏览器上良好地运行了。

10.1.1 什么是canvas

本质上，canvas元素是一个白板，直到在它上面“绘制”一些可视的内容。可以使用不同的方法在canvas上作画，甚至可以在canvas上创建并操作动画，这些是使用画笔和油彩不能实现的。

canvas是在浏览器上绘图的一种机制。使用jpeg、gif和png等格式的静态图片设计的网页已经不能满足当今用户的需求了，而HTML 5 canvas可以创建动画，其实很多手机上的小游戏都是用canvas开发的。

canvas是一个矩形区域，可以控制其中的每一个像素。默认矩形大小是300px X 150px。当然，canvas也允许自定义画布的大小。

canvas是由Apple公司在Safari 1.3 Web浏览器中引入的。Apple公司希望有一种在Dashboard中支持脚本化图形的方式。现在Firefox和Opera都支持canvas，或者说没有不支持canvas的浏览器了。

10.1.2 canvas的应用领域

下面介绍canvas的主要应用领域。

- 游戏：canvas在基于Web的图像显示方面比Flash更立体、更精巧，canvas游戏在流畅度和跨平台方面更优秀。
- 可视化数据（数据图表化）：百度的echart、d3.js、three.js。
- banner广告：在智能手机时代，HTML 5技术能够在banner广告领域发挥巨大作用，用canvas实现动态的广告效果再合适不过。

10.1.3 替代的内容

如果浏览器不支持canvas元素，或者不支持HTML 5 Canvas API中的某些特性，那么开发人员最好提供一份替代代码。例如，可以通过一张替代图片或者一些说明性的文字告诉访问者，使用最新的浏览器可以获得更佳的浏览效果。下列代码展示了如何在canvas中指定替代文本，当浏览器不支持canvas的时候，会显示这些替代内容。

```
<canvas>
Update your browser to enjoy canvas!
</canvas>
```

除了上面代码中的文本外，还可以使用图片。不论是文本，还是图片，都会在浏览器不支持canvas元素的情况下显示出来。

对于替代图像或文本相关canvas的可访问性，是HTML 5 canvas规范中明显的缺陷。没有一种原生方法，能够自动为已插入canvas中的图片生成用于替换的文字说明。也没有原生方法可以生成替代文字，以匹配由canvas Text API动态生成的文字。

10.1.4 浏览器支持情况

除了Internet Explorer以外，其他浏览器现在都支持HTML 5 Canvas。不过，还有没有被普遍支持的规范，如Canvas Text API，但是作为一个整体，HTML 5 Canvas规范已经非常成熟，不会有特别大的改动了。如表10-1所示，有很多浏览器都支持HTML 5 Canvas了。

表10－1　浏览器对HTML 5 canvas的支持情况

浏览器	支持情况
Chrome	从1.0版本开始支持
Firefox	从1.5版本开始支持
Internet Explorer	从9.0版本开始支持
Opera	从9.0版本开始支持
Safari	从1.3版本开始支持

这对开发者来说是非常好的消息，这意味着对于canvas的开发成本降低了很多，不需要再花费大量的时间进行各浏览器之间的调试。

10.1.5 CSS和canvas

同多数HTML元素一样，canvas元素也可以通过CSS增加边框，如设置内边距、外边距等。一些CSS属性还可以被canvas内的元素继承，如字体样式。在canvas内添加文字后，其样式默认同canvas元素本身是一样的。

此外，在canvas中为context设置属性，同样要遵从CSS语法。例如，对context应用颜色和字体样式的语法，与任何HTML和CSS文档中使用的语法完全一样。

10.1.6 canvas坐标

canvas拥有自己的坐标体系，从左上角（0，0）开始，X向右是增大，Y向下是增大，也可以利用CSS中盒子模型的概念来理解，canvas坐标示意图如图10-1所示。

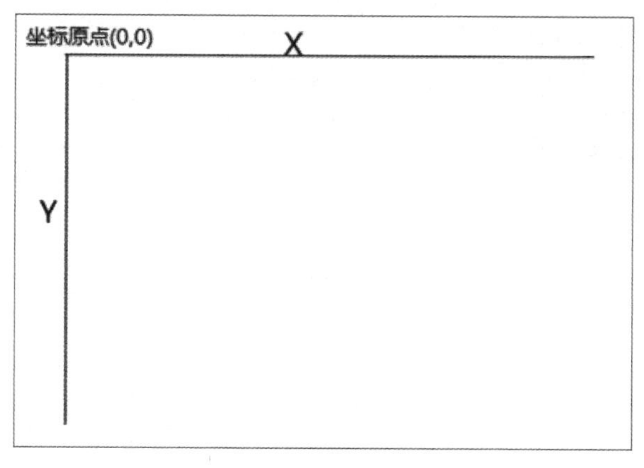

图10-1

尽管canvas元素的功能非常强大，但在某些情况下，如果其他元素已经够用了，就不应该再使用canvas元素。例如，用canvas元素在HTML页面中动态绘制所有的标题，就不如直接使用标题样式标签（H1、H2等），它们所实现的效果是一样的。

10.2 怎样使用canvas

本节将深入探讨HTML 5 Canvas API，将使用它的各种功能创建一幅类似于LOGO的图像。图像是森林场景，有树，还有适合长跑比赛的漂亮跑道。虽然从平面设计的角度来看，这个示例毫无竞争力，但可以直观演示HTML 5 Canvas的各种功能。

10.2.1 在页面中加入canvas

在HTML页面中插入canvas元素非常直观，以下代码就是一段可以被插入到HTML页面中的canvas代码。

```
<canvas width="300" height="300"></canvas>
```

以上代码会在页面上显示出一块300像素×300像素的区域，但运行代码后，在浏览器中是看不见这个区域的，因为需要为canvas添加一些CSS样式，如边框和背景色，才能看见。

【例10.1】使用canvas

示例代码如下所示。

```
<!DOCTYPE html>
<html lang="en">
<head>
<meta charset="UTF-8">
```

```
<title>使用canvas</title>
<style>
canvas{
border:2px solid red;
background:green;
}
</style>
</head>
<body>
<canvas id="diagonal" width="300" height="300"></canvas>
</body>
</html>
```

代码的运行效果如图10-2所示。

图10-2

现在，已经拥有一个带边框和绿色背景的矩形了，这个矩形就是接下来使用的画布。在没有canvas的时候，想在页面上画一条对角线是非常困难的，但是有了canvas之后，绘制对角线的工作就变得很轻松了。在下面的代码中，只需要几行代码即可在“画布”上绘制一条标准的对角线。

【例10.2】使用canvas绘制直线

示例代码如下所示。

```
<script>
Function drawDiagonal(){
//取得canvas元素及其绘图上下文
Var canvas=document.getElementById('diagonal');
Var context=canvas.getContext('2d');
//用绝对坐标来创建一条路径
context.beginPath();
context.moveTo(0,300);
context.lineTo(300,0);
//将这条线绘制到canvas上
context.stroke();
}
window.addEventListener("load",drawDiagonal,true);
</script>
```

代码的运行效果如图10-3所示。

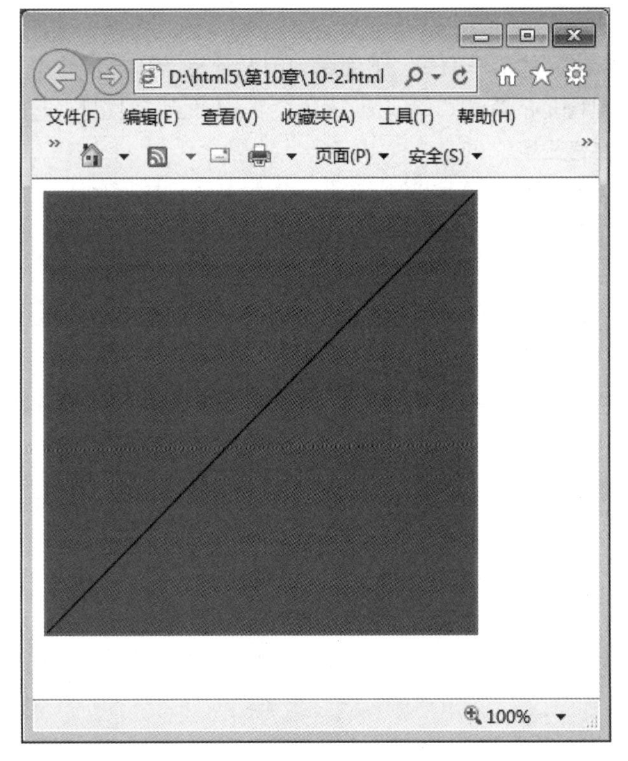

图10-3

上面这段绘制对角线的JavaScript代码虽然简单，却展示了使用HTML 5 Canvas API的重要流程。

（1）通过引用特定的canvas ID值来获取对canvas对象的访问权。

这段代码中的ID就是diagonal。接着定义一个context变量，调用canvas对象的getContext方法，并传入希望使用的canvas类型。上述代码通过传入2d来获取一个二维上下文，这也是到目前为止唯一可用的上下文。未来的某个版本中，可能会增加对三维上下文的支持。

（2）基于这个上下文执行画线的操作。

在上述代码中，通过调用三个方法（beginPath、moveTo和lineTo）传入了这条线的起点和终点的坐标。moveTo和lineTo实际上并不画线，而是在结束canvas操作的时候，通过调用context.stroke()方法完成线条的绘制。虽然这条简单的线段不是最新最美的图画，不过与拉伸图像、怪异的CSS和DOM对象等实现形式相比，使用基本的HTML技术，就可以在任意两点间绘制一条线段已经是非常大的进步了。

从上面的代码中可以看出，canvas中所有的操作都是通过上下文对象来完成的。因为所有涉及视觉输出效果的功能，都只能通过上下文对象而不是画布对象来使用。这种设计使canvas拥有良好的可扩展性，基于从其中抽象出的上下文类型，canvas将来可以支持多种绘制模型。

对上下文的很多操作，都不会立即反映到页面上。beginPath、moveTo、lineTo这些函数都不会直接修改canvas的展示结果。canvas中很多用于设置样式和外观的函数，同样不会直接修改显示结果。只有对路径应用绘制（stroke）或填充（fill）方法时，结果才会显示出来。否则，只有在显示图像和文本，以及绘制、填充、清除矩形框的时候，canvas才会马上更新。

10.2.2 绘制矩形和三角形

在前面已经介绍了canvas的工作原理，下面就利用canvas绘制矩形与三角形。

canvas只是一个绘制图形的容器，除了id、class、style等属性外，还有height和width属性。在canvas元素上绘图主要有三步。

（1）获取canvas元素对应的DOM对象，这是一个canvas对象。

（2）调用canvas对象的getContext()方法，得到一个CanvasRenderingContext2D对象。

（3）调用canvasRenderingContext2D对象进行绘图。

其中涉及三个方法：rect()、fillRect()和strokeRect()的具体说明如下。

- context.rect(x , y , width , height)：只定义矩形的路径。
- context.fillRect(x , y , width , height)：直接绘制出填充的矩形。
- context.strokeRect(x , y , width , height)：直接绘制出矩形边框。

【例10.3】使用canvas绘制矩形

示例代码如下所示。

HTML代码如下：

```
<canvas id="demo" width="300" height="300"></canvas>
```

JavaScript代码如下：

```
<script>
Var canvas=document.getElementById("demo");
Var context = canvas.getContext("2d");
//使用rect方法
context.rect(10,10,190,190);
context.lineWidth = 2;
context.fillStyle = "#3EE4CB";
context.strokeStyle = "#F5270B";
context.fill();
context.stroke();
```

```
//使用fillRect方法
context.fillStyle = "#1424DE";
context.fillRect(210,10,190,190);
//使用strokeRect方法
context.strokeStyle = "#F5270B";
context.strokeRect(410,10,190,190);
//同时使用strokeRect方法和fillRect方法
context.fillStyle = "#1424DE";
context.strokeStyle = "#F5270B";
context.strokeRect(610,10,190,190);
context.fillRect(610,10,190,190);
</script>
```

代码的运行效果如图10-4所示。

这里需要说明stroke()和fill()绘制的前后顺序。如果fill()后面绘制，那么当stroke边框较大时，会明显把stroke()绘制出的边框遮住一半。设置fillStyle或strokeStyle属性时，可以通过rgba(255,0,0,0.2)的设置方式完成，这个设置的最后一个参数是透明度。

绘制矩形区域可以使用context.clearRect(x,y,width,height)。接收参数分别为：清除矩形的起始位置，以及矩形的宽和长。在上述代码的最后加上以下代码：

```
context.clearRect(100,60,600,100);
```

代码的运行效果如图10-5所示。

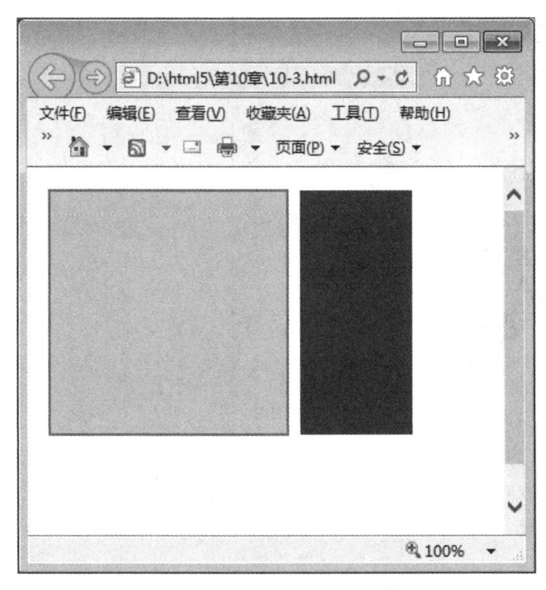

图10-4

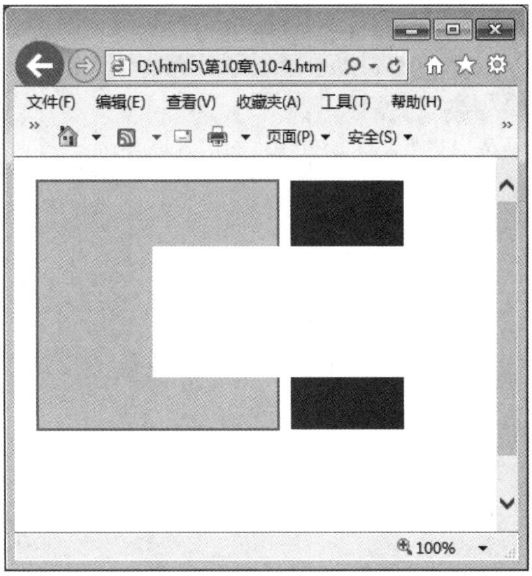

图10-5

【例10.4】使用canvas绘制三角形

示例代码如下所示。

HTML代码如下：

```
<canvas id="canvas" width="500" height="500"></canvas>
```

JavaScript代码如下：

```
<script>
var canvas=document.getElementById("canvas");
var cxt=canvas.getContext("2d");
cxt.beginPath();
cxt.moveTo(250,50);
cxt.lineTo(200,200);
cxt.lineTo(300,300);
cxt.closePath();//填充或闭合 需要先闭合路径才能画
//空心三角形
cxt.strokeStyle="red";
cxt.stroke();
//实心三角形
cxt.beginPath();
cxt.moveTo(350,50);
cxt.lineTo(300,200);
cxt.lineTo(400,300);
cxt.closePath();
cxt.fill();
</script>
```

代码的运行效果如图10-6所示。

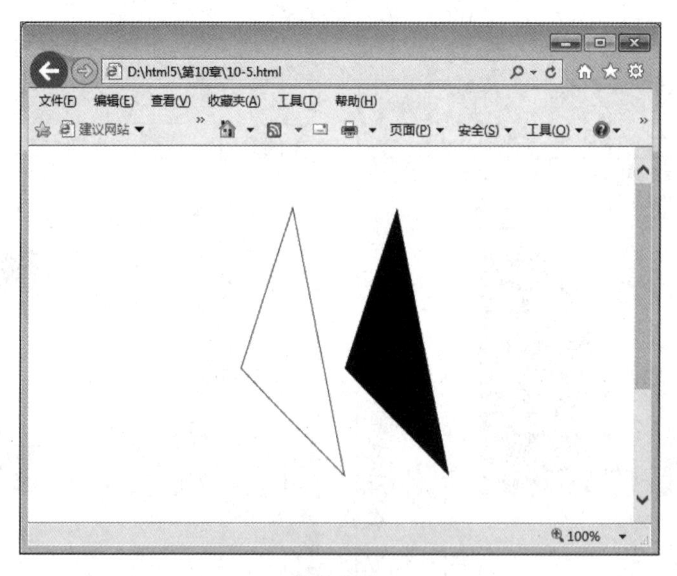

图10-6

通过上面两个示例，可以对如何在canvas上制作图形有初步的认识：

- 利用fiilStyle和strokeStyle属性设置矩形的填充和线条，颜色值使用和CSS一样，包括十六进制数、rgb()、rgba()和hsla。
- 使用fillRect可以绘制带填充的矩形。
- 使用strokeRect可以绘制只有边框但没有填充的矩形。
- 如果想清除部分canvas，可以使用clearRect。

以上几个方法的参数都是相同的，包括x、y、width和height。

10.2.3 检测浏览器是否支持

在创建canvas元素之前，要确保浏览器能够支持它，否则就要提供一些替代文字。

【例10.5】检测浏览器是否支持canvas

示例代码如下所示。

HTML代码：

```
<canvas id="test-canvas" width="200" heigth="100">
<p>你的浏览器不支持Canvas</p>
</canvas>
```

JavaScript代码如下：

```
<script>
var canvas = document.getElementById('test-canvas');
if (canvas.getContext) {
alert('你的浏览器支持Canvas!');
} else {
alert('你的浏览器不支持Canvas!');
}
</script>
```

代码的运行效果如图10-7所示。

图10-7

上面的代码试图创建一个canvas对象，并且获取其上下文。如果发生错误，则可以捕获错误，进而得知该浏览器不支持canvas。页面中预先放入了ID为support的元素，通过适当的信息来更新该元素的内容，可以反映出浏览器的支持情况。编写本书的时候，示例中使用的API已经很稳定，并且各浏览器也都提供了很好的支持，所以通常不必担心这个问题。

上述代码能判断浏览器是否支持canvas元素，但不会判断具体支持canvas的哪些特性。

此外，建议像以上代码一样，为canvas元素提供备用显示的内容。

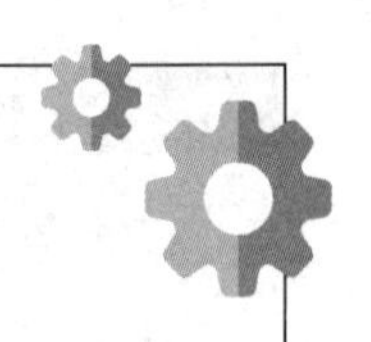

10.3 绘制曲线路径

canvas提供了绘制矩形的API，但对于曲线，并没有提供直接可以调用的方法，所以需要利用canvas的路径来绘制曲线。使用路径可以绘制线条、连续的曲线及复合图形。下面将学习利用canvas的路径来绘制曲线的方法。

10.3.1 路径

HTML 5 Canvas API中的路径代表希望呈现的任何形状。路径可以很简单，也可以很复杂，如多条线、曲线段，甚至是子路径。

不论开始绘制何种图形，第一个需要调用的就是beginPath()。这个简单的函数不带任何参数，用来通知canvas将要开始绘制一个新的图形了。canvas需要根据beginPath函数，计算图形的内部和外部范围，以便完成后续的描边和填充工作。

路径会跟踪当前坐标，默认值是原点。canvas也会跟踪当前坐标，不过可以通过绘制代码来修改。

调用了beginPath之后，就可以使用context的各种方法来绘制想要的形状了，下面介绍几个简单的context路径函数。

- moveTo(x, y)：不绘制，只是将当前位置移动到新目标的坐标(x,y)上。
- lineTo(x, y)：不仅将当前位置移动到新目标的坐标(x,y)上，而且在两个坐标之间画一条直线。

上面两个函数的区别在于：moveTo就像提起画笔，移动到新位置，而lineTo告诉canvas对象用画笔从纸上的旧坐标画条直线到新坐标。不过，不管调用哪一个，都不会真正画出图形来，因为还没有调用stroke或fill函数。目前，只是在定义路径的位置，以便后面绘制时使用。

closePath函数的行为同lineTo很像，唯一的差别在于，close-Path会将路径的起始坐标自动作为目标坐标。closePath还会通知canvas，当前绘制的图形已经闭合或形成了完全封闭的区域，这对将来的填充和描边都非常有用。可以在已有的路径中继续创建其他子路径，或者调用beginPath重新绘制新路径，并完全清除之前的所有路径。

下面使用HTML 5 Canvas API创建一个新场景——带有长跑跑道的树林。同其他画图的方式一样，将从基本元素开始。在这幅图中，松树的树冠最简单。下面的实例代码演示了如何在canvas上绘制一棵松树的树冠。

【例10.6】使用canvas绘制路径

示例代码如下所示。

```
<!DOCTYPE html>
<html lang="en">
<head>
<meta charset="UTF-8">
<title>使用canvas绘制路径</title>
</head>
<body>
<canvas id="demo" width="300" height="300"></canvas>
```

```
</body>
<script>
function createCanopyPath(context) {
// 绘制树冠
context.beginPath();
context.moveTo(-25, -50);
context.lineTo(-10, -80);
context.lineTo(-20, -80);
context.lineTo(-5, -110);
context.lineTo(-15, -110);
// 树的顶点
context.lineTo(0, -140);
context.lineTo(15, -110);
context.lineTo(5, -110);
context.lineTo(20, -80);
context.lineTo(10, -80);
context.lineTo(25, -50);
// 连接起点，闭合路径
context.closePath();
}
drawTrails();
function drawTrails() {
var canvas = document.getElementById('demo');
var context = canvas.getContext('2d');
context.save();
context.translate(130, 250);
// 创建表现树冠的路径
createCanopyPath(context);
// 绘制当前路径
context.stroke();
context.restore();
}
</script>
</html>
```

代码的运行效果如图10-8所示。

从上面的代码中可以看到，在JavaScript中，第一个函数使用的仍然是前面用过的移动和画线命令，只不过调用次数多了一些。这些线条表现的是树冠的轮廓，最后闭合了路径。为这棵树的底部留出了足够的空间，后面将在这里画上树干。

先获取canvas的上下文对象，保存以便后续使用，将当前位置变换到新位置，画树冠，绘制到canvas上，最后恢复上下文的初始状态。

图10-8

10.3.2 描边样式

如果只能绘制直线，而且只能使用黑色，HTML 5 Canvas API就不会如此强大和流行了。下面就使用描边样式让树冠看起来更像是树。下面实例代码的功能是通过修改context的属性，让绘制的图形更好看。

【例10.7】使用canvas描边样式

示例代码如下所示。

```
<!DOCTYPE html>
<html lang="en">
<head>
<meta charset="UTF-8">
<title>使用canvas描边样式</title>
</head>
<body>
<canvas id="demo" width="300" height="300"></canvas>
</body>
<script>
function createCanopyPath(context) {
// 绘制树冠
context.beginPath();
context.moveTo(-25, -50);
context.lineTo(-10, -80);
```

```
context.lineTo(-20, -80);
context.lineTo(-5, -110);
context.lineTo(-15, -110);
// 树的顶点
context.lineTo(0, -140);
context.lineTo(15, -110);
context.lineTo(5, -110);
context.lineTo(20, -80);
context.lineTo(10, -80);
context.lineTo(25, -50);
// 连接起点，闭合路径
context.closePath();
}
drawTrails();
function drawTrails() {
var canvas = document.getElementById('demo');
var context = canvas.getContext('2d');
context.save();
context.translate(130, 250);
// 创建表现树冠的路径
createCanopyPath(context);
// 绘制当前路径
context.stroke();
context.restore();
// 加宽线条
context.lineWidth = 4;
// 平滑路径的接合点
context.lineJoin = 'round';
// 将颜色改成棕色
context.strokeStyle = '#663300';
// 最后，绘制树冠
context.stroke();
}
</script>
</html>
```

上面的这些属性可以改变将要绘制的图形外观。

首先，将线条宽度加粗到3像素。

接着，将lineJoin属性设置为round，修改当前形状中线段的连接方式，让拐角变得更圆滑；也可以把lineJoin属性设置为bevel或miter（相应的context.miterLimit值也需要调整）以变换拐角的样式。

最后，通过strokeStyle属性改变线条的颜色。在这个例子中，使用CSS值来设置颜色。事实上，strokeStyle的值还可以用于生成特殊效果的图案或渐变色。

还有一个没有使用的属性lineCap，可以把它的值设置为butt、square或round，以此指定线条末端的样式。

代码的运行效果如图10-9所示。在加工过的树冠上，扁平的黑线变成了一条更粗、更平滑的棕色线条。

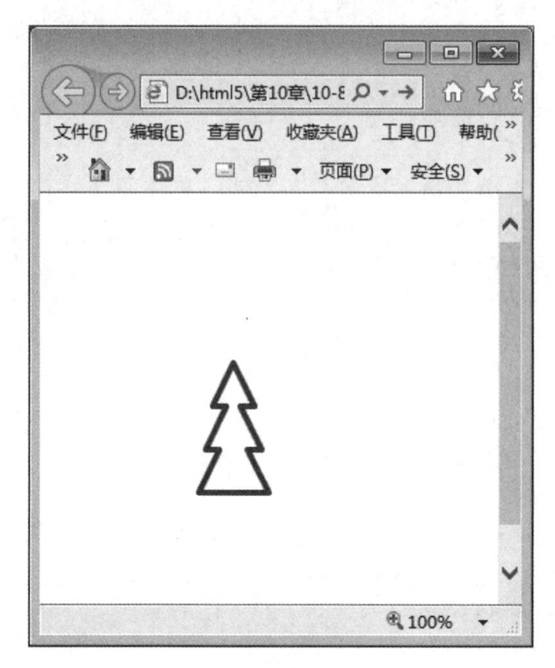

图10-9

10.3.3 填充样式

能影响图形外观的并非只有描边，另一个常用于修改图形的方法是，指定如何填充其路径和子路径。从下面实例代码中可以看到，用宜人的绿色填充树冠很简单。

【例10.8】使用canvas填充样式

示例代码如下所示。

```
<!DOCTYPE html>
<html lang="en">
<head>
<meta charset="UTF-8">
<title>使用canvas填充样式</title>
</head>
<body>
<canvas id="demo" width="300" height="300"></canvas>
</body>
<script>
function createCanopyPath(context) {
// 绘制树冠
context.beginPath();
context.moveTo(-25, -50);
context.lineTo(-10, -80);
context.lineTo(-20, -80);
context.lineTo(-5, -110);
context.lineTo(-15, -110);
// 树的顶点
context.lineTo(0, -140);
```

```
context.lineTo(15, -110);
context.lineTo(5, -110);
context.lineTo(20, -80);
context.lineTo(10, -80);
context.lineTo(25, -50);
// 连接起点，闭合路径
context.closePath();
}
drawTrails();
function drawTrails() {
var canvas = document.getElementById('demo');
var context = canvas.getContext('2d');
context.save();
context.translate(130, 250);
// 创建表现树冠的路径
createCanopyPath(context);
// 绘制当前路径
context.stroke();
context.restore();
// 将填充色设置为绿色并填充树冠
context.fillStyle='#339900';
context.fill();
}
</script>
</html>
```

将fillStyle属性设置为合适的颜色。只要调用context的fill函数，就可以让canvas对当前图形中所有闭合路径内部的像素点进行填充，代码的运行效果如图10-10所示。

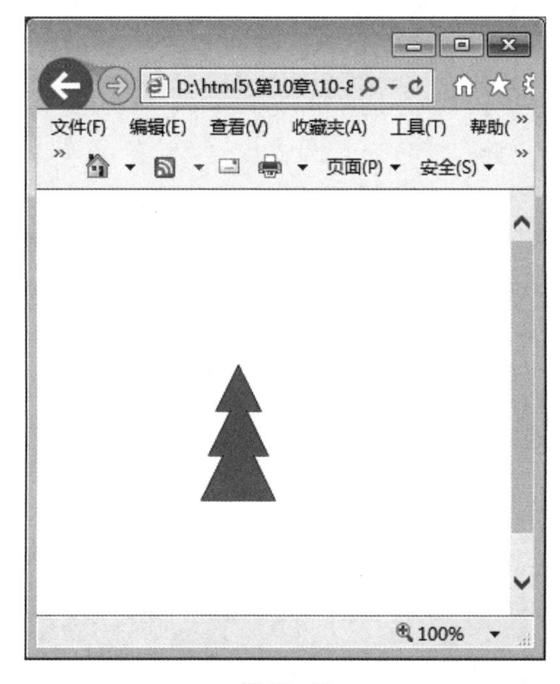

图10-10

由于先描边后填充，因此填充会覆盖一部分描边的路径。示例中路径的宽度是4像素，这个宽度是沿路径线居中对齐的，而填充时会填充路径轮廓内部所有像素，所以会覆盖描边路径的一半。如果希望看到完整的描边路径，可以在绘制路径（调用context.stroke()）之前填充（调用context.fill()）。

10.3.4 绘制曲线

canvas提供了一系列绘制曲线的函数，下面将用最简单的二次曲线函数绘制林荫小路。下列代码演示了如何添加两条二次曲线。

【例10.9】使用canvas绘制曲线

示例代码如下所示。

```
<!DOCTYPE html>
<html lang="en">
<head>
<meta charset="UTF-8">
<title>绘制曲线</title>
</head>
<body>
<canvas id="demo" width="300" height="300"></canvas>
</body>
<script>
function createCanopyPath(context) {
// 绘制树冠
context.beginPath();
context.moveTo(-25, -50);
context.lineTo(-10, -80);
context.lineTo(-20, -80);
context.lineTo(-5, -110);
context.lineTo(-15, -110);
// 树的顶点
context.lineTo(0, -140);
context.lineTo(15, -110);
context.lineTo(5, -110);
context.lineTo(20, -80);
context.lineTo(10, -80);
context.lineTo(25, -50);
// 连接起点，闭合路径
context.closePath();
}
drawTrails();
function drawTrails() {
var canvas = document.getElementById('demo');
var context = canvas.getContext('2d');
context.save();
context.translate(130, 250);
// 创建表现树冠的路径
createCanopyPath(context);
```

```
// 绘制当前路径
context.stroke();
context.restore();
// 将填充色设置为绿色并填充树冠
context.fillStyle='#339900';
context.fill();
// 保存canvas的状态并绘制路径
context.save();
context.translate(-10, 350);
context.beginPath();
// 第一条曲线向右上方弯曲
context.moveTo(0, 0);
context.quadraticCurveTo(170, -50, 260, -190);
// 第二条曲线向右下方弯曲
context.quadraticCurveTo(310, -250, 410,-250);
// 使用棕色的粗线条来绘制路径
context.strokeStyle = '#663300';
context.lineWidth = 20;
context.stroke();
// 恢复之前的canvas状态
context.restore();
}
</script>
</html>
```

首先要保存当前canvas的context状态，因为即将变换坐标系，并修改轮廓设置。画林荫小路之前要把坐标恢复到修正层的原点，向右上角画一条曲线，代码的运行效果如图10-11所示。

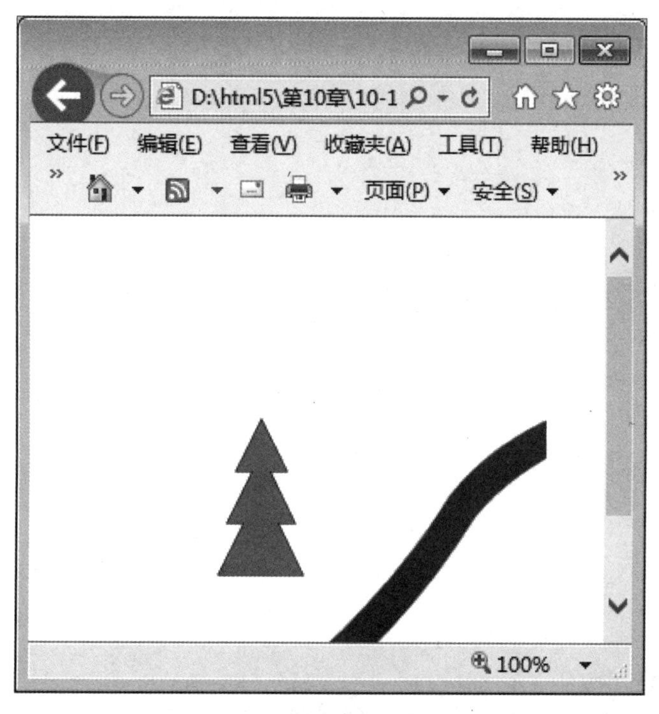

图10-11

quadraticCurveTo函数绘制曲线的起点是当前坐标，带有两组（x,y）参数。第一组代表控制点（control point），第二组指曲线的终点。所谓的控制点位于曲线的旁边（不是曲线上），其作用相当于对曲线产生一个拉力。通过调整控制点的位置可以改变曲线的曲率。在右上方再画一条一样的曲线，以形成一条路，然后把这条路绘制到canvas上（只是线条更粗了）。

HTML 5 Canvas API的其他曲线功能，还涉及bezierCurveTo、arcTo和arc函数，这些函数通过多种控制点（如半径、角度等）让曲线更具可塑性。

10.4 绘制图像

可以利用canvas API生成和绘制图像。本节将使用其基本功能来插入图片，并绘制背景图像，再通过实例熟练应用canvas变换，从而对canvas API有一个更深刻的认识。

10.4.1 插入图片

可以通过修正层为图片添加印章、拉伸图片或修改图片等，并且图片通常会成为canvas上的焦点。用HTML 5 Canvas API内置的命令可以轻松地为canvas添加图片。

不过，图片增加了canvas操作的复杂度，必须等到图片完全加载后，才能对其进行操作。浏览器通常会在页面脚本执行的同时异步加载图片。如果试图在图片未完全加载之前，就将其呈现到canvas上，那么canvas将不会显示任何图片。要特别注意，在呈现之前，应确保图片已经加载完毕。

【例10.10】使用canvas插入图片

示例代码如下所示。

```
<!DOCTYPE html>
<html lang="en">
<head>
<meta charset="UTF-8">
<title>使用canvas插入图片</title>
<style>
canvas{
border:1px red solid;
}
</style>
</head>
<body>
<canvas id="cv" width="500" height="500"></canvas>
</body>
<script type="text/javascript">
function drawBeauty(beauty){
var mycv = document.getElementById("cv");
```

```
var myctx = mycv.getContext("2d");
myctx.drawImage(beauty, 0, 0);
}
function load(){
var beauty = new Image();
beauty.src = "fengjing.jpg";
if(beauty.complete){
drawBeauty(beauty);
}else{
beauty.onload = function(){
drawBeauty(beauty);
};
beauty.onerror = function(){
window.alert('风景加载失败，请重试');
};
//load
if (document.all) {
window.attachEvent('onload', load);
}else {
window.addEventListener('load', load, false);
}
</script>
</html>
```

代码的运行效果如图10-12所示。

图10-12

10.4.2 绘制渐变图形

渐变是指两种或以上颜色之间的平滑过渡。对于canvas来说，渐变也是可以实现的。在canvas中可以实现两种渐变效果：线性渐变和径向渐变。

【例10.11】使用canvas绘制线性渐变

示例代码如下所示。

```
<!DOCTYPE html>
<head>
<meta charset="UTF-8">
<title>绘制线性渐变</title>
<script >
function draw(id) {
var context = document.getElementById('canvas').getContext('2d');
var lingrad = context.createLinearGradient(0,0,0,150);
lingrad.addColorStop(0, 'red');
lingrad.addColorStop(1, 'green');
context.fillStyle = lingrad;
context.fillRect(10,10,130,130);
}
</script>
</head>
<body onload="draw('canvas');">
<h1>绘制线性渐变</h1>
<canvas id="canvas" width="400" height="300" />
</body>
</html>
```

代码的运行效果如图10-13所示。

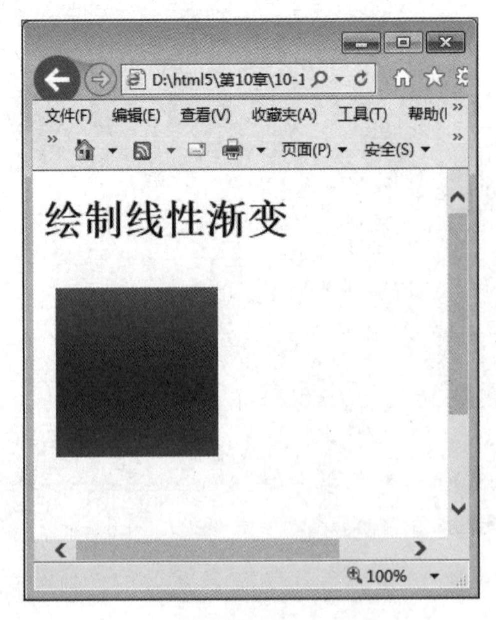

图10-13

下面解释示例代码中的意义。

```
var lingrad = context.createLinearGradient(0,0,0,150);
```

上述代码创建的一个像素为150的由上到下的线性渐变。

```
lingrad.addColorStop(0, 'red');
lingrad.addColorStop(1, 'green');
```

一个渐变可以有两种或更多种的色彩变化。颜色可以沿着渐变方向在任何地方变化。要增加一种颜色变化，需要指定它在渐变中的位置。渐变位置可以在0和1之间任意取值。上述代码创建一个从红到绿的渐变。

```
context.fillStyle = lingrad;
context.fillRect(10,10,130,130);
```

如果想让颜色产生渐变效果，就需要为这个渐变对象，设置图形的fillStyle属性，并绘制这个图形。

【例10.12】使用canvas绘制径向渐变

示例代码如下所示。

```
<!DOCTYPE html>
<head>
<meta charset="UTF-8">
<title>使用canvas绘制径向渐变</title>
<script >
function draw(id) {
var context = document.getElementById('canvas').getContext('2d');
var radgrad = context.createRadialGradient(45,45,10,52,50,30);
radgrad.addColorStop(0, '#A7D30C');
radgrad.addColorStop(0.9, '#019F62');
radgrad.addColorStop(1, 'rgba(1,159,98,0)');
var radgrad2 = context.createRadialGradient(105,105,20,112,120,50);
radgrad2.addColorStop(0, '#FF5F98');
radgrad2.addColorStop(0.75, '#FF0188');
radgrad2.addColorStop(1, 'rgba(255,1,136,0)');
var radgrad3 = context.createRadialGradient(95,15,15,102,20,40);
radgrad3.addColorStop(0, '#00C9FF');
radgrad3.addColorStop(0.8, '#00B5E2');
radgrad3.addColorStop(1, 'rgba(0,201,255,0)');
var radgrad4 = context.createRadialGradient(0,150,50,0,140,90);
radgrad4.addColorStop(0, '#F4F201');
radgrad4.addColorStop(0.8, '#E4C700');
radgrad4.addColorStop(1, 'rgba(228,199,0,0)');
context.fillStyle = radgrad4;
context.fillRect(0,0,150,150);
context.fillStyle = radgrad3;
context.fillRect(0,0,150,150);
context.fillStyle = radgrad2;
```

```
context.fillRect(0,0,150,150);
context.fillStyle = radgrad;
context.fillRect(0,0,150,150);
}
</script>
</head>
<body onload="draw('canvas');">
<canvas id="canvas" width="400" height="400" />
</body>
</html>
```

代码的运行效果如图10-14所示。

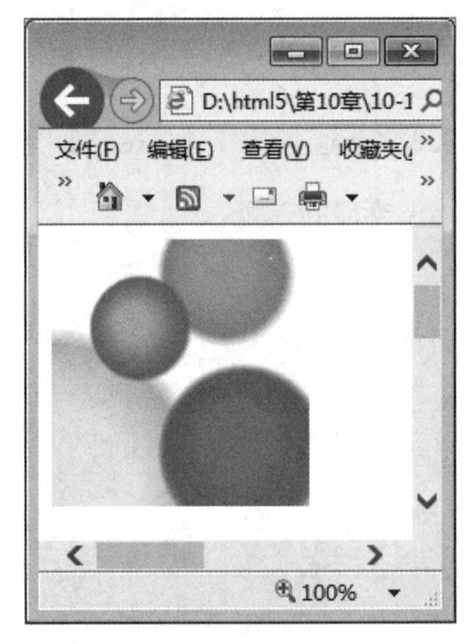

图10-14

```
context.createRadialGradient(105,105,20,112,120,50);
```

105为渐变开始的圆心横坐标，105为渐变开始圆的圆心纵坐标，20为开始圆的半径，112为渐变结束圆的圆心横坐标，120为渐变结束圆的圆心纵坐标，50为结束圆的半径。

10.4.3 绘制变形图形

绘制图形的时候，可能经常需要对绘制的图形进行变化，如旋转。使用canvas的坐标轴变换处理功能，可以实现这样的效果。

如果对坐标使用变换处理，就可以实现图形的变形处理。对坐标的变换处理，有如下三种方式。

- 平移：移动图形的绘制主要是通过translate方法来实现的。定义方法如下：

```
Context. Translate(x,y);
```

Translate方法使用两个参数：x表示将坐标轴原点向左移动若干个单位，默认情况下为像素；y表示将坐标轴原点向下移动若干个单位。

- 缩放：使用图形上下文对象的scale方法将图像缩放，定义的方法如下：

```
Context.scale(x,y);
```

scale方法使用两个参数：x是水平方向的放大倍数，y是垂直方向的放大倍数。如果要将图形缩小，将这两个参数设置为0~1之间的小数就可以了。例如，0.1是指将图形缩小为十分之一。

- 旋转：使用图形上下文对象的rotate方法对图形进行旋转，定义的方法如下：

```
Context.rotate(angle);
```

rotate方法接受一个参数angle，它是指旋转的角度，旋转的中心点是坐标轴的原点。旋转是以顺时针方向进行的，如果想要逆时针旋转，将angle设定为负数就可以了。

【例10.13】使用canvas绘制变形图形

示例代码如下所示。

```
<!DOCTYPE html>
<head>
<meta charset="UTF-8">
<title>使用canvas绘制变形图形</title>
<script >
function draw(id)
{
var canvas = document.getElementById(id);
if (canvas == null)
return false;
var context = canvas.getContext('2d');
context.fillStyle ="#fff";                  //设置背景色为白色
context.fillRect(0, 0, 400, 300);           //创建一个画布
// 图形绘制
context.translate(200,50);
context.fillStyle = 'rgba(255,0,0,0.25)';
for(var i = 0;i < 50;i++)
{
context.translate(25,25);        //图形向左，向下各移动25
context.scale(0.95,0.95);        //图形缩放
context.rotate(Math.PI / 10);  //图形旋转
context.fillRect(0,0,100,50);
}
}
</script>
</head>
<body onload="draw('canvas');">
<canvas id="canvas" width="400" height="300" />
</body>
</html>
```

代码的运行效果如图10-15所示。

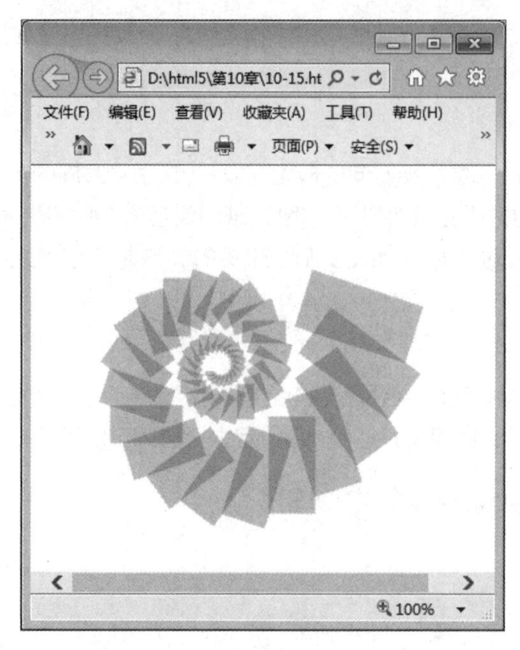

图10-15

上述代码在循环中反复使用了平移坐标轴、图形缩放、图形旋转这三种技巧绘制变形图形。

10.4.4 组合多个图形

使用canvas API可以将一个图形重叠绘制在另一个图形上面，但是图形中能够被看到的部分，完全取决于以哪种方式进行组合，这时需要使用canvas API的图形组合技术。

在HTML 5中，只要使用图形上下文对象的globalCompositeOperation属性，就能自己决定图形的组合方式，使用方法如下：

```
Context. globalCompositeOperation=type
```

Type值必须是下面的字符串之一。

- source-over：这是默认值，表示图形会覆盖在原图形之上。
- destination-over：表示会在原有图形之下绘制新图形。
- source-in：新图形会仅仅出现与原有图形重叠的部分，其他区域都会变成透明的。
- destination-in：原有图形中与新图形重叠的部分会被保留，其他区域都会变成透明的。
- source-out：只有新图形中与原有内容不重叠的部分会被绘制出来。
- destination-out：原有图形中与新图形不重叠的部分会被保留。
- source-atop：只绘制新图形中与原有图形重叠的部分和未被重叠覆盖的原有图形，新图形的其他部分变成透明。
- destination-atop：只绘制原有图形中被新图形重叠覆盖的部分与新图形的其他部分，原有图形中的其他部分变成透明，不绘制新图形与原有图形相重叠的部分。
- lighter：两图形重叠部分做加色处理。
- darker：两图形重叠部分做减色处理。
- xor：重叠部分会变成透明色。
- copy：只有新图形被保留，其他都会被清除掉。

【例10.14】使用canvas组合图形

示例代码如下所示。

```
<!DOCTYPE html>
<head>
<meta charset="UTF-8">
<title>组合多个图形</title>
<script >
function draw(id)
{
var canvas = document.getElementById(id);
if (canvas == null)
return false;
var context = canvas.getContext('2d');
//定义数组
var arr = new Array(
"source-over",
"source-in",
"source-out",
"source-atop",
"destination-over",
"destination-in",
"destination-out",
"destination-atop",
"lighter",
"darker",
"xor",
"copy"
);
i = 8;
//绘制原有图形
context.fillStyle = "#9900FF";
context.fillRect(10,10,200,200);
//设置组合方式
context.globalCompositeOperation = arr[i];
//设置新图形
context.beginPath();
context.fillStyle = "#FF0099";
context.arc(150,150,100,0,Math.PI*2,false);
context.fill();
}
</script>
</head>
<body onload="draw('canvas');">
<canvas id="canvas" width="400" height="300" />
</body>
</html>
```

代码的运行效果如图10-16所示。

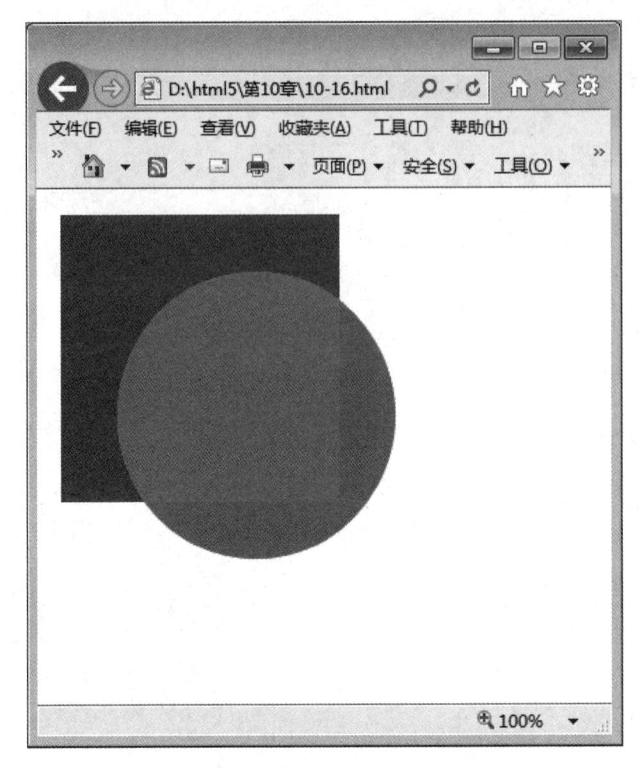

图10-16

10.4.5 图形的缩放

在canvas中，也可以对canvas对象进行缩放操作，主要利用scale(x,y)方法。

scale方法有两个参数，分别代表x轴和y轴两个维度。在canvas显示图像的时候，每个参数向其传递在文本方向轴上图像要缩放的量。下面通过示例展示canvas的缩放功能。

【例10.15】使用canvas缩放图形

示例代码如下所示。

```
<!DOCTYPE html>
<html lang="en">
<head>
<meta charset="UTF-8">
<title>使用canvas缩放图片</title>
<style>
canvas{
border:2px solid red;
}
</style>
</head>
<body>
<canvas id="myCanvas" width="300" height="150"></canvas>
</body>
```

```
<script>
var myCanvas = document.getElementById("myCanvas");
var context = myCanvas.getContext("2d");
var rectWidth = 150;
var rectHeight = 75;
//把绘制的对象移动到画布的中心位置
context.translate(myCanvas.width/2,myCanvas.height/2);
//把图像缩小成原来的一半
context.scale(1,0.5);
context.fillStyle="blue";
context.fillRect(-rectWidth/2,rectHeight/2,rectWidth,rectHeight);
</script>
</html>
```

代码的运行效果如图10-17所示。

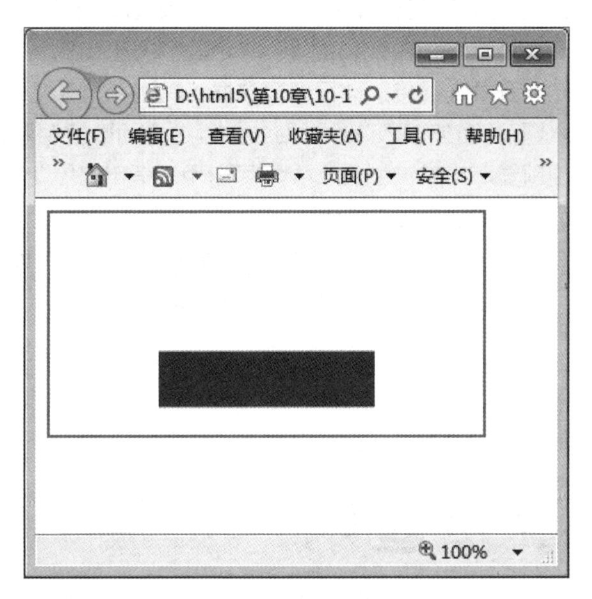

图10-17

上述代码使用了translate方法，它用来制定新的原点坐标，后续操作都是相对于新的原点坐标取值的。若要恢复原点坐标，可以使用restore()方法。

10.4.6 像素处理

Canvas API最有用的特性之一，就是允许开发人员直接访问canvas底层像素数据。这种数据访问是双向的，一方面可以以数值数组的形式获取像素数据，另一方面可以修改数组的值，以将其应用于canvas。实际上，可以通过直接调用像素数据的相关方法来控制canvas。这要归功于context API内置的三个函数。

第一个函数是context.getImageData(sx, sy, sw, sh)，它返回当前canvas状态，并以数值数组的方式显示。具体来说，返回的对象包括三个属性。

- width：每行有多少个像素。
- height：每列有多少个像素。

- data：一维数组，存有从canvas获取的每个像素的RGBA值。该数组为每个像素保存了四个值——红、绿、蓝和alpha透明度。每个值都在0～255之间。因此，canvas上的每个像素在这个数组中就变成了四个整数值。数组的填充顺序是从左到右，从上到下，也就是先第一行，再第二行，依此类推。

getImageData函数有四个参数，它只返回这四个参数所限定区域内的数据。只有被x、y、width和height四个参数框定的矩形区域内的canvas上的像素才会被取到。要想获取所有像素数据，就需要这样传入参数：getImagcData(0, 0, canvas.width, canvas.height)。

在设定了width和height的canvas上，坐标(x, y)上的像素构成如下。

- 红色部分：((width*y) + x)*4
- 绿色部分：((width*y) + x)*4 + 1
- 蓝色部分：((width*y) + x)*4 + 2
- 透明度部分：((width*y) + x)*4 + 3

一旦通过像素数据的方式访问对象，就可以通过数学方式轻松地修改数组中的像素值，因为这些值都是从0～255的简单数字。修改了任何像素的红、绿、蓝和alpha值之后，可以通过第二个函数context.putImageData(imagedata, dx, dy)更新canvas上的显示。

putImageData函数允许开发人员传入一组图像数据，其格式与最初从canvas上获取的是一样的。可以直接从canvas上获取数据加以修改后返回。一旦这个函数被调用，所有新传入的图像数据值，就会立即在canvas上更新显示出来。dx和dy参数可以用来指定偏移量，如果使用，该函数就会跳到指定的canvas位置上去，更新显示传进来的像素数据。

如果想预先生成一组空的canvas数据，则可调用context.createImageData(sw, sh)，这个函数可以创建一组图像数据，并绑定在canvas对象上。在获取canves数据时，这组图像数据不一定会反映canvas的当前状态。

10.5 文本应用

操作canvas文本的方式与操作其他路径对象的方法相同，可以描绘文本轮廓和填充文本内部，所有能够应用于其他图形的变换和样式都能用于文本。本节就来学习canvas文本的应用。

10.5.1 绘制文本

文本绘制由以下两个方法组成：

```
fillText(text,x,y,maxwidth);
trokeText(text,x,y,maxwidth);
```

两个函数的参数完全相同，必选参数包括文本参数用于指定文本位置的坐标参数。maxwidth是可选参数，用于限制字体大小，它会将文本字体强制收缩到指定尺寸。此外，还有一个measureText函数，它会返回一个度量对象，其中包含在当前context环境下，指定文本的实际显示宽度。

为了保证文本在各个浏览器中都能正常显示，Canvas API为context提供了类似于CSS的属性，以此来保证实际显示效果的高度可配置。

使用canvas API进行文字绘制主要有以下几个属性。

- font：CSS字体字符串，用来设置字体。
- textAlin：设置文字水平对齐方式，属性值可以为start、end、left、right、center。
- textBaeline：设置文字的垂直对齐方式，属性值可以为top、hanging、middle、alphabetic、ideographic、bottom。

对上面这些context属性赋值能够改变context，而访问context属性可以查询当前值。

【例10.16】使用canvas制作文本样式

示例代码如下所示。

```
<!DOCTYPE html>
<html>
<head>
<meta charset="UTF-8">
<title>制作文本样式</title>
</head>
<body>
<!-- 添加canvas标签，并加上红色边框以便于在页面上查看 -->
<canvas id="myCanvas" width="400px" height="300px" style="border: 1px solid
red;">
您的浏览器不支持canvas标签
</canvas>
<script type="text/javascript">
//获取canvas对象(画布)
var canvas = document.getElementById("myCanvas");
//简单地检测当前浏览器是否支持canvas对象，以免在一些不支持html5的浏览器中提示语法错误
if(canvas.getContext){
//获取对应的CanvasRenderingContext2D对象(画笔)
var ctx = canvas.getContext("2d");
//设置字体样式
ctx.font = "30px Courier New";
//设置字体填充颜色
ctx.fillStyle = "blue";
//从坐标点(50,50)开始绘制文字
ctx.fillText("CodePlayer+中文测试", 50, 50);
}
</script>
</body>
</html>
```

代码的运行效果如图10-18所示。

图10-18

10.5.2 应用阴影

使用内置的Canvas Shadow API可以为文本添加模糊的阴影效果。虽然能够通过HTML 5 Canvas API将阴影效果应用于之前执行的任何操作中，但与很多图形效果的应用类似，阴影效果的使用也要把握好度。

可以通过几种全局context属性来控制阴影，如表10-2所示。

表10-2 阴影属性

属性	值	备注
shadowColor	任何CSS中的颜色值	可以使用透明度（alpha）
ShadowOffsetX	像素值	值为正数，向右移动阴影； 值为负数，向左移动阴影
shadowOffsetY	像素值	值为正数，向下移动阴影； 值为负数，向上移动阴影
shadowBlur	高斯模糊值	值越大，阴影边缘越模糊

当shadowColor或者其他任意一项属性的值被赋为非默认值时，路径、文本和图片上的阴影效果就会被触发。

【例10.17】使用canvas制作文本阴影

示例代码如下所示。

```
// 设置文字阴影的颜色为黑色，透明度为20%
ctx.shadowColor = 'rgba(0, 0, 0, 0.2)';
// 将阴影向右移动15px，向上移动10px
ctx.shadowOffsetX = 15;
ctx.shadowOffsetY = -10;
// 轻微模糊阴影
ctx.shadowBlur = 2;
```

代码的运行效果如图10-19所示。

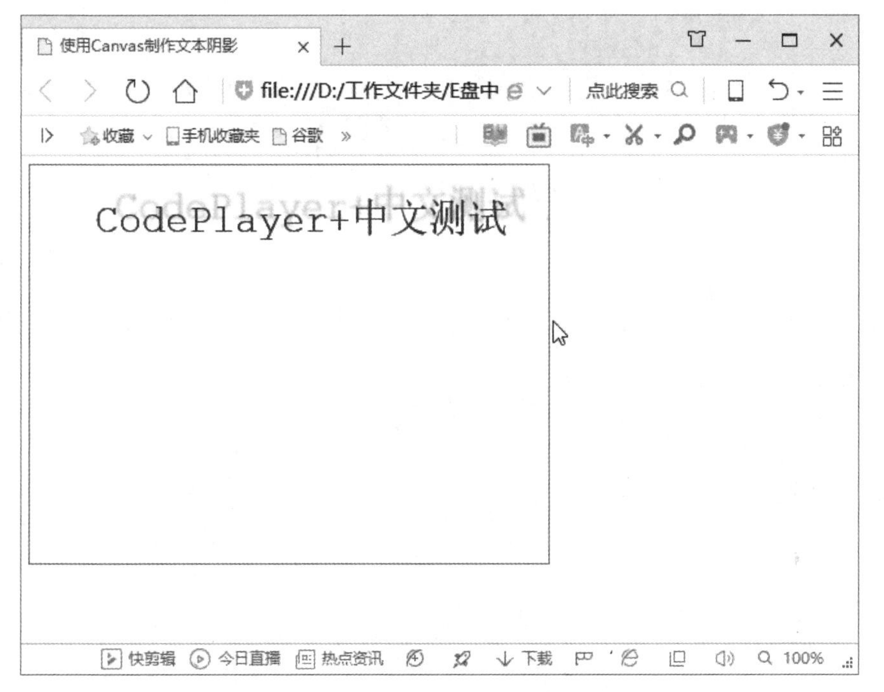

图10-19

10.6 绘制时钟

通过前面的学习，对canvas的绘图功能可以有较为全面的认识了，本节将会通过一个案例灵活运用之前所学的canvas知识，以达到新的高度。

下面使用canvas制作一个动态的时钟。

（1）创建一个画布，并指定大小和id，同时给画布加上背景色。

```
<canvas id = "clock" width = "500" height ="500" style = "background:gray">
你的浏览器太老了，不支持canvas标签，看不到时钟!
</canvas>
```

（2）在script中通过document.getElementById()得到画布，同时使用getContext()方法返回一个对象，指出访问绘图功能必要的API。

```
<script>
var clock = document.getElenmentById("clock");
var cxt = clock.getContext('2d');
</script>
```

（3）使用得到的cxt进行各种属性的设置和绘制。

```
var clock = document.getElementById('clock');
var cxt = clock.getContext('2d');
function drawClock() {
//清屏,可以看到针在移动
cxt.clearRect(0,0,500,500);
//得到系统当前的时间
var now = new Date();
//得到时分秒
var sec = now.getSeconds();
var min = now.getMinutes();
var hour = now.getHours();
//小时是浮点数类型，要得到时针准确的位置，必须将当前的分钟也转换为小时
hour = hour+min/60;
//将24小时制转化为12小时制
hour =(hour>12)?(hour-12):hour;
//绘制表盘
cxt.lineWidth=10;
cxt.strokeStyle = "blue";
cxt.beginPath();
cxt.arc(250,250,200,0,360,false);
cxt.stroke();
cxt.closePath();
//绘制刻度
//时刻度
for(var i = 0; i < 12; i++) {
cxt.save();
//设置时针的粗细
cxt.lineWidth = 7;
//设置时针的颜色
cxt.strokeStyle="#000";
//设置异次元空间的0,0点
cxt.translate(250,250);
//再设置旋转角度
cxt.rotate(i*30*Math.PI/180);
//开始绘制
cxt.beginPath();
cxt.moveTo(0,-170);
cxt.lineTo(0,-190);
cxt.stroke();
```

```
cxt.closePath();
cxt.restore();
}
//分刻度
for(var i = 0; i < 60; i++) {
cxt.save();
//设置分刻度的粗细
cxt.lineWidth = 5;
//设置分刻度的颜色
cxt.strokeStyle = "#123";
//设置或者重置画布的0,0点
cxt.translate(250,250);
//设置旋转的角度
cxt.rotate(i*6*Math.PI/180);
//开始绘制
cxt.beginPath();
cxt.moveTo(0,-180);
cxt.lineTo(0,-190);
cxt.stroke();
cxt.closePath();
cxt.restore();
}
//时针
cxt.save();
//设置时针的风格
cxt.lineWidth = 7;
//设置时针的颜色
cxt.strokeStyle = "#000" ;
//设置异次元空间的0,0点
cxt.translate(250,250);
//设置旋转的角度
cxt.rotate(hour*30*Math.PI/180);
//开始绘制
cxt.beginPath();
cxt.moveTo(0,-140);
cxt.lineTo(0,10);
cxt.stroke();
cxt.closePath();
cxt.restore();
//分针
cxt.save();
//设置分针的风格
cxt.lineWidth = 5;
cxt.strokeStyle = "#000";
//设置异次元空间分针画布的圆心
cxt.translate(250,250);
//设置旋转角度
cxt.rotate(min*6*Math.PI/180);
//开始绘制
```

```
cxt.beginPath();
cxt.moveTo(0,-160);
cxt.lineTo(0,15);
cxt.stroke();
cxt.closePath();
cxt.restore();
//秒针
cxt.save();
//设置秒针的风格
cxt.lineWidth = 3;
cxt.strokeStyle = '#000';
//设置异次元分针画布的圆心
cxt.translate(250,250);
//设置旋转角度
cxt.rotate(sec*6*Math.PI/180);
//绘制秒针
cxt.beginPath();
cxt.moveTo(0,-170);
cxt.lineTo(0,20);
cxt.stroke();
cxt.closePath();
//画出时针、分针、秒针的交叉点
cxt.beginPath();
cxt.arc(0,0,5,0,360,false);
//设置填充样式
cxt.fillStyle = "gray";
cxt.fill();
//设置笔触样式(秒针已设置)
cxt.stroke();
cxt.closePath();
//设置秒针前端的小圆点
cxt.beginPath();
cxt.arc(0,-150,5,0,360,false);
//设置填充样式
cxt.fillStyle="gray";
cxt.fill();
//设置笔触样式(秒针已设置)
cxt.stroke();
cxt.closePath();
cxt.restore();
}
//使用setInterval(方法名,每隔多少毫秒重绘一下)每隔一段时间重新绘制，看到动的效果
drawClock();  //刷新不出现延迟
setInterval(drawClock,1000);
```

代码的运行效果如图10-20所示。

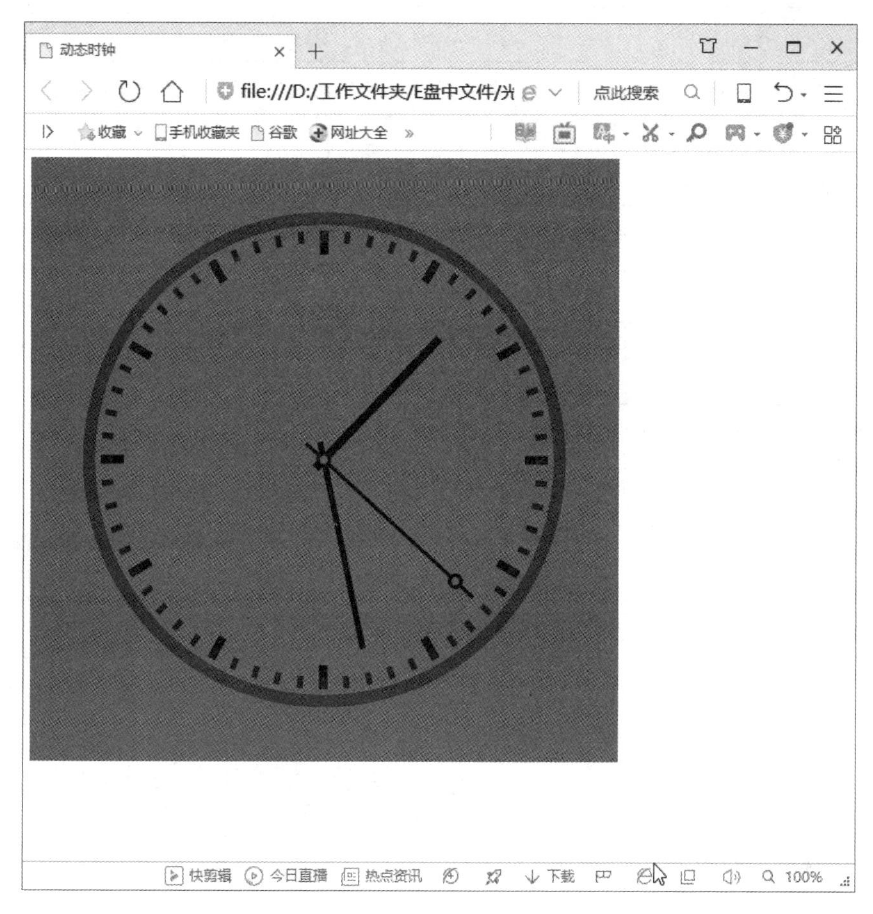

图10-20

上述代码中的方法和属性如表10-3所示。

表10-3 实例中代码属性简介

属性	值
getContext()	返回一个对象，指出访问绘图功能必要的 API
lineWidth	设置或返回当前的线条宽度（1~10）
strokeStyle	设置或返回用于笔触的颜色、渐变或模式（线条的）
beginPath()	起始一条路径，或重置当前路径，每画一个新的图形都要重置一个新的路径，不然所有的图形就会连起来
closePath()	创建从当前点回到起始点的路径，绘图就发生在beginPath()和closePath()之间，有始有终
arc()	创建弧/曲线（用于创建圆形或部分圆），有六个参数，依次是圆心（x, y）坐标，半径，画过的幅度，后面的boolean值控制顺时针还是逆时针
stroke()	绘制已定义的路径，不调用这个方法，就不会有东西出来。画的是线条，对应有填充的fill()

（续表）

属性	值
save()	保存当前环境的状态，主要用于旋转的时候，对应下面的释放restore()方法，两个是成对出现的
restore	返回之前保存过的路径状态和属性
translate()	重新映射画布上的 (0,0) 位置，主要用于旋转，重置圆心，后面都要以当前的圆心为标准
moveTo()	把路径移动到画布中的指定点，不创建线条，相当于起始点
lineTo()	添加一个新点 ，和moveTo()指定的点构成一条直线
fillStyle()	设置填充的样式、颜色，和strokeStyle()对应记忆
fill()	填充当前图形，没有这个方法就不会有显示，和stroke()对应记忆
setInterval()	指定相应的时间，再次执行指定的方法，有两个参数，一个是方法名，一个是时间
clearRect()	在给定的矩形内清除指定的东西
rotate()	旋转当前图形，传入一个角度的参数

Chapter

11

离线与处理线程

本章概述

在HTML 5中，提供了一个供本地缓存使用的API，使用这个API可以实现离线Web应用程序的开发。Web Workers API是被广泛应用的网络技术之一。通过Web Workers可以将耗时较长的处理交给后台线程去运行，从而避免HTML 5因为某个处理耗时过长，而导致用户不得不结束处理进程的尴尬状况。

重点知识

- 构建简单的离线应用程序
- 支持离线行为
- applicationCache对象
- 离线Web的具体应用
- 检测浏览器是否支持
- 多线程文件的加载与执行

11.1 离线Web概述

在Web应用中，使用缓存的原因之一是为了支持离线应用。在全球互连的时代，离线应用仍有其使用价值。当无法上网时，会考虑到应用离线Web来完成工作。本节将讲解有关Web应用的基础知识。

11.1.1 离线Web介绍

在HTML 5中新增了一个API，为离线Web应用程序的开发提供了可能性。为了让Web应用程序在离线状态时也能正常工作，就必须要把所有构成Web应用程序的资源文件（如HTML文件、CSS文件、JavaScript脚本文件等）都放在本地缓存中。当服务器没有和Internet建立连接的时候，可以利用本地缓存中的资源文件正常运行Web应用程序。

本地缓存是为整个Web应用程序服务的，而浏览器的网页缓存只服务于单个网页。任何网页都具有网页缓存，而本地缓存只缓存那些指定缓存的网页。

网页缓存是不安全、不可靠的，因为不知道在网站中到底缓存了哪些页面，以及缓存了网页上的哪些资源。而本地缓存是可靠的，可以控制对哪些内容进行缓存，哪些不缓存。开发人员还可以用编程的手段来控制缓存的更新，利用缓存对象的各种属性、状态和事件，来开发出更为强大的离线应用程序。

11.1.2 浏览器支持情况

在HTML 5中，很多浏览器都支持离线Web应用，具体如下：

- Chrome浏览器：Chrome4.0以上版本浏览器支持离线Web应用。
- Firefox浏览器：Firefox3.5以上版本浏览器支持离线Web应用。
- Opera浏览器：Opera10.6以上版本浏览器支持离线Web应用。
- Safrai浏览器：Safrai4.0以上版本浏览器支持离线Web应用。

目前不同浏览器对HTML 5离线Web应用的支持程度不一样，所以在使用之前，最好对浏览器进行测试。

11.2 使用离线Web

本节介绍如何使用离线Web。

11.2.1 构建简单的离线应用程序

HTML 5新增了离线应用，它使网页或应用在没有网络的情况下依然可使用。

离线应用的使用需要以下几个步骤：

- 离线检测（确定是否联网）。
- 访问一定的资源。
- 有一块本地空间用于保存数据（无论是否上网，都不妨碍读写）。

当然，首先需要对浏览器进行检测，确认浏览器是否支持离线Web应用，代码如下：

```
if(window.applicationCache){
//浏览器支持离线应用
alert("您的浏览器支持离线应用");
}else{
//浏览器不支持离线应用
alert("您的浏览器弱爆了，不支持离线应用，快去升级");
}
```

描述文件用于列出需要缓存和不需要缓存的资源，以备离线时使用。描述文件的扩展名以前用.manifest，现在推荐使用.appcache。描述文件需要配置正确的MIME-type，即text/cache-manifest，必须在Web服务器上进行配置（文件编码必须是UTF-8）。不同的服务器有不同的配置方法。

首行必须以下列字符串开始：

```
CACHE MANIFEST
```

接下来是要缓存文件的URL，一行一个（相对URL是相对于清单文件而言的，不是相对于文件）。以“#”开头的是注释。

```
common.css
Common.js
```

这个文件中列举的所有的文件都会被缓存。

在清单中，可以使用特殊的区域头标识头信息之后的清单项的类型，代码中的缓存属于CACHE:区域。

```
#该头信息之后的内容需要缓存
CACHE:
common.css
Connom.js
```

以NETWORK:开头的区域列举的文件总是从线上获取，不缓存。

NETWORK:头信息支持通配符*，表示任何未明确列举的资源，都将通过网络加载。

```
#该头信息之后的内容不需要缓存，总是从线上获取
NETWORK:
a.css
#表示以name开头的资源都不要缓存
name/
```

以FALLBACK:开头的区域中的内容，提供了获取不到缓存资源时的备选资源路径。

该区域中的内容，每一行包含两个URL（第一个URL是一个前缀，任何匹配的资源都不被缓存，第二个URL表示需要被缓存的资源）。

```
FALLBACK:
name/   example.html
```

一个清单可以有任意多个区域，而且位置没有限制。

11.2.2 支持离线行为

假设要构建一个包含css、js、html的单页应用，同时要为这个单页应用添加离线支持。要将描述文件与页面关联起来，就需要使用html标签的manifest特性指定描述文件的路径。

```
<html manifest='./offline.appcche'>
```

开发离线应用的第一步就是检测设备是否离线。

HTML 5新增了navigator.onLine属性，当它的值为true的时候，表示联网，值为false的时候，表示离线。

```
if(navigator.onLine){
//联网
}else{
//离线
}
```

IE6及以上浏览器及其他标准浏览器都支持这个属性。

（1）online事件（IE9+浏览器支持）。

当网络从离线变为在线的时候触发该事件。在Window上触发该事件，不需要刷新。

```
window.online = function(){
//需要触发的事件
}
```

（2）offline事件（IE9+浏览器支持）。

当网络从在线变为离线的时候触发该事件。和online事件一样，在Window上触发该事件，不需要刷新。

```
window.offline = function(){
//需要触发的事件
}
```

【例11.1】查看网页页面是否在线

示例代码如下所示。

```
<!DOCTYPE html>
<html lang="en">
<head>
<meta charset="UTF-8">
<title>Document</title>
<script>
function loadState(){
if(navigator.online){
console.log("在线");
}else{
console.log("离线");
}
//添加事件监听器，实时监听
window.addEventListener("在线"function(){
console.log("在线");
},true);
window.addEventListener("离线"function(){
console.log("离线");
},true);
}
</script>
</head>
<body>
</body>
</html>
```

11.2.3 mannifest文件

Web应用程序的本地缓存，是通过每个页面的manifest文件来管理的。manifest文件是一个简单文本文件，它以清单的形式列举了需要被缓存或不需要被缓存的资源文件的文件名称，以及这些资源的访问路径。可以为每个页面单独指定一个mainifest文件，也可以对整个Web应用程序指定一个总的manifest文件。manifest文件示例如下：

```
CACHE MANIFEST
#文件的开头必须是CACHE MANIFEST
#该manifest文件的版本号
#version 7
CACHE:
other.html
hello.js
images/myphoto.jpg
NETWORK:
http://google.com/xxx
NotOffline.jsp
*
```

```
FALLBACK:
online.js locale.js
CACHE:
newhello.html
newhello.js
```

在manifest文件中，第一行必须是CACHE MANIFEST，以把本文件的作用告知浏览器，即对本地缓存中的资源文件进行具体设置。同时，在真正运行或测试离线Web应用程序的时候，需要对服务器进行配置，让服务器支持text/cache-manifest这个MIME类型（在HTML 5中规定manifest文件的MIME类型为text/cache-manifest）。

在manifest文件中，可以用注释进行一些必要的说明或解释，注释行以#开始。文件中可以（而且最好）加上版本号，以表示该manifest文件的版本。版本号可以是任何形式的，更新文件时一般会对该版本号进行更新。

资源文件的路径可以是相对路径，也可以是绝对路径。指定时每个资源文件为一行。可以把资源文件分为三类，分别是CACHE、NETWORK和FALLBACK。

在CACHE类别中，指定需要被缓存在本地的资源文件。为某个页面指定需要本地缓存的资源文件时，不需要把这个页面本身指定在CACHE类型中。如果一个页面具有manifest文件，那么浏览器会自动对这个页面进行本地缓存。

NETWORK类别为显式指定不进行本地缓存的资源文件，这些资源文件只有当客户端与服务器端建立连接的时候才能访问。通配符*表示没有在本manifest文件中指定的资源文件都不进行本地缓存。

FALLBACK类别中指定两个资源文件，第一个资源文件为能够在线访问时使用的资源文件，第二个资源文件为不能在线访问时使用的备用资源文件。

每个类别都是可选的。如果文件开头没有指定类别，而直接书写资源文件，那么浏览器把这些资源文件视为CACHE类别，直到看见文件中第一个被书写出来的类别为止，并且允许在同一个manifest文件中重复书写同一类别。

为了让浏览器能够正常阅读该文本文件，需要在Web应用程序页面上的html元素的manifest属性中，指定manifest文件的URL地址，指定方法如下：

```
<!-- 可以为每个页面单独指定一个manifest文件 -->
<html manifest="hello.manifest">
</html>
<!-- 也可以为整个Web应用程序指定一个总的manifest文件 -->
<html manifest="global.manifest">
</html>
```

这样可以将资源文件保存到本地缓存区了。要对本地缓存区的内容进行修改时，只要修改manifest文件就可以了。在文件被修改后，浏览器可以自动检查manifest文件，并自动更新本地缓存区中的内容。

11.2.4 applicationCache对象

applicationCache对象代表本地缓存，可以用它通知用户本地缓存中已经被更新，也允许用户手动更新本地缓存。在浏览器与服务器的交互过程中，当浏览器对本地缓存进行更新且加入新的资源文件时，会触发applicationCache对象的updateready事件，通知本地缓存已经被更新。可以利用该事件告诉用户本地缓存已经被更新，用户需要手工刷新页面来得到最新版本的应用程序，代码如下所示：

```
applicationCache.addEventListener("updateready", function(event) {
// 本地缓存已被更新，通知用户。
alert("本地缓存已被更新，可以刷新页面来得到本程序的最新版本。");
}, false);
```

另外，可以通过applicationCache对象的swapCache()方法，来控制如何进行本地缓存的更新及更新的时机。

```
swapCache()方法
```

该方法用于手工执行本地缓存的更新，它只能在applicationCache对象的updateReady事件被触发时调用。updateReady事件只有在服务器上的manifest文件被更新，并且把manifest文件中所要求的资源文件下载到本地后触发。该事件的含义是“本地缓存准备被更新”。当这个事件被触发后，可以用swapCache()方法手工进行本地缓存的更新。

如果本地缓存的容量非常大，那么本地缓存的更新工作将需要相对较长的时间，而且会把浏览器锁住。这时最好有个提示，告诉用户正在进行本地缓存的更新，代码如下：

```
applicationCache.addEventListener("updateready", function(event) {
// 本地缓存已被更新，通知用户。
alert("正在更新本地缓存……");
applicationCache.swapCache();
alert("本地缓存更新完毕，可以刷新页面使用最新版应用程序。");
}, false);
```

在以上代码中，如果不使用swapCache()方法，本地缓存一样会被更新，但是更新的时候不一样。如果不调用该方法，本地缓存将在下一次打开本页面时被更新；如果调用该方法，本地缓存将会被立刻更新。因此，可以使用confirm()方法让用户选择更新时机，特别是当用户正在页面上执行一个较大操作的时候。

另外，尽管可以使用swapCache()方法立刻更新本地缓存，但是并不意味着页面上的图像和脚本文件也会被立刻更新，它们都是在重新打开本页面时生效。

【例11.2】本地缓存

示例代码如下所示。

```
<!DOCTYPE html>
<html manifest="swapCache.manifest">
<head>
<meta charset="UTF-8"/>
<title>swapCache()方法示例</title>
<script type="text/javascript" src="js/script.js"></script>
</head>
<body>
<p>swapCache()方法示例。</p>
</body>
</html>
```

以上页面使用的脚本文件代码如下：

```
document.addEventListener("load", function(event) {
setInterval(function() {
// 手动检查是否有更新
applicationCache.update();
}, 5000);
applicationCache.addEventListener("updateready", function(event) {
if(confirm("本地缓存已被更新，需要刷新页面获取最新版本吗？")) {
// 手动更新本地缓存
applicationCache.swapCache();
// 重载页面
location.reload();
}
}, false);
});
```

该页面使用的manifest文件内容如下：

```
CACHE MANIFEST
#version 1.20
CACHE:
script.js
```

11.2.5 离线Web的具体应用

离线应用程序缓存功能，允许指定Web应用程序所需的全部资源，这样浏览器就能在加载HTML文档时把它们都下载下来。

（1）定义浏览器缓存。

- 启用离线缓存：创建一个清单文件，并在html元素的manifest属性里引用它。
- 指定离线应用程序里要缓存的资源：在清单文件的顶部或者CACHE区域里列出资源。
- 指定资源不可用时要显示的备用内容：在清单文件的FALLBACK区域里列出内容。
- 指向始终向服务器请求的资源：在清单文件的BETWORK区域里列出内容。

【例11.3】定义浏览器缓存

首先创建fruit.appcache的清单文件。

```
CACHE MANIFEST
example.html
banana100.png
FALLBACK:
* 404.html
NETWORK:
cherries100.png
CACHE:
apple100.png
```

再创建404.html文件。如果用于链接指向的html文件不在离线缓存中，就可以用它来代替。

```
<!DOCTYPE HTML>
<html manifest="fruit.appcache">
<head>
<title>Offline</title>
</head>
<body>
<h1>您要的页面找不到了！</h1>
或许您可以帮我们找找！
</body>
</html>
```

最后创建需要启用离线缓存的html文件。

```
<!DOCTYPE HTML>
<html manifest="fruit.appcache">
<head>
<title>Example</title>
<style>
img {border: medium double black; padding: 5px; margin: 5px;}
</style>
</head>
<body>
<img id="imgtarget" src="banana100.png"/>
<div>
<button id="banana">Banana</button>
<button id="apple">Apple</button>
<button id="cherries">Cherries</button>
</div>
<a href="otherpage.html">Link to another page</a>
<script>
var buttons = document.getElementsByTagName("button");
for (var i = 0; i < buttons.length; i++) {
buttons[i].onclick = handleButtonPress;
}
function handleButtonPress(e) {
document.getElementById("imgtarget").src = e.target.id + "100.png";
}
</script>
</body>
</html>
```

（2）检测浏览器状态。

window.navigator.online：如果浏览器确定为离线，就返回false；如果浏览器可能在线，则返回true。

（3）使用离线缓存。

可以通过调用window.applicationCache属性直接使用离线缓存，它会返回一个Application-Cache对象。

ApplicationCache对象成员如下。

- update()：更新缓存，以确保清单里的项目都已下载了最新的版本。
- swapCache()：交换当前缓存与较新的缓存。
- status：返回缓存的状态。

ApplicationCache对象的status属性值如下。

- 0UNCACHED：此文档没有缓存，或者缓存数据尚未被下载。
- 1IDLE：缓存没有执行任何操作。
- 2CHECKING：浏览器正在检查清单或清单所指定项目的更新。
- 3DOWNLOADING：浏览器正在下载清单或内容的更新。
- 4UPDATEREADY：有更新后的缓存数据可用。
- 5OBSOLETE：缓存数据已经废弃，不应该再使用了。这是请求清单文件时返回HTTP状态码4xx所造成的。通常表明清单文件已被移走或删除。

ApplicationCache对象定义的事件在缓存状态改变时触发。

- checking：浏览器正在获取初始清单或者检查清单更新。
- noupdate：没有更新可用，当前的清单是最新版。
- downloading：浏览器正在下载清单里指定的内容。
- progress：在下载阶段中触发。
- cached：清单里指定的所有内容都已被下载和缓存了。
- updateready：新资源已下载并且可以使用了。
- obsolete：缓存已废弃。

【例11.4】使用离线缓存

示例代码如下所示。

```
CACHE MANIFEST
CACHE:
example.html
banana100.png
cherries100.png
apple100.png
FALLBACK:
* offline2.html
```

HTML代码如下所示。

```
<!DOCTYPE HTML>
<html manifest="fruit.appcache">
<head>
<title>Example</title>
<style>
img {border: medium double black; padding: 5px; margin: 5px;}
div {margin-top: 10px; margin-bottom: 10px}
table {margin: 10px; border-collapse: collapse;}
th, td {padding: 2px;}
body > * {float: left;}
```

```
</style>
</head>
<body>
<div>
<img id="imgtarget" src="banana100.png"/>
<div>
<button id="banana">Banana</button>
<button id="apple">Apple</button>
<button id="cherries">Cherries</button>
</div>
<div>
<button id="update">Update</button>
<button id="swap">Swap Cache</button>
</div>
The status is: <span id="status"></span>
</div>
<table id="eventtable" border="1">
<tr><th>Event Type</th></tr>
</table>
<script>
var buttons = document.getElementsByTagName("button");
for (var i = 0; i < buttons.length; i++) {
buttons[i].onclick = handleButtonPress;
}
window.applicationCache.onchecking =  handleEvent;
window.applicationCache.onnoupdate = handleEvent;
window.applicationCache.ondownloading = handleEvent;
window.applicationCache.onupdateready = handleEvent;
window.applicationCache.oncached = handleEvent;
window.applicationCache.onobselete = handleEvent;
function handleEvent(e) {
document.getElementById("eventtable").innerHTML +=
"<tr><td>" + e.type + "</td></td>";
checkStatus();
}
function handleButtonPress(e) {
switch (e.target.id) {
case 'swap':
window.applicationCache.swapCache();
break;
case 'update':
window.applicationCache.update();
checkStatus();
break;
default:
document.getElementById("imgtarget").src = e.target.id
+ "100.png";
}
}
```

```
function checkStatus() {
var statusNames = ["UNCACHED", "IDLE", "CHECKING", "DOWNLOADING",
"UPDATEREADY", "OBSOLETE"];
var status = window.applicationCache.status;
document.getElementById("status").innerHTML = statusNames[status];
}
</script>
</body>
</html>
```

11.3 Web Workers概述

Web Workers是一种机制，从一个Web应用的主执行线程中，分离出一个后台线程，在这个后台线程中运行脚本操作。这个机制的优势就是耗时的处理可以在一个单独的线程中执行。与此同时，主线程可以在毫不堵塞的情况下运行。

11.3.1 什么是Web Workers

Worker是一个使用构造函数（如Worker()）来创建的对象，在一个命名的JS文件里面运行，这个文件包含在Worker线程中运行的代码。Workers不同于现在的Window，是在另一个全局上下文中运行的。在专用的Workers例子中，是由DedicatedWorkerGlobalScope对象代表这个上下文环境。标准Workers是由单个脚本使用的，共享Workers使用的是SharedWorker-GlobalScope。

在Worker线程里，可以运行任何喜欢的代码，当然也有一些例外。例如，不能直接操作Worker里的DOM，也不能使用Window对象的一些默认方法和属性。但是，可以使用Window下许多可用的项目，包括WebSockets，它类似IndexedDB和Firefox OS独有的Data Store API这样的数据存储机制。

在HTML 5中，创建后台线程的步骤十分简单，只需要在Worker类的构造器中，将需要在后台线程中执行主脚本文件的URL地址作为参数，然后创建Worker对象就可以了，代码如下所示。

```
var Worker = Worker("Worker.js");
```

在后台线程中不能访问页面或窗口对象。如果在后台线程的脚本文件中，使用Window对象或document对象，则会引起错误。

使用Worker对象的Message方法对后台线程发送消息，代码如下所示。

```
Worker.postMessage(message);
```

在上述代码中，发送的消息是文本数据，但也可以是任何JavaScript对象（需要通过JSON对象的stingoify方法将其转换成文本数据）。

另外，可以通过获取Worker对象的onmessage事件句柄，以及Worker对象的postMessage方法，在后台线程内部进行消息的接收和发送。

11.3.2 Web Workers的简单应用

在简单了解了Web Workers之后，通过一个实例来讲解Web Workers的简单应用。

（1）生成Worker。

创建一个新的Worker十分简单，调用Worker()构造函数，并指定一个要在Worker线程内运行的脚本的URI即可。如果希望收到Worker的通知，可以将Worker的onmessage属性设置成一个特定的事件处理函数。

```
var myWorker = new Worker("my_task.js");

myWorker.onmessage = function (oEvent) {
    console.log("Called back by the worker!\n");
};
```

也可以使用addEventListener()。

```
var myWorker = new Worker("my_task.js");
myWorker.addEventListener("message", function (oEvent) {
    console.log("Called back by the worker!\n");
}, false);
myWorker.postMessage(""); //启动 worker
```

上述代码的第一行创建了一个新的Worker线程。第二行为Worker设置了message事件的监听函数。当Worker调用自己的postMessage()函数时，就会调用这个事件处理函数。第五行启动了Worker线程。

【TIPS】

传入Worker构造函数的参数URI必须遵循同源策略。目前，不同的浏览器制造商，对于哪些URI应该遵循同源策略尚有分歧，Gecko 10.0 (Firefox 10.0 / Thunderbird 10.0 / SeaMonkey 2.7) 及后续版本允许传入data URI，而Internet Explorer 10则不认为Blob URI对Worker来说是一个有效的脚本。

（2）传递数据。

在主页面与Worker之间传递的数据，通过拷贝而不是共享完成。传递给Worker的对象需要经过序列化，接下来在另一端还需要反序列化。页面与Worker不会共享同一个实例，每次通信结束时生成数据的一个副本。大部分浏览器使用结构化拷贝来实现该特性。

在此，创建一个名为emulateMessage()的函数，在从Worker到主页面（反之亦然）的通信过程中，它将模拟变量的“拷贝而非共享”行为。

```
function emulateMessage (vVal) {
    return eval("(" + JSON.stringify(vVal) + ")");
}
// Tests
// test #1
```

```
var example1 = new Number(3);
alert(typeof example1); // object
alert(typeof emulateMessage(example1)); // number

// test #2
var example2 = true;
alert(typeof example2); // boolean
alert(typeof emulateMessage(example2)); // boolean

// test #3
var example3 = new String("Hello World");
alert(typeof example3); // object
alert(typeof emulateMessage(example3)); // string

// test #4
var example4 = {
"name": "John Smith",
"age": 43
};
alert(typeof example4); // object
alert(typeof emulateMessage(example4)); // object

// test #5
function Animal (sType, nAge) {
this.type = sType;
this.age = nAge;
}
var example5 = new Animal("Cat", 3);
alert(example5.constructor); // Animal
alert(emulateMessage(example5).constructor); // Object
```

拷贝而并非共享的那个值称为消息。可以使用postMessage()将消息传递给主线程，或者从主线程传送回来。message事件的data属性就包含了从Worker传回来的数据。

```
myWorker.onmessage = function (oEvent) {
console.log("Worker said : " + oEvent.data);
};
myWorker.postMessage("ali");
my_task.js (worker):
postMessage("I\'m working before postMessage(\'ali\').");
onmessage = function (oEvent) {
postMessage("Hi " + oEvent.data);
};
```

【TIPS】

通常，后台线程（包括Worker）无法操作DOM。如果后台线程需要修改DOM，那么应该将消息发送给它的创建者，让它来完成这些操作。

Worker与主页面之间传输的消息始终是JSON消息，即使它是一个原始类型的值。所以，完全可以传输JSON数据以及任何能够序列化的数据类型。

```
postMessage({"cmd": "init", "timestamp": Date.now()});
```

11.4 使用Web Workers API

在HTML 5中，Web Workers已经得到了很多浏览器的支持，具体支持Web Workers的浏览器有以下几个：

- Chrome 3.0及以上的浏览器。
- Firefox 3.5及以上的浏览器。
- Opera 10.6及以上的浏览器。
- Safrai 4.0及以上的浏览器。
- IE 10及以上的浏览器。

11.4.1 检测浏览器是否支持

在使用Web Workers API函数之前，首先要确认浏览器是否支持Web Workers。如果不支持，可以提供一些备用信息，提醒用户使用最新的浏览器。

【例11.5】检测浏览器是否支持Web Workers API

示例代码如下所示。

```
<!DOCTYPE html>
<html lang="en">
<head>
<meta charset="UTF-8">
<title>Document</title>
<script>
window.onload = function(){
var sup = document.getElementById("support");
if(typeof Worker!=="undefined"){
sup.innerHTML = "您的浏览器支持Web Workers";
}else{
sup.innerHTML = "您的浏览器不支持Web Workers";
}
}
</script>
</head>
<body>
<h1>检测您的浏览器是否支持Web Workers</h1>
```

```
<p id="support"></p>
</body>
</html>
```

代码的运行效果如图11-1所示，可以看到浏览器是支持Web Workers的。

图11-1

11.4.2 创建Web Workers

在HTML 5中，Web Workers初始化时会接收一个JavaScript文件的URL地址，其中包含Woreker执行的代码。JavaScript文件的URL可以是相对路径或者绝对路径，只需同源（相同的协议、主机和端口）即可，示例代码如下。

```
var Worker = Worker("echo Worker.js");
```

11.4.3 多线程文件的加载与执行

对于多个由JavaScript文件组成的应用程序来说，可以通过包含script元素的方式，在页面加载时同步加载JavaScript文件。然而，Web Workers没有访问document对象的权限，所以在Worker中必须使用另外一种方法导入其他的JavaScript文件，代码如下所示。

```
importScripts("helper.js");
```

导入的JavaScript文件只会在某一个已有的Worker中加载并执行。多个脚本的导入同样可以使用importScripts函数，它们会按顺序执行。

11.4.4 与Web Workers通信

Web Worker生成以后，就可以使用postMessage API传送和接收数据了。postMessage还支持跨框架和跨窗口通信。

【例11.6】制作一个计数器

代码如下所示。

```
<!DOCTYPE html>
<html>
<head>
<meta charset="UTF-8">
<title>web worker</title>
</head>
<body>
<p>计数:<output id="result"></output></p>
<button onclick="startr()">开始worker</button>
<button onclick="end()">停止worker</button>
<script type="text/javascript">
var w;
function start(){
if(typeof(Worker)!="undefined"){
if(typeof(w)=="undefined"){
w = new Worker("webworker.js");
}
//onmessage是Worker对象的properties
w.onmessage = function(event){//事件处理函数,用来处理后端的web worker传递过来的消息
document.getElementById("result").innerHTML=event.data;
};
    }else{
document.getElementById("result").innerHTML="sorry,your browser does not
support web workers";
}
}
function end(){
w.terminate();//利用Worker对象的terminated方法,终止
w=undefined;
}
</script>
</body>
</html>
```

在后台运行webworker.js文件，代码如下所示。

```
var i = 0;
function timer(){
i = i + 1;
postMessage(i);
setTimeout("timer()",1000);
}
timer();
```

代码的运行效果如图11-2所示，这里让运行在后台的webworker.js文件每隔0.5秒数字+1。

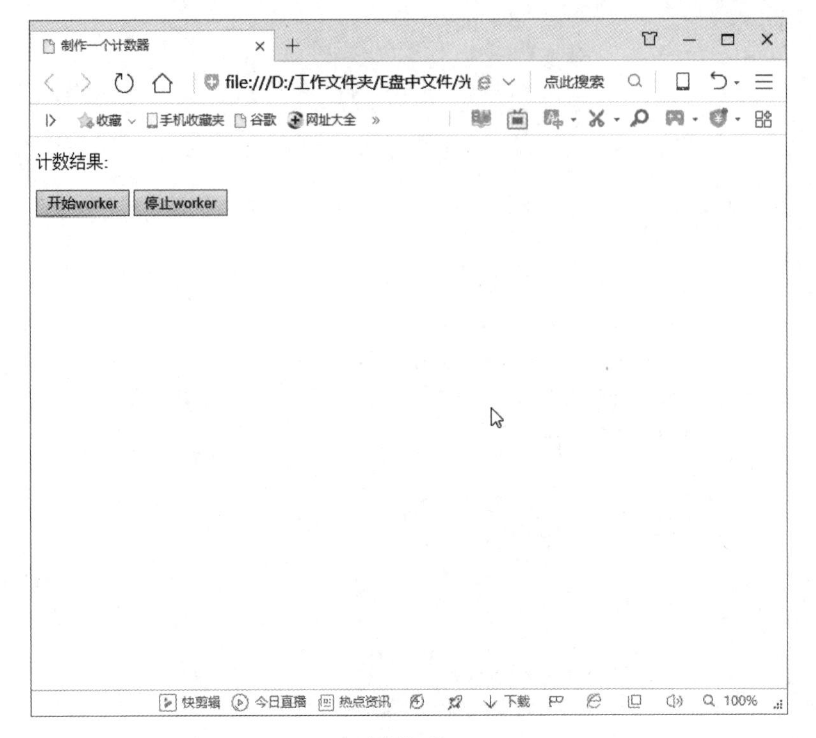

图11-2

Chapter

12

获取地理位置

本章概述

地理信息定位被广泛应用在科研、侦查、安全等领域。在HTML 5中，使用Geolocation API和position对象可以获取用户当前的地理位置，同时可以将地理位置的信息在地图上标注出来。本章就来学习有关地理位置信息处理的相关内容。

重点知识

- 关于地理位置信息
- 浏览器支持情况
- 应用隐私保护机制
- 处理位置信息
- 检测浏览器是否支持
- 在地图上显示你的位置

12.1 关于地理位置信息

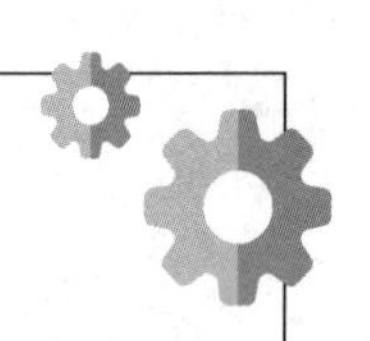

与获取IP地址、GPS导航定位、WIFI基站的mac地址一样，在HTML 5中可以通过API获取地理位置的信息，下面详细介绍在HTML 5中如何获取地理位置信息。

12.1.1 经度和纬度坐标

经纬度是由经度与纬度组成的坐标系统，称为地理坐标系统。它是一种利用三维空间的球面，来定义地球上的空间的球面坐标系统，能够标示地球上的任何一个位置。

纬线是人类为度量方便而假设的辅助线，定义为地球表面某点随地球自转所形成的轨迹。纬线都是圆形且两两平行的。赤道最长，离赤道越远的纬线，周长越短，到了两极就缩为0了。从赤道向北和向南，称为北纬和南纬，分别用N和S表示。

经线也称子午线，也是人类为度量方便而假设的辅助线，定义为地球表面连接南北两极的大圆上的半圆弧。任意两根经线的长度都相等，相交于南北两极。每一根经线都有其相对应的数值，称为经度。经线指示南北方向。不同的经线具有不同的地方时段，偏东的地方时间要比较早，偏西的地方时间要迟。

12.1.2 IP地址定位数据

IP地址用于给Internet上的电脑编号。每台联网的PC都需要有IP地址，才能正常通信。可以把“个人电脑”比作“电话”，那么“IP地址”就相当于“电话号码”，而Internet中的路由器就相当于电信局的“程控式交换机”。

IP地址是一个32位的二进制数，通常被分割为4个“8位二进制数”（也就是4个字节）。IP地址通常用“点分十进制”表示成（a.b.c.d）的形式，其中，a、b、c、d都是0~255之间的十进制整数。例如，点分十进IP地址（100.4.5.6）实际上是32位二进制数（01100100.00000100.00000101.00000110）。

基于IP地址定位的实现方法分为两个步骤：

Step 01 自动查找用户的IP地址。

Step 02 检索其注册的无力地址。

12.1.3 GPS地理定位数据

GPS是Global Positioning System（全球定位系统）的简称。它起始于1958年美国军方的一个项目，1964年投入使用。利用该系统可以在全球范围内实现全天候、连续和实时的三维导航定位和测速。另外，利用该系统可以进行高精度的事件传递和精密定位。

与IP地址定位不同的是，使用GPS可以非常精确地定位数据。但它也有一个致命的缺点，那就是定位时间可能比较长。这一缺点使得它不适合需要快速定位响应数据的应用程序。

12.1.4 WIFI地理定位数据

WiFi是一种允许电子设备连接到一个无线局域网（WLAN）的技术，通常使用2.4G UHF或5G SHF ISM射频频段。连接到无线局域网通常是有密码保护，也可以是开放的，允许任何在WLAN范围内的设备连接。WiFi是一个无线网络通信技术的品牌，由WiFi联盟持有，目的是改善基于IEEE 802.11标准的无线网路产品之间的互通性。有人把使用IEEE 802.11系列协议的局域网称为无线保真，甚至把WiFi等同于无线网际网路（WiFi是WLAN的重要组成部分）。

基于WiFi的定位，数据定位准确、简单、快速，而且可以在室内使用。如果在无线接入点比较少的地区，WiFi定位的效果就不是很好。

12.1.5 用户自定义的地理定位

除了前面介绍的几种地理定位方式之外，还可以通过用户自定义的方法获得地理定位数据。例如，应用程序允许用户输入自己的地址、联系电话和邮件地址等信息，然后利用这些信息提供位置感知服务。

当然，由于各种限制，用户自定义的地理定位数据可能不准确，特别是用户的当前位置改变后。但是用户自定义的地理定位数据还是拥有很多优点的：

- 能够允许地理定位服务的结果作为备用位置信息。
- 用户自行输入信息可能会比检测更快。

12.2 Geolocation API概述

“各个浏览器对HTML 5 Geolocation的支持情况是不一样的，并且在不断更新。本节首先对HTML 5 Geolocation API进行介绍，然后讲述各个浏览器对它的支持情况。”

12.2.1 什么是Gerlocation API

1. getCurrentPosition方法

HTML 5中的GPS定位功能主要使用getCurrentPosition，该方法封装在navigator.geolo-cation属性里，是navigator.geolocation对象的方法。

使用getCurrentPosition方法可以获取用户当前的地理位置信息，它的定义如下所示：

```
getCurrentPosition(successCallback,errorCallback,positionOptions);
```

（1）successCallback。

表示调用getCurrentPosition函数成功以后的回调函数，该函数带有一个参数，属于对象字面量格式，表示获取的用户位置数据。该对象包含两个属性coords和timestamp，其中coords属性包含7个值。

- accuracy：精确度。
- latitude：纬度。
- longitude：经度。
- altitude：海拔。
- altitudeAcuracy：海拔高度的精确度。
- heading：朝向。
- speed：速度。

（2）errorCallback。

和successCallback函数一样，带有一个参数，也是对象字面量格式，表示返回的错误代码。它包含两个属性。

- message：错误信息。
- code：错误代码。

其中错误代码code包括四个值。

- UNKNOW_ERROR：表示不包括在其他错误代码中的错误，可以在message中查找错误信息。
- PERMISSION_DENIED：表示用户拒绝浏览器获取位置信息的请求。
- POSITION_UNAVALIABLE：表示网络不可用或者连接不到卫星。
- TIMEOUT：表示获取超时。必须在options中指定了timeout值，才有可能发生这种错误。

（3）positionOptions。

positionOptions的数据格式为JSON，有三个可选的属性。

- enableHighAcuracy—布尔值：表示是否启用高精确度模式，如果启用，浏览器在获取位置信息时可能需要耗费更多的时间。
- timeout—整数：表示浏览需要在指定的时间内获取位置信息，否则触发errorCallback。
- maximumAge—整数或常量：表示浏览器重新获取位置信息的时间间隔。

下面通过一个实例来展示如何让使用getCurrentPosition方法来获取当前位置信息。

【例12.1】Gerlocation API的使用方法

示例代码如下所示。

```
<!DOCTYPE HTML>
<head>
<script type="text/javascript">
function showLocation(position) {
var latitude = position.coords.latitude;
var longitude = position.coords.longitude;
alert("Latitude : " + latitude + " Longitude: " + longitude);
}
function errorHandler(err) {
if(err.code == 1) {
alert("Error: Access is denied!");
}else if( err.code == 2) {
alert("Error: Position is unavailable!");
}
}
```

```
function getLocation(){
if(navigator.geolocation){
// timeout at 60000 milliseconds (60 seconds)
var options = {timeout:60000};
navigator.geolocation.getCurrentPosition(showLocation, errorHandler,
options);
}else{
alert("Sorry, browser does not support geolocation!");
}
}
</script>
</head>
<body>
<form>
<input type="button" onclick="getLocation();" value="Get Location"/>
</form>
</body>
</html>
```

代码的运行效果如图12-1所示。单击“试一下”按钮后的效果如图12-2所示。

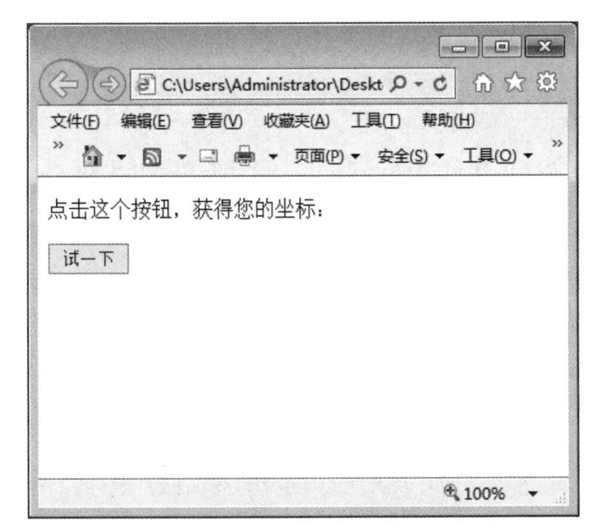

图12-1

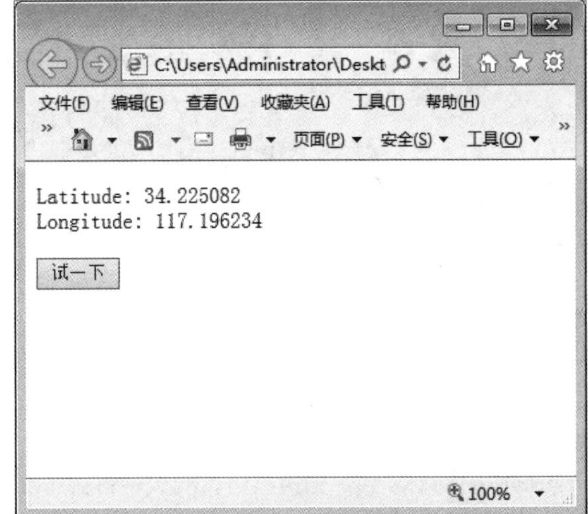

图12-2

除了getCurrentPosition方法可以定位用户的地理位置信息之外，还有两个方法。

2. watchCurrentPosition方法

方法用于定期自动地获取用户的当前位置信息，使用方法如下所示：

```
watchCurrentPosition(successCallback,errorCallback,positionOptions);
```

该方法返回一个数字，这个数字的使用方法与JavaScript中setInterval方法的返回参数的使用方法类似。它也有三个参数，而这三个参数的使用方法与getCurrentPosition方法中的参数说明与使用方法相同，在此不再赘述。

3. clearWatch方法

该方法用于停止对当前用户地理位置信息的监视，其定义如下所示。

```
clearWatch(watchId);
```

该方法的参数watchId是调用watchPosition方法监视地理位置信息时的返回参数。

12.2.2 浏览器支持情况

这里只对五大浏览器厂商的支持情况进行分析，其他的浏览器，如国内的很多浏览器厂商，多数使用无浏览器厂商的内核，所以不进行过多分析与比较。

支持HTML 5 Geolocation的浏览器有以下几种。

- Firefox浏览器：firefox 3.5及以上的版本支持HTML 5 Geolocation。
- IE浏览器：该浏览器通过Gears插件支持HTML 5 Geolocation。
- Opera浏览器：Opera 10.0版本及以上版本支持HTML 5 Geolocation。
- Safrai浏览器：Safrai 4支持，以及iPhone的Safrai支持HTML 5 Geolocation。

12.3 隐私处理

> HTML 5 Geolocation规范提供了一套保护用户隐私的机制。在没有用户明确许可的情况下，不可以获取用户的地理位置信息。

12.3.1 应用隐私保护机制

在用户允许的情况下，其他用户可以获取其位置信息。在访问HTML 5 Geolocation API的页面时，会触发隐私保护机制。例如，在Firefox浏览器中执行HTML 5 Geolocation代码时，就会触发这一隐私保护机制。当代码执行时，网页中将会弹出一个是否确认分享用户方位信息的对话框，只有当用户单击“共享位置信息”按钮时，才会获取用户的位置信息。

12.3.2 处理位置信息

用户的信息通常属于敏感信息，在接收之后，必须小心地进行处理和存储。如果用户没有授权存储这些信息，那么应用程序在得到这些信息之后应该立即删除。

在手机地理定位数据时，应用程序应该着重提示用户以下几个方面的内容。

- 掌握收集位置数据的方法。
- 了解收集位置数据的原因。
- 知道位置信息能够保存多久。
- 保证用户位置信息的安全。
- 掌握位置数据共享的方法。

12.4 使用Geolocation API

> Geolocation API用于将用户当前位置信息共享给信任的站点，这涉及用户的隐私安全问题，所以当一个站点需要获取用户的当前位置时，浏览器会提示“允许”或者“拒绝”。本节将详细讲解Geolocation API的使用方法。

12.4.1 检测浏览器是否支持

在开发之前，需要知道浏览器是否支持所要完成的工作。当浏览器不支持时，需要提前准备一些替代的方案。

【例12.2】检测浏览器是否支持Geolocation API

示例代码如下所示。

```
<!DOCTYPE html>
<html lang="en">
<head>
<meta charset="UTF-8">
<title>Document</title>
<script>
window.onload = function(){
show();
function show(){
if(navigator.geolocation){
document.getElementById("text").innerHTML = "您的浏览器支持HTML5Geolocation! ";
}else{
document.getElementById("text").innerHTML = "您的浏览器不支持HTML5Geolocation! ";
}
}
}
</script>
</head>
<body>
<h1 id="text"></h1>
</body>
</html>
```

只需要一个函数即可检测到浏览器是否支持HTML 5 Geolocation了，代码的运行效果如图12-3所示。

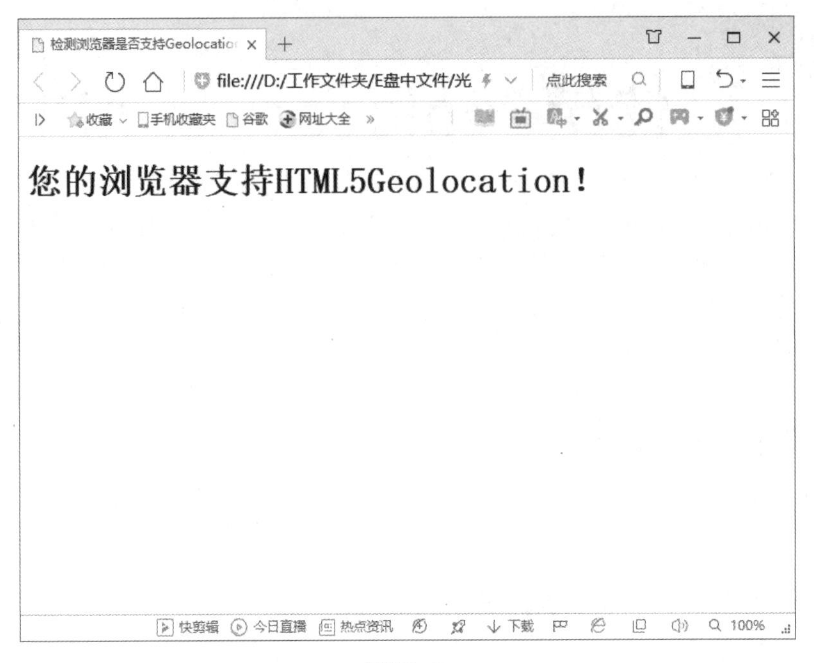

图12-3

12.4.2 位置请求

定位功能（Geolocation）是HTML 5的新特性，只能在支持HTML 5的浏览器上运行。这个特性可能侵犯用户的隐私，除非用户同意，否则用户位置信息是不可用的。在访问该应用时，会提示是否允许地理定位。

【例12.3】处理位置请求

示例代码如下所示。

```
function getLocation(){
if (navigator.geolocation){
navigator.geolocation.getCurrentPosition(showPosition,showError);
}else{
alert("浏览器不支持地理定位。");
}
}
```

从上面的代码可以知道，如果用户的设备支持地理定位，则运行getCurrentPosition()方法。如果getCurrentPosition()运行成功后，则向参数showPosition中规定的函数返回一个coordinates对象。getCurrentPosition()方法的第二个参数showError用于处理错误，它规定获取用户位置失败时运行的函数。

函数showError()，在获取用户地理位置失败时，规定一些错误代码的处理方式，示例代码如下。

```
function showError(error){
switch(error.code) {
case error.PERMISSION_DENIED:
alert("定位失败,用户拒绝请求地理定位");
```

```
break;
case error.POSITION_UNAVAILABLE:
alert("定位失败,位置信息是不可用");
break;
case error.TIMEOUT:
alert("定位失败,请求获取用户位置超时");
break;
case error.UNKNOWN_ERROR:
alert("定位失败,定位系统失效");
break;
}
}
```

调用coords的latitude和longitude，即可获取到用户的纬度和经度。

```
function showPosition(position){
var lat = position.coords.latitude;  //纬度
var lag = position.coords.longitude; //经度
alert('纬度:'+lat+',经度:'+lag);
}
```

【例12.4】利用地图接口获取用户地址

前面了解了HTML 5的Geolocation获取用户经纬度的方法，接下来需要把抽象的经纬度转成可读且有意义的真正的用户地理位置信息。百度地图、谷歌地图等提供了这方面的接口。只需要将HTML 5获取到的经纬度信息传给地图接口，就会返回用户所在的地理位置。

首先在页面定义要展示地理位置的div，分别定义id#baidu_geo和id#google_geo。只需修改关键函数showPosition()。先来看百度地图接口的交互，将经纬度信息通过Ajax方式发送给百度地图接口，接口会返回相应的信息。百度地图接口返回的是一串JSON数据，可根据需求将信息展示给div#baidu_geo。注意这里需先加载 jQuery库文件。

示例代码如下所示。

```
function showPosition(position){
var latlon = position.coords.latitude+','+position.coords.longitude;
//baidu
var url =
"http://api.map.baidu.com/geocoder/v2/?ak=C93b5178d7a8ebdb830b9b557abce78b&
callback=renderReverse&location="+latlon+"&output=json&pois=0";
$.ajax({
type: "GET",
dataType: "jsonp",
url: url,
beforeSend: function(){
$("#baidu_geo").html('正在定位...');
},
success: function (json) {
if(json.status==0){
$("#baidu_geo").html(json.result.formatted_address);
```

```
}
},
error: function (XMLHttpRequest, textStatus, errorThrown) {
$("#baidu_geo").html(latlon+"地址位置获取失败");
}
});
});
```

再来看谷歌地图接口的交互。同样将经纬度信息通过Ajax方式发送给谷歌地图接口，接口会返回相应的信息。谷歌地图接口返回的也是一串JSON数据，这些JSON数据比百度地图接口返回的要更详细，可以根据需求将信息展示给div#google_geo。

示例代码如下所示。

```
function showPosition(position){
var latlon = position.coords.latitude+','+position.coords.longitude;
//google
var url = 'http://maps.google.cn/maps/api/geocode/json?latlng='+latlon+'&language=CN';
$.ajax({
type: "GET",
url: url,
beforeSend: function(){
$("#google_geo").html('正在定位...');
},
success: function (json) {
if(json.status=='OK'){
var results = json.results;
$.each(results,function(index,array){
if(index==0){
$("#google_geo").html(array['formatted_address']);
}
});
}
},
error: function (XMLHttpRequest, textStatus, errorThrown) {
$("#google_geo").html(latlon+"地址位置获取失败");
}
});
}
```

以上代码分别将百度地图接口和谷歌地图接口整合到函数showPosition()中，可以根据实际情况进行调用。这只是一个简单的应用，可以根据它的示例来开发出很多复杂的应用。

12.5 在地图上显示你的位置

本节将介绍如何使用Google Maps API。对于个人和网站而言，Google的地图服务是免费的。使用Google地图可以轻而易举地在网站中加入地图功能。

要在Web页面上创建地图，需要执行以下步骤。

Step 01 在Web页面上创建一个名为map的div，并将其设置为相应的样式。

Step 02 将Google Maps API添加到项目之中。它将为Web页面加载Map code。它还会告知Google你所使用的设备是否具有GPS传感器。

下面的代码片段，显示了某设备如何加载一个没有GPS传感器的Map code。如果设备具有GPS传感器，那么请将参数sensor的值从false修改为true。

```
<script src="http://maps.googleapis.com/maps/api/js?sensor=false"></script>
```

Step 03 开始创建自己的地图。在showPosition函数之中，创建一个google.maps.LatLng类的实例，并将其保存在名为position的变量之中。在该google. maps.LatLng类的构造函数中传入纬度值和经度值。

下面的代码演示了如何创建一张地图。

```
var position = new google.maps.LatLng(latitude, longitude);
```

Step 04 设置地图的选项。可设置很多，包括以下三个基本选项。

- 缩放（zoom）级别取值范围为0~20：值为0的视图是从卫星角度拍摄的基本视图，值为20的视图是最大放大倍数的视图。
- 地图的中心位置：这是一个表示地图中心点的LatLng变量。
- 地图样式：该值可以改变地图显示的方式，表12-1详细列出了可选的值，可以自行试验不同的地图样式。

表12-1 Google Maps的基本样式

地图样式	描述
google.maps.MapTypeId.SATELLITE	显示使用卫星照片的地图
google.maps.MapTypeId.ROAD	显示公路路线图
google.maps.MapTypeId.HYBRID	显示卫星地图和公路路线图的叠加
google.maps.MapTypeId.TERRAIN	显示公路名称和地势

下面的代码演示了如何设置地图的选项。

```
varmyOptions = {
zoom: 18,
center: position,
mapTypeId: google.maps.MapTypeId.HYBRID
};
```

Step 05 绘制地图。根据纬度和经度的信息，可以将地图绘制在getElementById方法取得的div对象上。

【例12.5】显示你的地理位置信息

示例代码如下所示：

```
<!doctype html>
<html lang="en">
<head>
<meta charset="utf-8">
<title>地理定位</title>
<style>
#map{
width:600px;
height:600px;
Border:2px solid red;
}
</style>
<script type="text/javascript" src="http://maps.googleapis.com/maps/api/
js?sensor=false">
</script>
<script>
function findYou(){
if(!navigator.geolocation.getCurrentPosition(showPosition,
noLocation, {maximumAge : 1200000, timeout : 30000})){
document.getElementById("lat").innerHTML=
"This browser does not support geolocation.";
}
}
function showPosition(location){
var latitude = location.coords.latitude;
var longitude = location.coords.longitude;
var accuracy = location.coords.accuracy;
//创建地图
var position = new google.maps.LatLng(latitude, longitude);
//创建地图选项
var myOptions = {
zoom: 18,
center: position,
mapTypeId: google.maps.MapTypeId.HYBRID
};
//显示地图
var map = new google.maps.Map(document.getElementById("map"),
myOptions);
document.getElementById("lat").innerHTML=
```

```
"Your latitude is " + latitude;
document.getElementById("lon").innerHTML=
"Your longitude is " + longitude;
document.getElementById("acc").innerHTML=
"Accurate within " + accuracy + " meters";
}
function noLocation(locationError)
{
var errorMessage = document.getElementById("lat");
switch(locationError.code)
{
case locationError.PERMISSION_DENIED:
errorMessage.innerHTML=
"You have denied my request for your location.";
break;
case locationError.POSITION_UNAVAILABLE:
errorMessage.innerHTML=
"Your position is not available at this time.";
break;
case locationError.TIMEOUT:
errorMessage.innerHTML=
"My request for your location took too long.";
break;
default:
errorMessage.innerHTML=
"An unexpected error occurred.";
}
}
findYou();
</script>
</head>
<body>
<h1>找到你啦！</h1>
<p id="lat"> </p>
<p id="lon"> </p>
<p id="acc"> </p>
<div id="map">
</div>
</body>
</html>
```

HTML 5允许开发人员创建具有地理位置感知功能的Web页面。使用navigator. geolocation新功能可以快速获取用户的地理位置。例如，使用getCurrentPosition方法就可以获得终端用户的纬度和经度。

geolocation技术完全取决于用户是否允许共享自己的地理位置信息。在未经用户明确许可的情况下，HTML 5是不会跟踪用户的地理位置的。

尽管HTML 5的Geolocation API对于确定地理位置非常有用，但在页面中添加Google Maps API可以使该geolocation技术更贴近生活。只要数行代码，就可以将一个完整的具有交互功能的Google地图，呈现在Web页面的一个指定div之中，还可以在地图的指定位置设置一些图标。

Chapter

13

视频和音频的添加

本章概述

视频、音频等内容在互联网上的传播呈现越来越猛的态势。因此，学习并掌握视频和音频在网络上的应用，是Web开发者必备的技能，本章就来学习在HTML中视频和音频的应用。

重点知识

- 浏览器支持情况
- audio元素
- video元素
- 检测浏览器是否支持
- 使用audio元素
- 使用video元素

13.1 audio和video简介

> 前面学习了audio和video最基本的用法，为了更加灵活地控制音视频的播放，下面需要学习HTML 5所提供的相关属性、方法和事件。

13.1.1 audio和video相关事件

audio和video的相关事件具体如表13-1所示。

表13-1 audio和video相关事件

事件	描　述
canplay	当浏览器能够开始播放指定的音视频时，发生此事件
canplaythrough	当浏览器预计能够在不停下来进行缓冲的情况下持续播放指定的音频、视频时，发生此事件
durationchange	当音频、视频的时长数据发生变化时，发生此事件
loadeddata	当当前帧数据已加载，但没有足够的数据来播放指定音频、视频的下一帧时，会发生此事件
loadedmatadata	当指定的音频、视频的元数据已加载时，会发生此事件。元数据包括时长、尺寸（仅视频）以及文本轨道
loadstart	当浏览器开始寻找指定的音频、视频时，发生此事件
progress	正在下载指定的音频、视频时，发生此事件
abort	音频、视频终止加载时，发生此事件
ended	音频、视频播放完成后，发生此事件
error	音频、视频加载错误时，发生此事件
pause	音频、视频暂停时，发生此事件
play	开始播放时，发生此事件
playing	因缓冲而暂停或停止后已就绪时触发此事件
ratechange	音频、视频播放速度发生改变时，发生此事件
seeked	用户已移动、跳跃到音频、视频中的新位置时，发生此事件
seeking	用户开始移动、跳跃到新的音频、视频播放位置时，发生此事件
stalled	浏览器尝试获取媒体数据，但数据不可用时触发此事件
suspend	浏览器刻意不加载媒体数据时触发此事件
timeupdate	播放位置发生改变时触发此事件
volumechange	音量发生改变时触发此事件
waiting	视频由于需要缓冲而停止时触发此事件

13.1.2 audio和video相关属性

audio和video相关属性如表13-2所示。

表13-2 audio和video相关属性

属性	描　述
src	用于指定媒体资源的URL地址
autoplay	资源加载后自动播放
buffered	用于返回一个TimeRanges对象，确认浏览器已经缓存媒体文件
controls	提供用于播放的控制条
currentSrc	返回媒体数据的URL地址
currentTime	获取或设置当前的播放位置，单位为秒
defaultPlaybackRate	返回默认播放速度
duration	获取当前媒体的持续时间
loop	设置或返回是否循环播放
muted	设置或返回是否静音
networkState	返回音频、视频当前网络状态
paused	检查视频是否已暂停
playbackRate	设置或返回音频、视频的当前播放速度
played	返回TimeRanges对象。TimeRanges表示用户已经播放的音频、视频范围
preload	设置或返回是否自动加载音视频资源
readyState	返回音频、视频当前就绪状态
seekable	返回TimeRanges对象，表明可以对当前媒体资源进行请求
seeking	返回是否正在请求数据
valume	设置或返回音量，值为0到1.0

13.1.3 audio和video相关方法

audio和video相关方法如表13-3所示。

表13-3 audio和video相关方法

方法	描　述
canPlayType()	检测浏览器是否能播放指定的音频、视频
load()	重新加载音频、视频元素
pause()	停止当前播放的音频、视频
play()	开始播放当前音频、视频

13.2 浏览器的支持情况

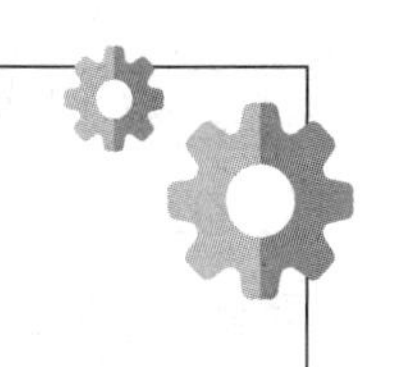

浏览器对HTML 5中audio元素的支持情况，如表13-4所示。

表13-4 浏览器对audio的支持

浏览器	MP3	Wav	Ogg
Internet Explorer	YES	NO	NO
Chrome	YES	YES	YES
Firefox	YES	YES	YES
Safari	YES	YES	NO

浏览器对HTML 5中video元素的支持情况，如表13-5所示。

表13-5 浏览器对video的支持

浏览器	MP4	WebM	Ogg
Internet Explorer	YES	NO	NO
Chrome	YES	YES	YES
Firefox	YES从Firefox 21版本开始 Linux 系统从Firefox 30开始	YES	YES
Safari	YES	NO	NO
Opera	YES从Opera 25版本开始	YES	YES

对于360、遨游、世界之窗、QQ等浏览器的支持情况，需要看内核是哪个厂商的。一般来说，国内的浏览器使用chrome内核，支持情况一般不会很差。

13.3 audio和video元素的应用

audio和video元素在HTML 5中如何使用呢？下面就将介绍这两种元素在HTML 5中是如何工作的。

13.3.1 检测浏览器是否支持

在HTML 5中检测浏览器是否支持audio或video元素，最简单的方式是用脚本动态创建元素，然后检测特定函数是否存在:

```
var hasVideo = !!(document.createElement('video').canPlayType);
```

这段脚本会动态创建一个video元素，然后检测canPlayType()函数是否存在。通过“!!”运算符，将结果转换成布尔值，就可以反映出视频对象是否已创建成功。

如果检测结果是浏览器不支持audio或video元素，则需要针对这些浏览器开发一套脚本，来向页面中引入媒体标签。虽然同样可以用脚本控制媒体，但使用的是其他播放技术，如flash。

另外，可以在audio或video元素中放入备选内容。如果浏览器不支持该元素，那么这些备选内容就会显示在元素对应的位置上。通常，可以把以flash插件方式播放同样视频的代码作为备选内容。

如果只想显示一条文本提示信息来替代本应显示的内容，则在audio或video元素中加入以下代码即可:

```
<video src="video.ogg" controls>
Your browser does not support HTML5 video.
</video>
```

如果要为不支持HTML 5媒体的浏览器提供可选方式，可以使用相同的方法，将以插件方式播放视频的代码作为备选内容，放在相同的位置即可:

```
<video src="video.ogg">
<object data="videoplayer.swf" type="application/x-shockwave-flash">
<param name="movie" value="video.swf"/>
</object>
</video>
```

在video元素中嵌入显示flash视频的object元素之后，如果浏览器支持HTML 5视频，那么HTML 5视频会优先显示，flash视频作后备。

13.3.2 audio元素

作为多媒体元素，audio元素用于向页面中插入音频或其他音频流，语法描述如下:

```
<audio></audio>
```

【例13.1】使用audio元素

示例代码如下所示。

```
<!DOCTYPE html>
<html lang="en">
<head>
<meta charset="UTF-8">
<title>使用audio元素</title>
```

```
</head>
<body>
<audio src=" xiaochou.mp3" controls ></audio>
</body>
</html>
```

在上面的代码中，audio元素先在页面中插入一个音频文件，再指定音频的路径，最后让这个音频文件有一个可供用户使用的播放/暂停按钮，代码的运行效果如图13-1所示。

图13-1

如果audio元素只有上面的功能，还远远不能满足用户的需要。下面列出了audio的其他属性与功能。

（1）自动播放。

如果需要网页中的音频自动播放，可以使用autoplay属性，代码如下:

```
<audio src=" xiaochou.mp3" autoplay></audio>
```

（2）按钮播放。

如果需要网页中的音频有控制播放的按钮，可以使用controls属性，代码如下:

```
<audio src=" xiaochou.mp3" controls></audio>
```

（3）循环播放。

如果需要网页中的音频循环播放，可以使用loop属性，代码如下:

```
<audio src=" xiaochou.mp3" autoplay  loop></audio>
```

（4）静音。

如果需要网页中的音频静音，可以使用muted属性，代码如下:

```
<audio src=" xiaochou.mp3" autoplay muted></audio>
```

（5）预加载。

如果需要网页中的音频预加载，可以使用preload属性，代码如下:

```
<audio src=" xiaochou.mp3" preload></audio>
```

【TIPS】

preload属性不能与autoplay属性共存。

如果浏览器不支持MP3格式，可以采用准备一个备用的音频文件，代码如下所示。

```
<audio controls>
<source src=" xiaochou.mp3"/>
<source src=" xiaochou ogg"/>
</audio>
```

在上面这段代码中，使用了source元素，从而使浏览器可以自动选择能够播放的音频文件。如果浏览器不支持MP3，就会播放下面的ogg文件。如果两个文件都可以被识别，则会只播放第一个文件。

13.3.3 使用audio元素

在对audio元素有了全面的了解后，下面为audio元素加上按钮，进而介绍如何利用audiogenic实现更加丰富的音频效果。

【例13.2】为audio元素加上按钮

示例代码如下所示。

```
<!DOCTYPE html>
<html lang="en">
<head>
<meta charset="UTF-8">
<title>为audio元素加上按钮</title>
</head>
<body>
<audio id="player" controls>
<source src=" xiaochou.mp3"/>
<source src=" xiaochou.ogg"/>
</audio>
<hr/>
<!--为audio元素添加四个按钮，分别是播放、暂停、增加声音和减小声音-->
<input type="button" value="播放" onclick="document.getElementById("player").
play()">
<input type="button"value="暂停" onclick="document.getElementById("player").
pause()">
<input type="button"value="增加声音" onclick="document.
getElementById("player").volume+=0.1">
<input type="button" value="减小声音" onclick="document.
getElementById("player").volume-=0.1">
</body>
</html>
```

代码的运行效果如图13-2所示。

图13-2

13.3.4 video元素

在HTML 5以前，如果要在网页中观看视频，都需要一些外部插件才能完成。而在HTML 5中则不需要插件了，只需要下面这段代码即可：

```
<video src="Wildlife.wmv">您的浏览器不支持video</video>
```

代码虽然很简单，但是目前浏览器之间支持的格式不同，所以要通过加入备用的视频文件来适应不同的浏览器。这里还是使用source元素来引入视频文件。

【例13.3】使用video元素

示例代码如下所示。

```
<video width="320" height="240" controls>
<source src="xiaoshipin.mp4" type="video/mp4">
<source src="xiaoshipin.ogg" type="video/ogg">您的浏览器不支持Video标签。
</video>
```

代码运行效果如图13-3所示。

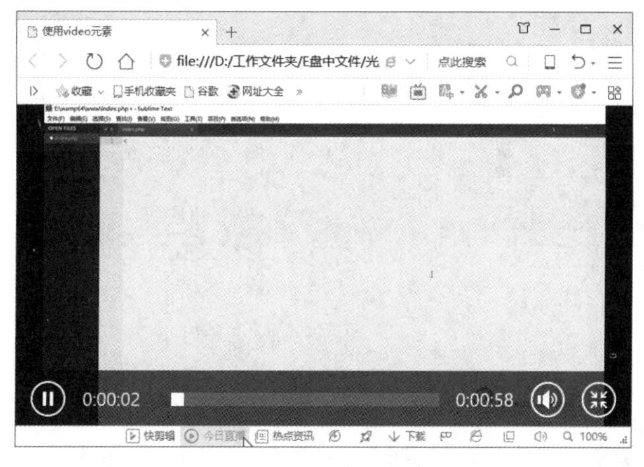

图13-3

13.3.5 使用video元素

在网页中加入视频需要使用video元素，其用法与audio元素相似，语法描述如下：

```
<video></video>
```

【例13.4】video元素的实际应用

示例代码如下所示。

```
<!DOCTYPE html>
<html>
<head>
<meta charset="UTF-8" />
<title>video test</title>
<script type="text/javascript">
var video;
function init(){
video = document.getElementById("video1");
//监听视频播放结束事件
video.addEventListener("ended",function(){
alert("播放结束。");
},true);
//发生错误
video.addEventListener("error",function(){
switch(video.error.code){
case MediaError.Media_ERROR_ABORTED:
alert("视频的下载过程被中止。");
break;
case MediaError.MEDIA_ERR_NETWORK:
alert("网络发生故障，视频的下载过程被中止。");
break;
case MediaError.MEDIA_ERR_DECODE:
alert("解码失败。");
break;
case MediaError.MEDIA_ERR_SRC_NOT_SUPPORTED:
alert("不支持播放的视频格式。");
break;
}
},false);
}
function play(){
//播放视频
video.play();
}
function pause(){
//暂停视频
video.pause();
}
</script>
```

```
</head>
<body onLoad="init()">
<!--可以添加controls属性来显示浏览器自带的播放控制条-->
<video id="video1" src="xiaoshipin.mp4"></video>
<br/>
<button onClick="play()">播放</button>
<button onClick="pause()">暂停</button>
</body>
</html>
```

代码的运行效果如图13-4所示。

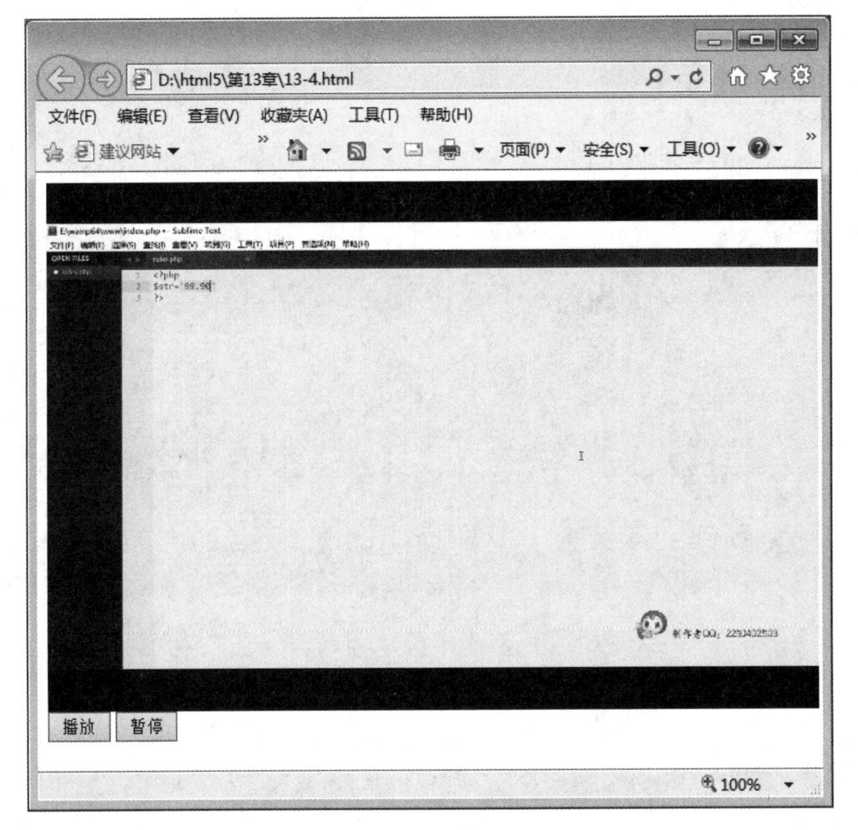

图13-4

Chapter

14

新型表单详解

本章概述

表单是HTML 5中最大的改进之一。不仅改进了表单的功能，而且改进了表单的语义化。对于Web全段开发者而言，HTML 5表单大大提高了工作效率。本章就一起来学习HTML 5中表单的应用。

重点知识

- HTML 5 form的新特性
- 新的表单元素
- HTML 5中form应用
- 输入型控件
- 新增属性

14.1 HTML 5 form概述

HTML 5 Form被业界称为Web Form 2.0，它是对目前Web表单的全面升级，在保持简便易用的特性的同时，增加了很多内置控件和属性，并且减少了开发人员的编程工作量。

14.1.1 HTML 5 form的新特性

HTML 5 Form在保持简便易用的同时，还增加了很多内置控件和属性来满足用户的需求，主要在以下几个方面对目前的Web表单做了改进。

（1）内建的表单校验系统。

HTML 5为不同类型的输入控件，提供了新的属性来控制输入行为，如常见的必填项required属性、max、min等。在提交表单时，一旦校验错误，浏览器将不执行提交操作，并且会给出相应的提示信息，代码如下所示。

```
<input type="text" required/>
<input type="number" min="1" max="10"/>
```

（2）新的控件类型。

HTML 5中提供了一系列的新控件，它们完全具备类型检查的功能，如email输入框。

```
<input type="email" />
```

当然，除了上述email类型之外，还有非常重要的日期输入类型框。在HTML 5之前，通常使用JS和CSS实现日历脚本。现在只需要使用<input type="date"/>即可实现日期的选择。

（3）改进的文件上传控件。

可以使用一个空间上传多个文件，并自行规定上传文件的类型，甚至可以设定每个文件的最大容量。在HTML 5中，文件上传控件将变得非常强大且易用。

（4）重复的模型。

HTML 5提供了一套重复机制构建一些需要重复输入列表，其中包括add、remove、move-up和move-down的按钮类型。通过一套重复的机制，开发人员可以非常方便地实现编辑列表。

14.1.2 浏览器支持情况

在应用HTML 5 Form时，各个浏览器的支持程度不一样，需要熟练掌握它们的支持情况，如表14-1列出了各个浏览器对HTML 5输入型控件属性和元素的支持情况。

表14-1　浏览器对HTML 5 Form新的输入类型的支持情况

Input type	IE	Firefox	Opera	Chrome	Safari
email	No	4.0	9.0	10.0	No
url	No	4.0	9.0	10.0	No
number	No	No	9.0	7.0	No
range	No	No	9.0	4.0	4.0
Date pickers	No	No	9.0	10.0	No
search	No	4.0	11.0	10.0	No
color	No	No	11.0	No	No
datalist	No	No	9.5	No	No
keygen	No	No	10.5	3.0	No
output	No	No	9.5	No	No
autocomplete	8.0	3.5	9.5	3.0	4.0
autofocus	No	No	10.0	3.0	4.0
form	No	No	9.5	No	No
form overrides	No	No	10.5	No	No
height and width	8.0	3.5	9.5	3.0	4.0
list	No	No	9.5	No	No
min, max and step	No	No	9.5	3.0	No
multiple	No	3.5	No	3.0	4.0
novalidate	No	No	No	No	No
pattern	No	No	9.5	3.0	No
placeholder	No	No	No	3.0	3.0
required	No	No	9.5	3.0	No

通过上表可以看出，目前Opera对新的输入类型的支持最好。不过，已经可以在所有主流浏览器中使用它们了。即使不被支持，仍然可以显示为常规的文本域。

14.1.3 输入型控件

HTML 5拥有多个新的表单输入型控件，这些新特性提供了更好的输入控制和验证，下面就介绍这些新的表单输入型控件。

1. Input类型-email

email类型用于应该包含e-mail地址的输入域。在提交表单时，会自动验证email域的值，示例代码如下所示。

```
E-mail: <input type="email" name="email_url" />
```

2. Input类型–url

url类型用于应该包含url地址的输入域。添加此属性到提交表单时，表单会自动验证url域的值，示例代码如下所示。

```
Home-page: <input type="url" name="user_url" />
```

【TIPS】

iPhone中的Safari浏览器支持url输入类型，并通过改变触摸屏键盘来配合它（添加 .com 选项）。

3. Input类型–number

number类型用于应该包含数值的输入域。还能够设定对所接受的数字的限定，示例代码如下所示。

```
points: <input type="number" name="points" max="10" min="1" />
```

请使用下面的属性规定对数字类型的限定。

- max：number规定允许的最大值。
- min：number规定允许的最小值。
- step：number规定合法的数字间隔。如果step="3"，则合法的数是 -3、0、3、6 等。
- valu：number规定默认值。

【TIPS】

iPhone中的Safari浏览器支持number输入类型，并通过改变触摸屏键盘来配合它（显示数字）。

4. Input类型–range

range类型用于应该包含一定范围内数字值的输入域。它在页面中显示为可移动的滑动条，还能够设定对所接受的数字的限定，示例代码如下所示。

```
<input type="range" min="2" max="9" />
```

请使用下面的属性来规定对数字类型的限定。

- max：number规定允许的最大值。
- min：number规定允许的最小值。
- step：number规定合法的数字间隔。如果step="3"，则合法的数是 -3、0、3、6 等。
- value：number规定默认值。

5. Input类型–Date Pickers（日期选择器）

HTML 5拥有多个可供选取日期和时间的新输入类型。

- date：选取日、月、年。
- month：选取月、年。

- week：选取周和年。
- time：选取时间（小时和分钟）。
- datetime：选取时间、日、月、年（UTC 时间）。
- datetime-local：选取时间、日、月、年（本地时间）。

示例代码如下所示。

```
Date: <input type="date" name="date" />
```

6. Input类型-search

search类型用于搜索域，如百度搜索。search域在页面中显示为常规的单行文本输入框。

7. Input类型-color

color类型用于颜色，可以让用户在浏览器中直接使用拾色器找到自己想要的颜色。color域会在页面中生成一个允许用户选取颜色的拾色器，示例代码如下所示。

```
color: <input type="color" name="color_type"/>
```

14.2 表单新属性

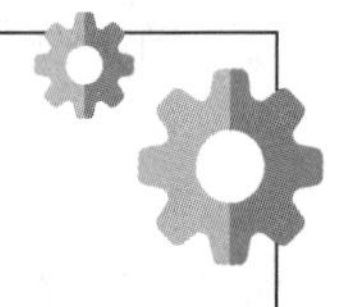

在HTML 5 Forms中，添加了很多的新属性，它们与传统的表单相比，功能更加强大，用户体验也更好。

14.2.1 新的表单元素

在HTML 5 Form中，新的表单元素有助于更好地完成开发工作，也能更好地满足客户的需求。

1. datalist元素

<datalist>标签定义选项列表。它要与input元素配合使用，用来定义input可能的值。datalist及其选项不会被显示出来，它仅仅是合法的输入值列表。要使用input元素的list属性来绑定datalist。

【例14.1】使用datalist元素

示例代码如下所示。

```
<input list="cars" />
<datalist id="cars">
<option value="BMW">
<option value="Ford">
<option value="Volvo">
</datalist>
```

代码的运行效果如图14-1所示。

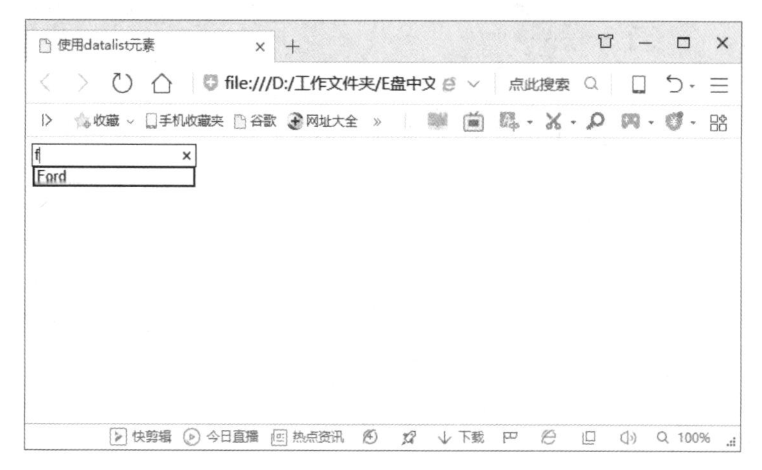

图14-1

2. keygen元素

<keygen>标签规定用于表单的密钥对生成器字段。当提交表单时，私钥存储在本地，公钥发送到服务器。

【例14.2】使用keygen元素

示例代码如下所示。

```
<!DOCTYPE html>
<html lang="en">
<head>
<meta charset="UTF-8">
<title>HTML5 Forms</title>
</head>
<body>
<form action="demo_keygen.asp" method="get">
    Username: <input type="text" name="usr_name" />
    Encryption: <keygen name="security" />
    <input type="submit" />
</form>
</body>
</html>
```

<keygen>标签会生成一个公钥和私钥，私钥存放在本地，公钥会发送到服务器上。

它在收到SPKAC（SignedPublicKeyAndChallenge）排列后，服务器会生成一个客户端证书（Client Certificate），然后返回到浏览器让用户下载并保存到本地。在需要验证的时候，使用本地存储的私钥和证书通过TLS/SSL安全传输协议到服务端做验证。

以下是使用<keygen>标签的优点。

- 可以提高验证时的安全性。
- 如果作为客户端证书来使用，可以提高对MITM攻击的防御力度。
- <keygen>标签是跨越浏览器实现的，实现起来非常容易。
- 可以不用考虑操作系统的管理员权限问题。

例如，操作系统对不同用户设置了不同的浏览器权限，IE或者其他浏览器可以禁用key的生成，在这种情况下，可以通过<keygen>标签来生成和使用没有误差的客户端证书。

3. output元素

<output>标签定义不同类型的输出，如脚本的输出。

【例14.3】使用output元素

示例代码如下所示。

```
<!DOCTYPE html>
<html lang="en">
<head>
<meta charset="UTF-8">
<title>使用output元素</title>
</head>
<form oninput="x.value=parseInt(a.value)+parseInt(b.value)">0
<input type="range" id="a" value="50">100
+<input type="number" id="b" value="50">
=<output name="x" for="a b"></output>
</form>
</body>
</html>
```

代码的运行效果如图14-2所示。

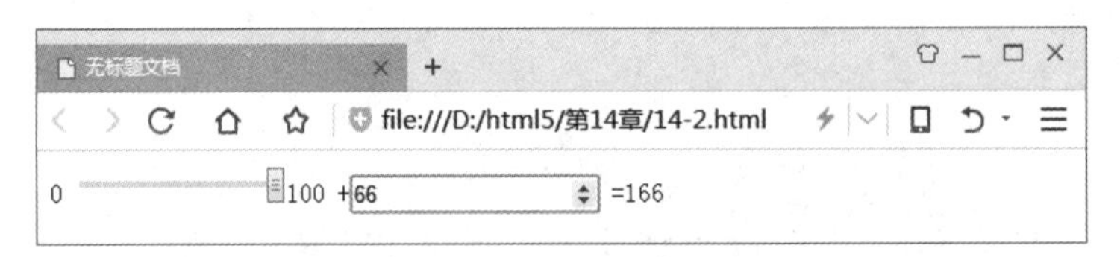

图14-2

14.2.2 新增属性

在HTML 5中增加了许多新属性，熟练使用它们才能在设计网页中得心应手。

1. form属性

在HTML 4中，表单内的从属元素必须书写在表单内部。但在HTML 5中，可以书写在页面上的任何位置，然后给元素指定一个form属性，属性值为该表单的ID，这样就可以声明该元素从属于指定表单了。

【例14.4】使用form属性

示例代码如下所示。

```
<form action="" id="myForm">
<input type="text" name="">
</form>
<input type="submit" form="myForm" value="提交">
```

在上述代码中，提交表单并没有写在<form>表单元素内部。在之前的HTML版本中，这个提交按钮只可以看却没用。但在HTML 5中，为它加入了form属性，使得它即便没有写在<form>表单中也可以执行自己的提交动作，这样就大大方便了在写页面布局时考虑页面结构是否合理。

2. formaction属性

在HTML 4中，一个表单内的所有元素，都只能通过表单的action属性统一提交到另一个页面上。在HTML 5中，可以给所有的提交按钮（如<input type="submit"/>、<input type="image" src="" />和<button type="submit"></button>）都增加不同的formaction属性，单击不同的按钮，可以将表单中的内容提交到不同的页面中。

【例14.5】使用formaction属性

示例代码如下所示。

```
<form action="" id="myForm">
<input type="text" name="">
<input type="submit" value="" formaction="a.php">
<input type="image" src="img/logo.png" formaction="b.php">
<button type="submit" formaction="c.php"></button>
</form>
```

除了formaction属性之外，formenctype、formmethod、formtarget等属性也可以重载form元素的enctype、method、target等属性，在此不在赘述。

3. placeholder属性

placeholder就是输入占位符，是出现在输入框中的提示文本。单击输入栏时，它就会自动消失。一般来说，placeholder属性用于提示用户在文本框内应该输入的内容或规则。如果浏览器不支持此属性，就会被自动忽略，并显示浏览器默认的状态。当输入框中有值或获得焦点时，不显示placeholder的值。

【例14.6】使用placeholder属性

示例代码如下所示。

```
<input type="text" name="username" placeholder="请输入用户名"/>
```

代码的运行效果如图14-3所示。

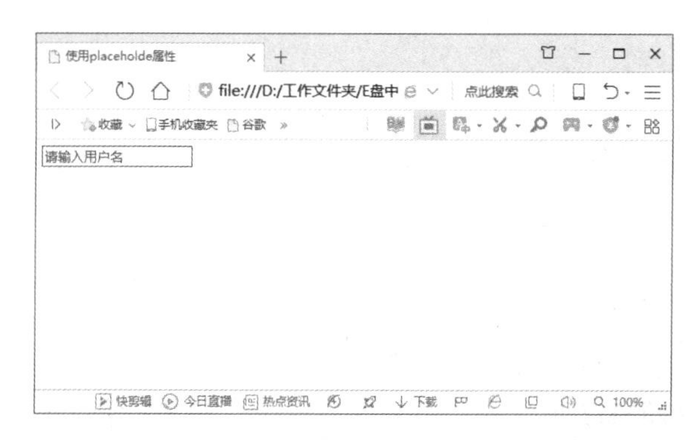

图14-3

4. autofocus属性

autofocus属性用于指定input在网页加载后自动获得焦点。

【例14.7】使用autofocus属性

示例代码如下所示。

```
<input type="text" autofocus/>
```

代码的运行效果如图14-4所示。页面加载完成后光标会自定跳转到输入框，等待用户的输入。

图14-4

5. novalidate属性

新版本的浏览器会在提交时对email、number等语义input做验证，有的会显示验证失败信息，有的则不提示失败信息，只是不提交。为input、button、form等增加novalidate属性后，在提交时有关检查会被取消，而表单将无条件提交。

【例14.8】使用novalidate属性

示例代码如下所示。

```
<form action="novalidate" >
<input type="text">
<input type="email">
<input type="number">
<input type="submit" value="">
</form>
```

6. required属性

可以对input元素与textarea元素指定required属性。该属性表示在用户提交时进行检查，检查该元素内一定要有输入内容。

【例14.9】使用required属性

示例代码如下所示。

```
<form action="" novalidate>
<input type="text" name="username" required />
<input type="password" name="password" required />
<input type="submit" value="提交">
</form>
```

7. autocomplete属性

autocomplete属性用来保护敏感用户的数据，避免本地浏览器进行不安全的存储。可以设置input在输入时是否显示之前的输入项，例如可以应用在登录用户处避免安全隐患。

【例14.10】使用autocomplete属性

示例代码如下所示。

```
<input type="text" name="username" autocomplete />
```

其属性值为on时，该字段不受保护，值可以被保存和恢复。
其属性值为off时，该字段受保护，值不可以被保存和恢复。
其属性值不指定时，使用浏览器的默认值。

8. list属性

在HTML 5中，为单行文本框增加了一个list属性，该属性的值为某个datalist元素的id。

【例14.11】使用list属性

示例代码如下所示。

```
<input list="cars" />
<datalist id="cars">
<option value="BMW">
<option value="Ford">
<option value="Volvo">
</datalist>
```

代码的运行效果如图14-5所示。

9. min和max属性

min与max这两个属性是数值类型或日期类型的input元素的专用属性，它们限制了在input元素中输入的数字与日期的范围，示例代码如下所示。

```
<input type="number" min="0" max="100" />
```

代码运行效果如图14-6所示。

图14-5

图14-6

10. step属性

step属性控制input元素中的值增加或减少时的步幅，示例代码如下所示。

```
<input type="number" step="4"/>
```

11. pattern属性

pattern属性主要通过一个正则表达式来验证输入内容，示例代码如下所示。

```
<input type="text" required pattern="[0-9][a-zA-Z]{5}" />
```

上述代码表示，该文本框内输入的内容格式必须是以一个数字开头，后面紧跟五个字母，字母大小写类型不限。

12. multiple属性

multiple属性允许输入域中选择多个值。通常它适用于file类型，示例代码如下所示。

```
<input type="file" multiple />
```

上述代码的file类型本来只能选择一个文件，但是加上multiple之后，可以同时选择多个文件进行上传操作。

14.3 HTML 5中form应用

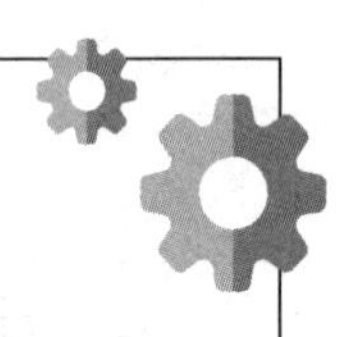

用户注册页面是所有论坛、SNS社区等都会用到的一个界面。作为注册页面，通常有以下几个元素，登录时使用的用户名和密码，还有邮箱、电话以及其他的个人信息等。

在对注册表单进行提交操作时，通常会对用户名、密码、邮箱等信息进行验证。一来是为了防止非法字符进入数据库，二来可以及时在页面上抛出异常，避免用户的多次操作。

【例14.12】使用form属性

示例代码如下所示。

```
<!DOCTYPE html>
<html lang="en">
<head>
<meta charset="UTF-8">
<title>HTML5 Forms</title>
<style>
*{margin:0;padding:0;}
h1{
text-align: center;
background:#ccc;
}
form{
/*text-align:center; */
}
div{
padding:10px;
padding-left:50px;
```

```
}
.prompt_word{
color:#aaa;
}
</style>

</head>
<body>
<h1>用户注册表</h1>
<form id="userForm" action="#" method="post" oninput="x.value=userAge.value">
<div>
用户名: <input type="text" name="username" required pattern="[0-9a-zA-z]
{6,12}" placeholder="请输入用户名">
<span class="prompt_word">用户名必须由6-12位英文字母或者数字组成</span>
</div>
<div>
密码: <input type="password" name="pwd2" id="pwd1" required placeholder="请输
入密码" pattern="[a-zA-Z][a-zA-Z0-9]{10,20}" />
<span class="prompt_word">密码必须是英文字母开头和数字组成的10-20位字符</span>
</div>
<div>
确认密码: <input type="password" name="pwd2" id="pwd2" required placeholder="
请再次输入密码" pattern="[a-zA-Z][a-zA-Z0-9]{10,20}" />
<span class="prompt_word">两次密码必须一致</span>
</div>
<div>
姓名: <input type="text" placeholder="请输入您的姓名" />
</div>
<div>
生日: <input type="date" id="userDate" name="userDate">
</div>
<div>
主页: <input type="url" name="userUrl" id="userUrl">
</div>
<div>
邮箱: <input type="email" name="userEmail" id="userEmail">
</div>
<div>
年龄: <input type="range" id="userAge" name="userAge" min="1" max="120" step="1" />
<output for="userAge" name="x"></output>
</div>
<div>
性别: <input type="radio" name="sex" value="man" checked>男<input type="radio"
name="sex" value="woman">女
</div>
<div>
头像: <input type="file" multiple>
</div>
<div>
学历: <input type="text" list="userEducation">
<datalist id="userEducation">
```

```
<option value="初中">初中</option>
<option value="高中">高中</option>
<option value="本科">本科</option>
<option value="硕士">硕士</option>
<option value="博士">博士</option>
<option value="博士后">博士后</option>
</datalist>
</div>
<div>
个人简介: <textarea name="userSign" id="userSign" cols="40" rows="5"></textarea>
</div>
<div>
<input type="checkbox" name="agree" id="agree"><label for="agree">我同意注册协
议</label>
</div>
</form>
<div>
<input type="submit" value="确认提交" form="userForm" />
</div>
</body>
</html>
```

代码的运行效果如图14-7所示。

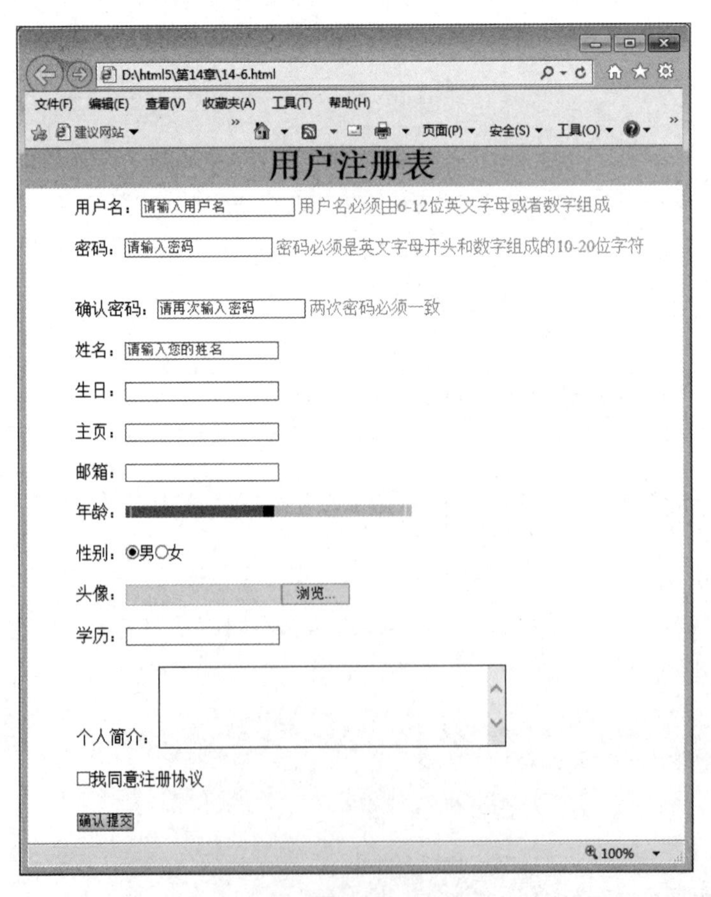

图14-7

Chapter

15

文件拖放的应用

本章概述

HTML 5提供了直接实施拖放操作的API，支持在浏览器与其他应用程序之间的数据互相拖动的操作。本章将介绍具体的操作方法。

重点知识

- 实现拖放API的过程
- 拖放列表
- 将商品拖入购物车
- 拖放应用
- 邮箱附件拖拽上传

15.1 拖放API

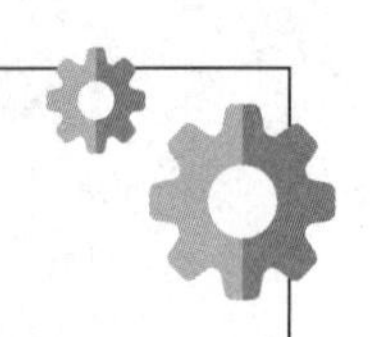

> 虽然在HTML 5之前的版本中，已经可以使用mousedown、mousemove、mouseup等实现拖放操作，但是只支持浏览器内部的拖放。在HTML 5中，已经支持在浏览器与其他应用程序之间数据的互相拖动，同时大大简化了有关拖放的代码。

15.1.1 实现拖放API的过程

在HTML 5中要想实现拖放操作，至少需要两个步骤：

Step 01 把要拖放对象元素的draggable属性设置为true(draggable="true")。另外，img元素与a元素（必须指定href）默认允许拖放。

Step 02 编写与拖放有关的事件处理代码。

与拖放有关的几个事件如下。

- ondtagstart事件：当拖拽元素开始被拖拽时触发的事件，它作用在被拖拽的元素上。
- ondragenter事件：当拖拽元素进入目标元素时触发的事件，它作用在目标元素上。
- ondragover事件：当拖拽元素在目标元素上移动时触发的事件，它作用在目标元素上。
- ondrop事件：当被拖拽元素在目标上同时松开鼠标时触发的事件，它作用在目标元素上。
- ondragend事件：当拖拽完成后触发的事件，它作用在被拖拽元素上。

15.1.2 datatransfer对象的属性与方法

HTML 5支持拖拽数据存储，主要使用dataTransfer接口，作用于元素的拖拽基础上。data-Transfer对象包含以下属性和方法。

- dataTransfer.dropEffrct[=value]：返回已选择的拖放效果，如果该操作效果与最初设置的effectAllowed效果不符，则拖拽操作失败。可以设置修改，包含的值有none、copy、link和move。
- dataTransfer.effectAllowed[=value]：返回允许执行的拖拽操作效果，可以设置修改，包含的值为none、copy、copyLink、copyMove、link、linkMove、move、all和uninitiallzed。
- dataTransfer.types：返回在dragstart事件触发时为元素存储数据的格式，如果是外部文件的拖拽，则返回files。
- dataTransfer.clearData([format,data])：删除指定格式的数据，如果未指定格式，则删除当前元素的所有携带数据。
- dataTransfer.setData(format,data)：为元素添加指定数据。
- dataTransfer.getData(format)：返回指定数据，如果数据不存在，则返回空字符串。
- dataTransfer.files：如果是拖拽文件，则返回正在拖拽的文件列表FileList。
- dataTransfer.setDragimage(element,x,y)：指定拖拽元素时跟随光标移动的图片，x和y分别是相对于光标的坐标。

- dataTransfer.addElement(element)：添加一起跟随拖拽的元素，如果想让某个元素跟随被拖拽元素一同被拖拽，则使用此方法。

15.2 拖放API的应用

> 文件的拖放在网页中应用很广，怎么完成这些不同类型的拖放操作呢？下面通过两个实例来介绍拖放的具体应用。

15.2.1 拖放应用

【例15.1】我的第一个拖拽练习

打开sublime，创建一个html文档，标题为“我的第一个拖拽练习”。

创建两个div方块区域，分别设置ID为d1和d2，其中d2是将来要进行拖拽操作的div，所以要设置属性draggable，值为true，HTML的代码如下：

```
div id="d1"></div>
<div id="d2" draggable="true">请拖拽我</div>
```

d1作为投放区域，面积可以大一些，d2作为拖拽区域，面积小一些。为了更好地区分它们，改变了边框颜色，Style代码如下：

```
*{margin:0;padding:0;}
#d1{width: 500px;
height: 500px;
border:blue 2px solid;
}
#d2{width: 200px;`
height: 200px;
border: red so lid 2px;
}
```

下面通过JavaScript操作拖放API的部分。首先需要在页面中获取元素，分别获取d1和d2（d1为投放区域，d2为拖拽区域），Script代码如下：

```
var d1 = document.getElementById("d1");
var d2 = document.getElementById("d2");
```

为拖拽区域绑定事件，分别是开始拖动和结束拖动，并让它们在d1里面反馈出来。

```
d2.ondragstart = function(){
d1.innerHTML = "开始! ";
```

```
}
d2.ondragend = function(){
d1.innerHTML += "结束! ";
}
```

拖拽区域的事件写完之后，就可以拖动d2区域了，虽然也能在d1里看见页面的反馈，但是现在并不能把d2放入d1中。为此，需要为投放区分别绑定一系列事件，也是为了及时看见页面给的反馈，接着在d1里面写入一些文字。

```
d1.ondragenter = function (e){
d1.innerHTML += "进入";
e.preventDefault();
}
d1.ondragover = function(e){
e.preventDefault();
}
d1.ondragleave = function(e){
d1.innerHTML += "离开";
e.preventDefault();
}
d1.ondrop = function(e){
// alert("成功! ");
e.preventDefault();
d1.appendChild(d2);
}
```

【TIPS】

dragenter和dragover可能会受浏览器默认事件的影响，所以在这两个事件中，使用e.preventDefault();来阻止浏览器默认事件。

到这里，已经实现了这个简单的拖拽了。如果还需要完善，可以为这个拖拽事件添加一些数据。例如，可以在拖拽事件一开始的时候就把数据添加进去，代码如下所示。

```
d2.ondragstart = function(e){
e.dataTransfer.setData("myFirst","我的第一个拖拽小案例! ");
d1.innerHTML = "开始! ";
}
```

数据myFirst已经放进拖拽事件中，可以在拖拽事件结束之后把数据读取出来，代码如下所示。

```
d1.ondrop = function(e){
// alert("成功! ");
e.preventDefault();
alert(e.dataTransfer.getData("myFirst"));
d1.appendChild(d2);
}
```

拖拽动作进行前如图15-1所示，拖拽动作进行后如图15-2所示。

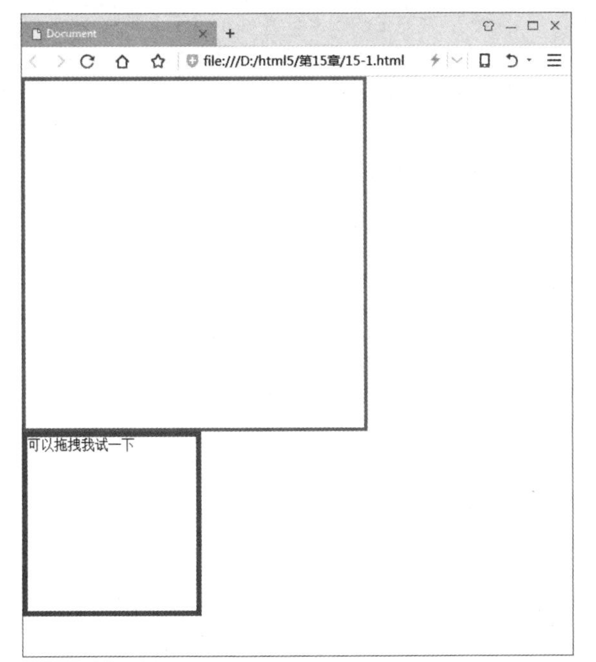

图15-1

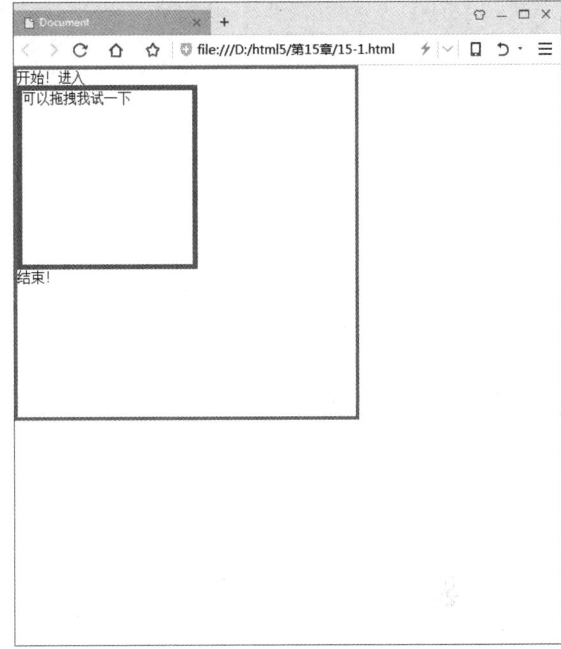

图15-2

15.2.2 拖放列表

【例15.2】制作一个拖放列表

打开sublime，新建一个html文档，命名为拖放列表。在页面中需要两个div作为容器，用来存放一些小块的span，HTML代码如下所示。

```
<div id="content"></div>
<div id="content2">
<span>item1</span>
<span>item2</span>
<span>item3</span>
<span>item4</span>
</div>
```

接着为文档中的这些元素描边样式，分别为两个div描边不同的边框颜色，CSS代码如下所示。

```
*{margin:0;padding:0;}
#content{
margin:20px auto;
width: 300px;
height: 300px;
border:2px red solid;
}
#content span{
display:block;
```

```
width: 260px;
height: 50px;
margin:20px;
background:#ccc;
text-align:center;
line-height:50px;
font-size:20px;
}
#content2{
margin:0 auto;
width: 300px;
height: 300px;
border:2px solid blue;
list-style:none;
}
#content2 span{
display:block;
width: 260px;
height: 50px;
margin:20px;
background:#ccc;
text-align:center;
line-height:50px;
font-size:20px;
}
```

下面为这些元素执行拖放操作。由于在开发的时候，不一定知道div中有多少个span子元素，所以一般不会直接在span元素里添加draggable属性，而是通过JS动态地为每个span元素添加draggable属性，JS代码如下所示。

```
var cont = document.getElementById("content");
var cont2 = document.getElementById("content2");
var aSpan = document.getElementsByTagName("span");
for(var i=0;i<aSpan.length;i++){
aSpan[i].draggable = true;
aSpan[i].flag = false;
aSpan[i].ondragstart = function(){
this.flag = true;
}
aSpan[i].ondragend = function(){
this.flag = false;
}
}
```

拖拽区域的事件写完了。需要注意的是，为每个span添加draggable属性之外，还添加了自定义属性flag，它在后面的代码中会有大的作用。

下面编写投放区域的事件，代码如下所示。

```
cont.ondragenter = function(e){
e.preventDefault();
}
cont.ondragover = function(e){
e.preventDefault();
}
cont.ondragleave = function(e){
e.preventDefault();
}
cont.ondrop = function(e){
e.preventDefault();
for(var i=0;i<aSpan.length;i++){
if(aSpan[i].flag){
cont.appendChild(aSpan[i]);
}
}
}
cont2.ondragenter = function(e){
e.preventDefault();
}
cont2.ondragover = function(e){
e.preventDefault();
}
cont2.ondragleave = function(e){
e.preventDefault();
}
cont2.ondrop = function(e){
e.preventDefault();
for(var i=0;i<aSpan.length;i++){
if(aSpan[i].flag){
cont2.appendChild(aSpan[i]);
}
}
}
```

到这里，代码就全部完成了，其实原理不复杂，操作也足够简单，相较于以前使用纯JavaScript操作来说，已经简化了很多。代码的运行效果如图15-3所示，拖拽后的效果如图15-4所示。

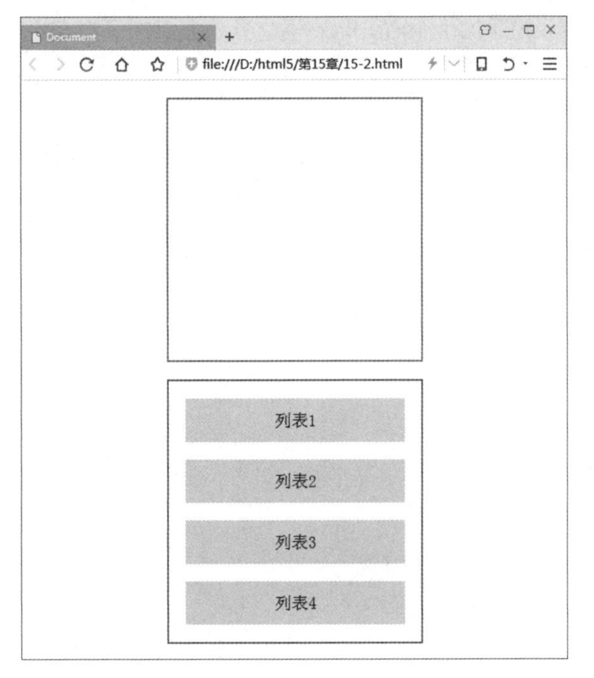

图15-3

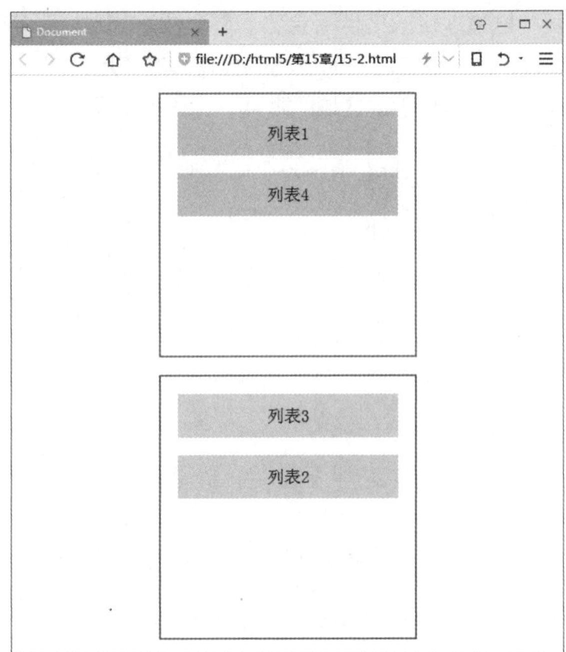

图15-4

15.3 邮箱附件拖拽上传

日常工作中经常通过邮箱收发文件，这就涉及了文件的上传等操作，这一节就模拟QQ邮箱上传文件的操作。

【例15.3】 邮箱附件拖拽上传

示例代码如下所示。

```
<!doctype html>
<html>
<head>
<meta charset="utf-8">
<title>HTML5重现QQ邮箱附件拖拽上传</title>
<style>
*{
margin:0;
padding:0;
word-wrap: break-word;
font-family:"Hiragino Sans GB","Hiragino Sans GB W3","Microsoft YaHei",
font-style:normal;
font-size:100%;
```

```
list-style:none;
}
#uploadbox{
margin:100px auto;
width:800px;
height:150px;
line-height:150px;
text-align:center;
font-size:24px;
color:#999;
border:3px #c0c0c0 dashed;
position:relative;
}
</style>
<script>
var $ = function(id){return document.getElementById(id);};
window.onload = function()
{
var uploadbox = $("uploadbox");
uploadbox.ondragover = function(e)
{
e.preventDefault();
this.innerHTML = "ÊÍ·ÅÊó±ê£¬Á¢¼´ÉÏ´«£¡";
this.style.background = "#eee";
return false;
};
uploadbox.ondragleave = function()
{
this.innerHTML = "½«ÎÄ¼þÍÏ×§ÖÁ´ËÇøÓò£¬¼´¿ÉÉÏ´«£¡";
this.style.background = "#fff";
return false;
};
uploadbox.ondrop = function(e)
{
e.preventDefault();
var fd = new FormData();
for(var i = 0, j = e.dataTransfer.files.length; i < j; i++)
{
fd.append("files[]", e.dataTransfer.files[i]);
}
upload(fd);
return false;
};
var upload = function(f)
{
var xhr = new XMLHttpRequest();
xhr.open("POST", "up.php", true);
xhr.setRequestHeader('X-Requested-With', 'XMLHttpRequest', 'Content-Type',
'multipart/form-data;');
```

```
xhr.upload.onprogress = function(e)
{
var percent = 0;
if(e.lengthComputable)
{
percent = 100 * e.loaded / e.total;
uploadbox.innerHTML = percent + "%";
}
};
xhr.send(f);
};
};
</script>
</head>
<body>
<div id="uploadbox">将文件拖拽至此区域，即可上传！</div>
</body>
</html>
```

代码的运行效果如图15-5所示。

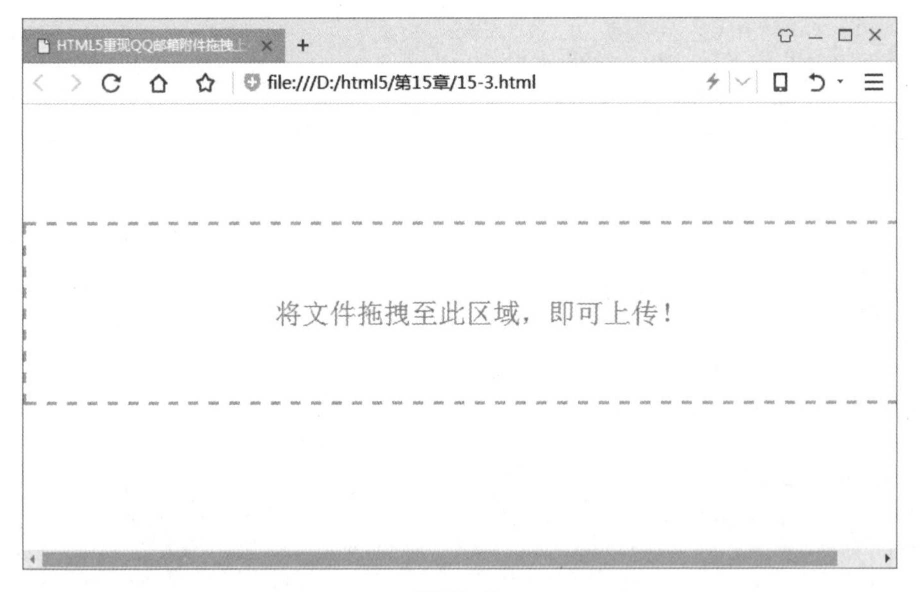

图15-5

15.4 将商品拖入购物车

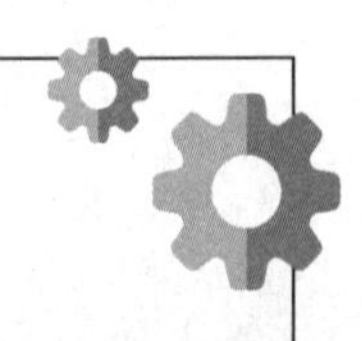

下面开发一个通过拖放将图书商品拖入购物车的效果。利用API拖放，将图书商品直接放到购物车中，并将书名、定价、数量和总价都显示在下面的列表中。

【例15.4】将商品拖入购物车

示例代码如下所示。

```
<html>
<head>
<meta charset="utf-8" />
<title>将商品拖入购物车</title>
<link href="Css/css1.css" rel="stylesheet" type="text/css">
<script type="text/javascript" language="jscript"
src="Js/js6.js"/>
</script>
</head>
<body onLoad="pageload();">
<ul>
<li class="liF">
<img src="images/img02.jpg" id="img02"
alt="42" title="2006作品" draggable="true">
</li>
<li class="liF">
<img src="images/img03.jpg" id="img03"
alt="56" title="2008作品" draggable="true">
</li>
<li class="liF">
<img src="images/2.jpg" id="img04"
alt="52" title="2010作品" draggable="true">
</li>
<li class="liF">
<img src="images/1.jpg" id="img05"
alt="59" title="2011作品" draggable="true">
</li>
</ul>
<ul id="ulCart">
<li class="liT">
<span>书名</span>
<span>定价</span>
<span>数量</span>
<span>总价</span>
</li>
</ul>
</body>
</html>
```

通过自定义函数实现图书商品拖入购物车的功能，示例代码如下所示。

```
function $$(id) {
    return document.getElementById(id);
}
//自定义页面加载时调用的函数
function pageload() {
```

```
    //获取全部图书商品
    var Drag = document.getElementsByTagName("img");
    //遍历每一个图书商品
    for (var intI = 0; intI < Drag.length; intI++) {
        //为每一个商品添加被拖放元素的dragstart事件
        Drag[intI].addEventListener("dragstart",
        function(e) {
            var objDtf = e.dataTransfer;
            objDtf.setData("text/html", addCart(this.title, this.alt, 1));
        },
        false);
    }
    var Cart = $$("ulCart");
    //添加目标元素的drop事件
    Cart.addEventListener("drop",
    function(e) {
        var objDtf = e.dataTransfer;
        var strHTML = objDtf.getData("text/html");
        Cart.innerHTML += strHTML;
        e.preventDefault();
        e.stopPropagation();
    },
    false);
}
//添加页面的dragover事件
document.ondragover = function(e) {
    //阻止默认方法,取消拒绝被拖放
    e.preventDefault();
}
//添加页面drop事件
document.ondrop = function(e) {
    //阻止默认方法,取消拒绝被拖放
e.preventDefault();
}
//自定义向购物车中添加记录的函数
function addCart(a, b, c) {
var strHTML = "<li class='liC'>";
strHTML += "<span>" + a + "</span>";
strHTML += "<span>" + b + "</span>";
strHTML += "<span>" + c + "</span>";
strHTML += "<span>" + b * c + "</span>";
strHTML += "</li>";
return strHTML;
}
```

接下来给其添加样式，示例代码如下所示。

```
<style>
@charset "utf-8";
/* CSS Document */
body {
    font-size:12px
}
/*示例1*/
#divFrame{
    border:solid 1px #ccc;
    width:200px;
    height:100px;
    top:20px;
    left:30px;
    position:absolute;
}
#divTitle{
    background-color:#eee;
    height:23px;
    line-height:23px;
    cursor:move;
    padding-left:10px
}
/*示例2*/
.wPub{
    width:230px
}
#divDrag{
    float:left;
    width:50px;
    height:50px;
    border:solid 1px #ccc;
    background-color:#f2f2f2
}
#divArea{
    clear:both;
    margin-top:30px;
    float:right;
    width:85px;
    height:85px;
    border:solid 3px #666;
    padding:20px;
    background-color:#eee
}
#divTips{
    margin-left:10px;
    float:left;
    width:160px
```

```
}
/*示例6*/
ul{
    list-style-type:none;
    padding:0px;
    height:106px;
    width:330px
}
ul li{
    height:23px
}
ul li img{
    width:68px;
    height:96px;
    border:solid 1px #ccc;
    padding:3px
}
ul li span{
    float:left;
    width:70px;
    padding:5px;
}
.liT{
    border-bottom:solid 1px #ccc;
    background-color:#eee;
    font-weight:bold
}
.liC{
    border-bottom:dashed 1px #ccc;
}
.liF{
    float:left;
    margin-right:5px;
}
/*示例7*/
.img95{
    width:95px;
    height:101px
}
#divRecycle{
    margin-top:30px;
    width:65px;
    float:right;
    height:75px;
}
.HaveRyl{
    background:url(file:/// D|/html5/第15章/images /img06.jpg)
}
.EmptRyl{
```

```
    background:url(file:/// D|/html5/第15章/images /img07.jpg)
}
#pStatus{
    display:none;
    border:1px #ccc solid;
    background-color:#eee;
    padding:6px 12px 6px 12px;
    margin-left:2px
}
</style>
```

代码的运行效果如图15-6所示。

图15-6

拖拽的效果如图15-7所示。

图15-7

Chapter

16

CSS 3实际应用

本章概述

CSS 3是CSS技术的升级版本，其语言的开发是向着模块化发展的。以前的规范作为一个模块实在是太庞大而且太复杂，所以把它分解为一些小模块，同时更多新的模块也被加进来。本章就对CSS 3实际应用的知识进行详细讲述。

重点知识

- CSS 3的新增选择器
- CSS 3文本样式
- CSS 3边框样式
- CSS 3背景样式
- CSS 3动画
- CSS 3多列布局

16.1 CSS 3概述

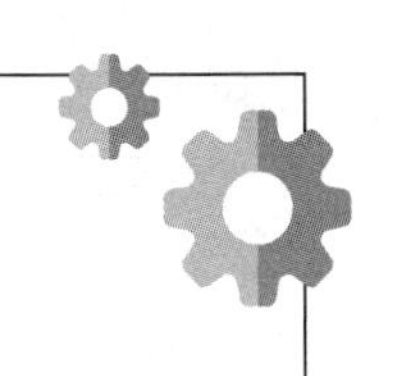

CSS即层叠样式表（Cascading StyleSheet）。在网页制作中采用层叠样式表技术，可以对页面的布局、字体、颜色、背景等效果实现更加精确的控制。只要对相应的代码进行简单的修改，就可以改变同一页面的不同部分，或者不同网页的外观和格式。CSS 3是CSS技术的升级版本，其语言开发是向着模块化发展的，所以可以把它分解为一些小模块，同时更多新的模块也被加进来。这些模块包括盒子模型、列表模块、超链接方式、语言模块、背景和边框、文字特效、多栏布局等。

16.1.1 CSS 3与CSS的异同

CSS 3与之前的版本一样，它们都是网页样式的code，都是通过对样式表的编辑，实现美化页面的效果，都是实现页面内容和样式相分离的手段。

CSS 3与之前的版本相比，它引入了更多的样式选择，更多的选择器，加入了新的页面样式与动画等。但是，CSS 3也产生了一些兼容性的问题。例如，CSS 3之前的版本几乎在各个浏览器中都是支持的，而CSS 3对浏览器厂商发起了冲击，使一些不能很好地兼容CSS 3新特性的浏览器厂商，不得不尽快升级浏览器内核，甚至有的厂商直接更换了之前的内核。

16.1.2 浏览器支持情况

现在，基本上各大浏览器厂商都已经能够很好地兼容CSS 3的新特性了。当然，一些浏览器的低版本还是支持不了CSS 3。

opera是对CSS 3新特性支持度最高的浏览器，其他四大浏览器厂商的支持情况都差不多。当然，在选择浏览器的时候，还是尽量使用各大浏览器厂商生产的最新版本的浏览器。新版的浏览器对CSS 3的新特性都已经支持得很好了。注意一定不要选用IE9以下的浏览器，因为它们几乎不支持CSS 3的新特性。

16.2 CSS 3的新增选择器

“ CSS 3中新增了许多选择器，下面将一一讲解这些选择器的具体应用。 ”

16.2.1 CSS 3新增的长度单位

rem（font size of the root element）是指相对于根元素的字体大小的单位，即相对于html元素字体大小的单位。它是CSS 3中新增的长度单位，表示倍数。

简单地说，它就是一个相对单位，但是它与em单位不同。em（font size of the element）是指相对于父元素的字体大小的单位。它们其实很相似，只不过一个的计算规则依赖于根元素，一个是依赖于父元素。

在计算子元素的尺寸时，只要根据html元素字体大小计算即可。不再像使用em那样，需要频繁地找父元素的字体大小。

html的字体大小设置为font-size:62.5%，这与浏览器的默认字体大小有关。浏览器的默认字体大小是16px，1rem=10px，10/16=0.625=62.5%，为了子元素相关尺寸的计算方便，所以html的字体大小设置为font-size:62.5%。只要将设计稿中的px尺寸除以10，就得到了相应的rem尺寸。

【例16.1】使用rem

示例代码如下所示。

```
<!DOCTYPE html>
<html lang="en">
<head>
<meta charset="UTF-8">
<title>使用rem</title>
<style>
html{font-size: 62.5%;}
p{font-size: 2rem;}
div{font-size: 2em}
</style>
</head>
<body>
<p>这是<span>p标签</span>内的文本</p>
<div>这是<span>div标签</span>中的文本</div>
</body>
</html>
```

代码的运行效果如图16-1所示。

图16-1

从上述代码看出，两种单位并没有什么区别，因为页面中的文字大小是完全相同的。如果分别为p标签和div标签中的span元素设置字体大小，就会有变化。代码如下：

```
p span{font-size: 2rem;}
div span{font-size: 2em;}
```

代码的运行效果如图16-2所示。

图16-2

这里可以看出，p标签中的span元素以rem为单位，元素内的文本并没有任何变化，而在div中的span元素以em为单位，文本大小已经产生了二次计算的结果。这也是经常遇到的问题，会因为子级的变化导致文本大小被二次计算，不得不修改以前的代码，很影响工作效率。

16.2.2 新增结构性伪类

CSS 3提供了一些新的伪类，即结构性伪类。结构性伪类选择器的公共特征是，允许开发者根据文档结构来指定元素的样式。下面就一一讲解这些新的结构性伪类。

1. root

匹配文档的根元素，在HTML中，根元素永远是HTML。

2. :empty

匹配没有任何子元素（包括text节点）的元素E。

【例16.2】使用:empty结构伪类

示例代码如下所示。

```
<!DOCTYPE html>
<html lang="en">
<head>
<meta charset="UTF-8">
<title>使用:empty伪类</title>
```

```
<style>
div:empty{
width: 100px;
height: 100px;
background: #f0f000;
}
</style>
</head>
<body>
<div>我是div的子级，我是文本</div>
<div></div>
<div>
<span>我是div的子级，我是span标签</span>
</div>
</body>
</html>
```

代码的运行效果如图16-3所示。

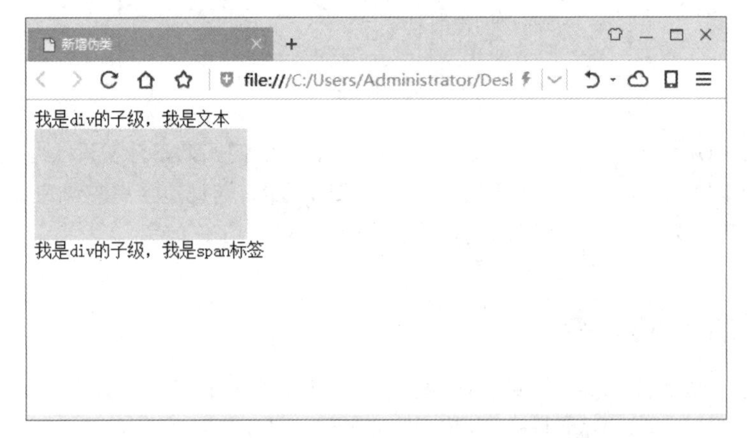

图16-3

3. :nth-child(n)

:nth-child(n)选择器匹配属于其父元素的第N个子元素，不论元素的类型。n可以是数字、关键词或公式。

【例16.3】使用:nth-child(n)伪类

示例代码如下所示。

```
<!DOCTYPE html>
<html lang="en">
<head>
<meta charset="UTF-8">
<title>使用:nth-child(n)伪类</title>
<style>
ul li:nth-child(3){
color:red;
```

```
}
</style>
</head>
<body>
<ul>
<div>列表</div>
<li>列表1</li>
<li>列表2</li>
<li>列表3</li>
<li>列表4</li>
</ul>
</body>
</html>
```

代码的运行效果如图16-4所示。

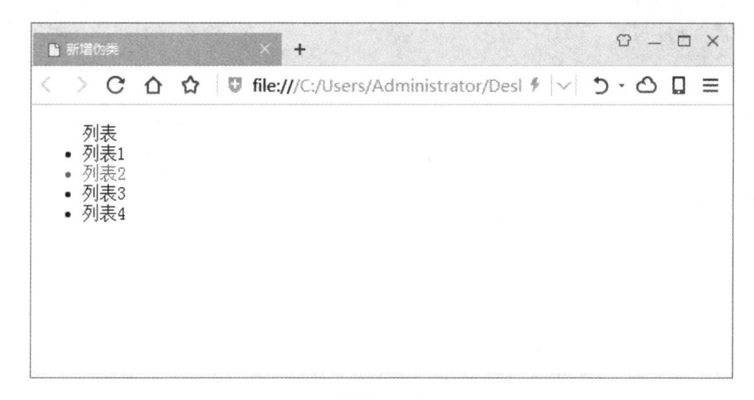

图16-4

4. :nth-of-type(n)

:nth-of-type(n) 选择器匹配属于父元素的特定类型的第N个子元素的每个元素。n可以是数字、关键词或公式。

需要注意的是，nth-child和nth-of-type是不同的，前者是不论元素类型的，后者是从选择器的元素类型开始计数的。

【例16.4】使用:nth-of-type(n)伪类

示例代码如下所示。

```
<!DOCTYPE html>
<html lang="en">
<head>
<meta charset="UTF-8">
<title>使用:nth-of-type(n)伪类</title>
<style>
ul li:nth-of-type(3){
color:red;
}
</style>
```

```
</head>
<body>
<ul>
<div>items0</div>
<li>items1</li>
<li>items2</li>
<li>items3</li>
<li>items4</li>
</ul>
</body>
</html>
```

代码的运行效果如图16-5所示。

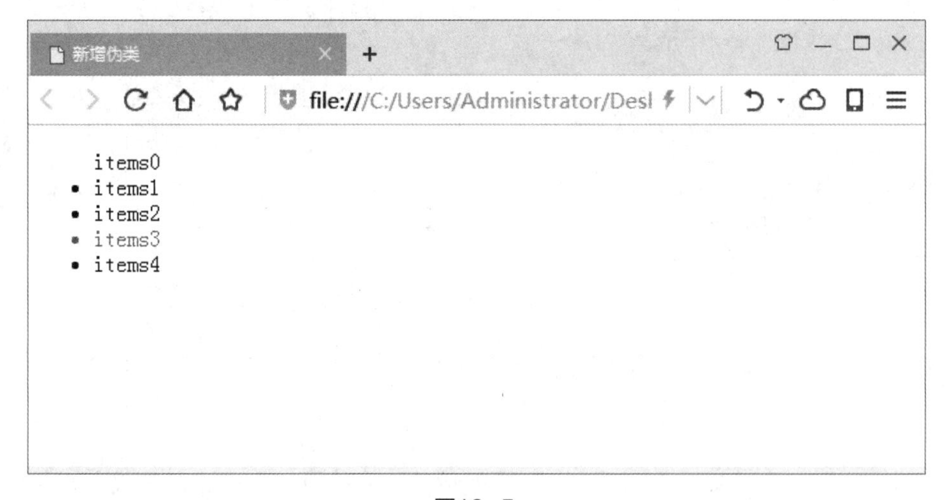

图16-5

5. :last-child

:last-child选择器匹配属于其父元素的最后一个子元素的每个元素。

6. :nth-last-of-type(n)

:nth-last-of-type(n)选择器匹配属于父元素的特定类型的第N个子元素的每个元素，从最后一个子元素开始计数。n可以是数字、关键词或公式。

7. :nth-last-child(n)

:nth-last-child(n)选择器匹配属于其元素的第N个子元素的每个元素，不论元素的类型，从最后一个子元素开始计数。n可以是数字、关键词或公式。

【TIPS】

p:last-child 等同于 p:nth-last-child(1)。

8. :only-child

:only-child选择器匹配属于其父元素的唯一子元素的每个元素。

【例16.5】使用:only-child伪类

示例代码如下所示。

```
<!DOCTYPE html>
<html lang="en">
<head>
<meta charset="UTF-8">
<title>使用: only-child伪类</title>
<style>
p:only-child{
color:red;
}
span:only-child{
color:green;
}
</style>
</head>
<body>
<div>
<p>items0</p>
</div>
<ul>
<li>items1</li>
<li>items2</li>
<li>items3</li>
<li>items4</li>
<span>items5</span>
</ul>
</body>
</html>
```

代码的运行效果如图16-6所示。

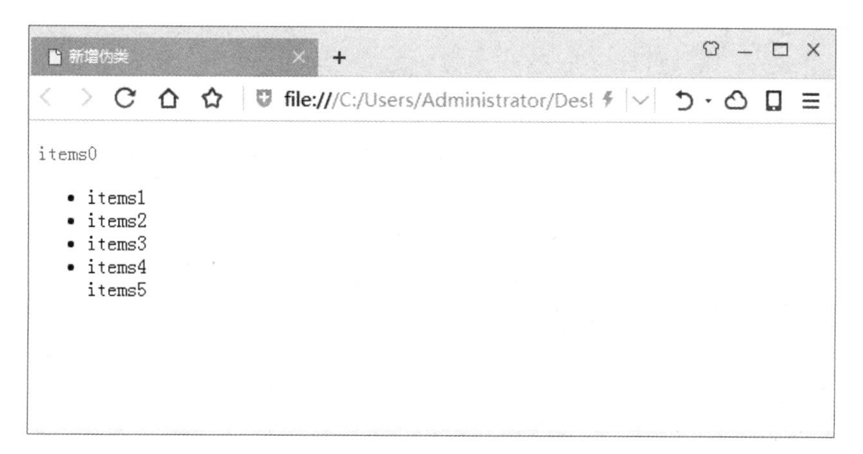

图16-6

虽然分别对p元素和span元素设置了文本颜色的属性，但是只有p元素有效，因为p是div下的唯一子元素。

9. :only-of-type

:only-of-type选择器匹配属于其父元素的特定类型的唯一子元素的每个元素。

【例16.6】使用:only-of-type伪类

示例代码如下所示。

```
<!DOCTYPE html>
<html lang="en">
<head>
<meta charset="UTF-8">
<title>使用: only-of-type伪类</title>
<style>
p:only-of-type{
color:red;
}
span:only-of-type{
color:green;
}
</style>
</head>
<body>
<div>
<p>items0</p>
</div>
<ul>
<li>items1</li>
<li>items2</li>
<li>items3</li>
<li>items4</li>
<span>items5</span>
</ul>
</body>
</html>
```

代码的运行效果如图16-7所示。

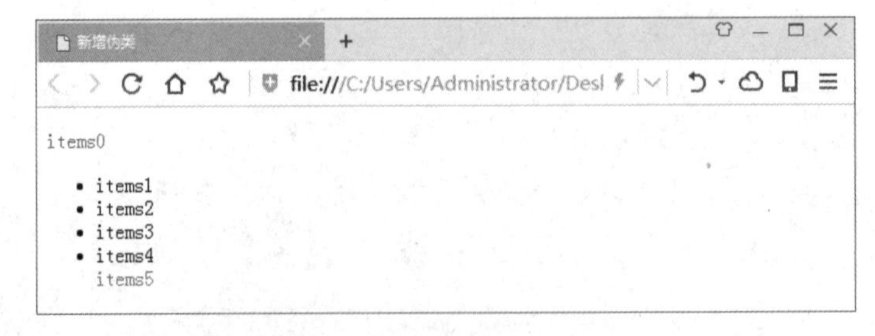

图16-7

16.2.3 新增UI元素状态伪类

CSS 3新特性中有新的UI元素状态伪类，为表单元素提供了更多的选择，下面就一一讲解。

1. :checked

:checked选择器匹配每个已被选中的input元素（只用于单选按钮和复选框）。

2. :enabled

:enabled选择器匹配每个已启用的元素（大多用在表单元素上）。

【例16.7】使用:enabled伪类

示例代码如下所示。

```
<!DOCTYPE html>
<html lang="en">
<head>
<meta charset="UTF-8">
<title>使: enabled伪类</title>
<style>
input:enabled
{
background:#ffff00;
}
input:disabled
{
background:#dddddd;
}
</style>
</head>
<body>
<form action="">
First name: <input type="text" value="Mickey" /><br>
Last name: <input type="text" value="Mouse" /><br>
Country: <input type="text" disabled="disabled" value="Disneyland" /><br>
Password: <input type="password" name="password" /><br>
<input type="radio" value="male" name="gender" /> Male<br>
<input type="radio" value="female" name="gender" /> Female<br>
<input type="checkbox" value="Bike" /> I have a bike<br>
<input type="checkbox" value="Car" /> I have a car
</form>
</body>
</html>
```

代码的运行效果如图16-8所示。

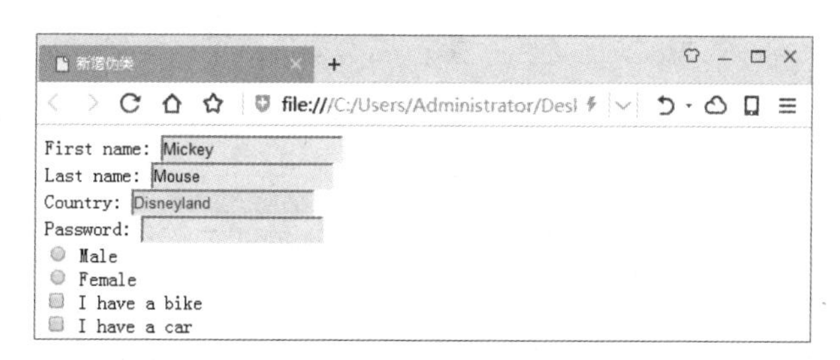

图16-8

3. :disabled

:disabled选择器选取所有禁用的表单元素。与:enabled用法类似，这里不在举例赘述。

4. ::selection

::selection选择器匹配被用户选取的部分。只能向::selection选择器应用少量CSS属性，包括color、background、cursor以及outline。

【例16.8】使用::selection伪类

示例代码如下所示。

```
<!DOCTYPE html>
<html lang="en">
<head>
<meta charset="UTF-8">
<title>使用::selection伪类</title><style>
::selection{
color:red;
}
</style>
</head>
<body>
<h1>请选择去页面中的文本</h1>
<p>这是一段文字</p>
<div>这是一段文字</div>
<a href="#">这是一段文字</a>
</body>
</html>
```

代码的运行效果如图16-9所示。

图16-9

16.2.4 新增属性和其他

CSS 3新增了一些属性选择器、目标伪类选择器等，下面看一下这些新增的特性吧。

1. :target

:target选择器可用于选取当前活动的目标元素。

【例16.9】使用:target属性

示例代码如下所示。

```
<!DOCTYPE html>
<html lang="en">
<head>
<meta charset="UTF-8">
<title>新增的:target属性</title>
<style>
div{
width: 200px;
height: 200px;
background: #ccc;
margin:20px;
}
:target{
background: #f46;
}
</style>
</head>
<body>
<h1>请点击下面的链接</h1>
<p><a href="#content1">跳转到第一个div</a></p>
<p><a href="#content2">跳转到第二个div</a></p>
<hr/>
<div id="content1"></div>
<div id="content2"></div>
</body>
</html>
```

代码的运行效果如图16-10所示。在页面中单击第一个链接，页面中最明显的变化就是第一个正方形的背景色改变了。

图16-10

2. :not

:not(selector)选择器匹配非指定元素/选择器的每个元素。

【例16.10】使用:not属性

示例代码如下所示。

```
<!DOCTYPE html>
<html lang="en">
<head>
<meta charset="UTF-8">
<title>使用:not属性</title>
<style>
:not(p){
border:1px solid red;
}
</style>
</head>
<body>
<span>这是span内的文本</span>
<p>这是第1行p标签文本</p>
<p>这是第2行p标签文本</p>
<p>这是第3行p标签文本</p>
<p>这是第4行p标签文本</p>
</body>
</html>
```

代码的运行效果如图16-11所示。上面这段代码选中了所有非<p>元素，除了<span>之外的<body>和<html>也被选中了。

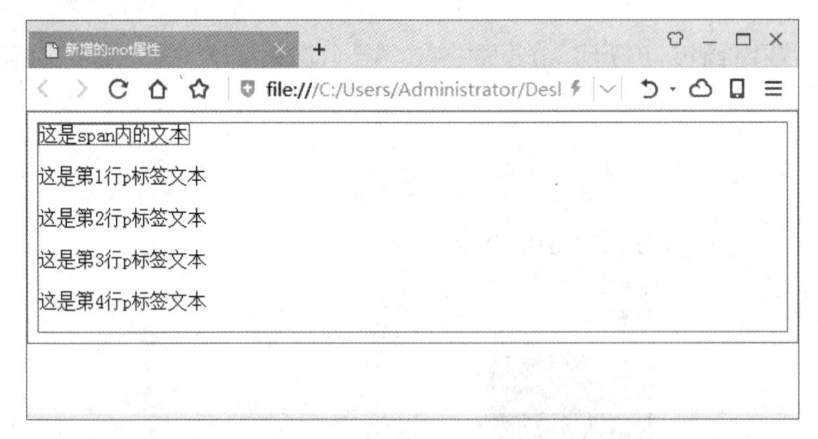

图16-11

3. [attribute]

[attribute] 选择器用于选取带有指定属性的元素。

【例16.11】使用[attribute]选择器

示例代码如下所示。

```
<!DOCTYPE html>
<html lang="en">
<head>
<meta charset="UTF-8">
<title>使用[attribute]选择器</title>
<style>
[title]{
color:red;
}
</style>
</head>
<body>
<span title="">这是span内的文本</span>
<p>这是第1行p标签文本</p>
<p title="">这是第2行p标签文本</p>
<p>这是第3行p标签文本</p>
<p>这是第4行p标签文本</p>
</body>
</html>
```

代码的运行效果如图16-12所示。

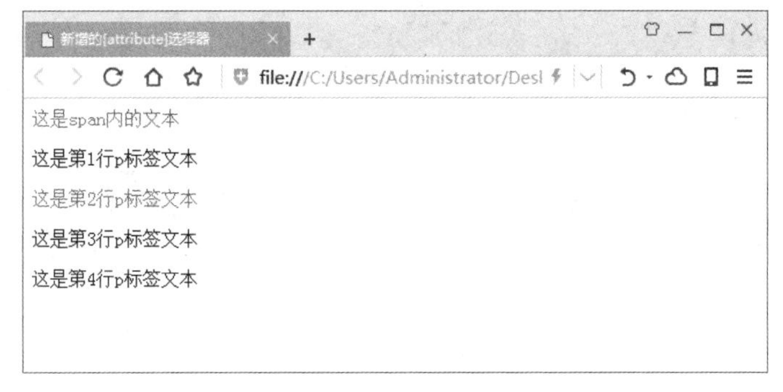

图16-12

16.3 CSS 3文本样式

> CSS 3新特性带来了新的文本样式，它们为页面中的文本带来了新的活力，让文本更加生动多彩。

16.3.1 text-shadow文本阴影

在text-shadow还没有出现时，网页设计的阴影一般用Photoshop制作。text-shadow属性有两个作用：产生阴影和模糊主体，这样在不使用图片时也能给文字增加质感。

text-shadow属性可以向文本添加一个或多个阴影，该属性是逗号分隔的阴影列表，每个阴影有两个或三个长度值和一个可选的颜色值，省略的长度是0，语法描述如下：

```
text-shadow:值;
```

【例16.12】使用文本阴影

示例代码如下所示。

```
<!DOCTYPE html>
<html lang="en">
<head>
<meta charset="UTF-8">
<title>文本阴影</title>
<style>
p{
text-shadow: 5px 10px 0 #cccccc;
}
</style>
</head>
<body>
<p>可以看到我的阴影了吧</p>
</body>
</html>
```

代码运行效果如图16-13所示。

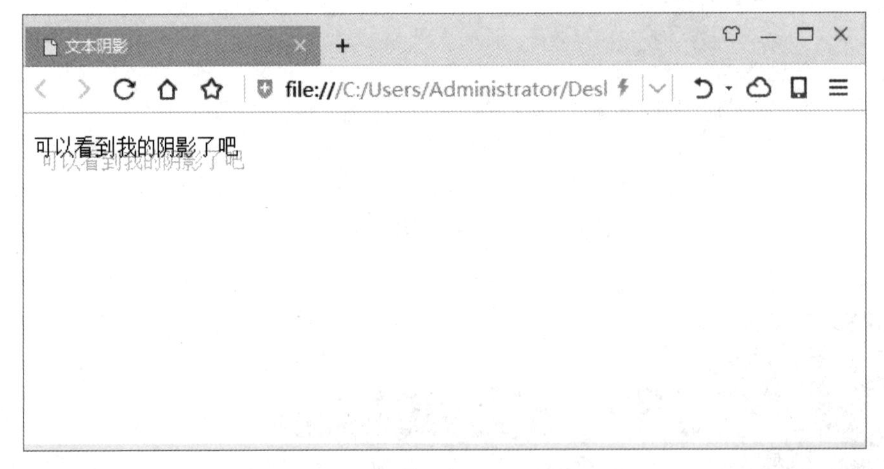

图16-13

在页面中仿佛看见了重影的两段文字，但并没有对文字投影添加模糊处理，如果想让阴影变得逼真，那么就对阴影进行模糊处理吧，代码如下所示。

```
p{
text-shadow: 5px 10px 10px #cccccc;
}
```

代码的运行效果如图16-14所示。

图16-14

text-shadow属性拥有四个值。

- h-shadow：必需。指定水平阴影的位置，允许负值。
- v-shadow：必需。指定垂直阴影的位置，允许负值。
- blur：可选。指定模糊的距离。
- color：可选。指定阴影的颜色。

16.3.2 text-overflow文本溢出

在编辑网页文本时，经常会遇到因文字太多而超出容器的尴尬问题，现在CSS 3新特性带来了解决方案。text-overflow属性规定当文本溢出时包含元素所发生的事情。语法描述如下：

```
text-overflow:值;
```

【例16.13】使用文本溢出

示例代码如下所示。

```
<!DOCTYPE html>
<html lang="en">
<head>
<meta charset="UTF-8">
<title>文本溢出</title>
<style>
div.test{
white-space:nowrap;
width:12em;
overflow:hidden;
border:1px solid #000000;
}
div.test:hover{
text-overflow:inherit;
overflow:visible;
}
</style>
</head>
```

```
<body>
<p>如果您把光标移动到下面两个div上，就能够看到全部文本。</p>
<p>这个div使用 "text-overflow:ellipsis" : </p>
<div class="test" style="text-overflow:ellipsis;">This is some long text that
will not fit in thebox</div>
<p>这个 div 使用 "text-overflow:clip": </p>
<div class="test" style="text-overflow:clip;">This is some long text that
will not fit in the box</div>
</body>
</html>
```

代码的运行效果如图16-15所示。

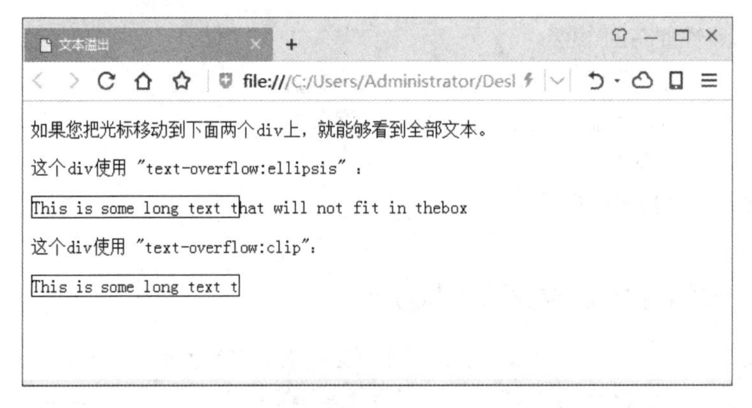

图16-15

text-overflow属性拥有三个值。

- clip：修剪文本。
- ellipsis：显示省略符号以代表被修剪的文本。
- string：使用给定的字符串代表被修剪的文本。

16.3.3 word-wrap文本换行

在编辑网页文本时，经常会遇到因单词太长而超出容器一行的尴尬问题，如图16-16所示，就是一串长单词超出了容器的范围。现在CSS 3的新特性带来了解决方案。

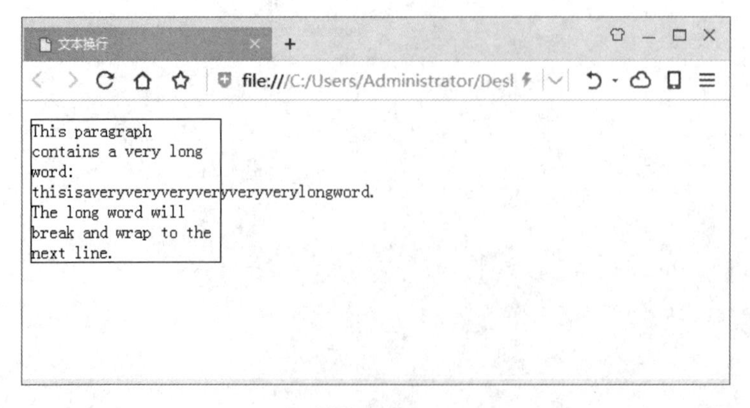

图16-16

word-wrap属性允许长单词或URL地址换行到下一行，可以使用word-wrap: break-word;设置文本换行。语法描述如下：

```
word-wrap:值;
```

【例16.14】使用文本换行

示例代码如下所示。

```
<!DOCTYPE html>
<html lang="en">
<head>
<meta charset="UTF-8">
<title>文本换行</title>
<style>
p.test{
width:11em;
border:1px solid #000000;
word-wrap: break-word;
}
</style>
</head>
<body>
<p class="test">
This paragraph contains a very long word: thisisaveryveryveryveryveryverylongword. The long word will break and wrap to the next line.</p>
</body>
</html>
```

代码的运行效果如图16-17所示。

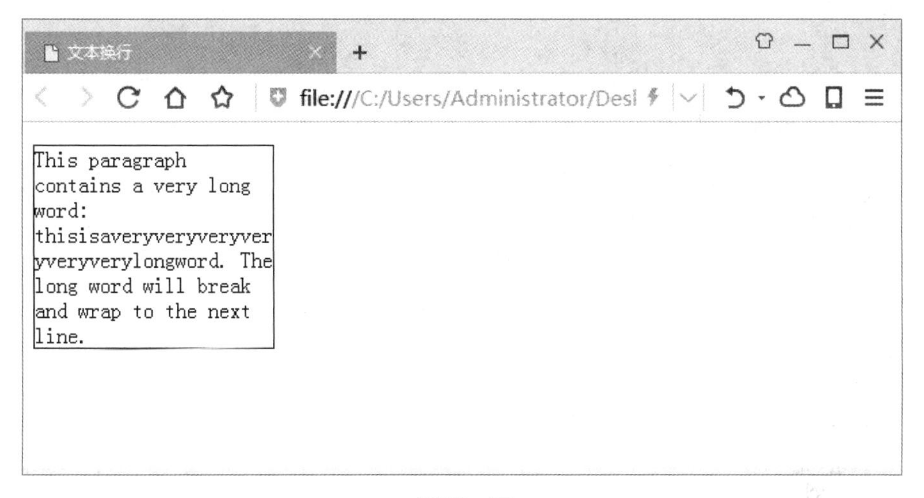

图16-17

16.3.4 word-break单词拆分

word-break属性规定自动换行的处理方法，使用它可以实现在任意位置换行。语法描述如下：

```
word-break:值;
```

word-break属性和word-warp属性都是关于自动换行的操作，但是它们之间有区别，下面来看看示例。

【例16.15】拆分单词

示例代码如下所示。

```
<!DOCTYPE html>
<html lang="en">
<head>
<meta charset="UTF-8">
<title>拆分单词</title>
<style>
p.test1{
width:11em;
border:1px solid #000000;
word-wrap: break-word;
}
p.test2{
width:11em;
border:1px solid #000000;
word-break:break-all;
}
</style>
</head>
<body>
<p class="test1">这是一个veryveryveryveryveryveryveryveryveryvery 的长单词.</p>
<p class="test2">这是一个 veryveryveryveryveryveryveryveryvery 的长单词.</p>
</body>
</html>
```

代码的运行效果如图16-18所示。

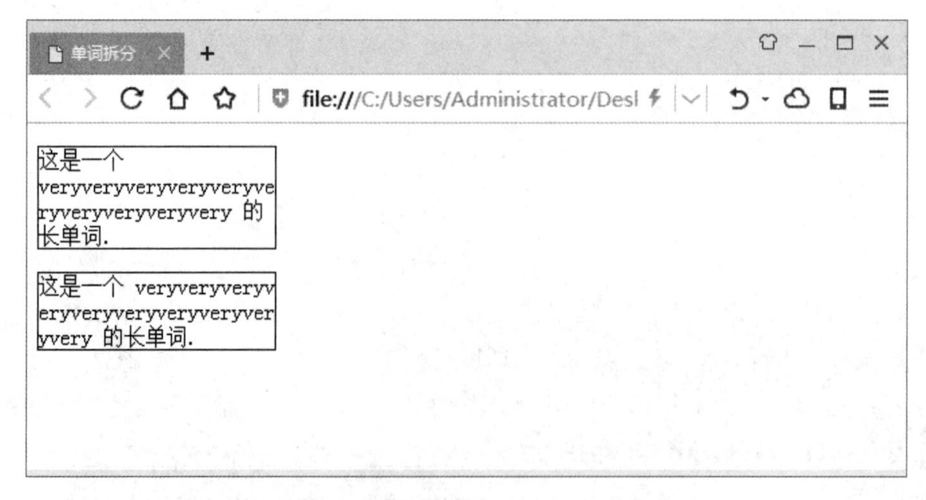
单词拆分
file:///C:/Users/Administrator/Desl
这是一个
veryveryveryveryveryve
ryveryveryveryvery 的
长单词.
这是一个 veryveryveryv
eryveryveryveryveryver
yvery 的长单词.

图16-18

16.4 CSS 3边框样式

使用CSS 3还能够创建圆角边框，给矩形添加阴影，使用图片绘制边框，而且不需使用设计软件。下面就介绍CSS 3的边框样式。

16.4.1 border-radius圆角边框

border-radius属性是一个简写属性，用于设置四个border-*-radius属性。语法描述如下：

```
border-radius: 1-4 length|% / 1-4 length|%;
```

【例16.16】设置边框的圆角

示例代码如下所示。

```
<!DOCTYPE html>
<html lang="en">
<head>
<meta charset="UTF-8">
<title>圆角边框</title>
<style>
body{
background: #ccc;
}
div{
width: 200px;
height: 50px;
margin:20px auto;
font-size: 30px;
line-height: 45px;
text-align: center;
color:#fff;
border:2px solid #fff;
border-radius: 10px;
}
</style>
</head>
<body>
<div>扁平图标</div>
</body>
</html>
```

代码的运行效果如图16-19所示。

图16-19

四个border-*-radius属性按照顺序分别如下。

- border-top-left-radius：左上。
- border-top-right-radius：右上。
- border-bottom-right-radius：右下。
- border-bottom-left-radius：左下。

16.4.2 box-shadow盒子阴影

在CSS 3中可以实现盒子阴影，利用盒子阴影可以制作3D效果。box-shadow属性用于给框添加一个或多个阴影。语法描述如下：

```
box-shadow: h-shadow v-shadow blur spread color inset;
```

【例16.17】设置盒子阴影

示例代码如下所示。

```
<!DOCTYPE html>
<html lang="en">
<head>
<meta charset="UTF-8">
<title>盒子阴影</title>
<style>
body{
background: #ccc;
}
div{
width: 200px;
height: 50px;
margin:30px auto;
font-size: 30px;
line-height: 45px;
text-align: center;
color:#fff;
```

```
border:3px solid #fff;
border-radius: 10px;
background: #f46;
cursor:pointer;
}
div:hover{
box-shadow: 0 10px 40px 3px #CF3;
}
</style>
</head>
<body>
<div>扁平图标</div>
</body>
</html>
```

代码的运行效果如图16-20所示。

图16-20

box-shadow属性是由逗号分隔的阴影列表，每个阴影由2~4个长度值、可选的颜色值以及可选的inset关键词来规定。省略长度的值是0。

box-shadow属性包含以下几个值。

- h-shadow：必需。指定水平阴影的位置，允许负值。
- v-shadow：必需。指定垂直阴影的位置，允许负值。
- blur：可选。指定模糊距离。
- spread：可选。指定阴影的尺寸。
- color：可选。指定阴影的颜色。
- inset：可选。将外部阴影（outset）改为内部阴影。

16.5 CSS 3背景样式

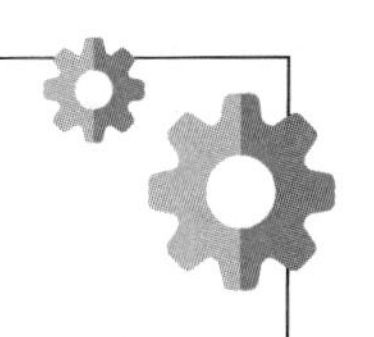

CSS 3提供了更多的背景属性，使得Web前端工程师能够更好地控制背景。本节讲解CSS 3的背景属性。

16.5.1 background-size背景尺寸

background-size属性规定背景图片的尺寸，能够以像素或百分比来规定尺寸。如果以百分比规定尺寸，那么尺寸是相对于父元素的宽度和高度。语法描述如下：

```
background-size:值;
```

没有设置背景尺寸的效果如图16-21所示。

图16-21

【例16.18】设置背景尺寸

示例代码如下所示。

```
<!DOCTYPE html>
<html lang="en">
<head>
<meta charset="UTF-8">
<title>背景尺寸</title>
<style>
html{
height: 100%;
}
body{
height: 100%;
background-image: url(png_1.png);
background-repeat: no-repeat;
background-size: 100% 100%;
}
</style>
</head>
<body>
</body>
</html>
```

代码的运行效果如图16-22所示。

图16-22

16.5.2 background-origin背景的绘制区域

background-origin属性规定background-position属性相对于什么位置来定位。如果背景图像的background-attachment属性为fixed，则该属性没有效果。语法描述如下：

```
background-origin:值;
```

background-origin拥有以下几个值。

- padding-box：背景图像相对于内边距框来定位。
- border-box：背景图像相对于边框盒来定位。
- content-box：背景图像相对于内容框来定位。

【例16.19】绘制图片背景区域

示例代码如下所示。

```
<!DOCTYPE html>
<html lang="en">
<head>
<meta charset="UTF-8">
<title>绘制图片背景区域</title>
<style>
div{
width: 500px;
height: 200px;
border:1px solid red;
padding:50px;
margin:20px;
background-image: url('png_1.png');
background-repeat: no-repeat;
```

```
}
.d1{
background-origin: content-box;
}
.d2{
background-origin: border-box;
}
</style>
</head>
<body>
<div class="d1"苏轼是宋代文学最高成就的代表，并在诗、词、散文、书、画等方面取得了很高的成就。其诗题材广阔，清新豪健，善用夸张比喻，独具风格，与黄庭坚并称“苏黄”；其词开豪放一派，与辛弃疾同是豪放派代表，并称“苏辛”；其散文著述宏富，豪放自如，与欧阳修并称“欧苏”，为“唐宋八大家”之一。苏轼亦善书，为“宋四家”之一；工于画，尤擅墨竹、怪石、枯木等。有《东坡七集》、《东坡易传》、《东坡乐府》等传世。
</div>
<div class="d2">苏轼是宋代文学最高成就的代表，并在诗、词、散文、书、画等方面取得了很高的成就。其诗题材广阔，清新豪健，善用夸张比喻，独具风格，与黄庭坚并称“苏黄”；其词开豪放一派，与辛弃疾同是豪放派代表，并称“苏辛”；其散文著述宏富，豪放自如，与欧阳修并称“欧苏”，为“唐宋八大家”之一。苏轼亦善书，为“宋四家”之一；工于画，尤擅墨竹、怪石、枯木等。有《东坡七集》、《东坡易传》、《东坡乐府》等传世。
</div>
</body>
</html>
```

代码的运行效果如图16-23所示。

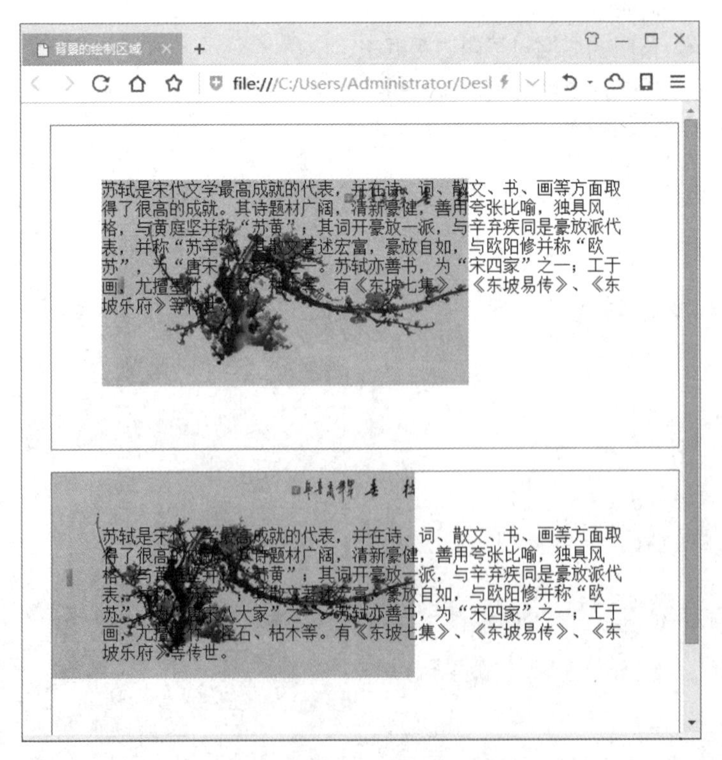

图16-23

16.6 CSS 3渐变

> 渐变背景一直活跃在Web中，但是以前都需要前端工程师和设计师配合实现，这样的成本太高。CSS 3渐变将彻底颠覆以前的做法，以后只需要前端工程师自己即可完成整个操作。本节就介绍CSS 3的渐变。

16.6.1 线性渐变

学习CSS 3渐变要从最简单的线性渐变开始学起。渐变是指多种颜色之间的平滑过渡，那么最简单的渐变最起码需要定义两种颜色，一种颜色作为渐变的起点，另外一种作为渐变的终点。语法描述如下：

```
background: linear-gradient(direction, color-stop1, color-stop2, ...);
```

【例16.20】绘制线性渐变

示例代码如下所示。

```
<!DOCTYPE html>
<html lang="en">
<head>
<meta charset="UTF-8">
<title>线性渐变</title>
<style>
div{
width: 200px;
height: 200px;
background:-ms-linear-gradient(pink,lightblue);
background:-webkit-linear-gradient(pink,lightblue);
background:-o-linear-gradient(pink,lightblue);
background:-moz-linear-gradient(pink,lightblue);
background:linear-gradient(pink,lightblue);
}
</style>
</head>
<body>
<div></div>
</body>
</html>
```

代码的运行效果如图16-24所示。

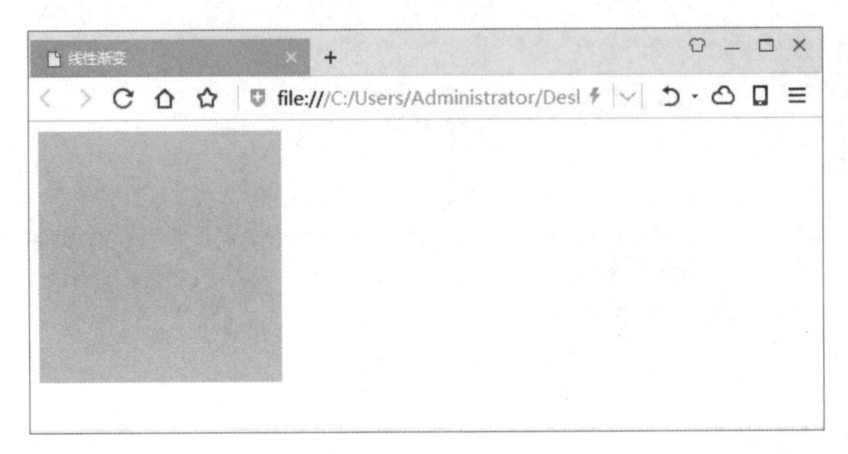

图16-24

这是一个默认方向上的线性渐变效果，如果需要其他方向的渐变效果，只需要在设置颜色之前设置渐变方向的起点位置即可，从左往右的渐变效果的代码如下所示。

```
background:-ms-linear-gradient(left,pink,lightblue);
background:-webkit-linear-gradient(left,pink,lightblue);
background:-o-linear-gradient(left,pink,lightblue);
background:-moz-linear-gradient(left,pink,lightblue);
background:linear-gradient(left,pink,lightblue);
```

代码的运行效果如图16-25所示。

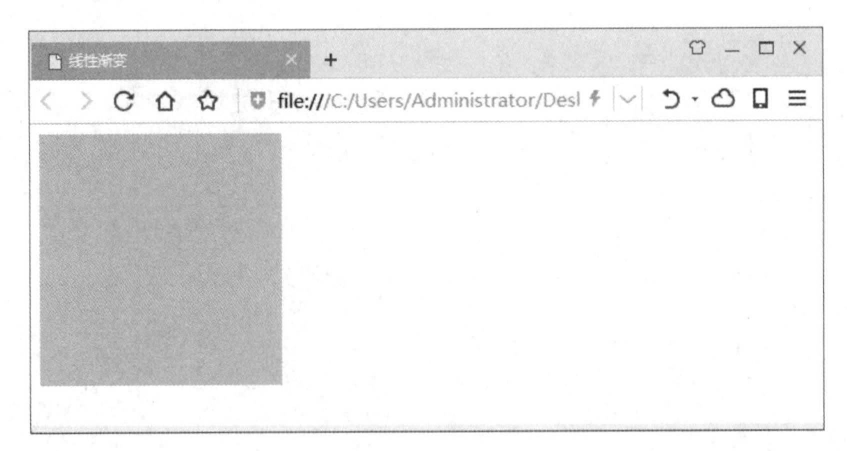

图16-25

如果需要对角线的渐变效果，那么在设置颜色之前设置渐变开始的位置即可，从右下角到左上角的渐变效果的代码如下所示。

```
background:-ms-linear-gradient(right bottom,pink,lightblue);
background:-webkit-linear-gradient(right bottom,pink,lightblue);
background:-o-linear-gradient(right bottom,pink,lightblue);
background:-moz-linear-gradient(right bottom,pink,lightblue);
background:linear-gradient(right bottom,pink,lightblue);
```

代码的运行效果如图16-26所示。

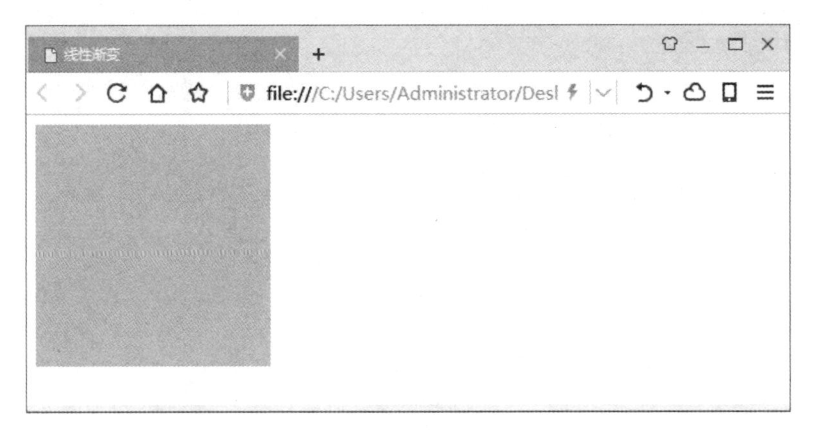

图16-26

还可以在背景中加入多个颜色控制点，实现多种颜色的渐变效果，代码如下所示。

```
background:-ms-linear-gradient(120deg,pink,lightblue,yellowgreen,red);
background:-webkit-linear-gradient(120deg,pink,lightblue,yellowgreen,red);
background:-o-linear-gradient(120deg,pink,lightblue,yellowgreen,red);
background:-moz-linear-gradient(120deg,pink,lightblue,yellowgreen,red);
background:linear-gradient(120deg,pink,lightblue,yellowgreen,red);
```

代码的运行效果如图16-27所示。

图16-27

16.6.2 径向渐变

创建径向渐变必须至少定义两种颜色结点。颜色结点即想要呈现平稳过渡的颜色。同时，可以指定渐变的中心、形状（圆形或椭圆形）、大小。在默认情况下，渐变的中心是center（表示在中心点），渐变的形状是ellipse（表示椭圆形），渐变的大小是farthest-corner（表示到最远的角落）。语法描述如下：

```
background: radial-gradient(center, shape size, start-color, ..., last-color);
```

【例16.21】绘制径向渐变

示例代码如下所示。

```
<!DOCTYPE html>
<html lang="en">
<head>
<meta charset="UTF-8">
<title>径向渐变</title>
<style>
div{
width: 400px;
height: 400px;
background:-ms-radial-gradient(pink,lightblue,yellowgreen);
background:-webkit-radial-gradient(pink,lightblue,yellowgreen);
background:-o-radial-gradient(pink,lightblue,yellowgreen);
background:-moz-radial-gradient(pink,lightblue,yellowgreen);
background:radial-gradient(pink,lightblue,yellowgreen);
}
</style>
</head>
<body>
<div></div>
</body>
</html>
```

代码的运行效果如图16-28所示。

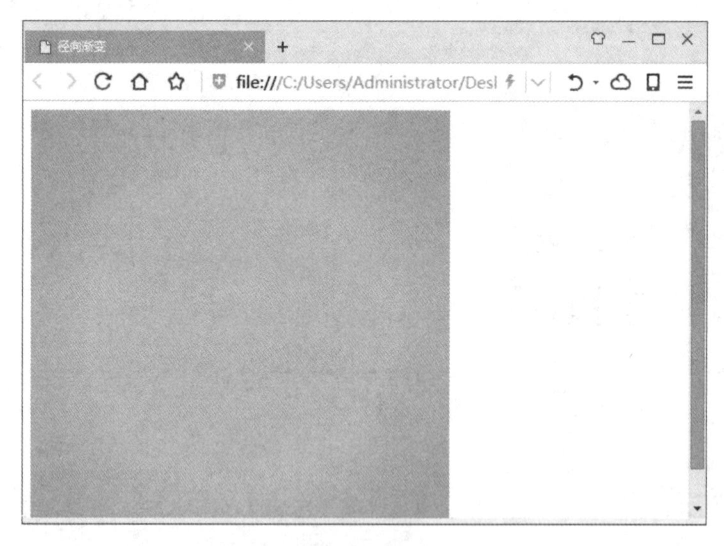

图16-28

以上是最简单的径向渐变，三种颜色是均匀分布在div中的，如果想让颜色之间不均匀地分布，可以设置每种颜色在div中所占的比例，代码如下所示。

```
background:-ms-radial-gradient(pink 10%,lightblue 70%,yellowgreen 20%);
background:-webkit-radial-gradient(pink 10%,lightblue 70%,yellowgreen 20%);
background:-o-radial-gradient(pink 10%,lightblue 70%,yellowgreen 20%);
background:-moz-radial-gradient(pink 10%,lightblue 70%,yellowgreen 20%);
background:radial-gradient(pink 10%,lightblue 70%,yellowgreen 20%);
```

代码的运行效果如图16-29所示。

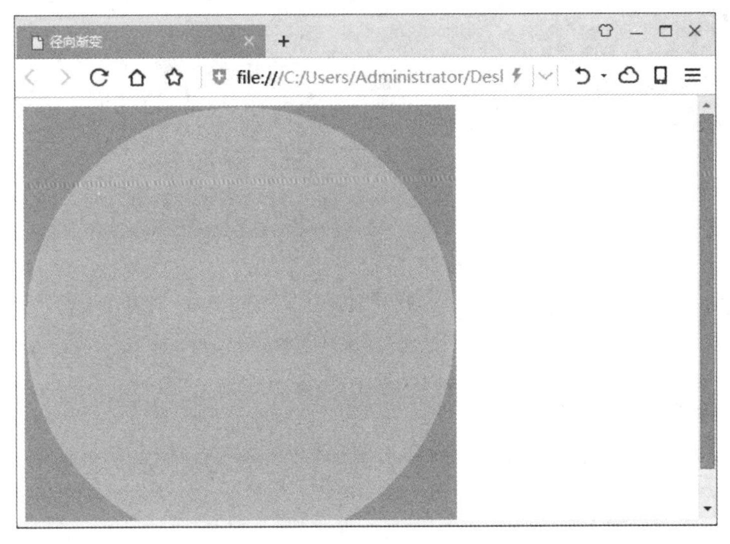

图16-29

16.7 CSS 3转换

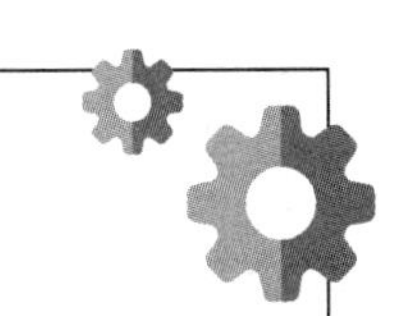

> 转换是CSS 3中具有颠覆性的特征之一，可以实现元素的位移、旋转、变形、缩放，甚至支持矩阵方式。以前想在网页中实现动画效果，都需要借助插件才能完成。如今CSS 3带来了转换的功能，使得开发再次变得简单起来。

16.7.1 2D转换

CSS 3转换可以移动、比例化、反过来、旋转和拉伸元素，所以在CSS 3中的2D转换功能有很多，下面就为大家一一讲解。

1. 移动translate()

使用translate()方法，可以根据左（X轴）和顶部（Y轴）位置给定的参数，从当前元素位置移动。

【例16.22】使用translate()方法

示例代码如下所示。

```
<!DOCTYPE html>
<html lang="en">
<head>
<meta charset="UTF-8">
<title>使用translate方法</title>
<style>
```

```
div{
width: 200px;
height: 200px;
background: #CF3;
}
</style>
</head>
<body>
<div></div>
</body>
</html>
```

代码的运行效果如图16-30所示。

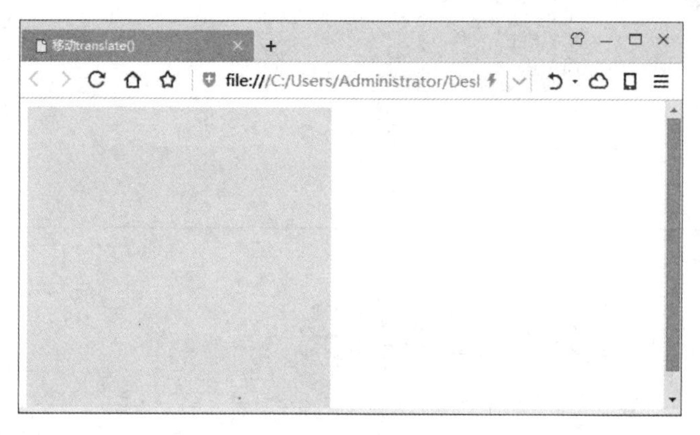

图16-30

这时，div在页面中的位置就是它最开始的位置，在对它进行2D转换的移动操作之后，它就会改变原来的位置，到达一个新的位置。示例代码如下所示。

```
transform: translate(100px,50px);
```

代码的运行效果如图16-31所示。

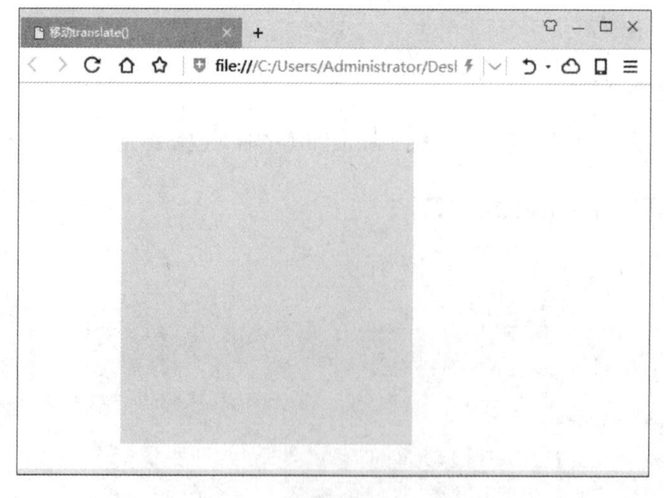

图16-31

2. 旋转rotate()

以前在页面中所能得到的盒子模型都是整整齐齐地位于页面中，从来没有得到过歪的盒子模型，现在可以使用CSS 3中的转换对元素进行旋转操作了。

rotate()方法可以实现在一个给定度数顺时针旋转元素。负值是允许的，表示元素逆时针旋转。通过这个方法可以完成对元素的旋转操作。

【例16.23】使用rotate()方法

示例代码如下所示。

```
<!DOCTYPE html>
<html lang="en">
<head>
<meta charset="UTF-8">
<title>使用rotate()方法</title>
<style>
div{
width:300px;
height:300px;
background: #CF0;
margin:100px;
}
div:hover{
transform: rotate(45deg);
}
</style>
</head>
<body>
<div></div>
</body>
</html>
```

代码的运行效果如图16-32所示。

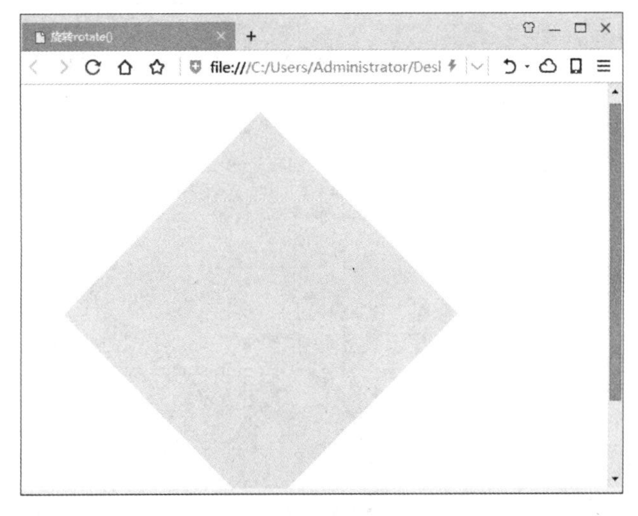

图16-32

3. 缩放scale()

使用scale()方法增加或减少的大小，取决于宽度（X轴）和高度（Y轴）的参数。通过此方法可以对页面中的元素进行等比例的放大和缩小，还可以指定物体缩放的中心。

【例16.24】使用scale()方法

示例代码如下所示。

```
<!DOCTYPE html>
<html lang="en">
<head>
<meta charset="UTF-8">
<title>使用scale()方法</title>
<style>
div{
width:100px;
height:100px;
background: #9F0;
margin:10px auto;
}
.a1{
transform: scale(1,1);
}
.b2{
transform: scale(1.5,1);
}
.c3{
transform: scale(0.5);
}
</style>
</head>
<body>
<div class="a1"></div>
<div class="b2"></div>
<div class="c3"></div>
</body>
</html>
```

代码的运行效果如图16-33所示。

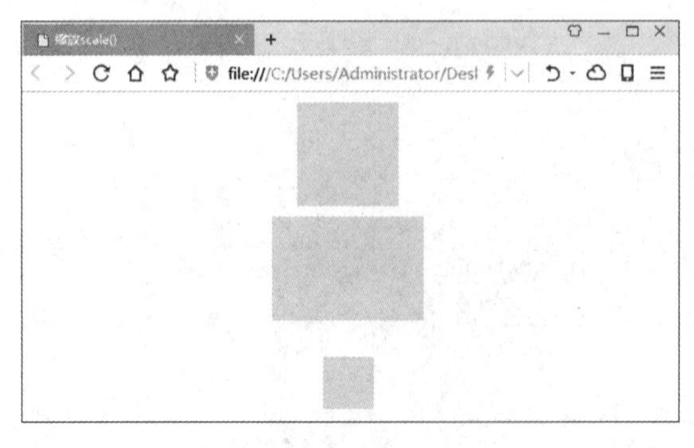

图16-33

上述代码为每个div都设置了相同的宽高属性，但是各自的缩放比例不同，所以它们显示在页面中的结果也是不一样的。

从上面的结果也可以发现，所有的div缩放其实都是从中心进行的，其默认的中心点就是元素的中心。这个缩放的中心是可以改变的，使用transform-origin属性即可。语法描述如下：

```
transform-origin: x-axis y-axis z-axis;
```

【例16.25】使用transform-origin属性

示例代码如下所示。

```
<!DOCTYPE html>
<html lang="en">
<head>
<meta charset="UTF-8">
<title> 使用transform-origin属性</title>
<style>
div{
width: 200px;
height: 200px;
transform-origin: 0 0;
margin:10px auto;
}
.a1{
transform: scale(1,1);
background: blue;
}
.b2{
transform: scale(1.5,1);
background: red;
}
.c3{
transform: scale(0.5);
background: green;
}
</style>
</head>
<body>
<div class="a1"></div>
<div class="b2"></div>
<div class="c3"></div>
</body>
</html>
```

同样的代码中，只是改变了元素转换的位置，即可完成类似于柱状图的操作。代码的运行效果如图16-34所示。

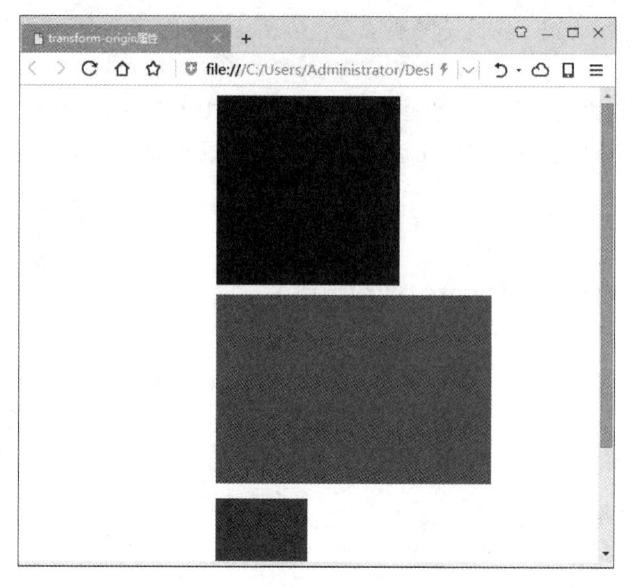

图16-34

4. 倾斜skew()

skew()包含两个参数值，分别表示X轴和Y轴倾斜的角度，如果第二个参数为空，则默认为0，参数为负时向相反方向倾斜。语法描述如下：

```
transform:skew(<angle> [,<angle>]);
```

【例16.26】使用skew()方法

示例代码如下所示。

```
<!DOCTYPE html>
<html lang="en">
<head>
<meta charset="UTF-8">
<title>使用skew()方法</title>
<style>
div{
width: 200px;
height: 200px;
margin:10px auto;
}
.a1{
background: blue;
}
.b2{
transform: skew(30deg);
background: red;
}
.c3{
transform: skew(50deg);
background: green;
```

```
}
</style>
</head>
<body>
<div class="a1"></div>
<div class="b2"></div>
<div class="c3"></div>
</body>
</html>
```

代码的运行效果如图16-35所示。

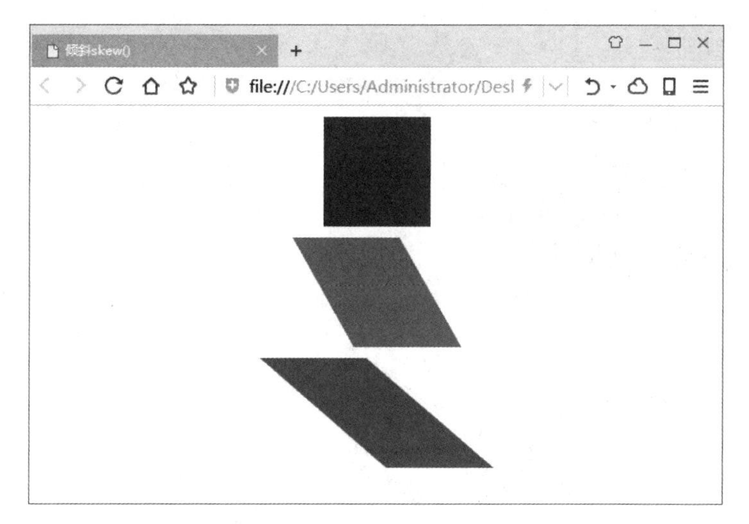

图16-35

5. 合并matrix()

matrix()方法和2D变换方法合并成一个，它的参数包括旋转、缩放、移动（平移）和倾斜功能。

【例16.27】使用matrix()方法

示例代码如下所示。

```
<!DOCTYPE html>
<html>
<head>
<meta charset="utf-8">
<title>使用matrix()方法</title>
<style>
div
{
width:200px;
height:175px;
background-color: #9F0
border:1px solid black;
}
div#div2
```

```
{
transform:matrix(0.866,0.5,-0.5,0.866,0,0);
-ms-transform:matrix(0.866,0.5,-0.5,0.866,0,0); /* IE 9 */
-webkit-transform:matrix(0.866,0.5,-0.5,0.866,0,0); /* Safari and Chrome */
transform:matrix(0.866,0.5,-0.5,0.866,0,0);
}
</style>
</head>
<body>
<div>这是matrix()的用法.</div>
<div id="div2">这是matrix()的用法.</div>
</body>
</html>
```

代码的运行效果如图16-36所示。

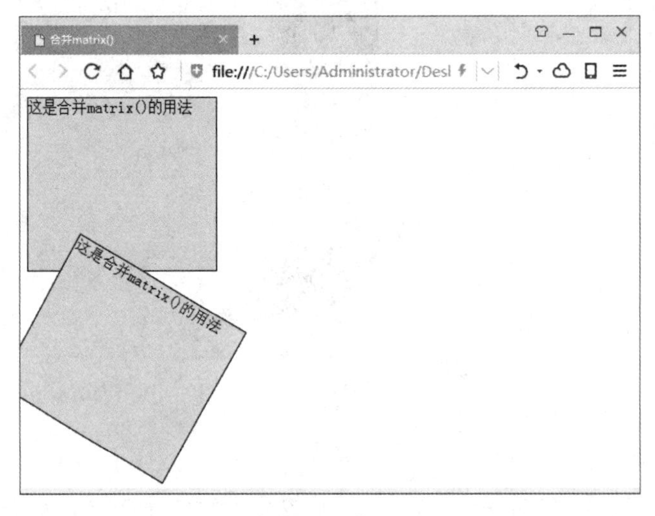

图16-36

16.7.2 3D转换

在CSS 3中，除了可以使用2D转换，还可以使用3D转换完成酷炫的网页特效，这些操作依然是使用transform属性来完成的。

1. rotateX()方法

rotateX()方法用于实现围绕一个给定度数基于X轴旋转。

这个方法与之前的2D转换方法rotate()不同，rotate()方法是让元素在平面内旋转，而rotateX()方法是让元素在孔内旋转，也就是让元素在X轴上进行旋转的。

【例16.28】使用rotateX()方法

示例代码如下所示。

```
<!DOCTYPE html>
<html lang="en">
```

```
<head>
<meta charset="UTF-8">
<title>使用rotateX()方法</title>
<style>
div{
width: 200px;
height: 200px;
background: green;
margin:20px;
color:#fff;
font-size: 50px;
line-height: 200px;
text-align: center;
transform-origin: 0 0 ;
float: left;
}
.d1{
transform: rotateX(40deg);
}
</style>
</head>
<body>
<div>3D旋转</div>
<div class="d1">3D旋转</div>
</body>
</html>
```

代码的运行效果如图16-37所示。

图16-37

2. rotateY()方法

rotateY()方法用于实现围绕一个给定度数基于Y轴旋转。

【例16.29】使用rotateY()方法

示例代码如下所示。

```
<!DOCTYPE html>
<html lang="en">
<head>
<meta charset="UTF-8">
<title>使用rotateY()方法</title>
<style>
div{
width: 170px;
height: 170px;
background: green;
margin:20px;
color:#fff;
font-size: 50px;
line-height: 200px;
text-align: center;
transform-origin: 0 0 ;
float: left;
}
.d1{
transform: rotateX(40deg);
}
.d2{
transform: rotateY(50deg);
}
</style>
</head>
<body>
<div>3D旋转</div>
<div class="d1">3D旋转</div>
<div class="d2">3D旋转</div>
</body>
</html>
```

代码的运行效果如图16-38所示。

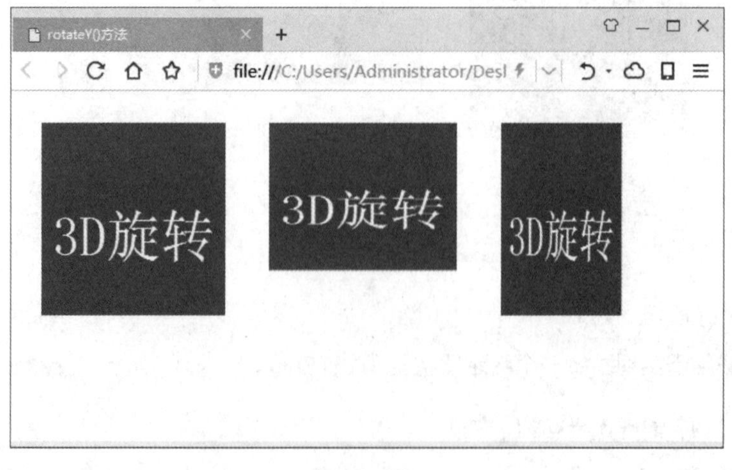

图16-38

3. transform-style属性

规定元素如何在3D空间中显示。语法描述如下：

```
transform-style: flat|preserve-3d;
```

【例16.30】使用transform-style属性

示例代码如下所示。

```
<!DOCTYPE html>
<html>
<head>
<meta charset="utf-8">
<title>使用transform-style属性</title>
<style>
#d1
{
position: relative;
height: 200px;
width: 200px;
margin: 100px;
padding:10px;
border: 1px solid black;
}
#d2
{
padding:50px;
position: absolute;
border: 1px solid black;
background-color: #F66;
transform: rotateY(60deg);
transform-style: preserve-3d;
-webkit-transform: rotateY(60deg); /* Safari and Chrome */
-webkit-transform-style: preserve-3d; /* Safari and Chrome */
}
#d3
{
padding:40px;
position: absolute;
border: 1px solid black;
background-color: green;
transform: rotateY(-60deg);
-webkit-transform: rotateY(-60deg); /* Safari and Chrome */
}
</style>
</head>
<body>
<div id="d1">
<div id="d2">HELLO
```

```
<div id="d3">world</div>
</div>
</div>
</body>
</html>
```

transform-style属性的值可以是以下两种。

- flat：表示所有子元素在2D平面呈现。
- preserve-3d：表示所有子元素在3D空间中呈现。

代码的运行效果如图16-39所示。

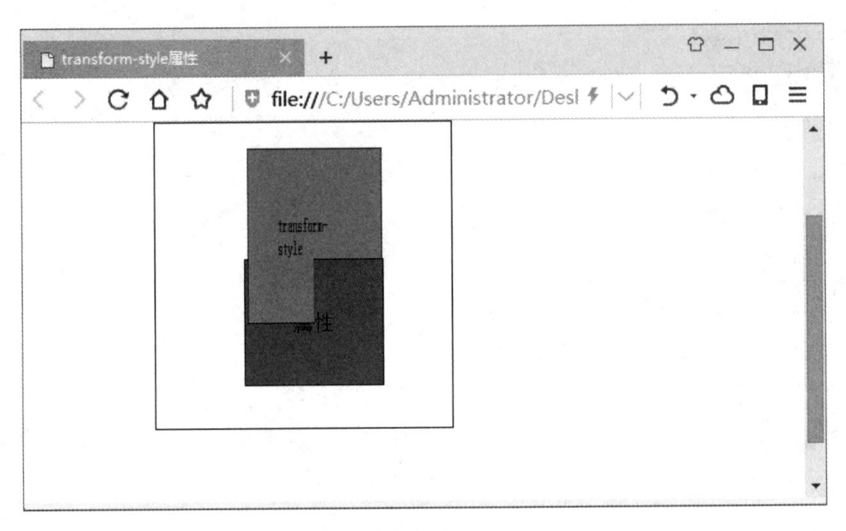

图16-39

4. perspective属性

多少像素的3D元素是从视图的perspective属性定义。这个属性允许改变3D元素查看透视图的方式。定义时的perspective属性是一个元素的子元素透视图，而不是元素本身。语法描述如下：

```
perspective: number|none;
```

perspective属性的值可以是以下两种。

- number：元素距离视图的距离，以像素计。
- none：默认值。与0相同。不设置透视。

perspective-origin属性定义3D元素基于的X轴和Y轴。该属性允许改变3D元素的底部位置。

在为元素定义perspective-origin属性时，其子元素会获得透视效果，而不是元素本身。该属性必须与perspective属性一同使用，而且只影响3D转换元素。语法描述如下：

```
perspective-origin: x-axis y-axis;
```

【例16.31】使用perspective-origin属性

示例代码如下所示。

```
<!DOCTYPE html>
```

```
<html>
<head>
<meta charset="utf-8">
<title> 使用perspective-origin属性</title>
<style>
#div1{
position: relative;
height: 150px;
width: 150px;
margin: 50px;
padding:10px;
border: 1px solid black;
perspective:150;
-webkit-perspective:150; /* Safari and Chrome */
}
#div2{
padding:50px;
position: absolute;
border: 1px solid black;
background-color: #9F3;
transform: rotateX(30deg);
-webkit-transform: rotateX(45deg); /* Safari and Chrome */
}
</style>
</head>
<body>
<div id="div1">
<div id="div2">CSS 3  3D转换</div>
</div>
</body>
</html>
```

代码的运行效果如图16-40所示。

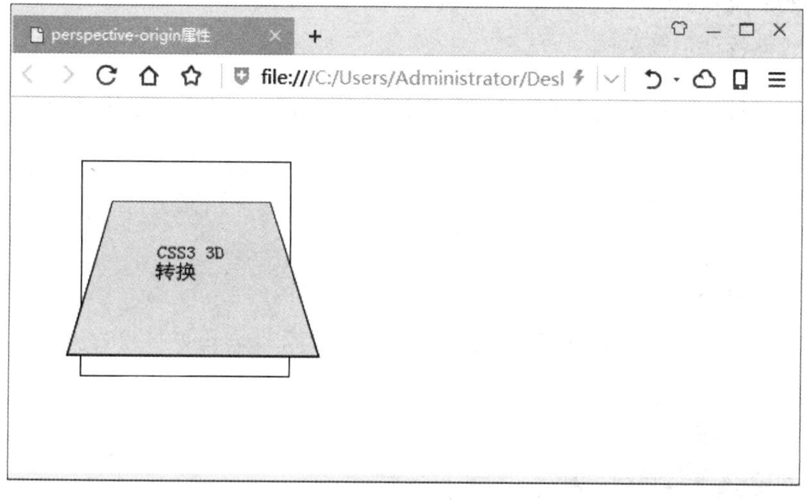

图16-40

5. backface-visibility属性

backface-visibility属性定义当元素不面向屏幕时是否可见，如果在旋转元素时不希望看到其背面，该属性很有用。语法描述如下：

```
backface-visibility: visible|hidden;
```

backface-visibility属性的值可以是以下两种。

- visible：背面是可见的。
- Hidden：背面是不可见的。

16.8 CSS 3动画

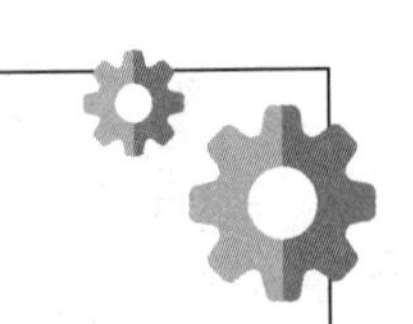

在CSS 3属性中，有关动画制作的三个属性是：Transform、Transition、Animation。已经学过的Transform和Transition可以实现一些基本的动画效果，但是不能满足需求，因为需要触发条件才能够表现出动画的效果。而本节所要学习的动画是不用触发即可实现。

16.8.1 动画属性

在CSS 3的动画中添加了一些属性，下面就介绍它们。

1. @keyframes

如果想创建动画，必须使用@keyframes规则。

创建动画时要从一个CSS样式设定过渡到另一个。可以更改CSS样式的设定次数。

指定变化时使用%或关键字from和to。0%是开头动画，100%是当动画完成。为了获得最佳的浏览器支持，应该始终定义为0%和100%的选择器。

2. animation

这是所有动画属性的简写属性，除了animation-play-state属性。语法描述如下：

```
animation: name duration timing-function delay iteration-count direction fill-
mode play-state;
```

3. animation-name

animation-name属性为@keyframes动画规定名称。语法描述如下：

```
animation-name: keyframename|none;
```

animation-name属性有两个值。

- keyframename：规定需要绑定到选择器的keyframe的名称。

- none：规定无动画效果（可用于覆盖来自级联的动画）。

4. animation-duration

animation-duration属性定义动画完成一个周期需要多少秒或毫秒。语法描述如下：

```
animation-duration: time;
```

5. animation-timing-function

animation-timing-function指定动画将如何完成一个周期。速度曲线定义动画从一套CSS样式变为另一套所用的时间。速度曲线用于使变化更为平滑。语法描述如下：

```
animation-timing-function: value;
```

animation-timing-function使用的数学函数称为三次贝塞尔曲线，即速度曲线。使用此函数可以使用自定义的值，或使用预先定义的值之一。

animation-timing-function属性的值可以是以下几种。

- inear：动画从头到尾的速度是相同的。
- ease：默认。动画以低速开始，然后加快，在结束前变慢。
- ease-in：动画以低速开始。
- ease-out：动画以低速结束。
- ease-in-out：动画以低速开始和结束。
- cubic-bezier(n,n,n,n)：在cubic-bezier函数中的值。可能的值是从0到1的数值。

6. animation-delay

animation-delay属性定义动画什么时候开始，其值的单位可以是秒（s）或毫秒（ms）。

【TIPS】

允许负值，-2s使动画马上开始，但跳过2秒进入动画。

7. animation-iteration-count

animation-iteration-count属性定义动画应该播放多少次，默认值为1，其值可以是以下两种。

- n：一个数字，定义应该播放多少次动画。
- infinite：指定动画应该播放无限次（永远）。

8. animation-direction

animation-direction属性定义是否循环交替反向播放动画，默认值是normal。

【TIPS】

如果动画被设置为只播放一次，该属性将不起作用。

语法描述：

```
animation-direction: normal|reverse|alternate|alternate-reverse|initial|inherit;
```

animation-direction属性的值可以是以下几种。

- normal：默认值。动画按正常播放。
- Reverse：动画反向播放。
- alternate：动画在奇数次（1、3、5...）正向播放，在偶数次（2、4、6...）反向播放。
- alternate-reverse：动画在奇数次（1、3、5...）反向播放，在偶数次（2、4、6...）正向播放。
- Initial：设置该属性为它的默认值。
- Inherit：从父元素继承该属性。

9. animation-play-state

animation-play-state属性指定动画是否正在运行或已暂停，默认值是running。语法描述如下：

```
animation-play-state: paused|running;
```

animation-play-state属性的值可以是以下两种。

- paused：指定暂停动画。
- running：指定正在运行的动画。

16.8.2 实现动画

创建CSS 3动画时不得不了解@keyframes规则。@keyframes规则指定一个CSS样式，动画将逐步从目前的样式更改为新的样式。

使用@keyframes创建动画，需要把它绑定到一个选择器，否则动画不会有任何效果。至少有两个CSS 3的动画属性绑定向一个选择器：规定动画的名称、规定动画的时长。

【例16.32】使用@keyframes创建动画

示例代码如下所示。

```
<!DOCTYPE html>
<html lang="en">
<head>
<meta charset="UTF-8">
<title>使用@keyframes创建动画</title>
<style>
div{
width: 200px;
height: 200px;
background: blue;
animation:myAni 5s;
}
@keyframes myAni{
```

```
0%{margin-left: 0px;background: blue;}
50%{margin-left: 500px;background: red;}
100%{margin-left: 0px;background: blue;}
}
</style>
</head>
<body>
<div></div>
</body>
</html>
```

代码的运行效果如图16-41所示。

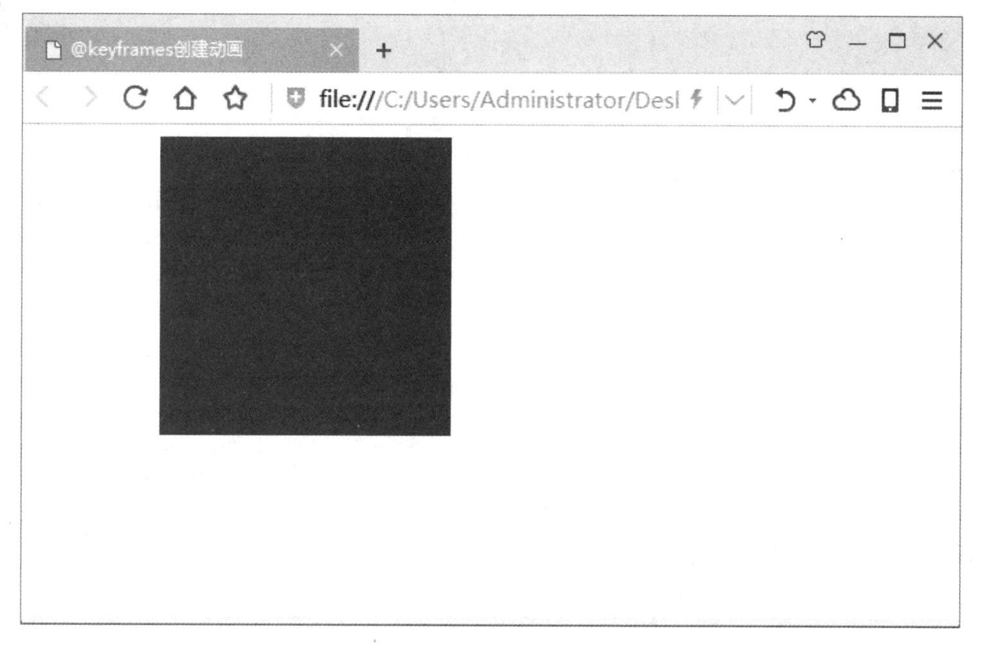

图16-41

【例16.33】使用@keyframes创建旋转动画

示例代码如下所示。

```
<!DOCTYPE html>
<html lang="en">
<head>
<meta charset="UTF-8">
<title>使用@keyframes创建旋转动画</title>
<style>
.d1{
width: 200px;
height: 200px;
background: blue;
animation:myFirstAni 5s;
transform: rotate(0deg);
```

```
margin:20px;
}
@keyframes myFirstAni{
0%{margin-left: 0px;background: blue;transform: rotate(0deg);}
50%{margin-left: 500px;background: red;transform: rotate(720deg);}
100%{margin-left: 0px;background: blue;transform: rotate(0deg);}
}
.d2{
width: 200px;
height: 200px;
background: red;
animation:mySecondtAni 5s;
transform: rotate(0deg);
margin:20px;
}
@keyframes mySecondtAni{
0%{margin-left: 0px;background: red;transform: rotateY(0deg);}
50%{margin-left: 500px;background: blue;transform: rotateY(720deg);}
100%{margin-left: 0px;background: red;transform: rotateY(0deg);}
}
</style>
</head>
<body>
<div class="d1"></div>
<div class="d2"></div>
</body>
</html>
```

代码的运行效果如图16-42所示。

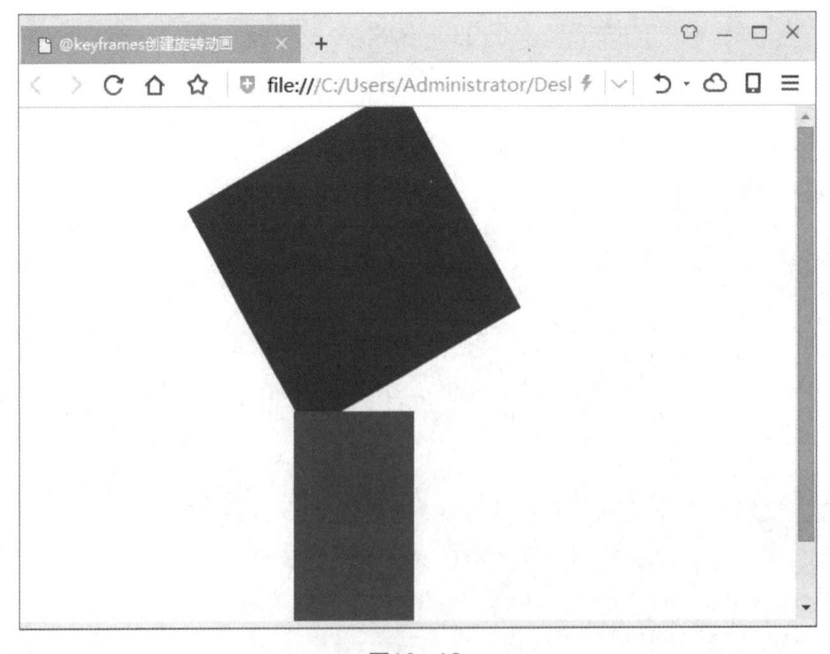

图16-42

16.9 CSS 3多列布局

CSS 3的新属性columns用于多列布局。有些习以为常的排版要用CSS动态实现其实是比较困难的，如竖版报纸布局。但是使用CSS 3的columns属性将会使之变得非常容易，因为CSS 3可以实现多列布局。

下面就来学习CSS 3多列布局的相关属性。

1. column-count

column-count属性规定元素应该被划分的列数。

【例16.34】使用column-count属性

示例代码如下所示。

```
<!DOCTYPE html>
<html lang="en">
<head>
<meta charset="UTF-8">
<title>使用column-count属性</title>
<style>
div{
width: 800px;
border:1px solid green;
column-count: 3;
}
</style>
</head>
<body>
<div>
    苏轼（1037年1月8日—1101年8月24日），字子瞻，又字和仲，号铁冠道人、东坡居士，世称苏东坡、苏仙。汉族，眉州眉山（今属四川省眉山市）人，祖籍河北栾城，北宋著名文学家、书法家、画家。
    嘉祐二年（1057年），苏轼进士及第。宋神宗时曾在凤翔、杭州、密州、徐州、湖州等地任职。元丰三年（1080年），因“乌台诗案”受诬陷被贬黄州任团练副使。宋哲宗即位后，曾任翰林学士、侍读学士、礼部尚书等职，并出知杭州、颍州、扬州、定州等地，晚年因新党执政被贬惠州、儋州。宋徽宗时获大赦北还，途中于常州病逝。宋高宗时追赠太师，谥号“文忠”。
    苏轼是宋代文学最高成就的代表，并在诗、词、散文、书、画等方面取得了很高的成就。其诗题材广泛，清新豪健，善用夸张比喻，独具风格，与黄庭坚并称“苏黄”；其词开豪放一派，与辛弃疾同是豪放派代表，并称“苏辛”；其散文著述宏富，豪放自如，与欧阳修并称“欧苏”，为“唐宋八大家”之一。苏轼亦善书，为“宋四家”之一；工于画，尤擅墨竹、怪石、枯木等。有《东坡七集》、《东坡易传》、《东坡乐府》等传世。
</div>
</body>
</html>
```

代码的运行效果如图16-43所示。

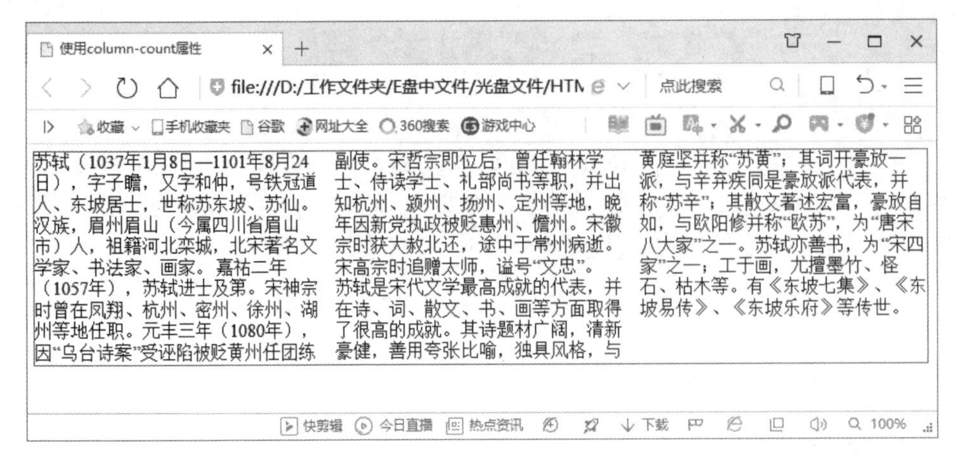

图16-43

2. column-gap

column-gap属性规定列之间的间隔。如果列之间设置了column-rule，它会在间隔中间显示。语法描述如下：

```
column-gap: 40px;
```

【例16.35】使用column-gap属性

示例代码如下所示。

```
<!DOCTYPE html>
<html lang="en">
<head>
<meta charset="UTF-8">
<title> 使用column-gap属性</title>
<style>
div{
width: 800px;
border:1px solid green;
column-count: 3;
column-gap: 40px;
}
</style>
</head>
<body>
<div>
    苏轼（1037年1月8日—1101年8月24日），字子瞻，又字和仲，号铁冠道人、东坡居士，世称苏东坡、苏仙。汉族，眉州眉山（今属四川省眉山市）人，祖籍河北栾城，北宋著名文学家、书法家、画家。
    嘉祐二年（1057年），苏轼进士及第。宋神宗时曾在凤翔、杭州、密州、徐州、湖州等地任职。元丰三年（1080年），因“乌台诗案”受诬陷被贬黄州任团练副使。宋哲宗即位后，曾任翰林学士、侍读学士、礼部尚书等职，并出知杭州、颍州、扬州、定州等地，晚年因新党执政被贬惠州、儋州。宋徽宗时获大赦北还，途中于常州病逝。宋高宗时追赠太师，谥号“文忠”。
    苏轼是宋代文学最高成就的代表，并在诗、词、散文、书、画等方面取得了很高的成就。其诗题材广泛，
```

```
清新豪健，善用夸张比喻，独具风格，与黄庭坚并称“苏黄”；其词开豪放一派，与辛弃疾同是豪放派代表，
并称“苏辛”；其散文著述宏富，豪放自如，与欧阳修并称“欧苏”，为“唐宋八大家”之一。苏轼亦善书，为
“宋四家”之一；工于画，尤擅墨竹、怪石、枯木等。有《东坡七集》、《东坡易传》、《东坡乐府》等传世。
    </div>
    </body>
    </html>
```

代码的运行效果如图16-44所示，每列的间距变大了。

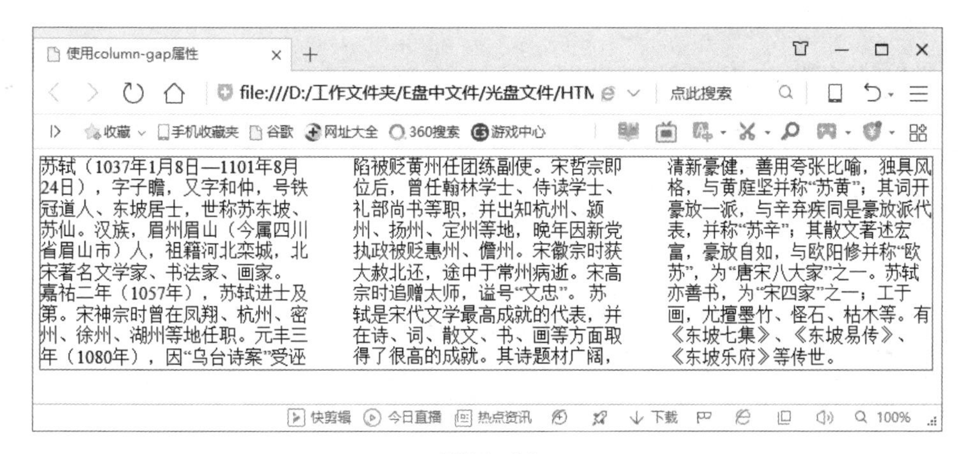

图16-44

3. column-rule-style

column-rule-style属性规定列之间的样式规则，它类似于border-style属性。

column-rule-style属性的值可以是以下几种。

- none：定义没有规则。
- hidden：定义隐藏规则。
- dotted：定义点状规则。
- dashed：定义虚线规则。
- solid：定义实线规则。
- double：定义双线规则。
- groove：定义3D grooved规则。该效果取决于宽度和颜色值。
- ridge：定义3D ridged规则。该效果取决于宽度和颜色值。
- inset：定义3D inset规则。该效果取决于宽度和颜色值。
- Outset：定义3D outset规则。该效果取决于宽度和颜色值。

4. column-rule-width

column-rule-width属性规定列之间的宽度规则，它类似于border-width属性。

column-rule-width属性的值可以是以下几种。

- thin：定义纤细规则。
- medium：定义中等规则。
- thick：定义宽厚规则。
- length：规定规则的宽度。

5. column-rule-color

column-rule-color属性规定列之间的颜色规则，它类似于border-color属性。

通过这三个属性可以添加列与列的分割线，示例代码如下所示。

```
column-rule-color: red;
column-rule-width: 5px;
column-rule-style: dotted;
```

代码的运行效果如图16-45所示。

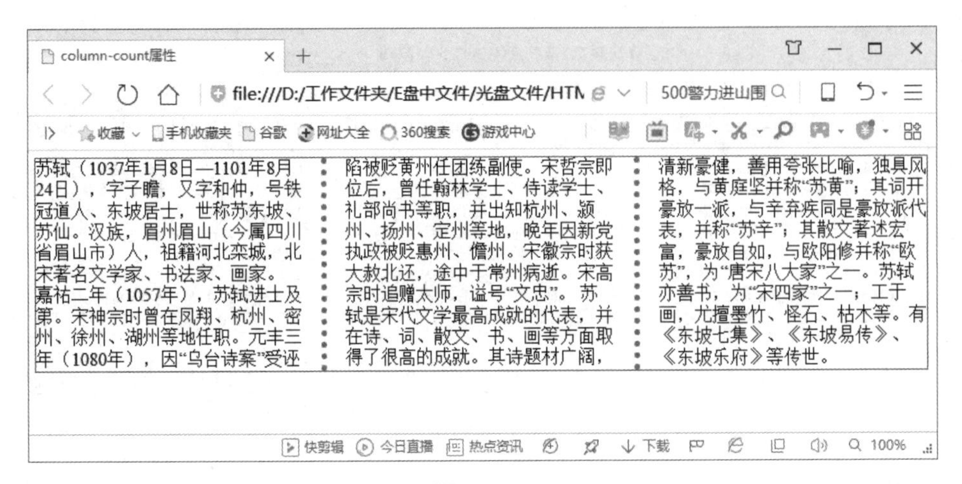

图16-45

6. column-rule

column-rule属性是一个简写属性，用于设置所有column-rule-*属性。它设置列之间的宽度、样式和颜色规则，类似于border属性。

7. column-span

column-span属性规定元素应横跨多少列。

column-span的值可以是以下两种。

- 1：元素应横跨一列。
- all：元素应横跨所有列。

8. column-width

column-width属性规定列的宽度。

column-width属性的值可以是以下两种。

- auto：由浏览器决定列宽。
- Length：规定列的宽度。

9. columns

columns属性是一个简写属性，用于设置列宽和列数。语法描述如下：

```
columns: column-width column-count;
```

16.10 CSS 3过渡

> 所谓过渡就是某个元素从一种状态到另一状态的过程，CSS 3的过渡指的也是页面中的元素从开始的状态改变成另外一种状态的过程。

以前，想在网页中实现过渡效果，需要借助flash这样的插件完成，但是CSS 3中的transition属性能提供非常便捷的过渡方式，不需要借助其他插件就能完成。

16.10.1 单项属性过渡

先介绍简单的单项属性过渡。

【例16.36】单项属性过渡

示例代码如下所示。

```
<!DOCTYPE html>
<html lang="en">
<head>
<meta charset="UTF-8">
<title>单项属性过渡</title>
<style>
div{
width: 100px;
height: 100px;
transition:width 2s;
}
.d1{
background: green;
}
.d2{
background: #FF6;
}
.d3{
background: #C63;
}
div:hover{
width: 500px;
}
</style>
</head>
<body>
<div class="d1"></div>
<div class="d2"></div>
```

```
<div class="d3"></div>
</body>
</html>
```

代码的运行效果如图16-46所示。

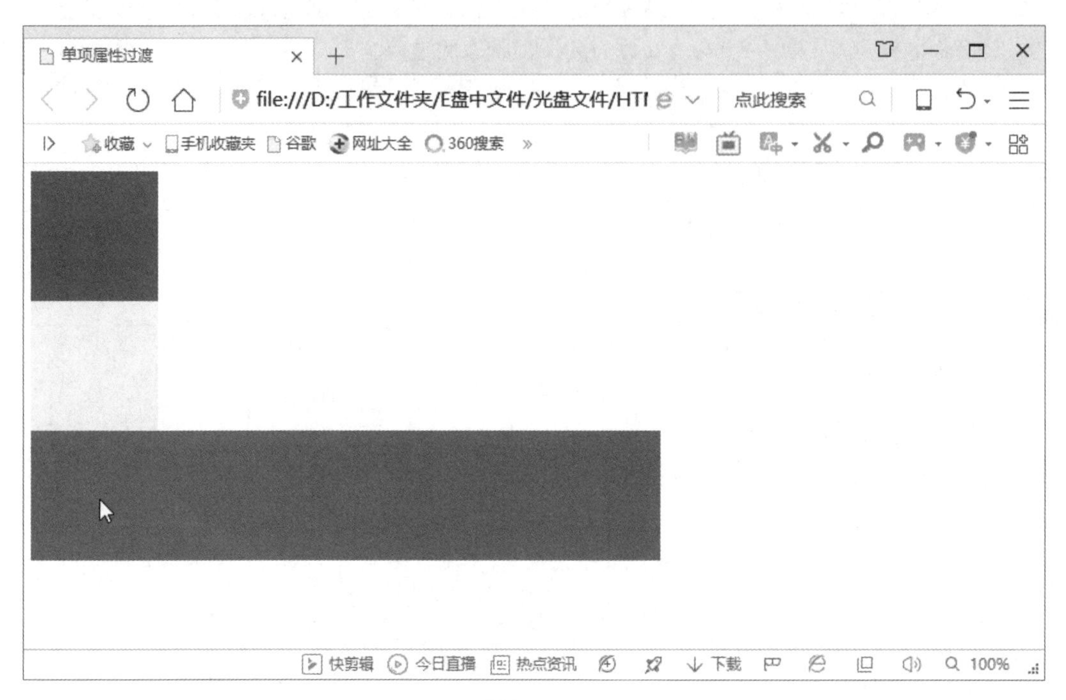

图16-46

16.10.2 多项属性过渡

多项属性过渡与单项属性过渡类似，只是写法略有不同。多项属性过渡是在写完第一个属性和过渡时间之后，无论添加多少个变化的属性，都是在逗号之后直接再次写入过渡的属性名和过渡时间。还有个一劳永逸的方法是，直接使用关键字all表示所有属性都会应用过渡，这样写有时候会有危险。例如，想让前三种属性应用过渡效果，而第四种属性不应用，如果使用关键字all的话就无法取消了，所以使用时需要慎重。

【例16.37】多项属性过渡

示例代码如下所示。

```
<!DOCTYPE html>
<html lang="en">
<head>
<meta charset="UTF-8">
<title>多项属性过渡</title>
<style>
div{
width: 100px;
height: 100px;
```

```
margin:10px;
transition:width 2s,background 2s;
}
.d1{
background: green;
}
.d2{
background: #FF6;
}
.d3{
background: #C63;
}
div:hover{
width: 500px;
}span{
display:block;
width: 100px;
height: 100px;
background: red;
transition:all 2s;
margin:10px;
}
span:hover{
width: 600px;
background: blue;
}
</style>
</head>
<body>
<div class="d1"></div>
<div class="d2"></div>
<div class="d3"></div>
<span></span>
<span></span>
<span></span>
</body>
</html>
```

代码的运行效果如图16-47所示。

其中的transition-timing-function属性规定想要的动画方式，它的值可以是以下几种。

- linear：规定以相同速度开始至结束的过渡效果（等于cubic-bezier(0,0,1,1)）。
- ease：规定慢速开始，变快，然后慢速结束的过渡效果（cubic-bezier(0.25,0.1,0.25, 1)）。
- ease-in：规定以慢速开始的过渡效果（等于cubic-bezier(0.42,0,1,1)）。
- ease-out：规定以慢速结束的过渡效果（等于cubic-bezier(0,0,0.58,1)）。
- ease-in-out：规定以慢速开始和结束的过渡效果（等于cubic-bezier(0.42,0,0.58,1)）。
- cubic-bezier(n,n,n,n)：在cubic-bezier函数中定义自己的值，可能的值是0~1之间的数值。

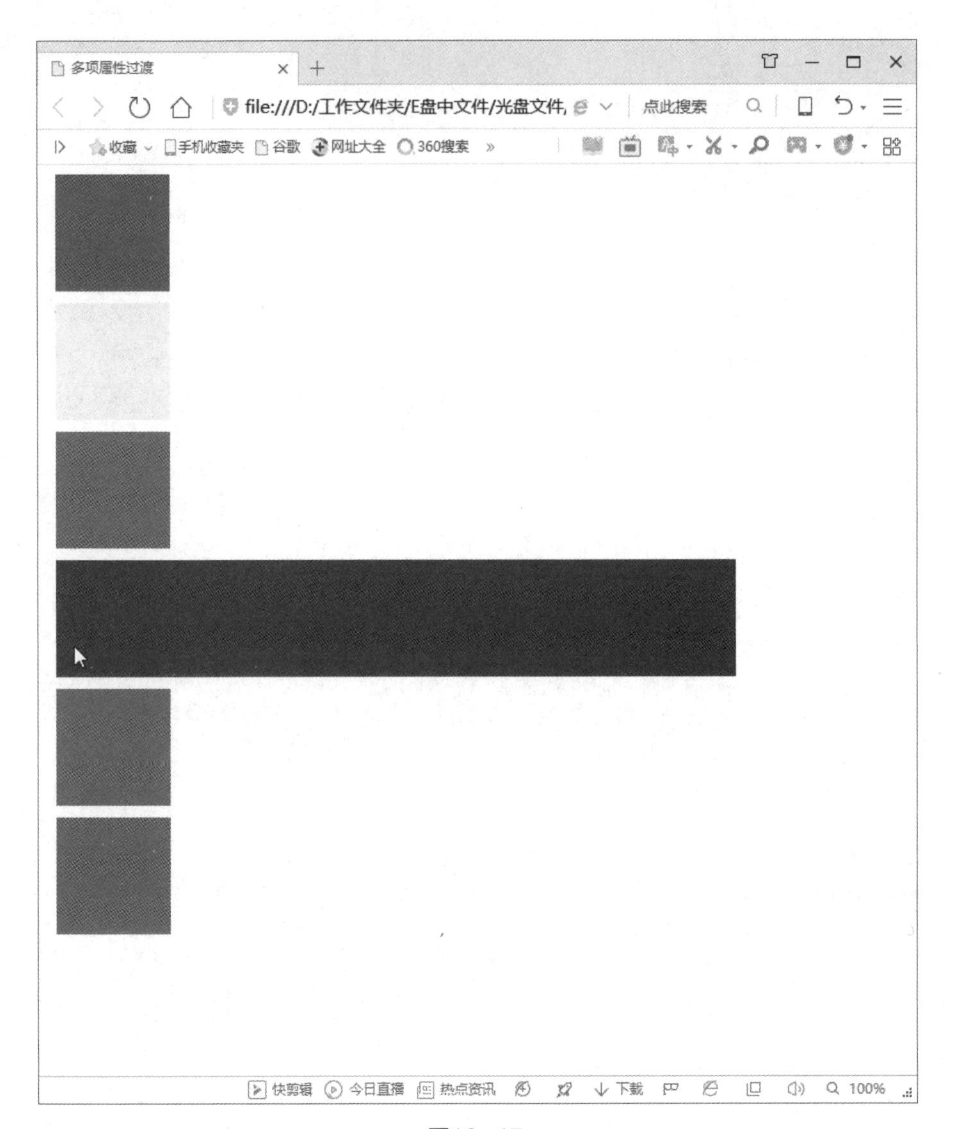
多项属性过渡
file:///D:/工作文件夹/E盘中文件/光盘文件,
点此搜索
收藏
手机收藏夹
谷歌
网址大全
360搜索
快剪辑
今日直播
热点资讯
下载
100%

图16-47

Chapter

17

网页特效的添加

本章概述

JavaScript是一种直译式脚本语言，它是一种动态类型、弱类型、基于原型的语言，内置支持类型。它的解释器称为JavaScript引擎，是浏览器的一部分，广泛用于客户端的脚本语言，最早是在HTML网页上使用，用来给HTML网页增加动态功能。

重点知识

- JavaScript的基本元素
- JavaScript事件分析
- 表单事件
- 轮播图效果
- 窗口特效
- 时间特效

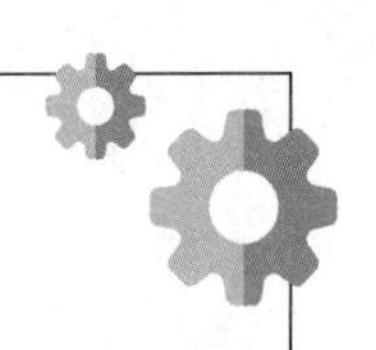

17.1 JavaScript简介

1995年，Netscape公司发布了名为JavaScript的脚本语言。现在它已经广泛用于Web应用开发，常用来为网页添加各式各样的动态功能，为用户提供更流畅美观的浏览效果。通常JavaScript脚本是通过嵌入HTML来实现自身功能的。

JavaScript开发之初就是为了减轻服务器的压力，改善用户体验。

为了取得技术优势，微软推出了JScript，CEnvi推出ScriptEase，与JavaScript一样，都可在浏览器上运行。

JavaScript兼容于ECMA标准，也称为ECMAScript。它定义了标准的语法，开发者不再需要为不同的浏览器编写不同的代码，从而规范了网页脚本语言的兼容性，可以在每个遵循ECMAScript标准的浏览器上呈现相同的效果。

JavaScript脚本语言同其他语言一样，有它自身的基本数据类型、表达式、算术运算符程序的基本程序框架。JavaScript提供了四种基本的数据类型和两种特殊的数据类型。变量提供存放信息的地方，表达式则可以完成较复杂的信息处理。

JavaScript脚本语言具有以下特点。

- 脚本语言：JavaScript是一种解释型的脚本语言，C、C++等语言是先编译后执行，而JavaScript是在程序的运行过程中逐行进行解释。
- 基于对象：JavaScript是一种基于对象的脚本语言，它不仅可以创建对象，而且还能使用现有的对象。
- 简单：JavaScript语言采用弱类型的变量类型，对使用的数据类型未做出严格的要求，基于Java基本语句和控制的脚本语言，其设计简单紧凑。
- 动态性：JavaScript是一种采用事件驱动的脚本语言，它不需要经过Web服务器就可以对用户的输入做出响应。在访问网页时，进行单击、上下移、窗口移动等操作，JavaScript都可直接对这些事件给出响应。
- 跨平台性：JavaScript脚本语言不依赖于操作系统，仅需要浏览器的支持。JavaScript脚本在编写后可以带到任意电脑中使用，前提是浏览器支持JavaScript脚本语言，目前JavaScript已被大多数浏览器支持。

不同于服务器端的脚本语言，如PHP与ASP，JavaScript主要作为客户端脚本语言在浏览器上运行，不需要服务器的支持。在早期，程序员比较青睐JavaScript以减少对服务器的负担，而与此同时也带来另一个问题——安全性。

随着服务器的强大，虽然程序员更喜欢运行于服务器端的脚本以保证安全，但JavaScript仍然以其跨平台、容易上手等优势被广泛使用。同时，有些特殊功能（如AJAX）必须依赖JavaScript在客户端进行支持。随着引擎（如V8）和框架（如Node.js）的发展，再加上事件驱动、异步IO等特性，JavaScript逐渐被用来编写服务器端程序。

17.2 JavaScript的基本元素

17.2.1 数据类型

JavaScript中有五种简单的数据类型（也称为基本数据类型）：Undefined、Null、Boolean、Number和String。还有一种复杂的数据类型——Object，它本质上是由一组无序的名值对组成的。

1. Undefined类型

Undefined类型只有一个值，即特殊的undefined。在使用var声明变量但未对其加以初始化时，这个变量的值就是undefined，例如：

```
var message;
alert(message == undefined)      //true
```

2. Null类型

Null类型是第二个只有一个值的数据类型，这个特殊的值是null。从逻辑角度来看，null值表示一个空对象指针，而这也正是使用typeof操作符检测null时会返回object的原因，例如：

```
var car = null;
alert(typeof car);               // "object"
```

如果定义的变量准备在将来用于保存对象，那么最好将该变量初始化为null，而不是其他值。这样，只要直接检测null值，就可以知道相应的变量是否已经保存了一个对象的引用，例如：

```
if(car != null)
{
//对car对象执行某些操作
}
```

实际上，undefined值是派生自null值的，因此ECMA-262规定对它们的相等性测试都要返回true。

```
alert(undefined == null); //true
```

尽管null和undefined有这样的关系，但它们的用途完全不同。无论在什么情况下，都没有必要把一个变量的值显式地设置为undefined，可是同样的规则对null不适用。换句话说，只要保存对象的变量还没有真正保存对象，就应该明确地让该变量保存null值。这样做不仅可以体现null作为空对象指针的惯例，而且有助于进一步区分null和undefined。

3. Boolean类型

该类型只有两个字面值：true和false。这两个值与数字值不一样，因此true不一定等于1，而false也不一定等于0。

虽然Boolean类型的字面值只有两个，但JavaScript中所有类型的值都有与这两个Boolean值等价的值。要将一个值转换为其对应的Boolean值，可以调用类型转换函数Boolean()，例如：

```
var message = 'Hello World';
var messageAsBoolean = Boolean(message);
```

在这个例子中，字符串message被转换成了一个Boolean值，该值被保存在messageAsBoolean变量中。可以对任何数据类型的值调用Boolean()函数，而且总会返回一个Boolean值。至于返回的这个值是true还是false，取决于要转换值的数据类型及其实际值。如表17-1所示，给出了各种数据类型及其对象的转换规则。

表17-1　数据类型及其对象的转换规则

数据类型	转换为true的值	转换为false的值
Boolean	True	False
String	任何非空字符串	（空字符串）
Object	任何对象	Null
Undefined	n/a（不适用）	Undefined

4. Number类型

这种类型用于表示整数和浮点数值，还有一种特殊的数值，即NaN（非数值Not a Number）。这个数值用于表示，一个本来要返回数值的操作数未返回数值的情况（这样就不会抛出错误了）。例如，在其他编程语言中，任何数值除以0都会导致错误，从而停止代码执行。但在JavaScript中，任何数值除以0都会返回NaN，因此不会影响其他代码的执行。

NaN本身有两个非同寻常的特点。首先，任何涉及NaN的操作（例如NaN/10）都会返回NaN，这在多步计算中有可能导致错误。其次，NaN与任何值都不相等，包括NaN本身。例如，下面的代码会返回false。

```
alert(NaN == NaN);        //false
```

JavaScript中有一个isNaN()函数，这个函数接受一个参数，该参数可以是任何类型，而函数会确定这个参数是否“不是数值”。isNaN()在接收一个值之后，会尝试将这个值转换为数值。某些不是数值的值会直接转换为数值，如字符串10或Boolean值。任何不能被转换为数值的值都会导致这个函数返回true。例如：

```
alert(isNaN(NaN));        //true
alert(isNaN(10));         //false(10是一个数值)
alert(isNaN("10"));       //false(可能被转换为数值10)
alert(isNaN("blue"));     //true(不能被转换为数值)
alert(isNaN(true));       //false(可能被转换为数值1)
```

有三个函数可以把非数值转换为数值：Number()、parseInt()和parseFloat()。第一个函数，即转型函数Number()可以用于任何数据类型，而另外两个函数则专门用于把字符串转换成数值。这三个函数对于同样的输入会返回不同的结果。

5. String类型

String类型用于表示由零或多个16位Unicode字符组成的字符序列，即字符串。字符串可以由单引号(')或双引号(")表示，例如：

```
var str1 = "Hello";
var str2 = 'Hello';
```

任何字符串的长度都可以通过访问其length属性取得，例如：

```
alert(str1.length);                          //输出5
```

要把一个值转换为一个字符串有两种方式。第一种是使用几乎每个值都有的toString()方法，例如：

```
var age = 11;
var ageAsString = age.toString();            //字符串"11"
var found = true;
var foundAsString = found.toString();        //字符串"true"
```

数值、布尔值、对象和字符串值都有toString()方法。但null和undefined值是没有这个方法的。

多数情况下，调用toString()方法不必传递参数。但是，在调用数值的toString()方法时，可以传递一个参数，即输出数值的基数，例如：

```
var num = 10;
alert(num.toString());          //"10"
alert(num.toString(2));         //"1010"
alert(num.toString(8));         //"12"
alert(num.toString(10));        //"10"
alert(num.toString(16));        //"a"
```

通过以上代码可以看出，通过指定基数，toString()方法会改变输出的值。数值10根据基数的不同，可以在输出时被转换为不同的数值格式。

6. Object类型

对象其实就是一组数据和功能的集合。对象可以通过执行new操作符后跟要创建的对象类型的名称来创建。创建Object类型的实例，并为其添加属性和（或）方法，就可以创建自定义对象，例如：

```
var o = new Object();
```

17.2.2 常量和变量

当声明和初始化变量时，在标识符的前面加上关键字const，就可以把该标识符指定为一个常量。顾名思义，常量的值在使用过程中不会发生变化，示例代码如下。

```
const NUM=100;
```

NUM标识符就是常量，只能在初始化的时候被赋值，不能再次给NUM赋值。

在JavaScript中声明变量时，需要在标识符的前面加上关键字var，示例代码如下。

```
var scoreForStudent = 0.0;
```

该语句声明scoreForStudent变量，并且初始化为0.0。如果在一个语句中声明和初始化了多个变量，那么所有变量都具有相同的数据类型，示例代码如下。

```
var x = 10, y = 20;
```

在多个变量的声明中，也能指定不同的数据类型，示例代码如下。

```
var x = 10, y = true;
```

其中，x为整型，y为布尔型。

17.2.3 运算符和表达式

1. 运算符

不同的运算符对其处理的运算数存在类型的要求，例如，不能将两个由非数字字符组成的字符串进行乘法运算。JavaScript会在运算过程中按需要自动转换运算数的类型，例如，由数字组成的字符串在进行乘法运算时，将自动转换成数字。

运算数的类型不一定与表达式的结果相同，例如，比较表达式中的运算数往往不是布尔型的数据，而返回结果总是布尔型数据。

根据运算数的个数，可以将运算符分为三种类型：一元运算符、二元运算符和三元运算符。

- 一元运算符：只需要一个运算数参与运算，它典型的应用是取反运算。
- 二元运算符：需要两个运算数参与运算，JavaScript中的大部分运算符都是二元运算符，如加法运算符、比较运算符等。
- 三元运算符（?:）：是运算符中比较特殊的一种，它可以将三个表达式合并为一个复杂的表达式。

（1）赋值运算符（=）。

给变量赋值，示例代码如下。

```
result = expression
```

（=）运算符和其他运算符一样，除了把值赋给变量外，使用它的表达式还有一个值。这就意味着可以把赋值操作连起来写，示例代码如下。

```
j = k = l = 0;
```

执行上述代码后，j、k和l的值都等于零。

因为（=）被定义为一个运算符，所以可以将它运用于更复杂的表达式，示例代码如下。

```
(a=b)==0          //先给a赋值b，再检测a的值是否为0.
```

（=）运算符的结合性是从右到左的，因此可以这样用：

```
a=b=c=d=100       //给多个变量赋同一个值
```

（2）加法赋值运算符（+=）。

将变量值与表达式值相加，并将和赋给该变量。示例代码如下。

```
result += expression
```

（3）加法运算符（+）。

将数字表达式的值加到另一数字表达式上，或连接两个字符串，示例代码如下。

```
result = expression1 + expression2
```

如果加号（+）运算符表达式中一个是字符串，另一个不是，则另一个会被自动转换为字符串；如果加号运算符中一个运算数为对象，则这个对象会被转化为可以进行加法运算的数字，或可以进行连接运算的字符串。这一转化是通过调用对象的valueof()或tostring()方法来实现的。

加号运算符有将参数转化为数字的功能，如果不能转化为数字，则返回NaN。

```
var a="100";   var b=+a
```

此时b的值为数字100。(+) 运算符用于数字或字符串时，不一定都会转化成字符串进行连接，例如：

```
var a=1+2+"hello"         //结果为3hello
var b="hello"+1+2         //结果为hello12
```

产生这种情况的原因是（+）运算符是从左到右进行运算的。

（4）减法赋值运算符（-=）。

从变量值中减去表达式值，并将结果赋给该变量，示例代码如下。

```
result -= expression
```

使用（-=）运算符与使用下面的语句是等效的：

```
result = result - expression
```

（5）减法运算符（-）。

从一个表达式的值中减去另一个表达式的值，只有一个表达式时取其相反数。

语法1描述如下：

```
result = number1 - number2
```

语法2描述如下：

```
-number
```

在语法1中，运算符（-）是算术减法运算符，用来获得两个数值之间的差。在语法2中，运算符（-）是一元取负运算符，用来指出一个表达式的负值。

对于语法2，和所有一元运算符一样，表达式按照下面的规则来求值。

- 如果应用于undefined或null表达式，则会产生一个运行时错误。
- 对象被转换为字符串。

● 如果可能，字符串被转换为数值。如果不能，则会产生一个运行时错误。

● Boolean值被当作数值。如果是false，则为0；如果是true，则为1。

该运算符被用来产生数值。在语法2中，如果生成的数值不是零，则result与生成的数值颠倒符号后是相等的。如果生成的数值是零，则result是零。

如果减法运算符的运算数不是数字，那么系统会自动把它们转化为数字。

也就是说，加号运算数会被优先转化为字符串，而减号运算数会被优先转化为数字。以此类推，只能进行数字运算的运算符，它的运算数都将被转化为数字。比较运算符也会优先转化为数字进行比较。

（6）递增（++）和递减（--）运算符。

变量值递增或递减。

语法1描述：

```
result = ++variable
result = --variable
result = variable++
result = variable—
```

语法2描述：

```
++variable
--variable
variable++
variable—
```

递增和递减运算符是修改存在变量中的值的快捷方式。包含其中一个这种运算符的表达式的值，依赖于该运算符是在变量前面还是在变量后面。

递增运算符（++）只能运用于变量，如果用在变量前，则为前递增运算符；如果用于变量后面，则为后递增运算符。前递增运算符会用递增后的值进行计算，而后递增运算符用递增前的值进行运算。

递减运算符（--）的用法与递增运算符的用法相同。

（7）乘法赋值运算符（*=）。

变量值乘以表达式的值，并将结果赋给该变量，语法描述如下：

```
result *= expression
```

使用（*=）运算符和下面的语句是等效的，语法描述如下：

```
result = result * expression
```

（8）乘法运算符（*）。

两个表达式的值相乘，语法描述如下：

```
result = number1*number2
```

（9）除法赋值运算符（/=）。

变量值除以表达式的值，并将结果赋给该变量，语法描述如下：

```
result /= expression
```

使用运算符（/=）和下面的语句是等效的，语法描述如下：

```
result = result / expression
```

（10）除法运算符（/）。

将两个表达式的值相除，语法描述如下：

```
result = number1 / number2
```

（11）逗号运算符（,）。

顺序执行两个表达式，语法描述如下：

```
expression1, expression2
```

运算符（,）使它两边的表达式以从左到右的顺序被执行，并获得右边表达式的值。它最普通的用途是在for循环的递增表达式中使用，示例代码如下。

```
for (i = 0; i < 10; i++, j++)
{
    k = i + j;
}
```

每次通过循环的末端时，for语句只允许单个表达式被执行。运算符（,）允许多个表达式被当作单个表达式，从而规避该限制。

（12）取余赋值运算符（%=）。

变量值除以表达式的值，并将余数赋给变量，语法描述如下：

```
result %= expression
```

使用运算符（%=）与下面的语句是等效的，语法描述如下：

```
result = result % expression
```

（13）取余运算符（%）。

一个表达式的值除以另一个表达式的值，返回余数，语法描述如下：

```
Result = number1 % number2
```

取余（或余数）运算符用number1除以number2（把浮点数四舍五入为整数），然后只返回余数作为result。例如，在下面的表达式中，A（即result）等于5。

```
A = 19 % 6.7
```

（14）比较运算符。

返回表示比较结果的Boolean值，语法描述如下：

```
expression1 comparisonoperator expression2
```

比较字符串时，JScript使用字符串表达式的Unicode字符值。

（15）关系运算符（<、>、<=、>=）。

是可以将expression1和expression2都转换为数字的。

- 负零等于正零。
- 如果其中一个表达式为NaN，则返回false。
- 如果两表达式均为字符串，则按字典序进行字符串比较。
- 负无穷小于包括其本身在内的任何数，而正无穷大于包括其本身在内的任何数。

如果同时存在字符串和数字，则字符串优先转化为数字，如不能转化，则转化为NaN，此时表达式最后结果为false。如果对象可以转化为数字或字符串，则它会被优先转化为数字。如果运算数都不能被转化为数字或字符串，则结果为false。如果运算数中有一个为NaN，或被转化为了NaN，则表达式的结果总是为false。当比较两个字符串时，是逐个对字符进行比较的，按照字符在Unicode编码集中的数字，因此字母的大小写也会对比较结果产生影响。

（16）相等运算符（==、!=）。

如果两表达式的类型不同，则试图将它们转换为字符串、数字或Boolean量。

- NaN与包括其本身在内的任何值都不相等。
- 负零等于正零。
- ull与null和undefined相等。

相同的字符串、数值上相等的数字、相同的对象、相同的Boolean值或者（当类型不同时）能被强制转化为上述的几种情况之一，均被认为是相等的，而其他比较均被认为是不相等的。

关于（==），要想使等式成立，需满足的条件是：等式两边类型不同，但经过自动转化类型后的值相同，转化时如果有一边为数字，则另一边的非数字类型就会优先转化为数字类型；布尔值始终是转化为数字进行比较的，不管等式两边中有没有数字类型，true转化为1，false转化为0。对象也会被转化。

```
null==undefined
```

（17）恒等运算符 （===、!==）。

除了不进行类型转换，并且类型必须相同以外，这些运算符与相等运算符的作用是一样的。

关于（===），要想使等式成立，需满足的条件是：等式两边值相同，类型也相同。如果等式两边是引用类型的变量，如数组、对象、函数，则要保证两边引用的是同一个对象，否则即使是两个单独的完全相同的对象也不会完全相等。

等式两边的值都是null或undefined，但如果是NaN就不会相等。

（18）条件（三目）运算符（?:）。

此运算符是根据条件执行两个语句中其中的一个。

任何Boolean表达式，语法描述如下：

```
test ?语句1 :语句2
```

- 语句1：当test是true时执行的语句。可以是复合语句。
- 语句2：当test是false时执行的语句。可以是复合语句。

（19）delete运算符。

从对象中删除一个属性，或从数组中删除一个元素，语法描述如下：

```
delete expression
```

expression参数是一个有效的JScript表达式，通常是一个属性名或数组元素。

如果expression的结果是一个对象，且在expression中指定的属性存在，而该对象又不允许它被删除，则返回false。在其他情况下，返回true。

delete是一个一元运算符，用来删除运算数指定的对象属性、数组元素或变量。如果删除成功，返回true。如果删除失败，则返回false。并不是所有的属性和变量都可以删除，比如，用var声明的变量就不能删除，内部的核心属性和客户端的属性也不能删除。要注意的是，用delete删除一个不存在的属性时（或者说它的运算数不是属性、数组元素或变量时），将返回true。

delete影响的只是属性或变量名，并不会删除属性或变量引用的对象（如果该属性或变量是一个引用类型时）。

（20）in运算符。

测试对象中是否存在该属性。

in操作检查对象中是否有名为property的属性。也可以检查对象的原型，以便知道该属性是否为原型链的一部分。

in运算符要求其左边的运算数是一个字符串或者可以被转化为字符串，右边的运算数是一个对象或数组。如果左边的值是右边对象的一个属性名，则返回true。

（21）new运算符。

创建一个新对象，语法描述如下：

```
new constructor[(arguments)]
```

new运算符执行下面的任务：

- 一个没有成员的对象。
- 对象调用构造函数，传递一个指针给新创建的对象作为 this 指针。
- 构造函数根据传递给它的参数初始化该对象。

（22）typeof 运算符。

返回一个用来表示表达式的数据类型的字符串，语法描述如下：

```
typeof[()expression[]] ;
```

expression参数是需要查找类型信息的任意表达式。

typeof运算符把类型信息当作字符串返回，它返回值有六种可能，分别是number、string、boolean、object、function、undefined。

typeof语法中的圆括号是可选项。typeof也是一个运算符，用于返回运算数的类型，typeof也可以用括号把运算数括起来。typeof对对象和数组返回的都是object，因此它只在用来区分对象和原始数据类型时才有用。

（23）instanceof运算符。

返回一个Boolean值，指出对象是否是特定类的一个实例，语法描述如下：

```
result = object instanceof class
```

如果object是class的一个实例，则instanceof运算符返回true。如果object不是指定类的一个实例，或者object是null，则返回false。

intanceof运算符要求其左边的运算数是一个对象，右边的运算数是对象类的名字。如果运算符左边的对象是右边类的一个实例，则返回true。在JavaScript中，对象类是由构造函数定义的，所以右边的运算数应该是一个构造函数的名字。注意，JavaScript中所有对象都是Object类的实例。

（24）void运算符。

避免表达式返回值，语法描述如下：

```
void expression
```

expression参数是任意有效的JScript表达式。

2. 表达式

表达式是关键字、运算符、变量以及文字的组合，用来生成字符串、数字或对象。一个表达式可以完成计算、处理字符、调用函数、验证数据等操作。

表达式的值是表达式运算的结果，常量表达式的值是常量本身，变量表达式的值是变量引用的值。

在实际编程中，可以使用运算数和运算符建立复杂的表达式，运算数是一个表达式内的变量和常量，运算符是表达式中用来处理运算数的各种符号。

如果表达式中存在多个运算符，那么它们总是按照一定的顺序被执行，表达式中运算符的执行顺序被称为运算符的优先级。使用运算符()可以改变默认的运算顺序，因为运算符()的优先级高于其他运算符的优先级。赋值操作的优先级非常低，几乎总是最后才被执行。

17.3 JavaScript事件分析

JavaScript有许多事件类型、事件句柄和事件处理，接下来将一一讲解。

17.3.1 事件类型

在与浏览器进行交互时，浏览器就会触发各种事件。比如，打开某个网页，在浏览器加载完这个网页后，就会触发一个load事件；单击页面中的某个“地方”，浏览器就在那个“地方”触发一个click事件。

1. 监听事件

浏览器会根据某些操作触发对应的事件，如果需要针对某种事件进行处理，则需要监听这个事件。监听事件的方法主要有以下几种。

（1）HTML内联属性（避免使用）。

在HTML元素里直接填写事件有关属性，属性值为JavaScript代码，即可在触发该事件的时候，执行属性值的内容。

示例代码如下。

```
<button onclick="alert('你点击了这个按钮');">点击这个按钮</button>
```

onclick属性表示触发click事件，属性值的内容（JavaScript代码）会在单击该HTML节点时执行。

显而易见，使用这种方法，JavaScript代码与HTML代码耦合在了一起，不便于维护和开发。所以除非在必须使用的情况（如统计链接点击数据）下，否则尽量避免使用这种方法。

（2）DOM属性绑定。

也可以直接设置DOM属性，来指定某个事件对应的处理函数，这个方法比较简单，示例代码如下。

```
element.onclick = function(event){
    alert('你点击了这个按钮');
};
```

上述代码就是监听element节点的click事件。它比较简单易懂，而且有较好的兼容性。但是也有缺陷，因为直接赋值给对应属性，如果在后续代码中再次为element绑定一个回调函数，则会覆盖之前回调函数的内容。虽然可以用一些方法实现多个绑定，但还是推荐标准事件监听函数。

（3）使用事件监听函数

标准的事件监听函数语法描述如下：

```
element.addEventListener(<event-name>, <callback>, <use-capture>);
```

上述代码表示在element这个对象上添加一个事件监听器，监听到<event-name>事件发生的时候，调用<callback>函数。<use-capture>参数表示该事件监听在“捕获”阶段中监听（设置为true），还是在“冒泡”阶段中监听（设置为false）。

用标准事件监听函数改写上面的例子，示例代码如下。

```
var btn = document.getElementsByTagName('button');
btn[0].addEventListener('click', function() {
    alert('你点击了这个按钮');
}, false);
```

这里最好为HTML结构定义id或class属性。

【例17.1】制作阻止页面

示例代码如下所示。

```
<html>
<meta charset="UTF-8">
    <body>
        <button id="btn">点击这里</button>
    </body>
</html>
<script type="text/javascript">
var btn = document.getElementById('btn');

btn.addEventListener('click', function(){
        alert('你点击了这里');
```

```
}, false);

</script>
```

运行结果如图17-1所示。

图17-1

2. 移除事件监听

为某个元素绑定一个事件后，每次触发这个事件的时候，都会执行事件绑定的回调函数。如果想解除绑定，需要使用removeEventListener方法，语法描述如下：

```
element.removeEventListener(<event-name>, <callback>, <use-capture>);
```

需要注意的是，绑定事件时的回调函数不能是匿名函数，必须是一个声明的函数，因为解除事件绑定时，需要传递这个回调函数的引用，才可以断开绑定。

【例17.2】移除监听事件

示例代码如下所示。

```
<html>
<body>
<button id="btn">点击这里</button>
</body>
</html>
<script type="text/javascript">
var btn = document.getElementById('btn');
var fun = function(){
alert('这个按钮只支持一次点击');
btn.removeEventListener('click', fun, false);
```

```
};
btn.addEventListener('click', fun, false);
</script>
```

运行结果如图17-2所示。

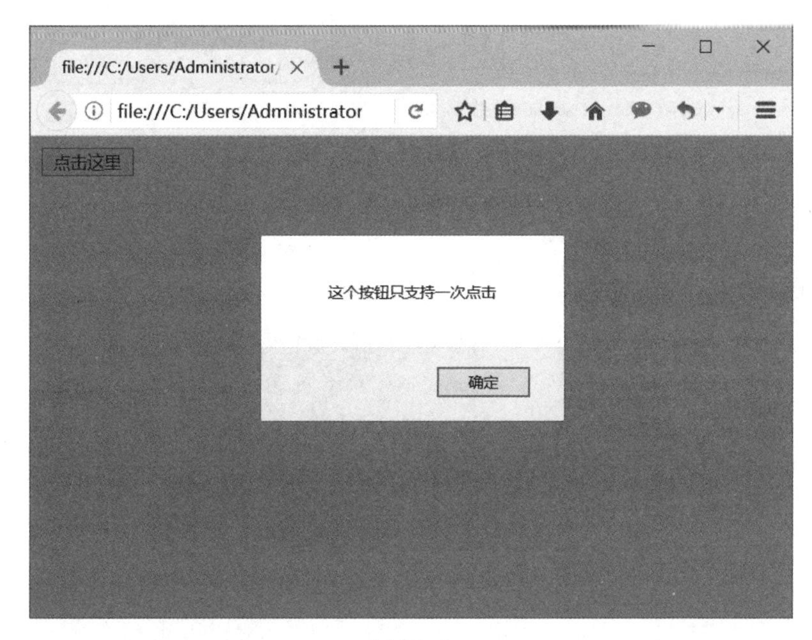

图17-2

关闭此弹窗后再次单击按钮，将不会弹出弹窗。

3. 捕获阶段（Capture Phase）

在DOM树的某个节点发生一些操作（如单击、鼠标移动上去）后，就会有一个事件发射过去。这个事件从Window发出，不断经过下级节点直到目标节点上。在到达目标节点之前的过程就是捕获阶段（Capture Phase）。

所有经过的节点都会触发这个事件。捕获阶段的任务就是建立这个事件传递路线，以便后面冒泡阶段顺着这条路线返回Window。

监听某个在捕获阶段触发的事件，需要在事件监听函数传递第三个参数true。使用时往往传递false，语法描述如下：

```
element.addEventListener(<event-name>, <callback>, true);
```

4. 目标阶段（Target Phase）

当事件跑到了触发目标节点那里，最终在目标节点上触发这个事件，就是目标阶段。

需要注意的是，事件触发的目标总是最底层的节点。比如，单击一段文字，事件目标节点并不在div，而是在<p>、<span>等子节点上。

【例17.3】制作触发事件

示例代码如下所示。

```
<html>
<body>
<div>
<p>这是一段话，这里有个<strong>加粗字体</strong>。</p>
</div>
</body>
</html>
<script type="text/javascript">
    document.addEventListener('click', function(e){
alert(e.target.tagName);
}, false);
</script>
```

运行结果如图17-3所示。

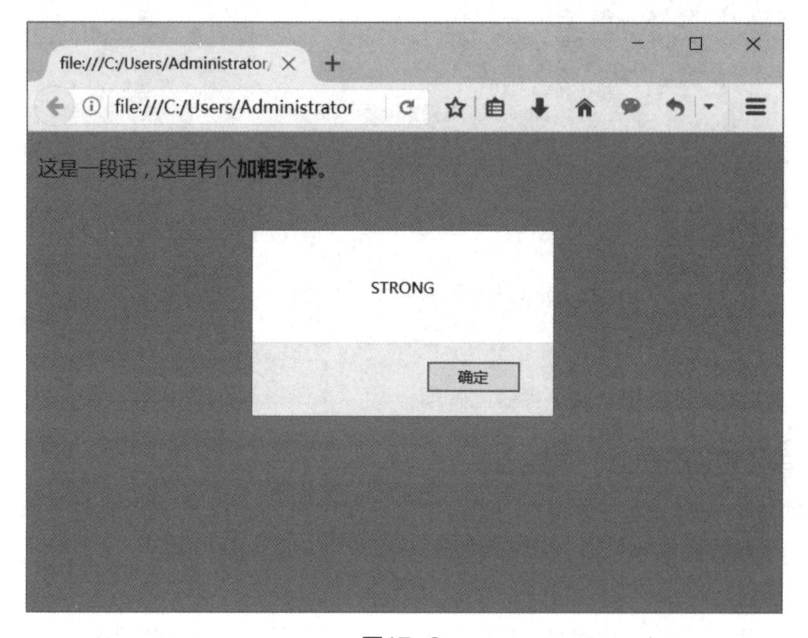

图17-3

在Demo中监听单击事件，将目标节点的tagname弹出。单击加粗字体时，事件的目标节点就是最底层的<strong>节点。

5. 冒泡阶段（Bubbling Phase）

当事件到达目标节点之后，就会沿着原路返回。这个过程类似于水泡从底部浮到顶部，所以称为冒泡阶段。

在实际使用中，不把事件监听函数准确绑定到最底层的节点也可以正常工作。比如，在【例17.3】中，想为这个<div>绑定单击时的回调函数，无须为这个<div>下面的所有子节点全部绑定单击事件，只需要为<div>这个节点绑定即可。因为发生在子节点的单击事件都会冒泡上去，发生在 <div>上面。

使用addEventListener函数监听事件时，第三个参数设置为false，这样监听事件时，只会监听冒泡阶段发生的事件。因为IE浏览器不支持在捕获阶段监听事件。

6. 使用事件代理（Event Delegate）提升性能

因为事件有冒泡机制，所有子节点的事件都会顺着父级节点跑回去，所以可以通过监听父级节点来实现监听子节点的功能，这就是事件代理。

使用事件代理主要有两个优势。

- 减少事件绑定，提升性能。以前需要绑定一堆子节点，现在只要绑定一个父节点即可，减少了绑定事件监听函数的数量。
- 动态变化的DOM结构，仍然可以监听。当一个DOM动态创建之后，不会带有任何事件监听，除非重新执行事件监听函数，而使用事件监听无须担忧这个问题。

7. 停止事件冒泡（stopPropagation）

所有的事情都会有对立面，事件的冒泡阶段虽然看起来很好，也会有不适合的场所。由于事件监听比较复杂，可能会希望只监听发生在具体节点的事件，这个时候就需要停止事件冒泡。

停止事件冒泡，需要使用事件对象的stopPropagation方法，具体代码如下。

```
element.addEventListener('click', function(event) {
    event.stopPropagation();
}, false);
```

在事件监听的回调函数里会传递一个参数，即Event对象。在这个对象上调用stopPropa-gation方法即可停止事件冒泡，停止事件冒泡的示例如下。

```
JS Bin
```

在上面例子中，有一个弹出层，可以在弹出层上做任何操作，例如click等。当想关掉这个弹出层时，在其外面的任意结构中单击即可关掉。它首先对document节点进行click事件监听，所有的click事件都会让弹出层隐藏掉。同样的，在弹出层上面的单击操作也会导致弹出层隐藏。之后对弹出层使用停止事件冒泡，掐断了单击事件返回document的冒泡路线，这样在弹出层的操作就不会被document的事件处理函数监听到了。

8. 事件的Event对象

当一个事件被触发时，会创建一个事件对象（Event Object），它包含一些有用的属性或方法。事件对象会作为第一个参数传递给回调函数。可以使用下面的代码在浏览器中打印这个事件对象，具体代码如下。

```
<button>打印 Event Object</button>
<script>
var btn = document.getElementsByTagName('button');
btn[0].addEventListener('click', function(event) {
console.log(event);
}, false);
</script>
```

可以看到一堆属性列表，如图17-4所示。

```
▼MouseEvent {dataTransfer: null, toElement: button, fromElement: null, y: 16, x: 52…}
    altKey: false
    bubbles: true
    button: 0
    cancelBubble: false
    cancelable: true
    charCode: 0
    clientX: 52
    clientY: 16
    clipboardData: undefined
    ctrlKey: false
    currentTarget: null
    dataTransfer: null
    defaultPrevented: false
    detail: 1
    eventPhase: 0
    fromElement: null
    keyCode: 0
    layerX: 52
    layerY: 16
    metaKey: false
    movementX: 0
    movementY: 0
    offsetX: 44
    offsetY: 7
    pageX: 52
    pageY: 16
  ▶path: NodeList[4]
    relatedTarget: null
    returnValue: true
    screenX: -293
    screenY: -946
    shiftKey: false
  ▶srcElement: button
  ▶target: button
    timeStamp: 1419222637640
  ▶toElement: button
    type: "click"
  ▶view: Window
    webkitMovementX: 0
    webkitMovementY: 0
    which: 1
    x: 52
    y: 16
  ▼__proto__: MouseEvent
    ▶constructor: function MouseEvent() { [native code] }
    ▶initMouseEvent: function initMouseEvent() { [native code] }
    ▼__proto__: UIEvent
      ▶constructor: function UIEvent() { [native code] }
      ▶initUIEvent: function initUIEvent() { [native code] }
      ▼__proto__: Event
          AT_TARGET: 2
          BLUR: 8192
          BUBBLING_PHASE: 3
          CAPTURING_PHASE: 1
          CHANGE: 32768
          CLICK: 64
          DBLCLICK: 128
          DRAGDROP: 2048
          FOCUS: 4096
          KEYDOWN: 256
          KEYPRESS: 1024
          KEYUP: 512
          MOUSEDOWN: 1
          MOUSEDRAG: 32
          MOUSEMOVE: 16
          MOUSEOUT: 8
          MOUSEOVER: 4
          MOUSEUP: 2
          NONE: 0
          SELECT: 16384
        ▶constructor: function Event() { [native code] }
        ▶initEvent: function initEvent() { [native code] }
        ▶preventDefault: function preventDefault() { [native code] }
        ▶stopImmediatePropagation: function stopImmediatePropagation() { [native code] }
        ▶stopPropagation: function stopPropagation() { [native code] }
```

图17-4

事件对象包含很多有用的信息，如事件触发时鼠标在屏幕上的坐标、被触发的DOM详细信息、图17-4中最下面继承过来的停止冒泡方法（stopPropagation）。下面介绍比较常用的几个属性和方法。

（1）type(string)。

事件的名称，比如click。

（2）target(node)。

事件要触发的目标节点。

（3）bubbles(boolean)。

表明该事件是否是在冒泡阶段触发的。

（4）preventDefault(function)。

这个方法可以禁止一切默认的行为。例如，单击a标签时，会打开一个新页面。如果为a标签监听事件click的同时调用该方法，则不会打开新页面。

（5）stopPropagation (function)。

停止冒泡，上面有提到，不再赘述。

（6）stopImmediatePropagation (function)。

与stopPropagation类似，阻止触发其他监听函数。但是与stopPropagation不同，它更加“强力”，阻止除了目标之外的事件触发，甚至阻止针对同一个目标节点的相同事件。

（7）cancelable (boolean)。

这个属性表明该事件是否可以通过调用event.preventDefault方法来禁用默认行为。

（8）eventPhase (number)。

这个属性的数字表示当前事件触发在什么阶段。none：0；捕获：1；目标：2；冒泡：3。

（9）pageX 和 pageY (number)。

这两个属性表示触发事件时，鼠标相对于页面的坐标。

（10）isTrusted (boolean)。

表明该事件是浏览器触发（用户真实操作触发），还是JavaScript代码触发的。

9. jQuery中的事件

在实际中，有一些方法和属性是有兼容性问题的，所以要使用jQuery来消除。下面介绍jQuery中事件的基础操作。

（1）绑定事件和事件代理。

在jQuery中，提供了诸如click()这样的语法绑定对应事件，但是这里推荐统一使用on()绑定事件，示例代码如下。

```
.on( events [, selector ] [, data ], handler )
```

events是事件的名称，可以传递第二个参数来实现事件代理。

（2）处理过兼容性的事件对象（Event Object）。

事件对象的有些方法也有兼容性差异，jQuery将其封装处理，并提供与标准一致的命名。

如果想在jQuery事件回调函数中访问原来的事件对象，需要使用event.originalEvent，它指向原生的事件对象。

（3）触发事件trigger方法。

单击某个绑定了click事件的节点，自然会触发该节点的click事件，从而执行对应的回调函数。

trigger方法可以模拟触发事件，单击另一个节点elementB，可以使用以下代码触发elementA节点的单击监听回调函数，示例代码如下。

```
$(elementB).on('click', function(){
$(elementA).trigger( "click" );
});
```

10. IE浏览器的差异和兼容性问题

IE浏览器对事件的操作与标准有一些差异。不过IE浏览器现在也开始变得更加标准。

（1）IE下绑定事件。

在IE下面绑定一个事件监听，在IE9无法使用标准的addEventListener函数，而是使用自家的attachEvent，示例代码如下。

```
element.attachEvent(<event-name>, <callback>);
```

其中<event-name>参数需要为事件名称添加on前缀。比如，对于事件click，标准事件监听函数监听click，IE需要监听onclick。它没有第三个参数，只支持监听在冒泡阶段触发的事件。为了统一，在使用标准事件监听函数的时候，第三参数传递false。

（2）Event对象。

IE中往回调函数中传递的事件对象与标准也有一些差异，需要使用window.event来获取事件对象，获取事件对象的代码如下。

```
event = event || window.event
```

还有一些事件属性有差别，比如，IE中没有比较常用的event.target属性，而是使用event.srcElement。如果回调函数需要处理触发事件的节点，那么代码如下所示。

```
node = event.srcElement || event.target;
```

在实际应用中，类库已经封装好这些兼容性问题，而且IE浏览器也越来越标准。

11. 事件回调函数的作用域

与事件绑定在一起的回调函数作用域会有问题，示例代码如下。

```
Events in JavaScript: Removing event listeners
```

回调函数调用的user.greeting函数作用域应该是在user下的，原本希望输出My name is Bob，却输出了My name is undefined。这是因为在事件绑定函数时，该函数会以当前元素为作用域执行。为了证明这一点，可以为当前element添加属性，代码如下。

```
element.firstname = 'desheng
```

再次单击，可以正确弹出My name is jiangshui。

（1）使用匿名函数。

为回调函数包裹一层匿名函数，代码如下。

```
Events in JavaScript: Removing event listeners
```

包裹之后，虽然匿名函数的作用域被指向事件触发元素，但执行的内容就像直接调用一样，不会影响其作用域。

（2）使用bind方法。

使用匿名函数是有缺陷的，因为每次调用都包裹到匿名函数中，所以增加了冗余代码等。如果想使用 removeEventListener解除绑定，还需要创建一个函数引用。Function类型提供了bind方法，可以为函数绑定作用域，无论函数在哪里调用，都不会改变它的作用域，通过如下语句绑定作用域。

```
user.greeting = user.greeting.bind(user);
```

这样就可以直接使用，代码如下。

```
element.addEventListener('click', user.greeting);
```

12. 用JavaScript模拟触发内置事件

内置的事件也可以被JavaScript模拟触发，比如下面的函数模拟触发单击事件，代码如下。

```
function simulateClick() {
    var event = new MouseEvent('click', {
        'view': window,
        'bubbles': true,
        'cancelable': true
    });
    var cb = document.getElementById('checkbox');
    var canceled = !cb.dispatchEvent(event);
    if (canceled) {
        // A handler called preventDefault.
        alert("canceled");
    } else {
        // None of the handlers called preventDefault.
        alert("not canceled");
    }
}
```

13. 自定义事件

可以自定义事件来实现更灵活的开发。事件可以是一个很强大的工具，基于事件的开发有很多优势。与自定义事件有关的函数有Event、CustomEvent和dispatchEvent。

如果直接自定义事件，那么可以使用Event构造函数，代码如下。

```
var event = new Event('build');

// Listen for the event.
elem.addEventListener('build', function (e) { ... }, false);

// Dispatch the event.
elem.dispatchEvent(event);
```

使用CustomEvent函数可以创建一个自定义事件，还可以附带一些数据，具体用法如下。

```
var myEvent = new CustomEvent(eventname, options);
```

其中options可以是。

```
{
    detail: {
        ...
    },
    bubbles: true,
    cancelable: false
}
```

detail可以存放一些初始化的信息，在触发的时候调用。其他属性定义该事件是否具有冒泡等功能。

内置的事件会由浏览器根据某些操作进行触发，而自定义的事件则需要人工触发，dispatchEvent函数就用来触发某个事件，代码如下。

```
element.dispatchEvent(customEvent);
```

上述代码表示，在element上触发customEvent事件。

```
// add an appropriate event listener
obj.addEventListener("cat", function(e) { process(e.detail) });

// create and dispatch the event
var event = new CustomEvent("cat", {"detail":{"hazcheeseburger":true}});
obj.dispatchEvent(event);
```

使用自定义事件需要注意兼容性的问题，而使用jQuery就简单多了。

```
// 绑定自定义事件
$(element).on('myCustomEvent', function(){});

// 触发事件
$(element).trigger('myCustomEvent');
```

此外，可以在触发自定义事件时传递更多参数信息。

```
$( "p" ).on( "myCustomEvent", function( event, myName ) {
    $( this ).text( myName + ", hi there!" );
});
$( "button" ).click(function () {
    $( "p" ).trigger( "myCustomEvent", [ "John" ] );
});
```

17.3.2 事件句柄

事件句柄写在标签的属性部分，比如，在单击按钮时执行JavaScript代码。不同版本的浏览器能使用的事件句柄有可能不同。

```
<form action="#">
<input type="button" value="OK" onclick="alert('OK')">
</form>
```

用分号（;）把JavaScript代码分隔开，可以执行复数的语句。

```
<form action="#">
<input type="button" value="OK" onclick="alert('A'); alert('B')">
</form>
```

事件句柄里也可以使用函数，通常函数定义在<head>…</head>之间，示例代码如下所示。

```
<html>
<head>
<title>举例</title>
<script type="text/javascript">
<!--
function hanshu() {
    alert("OK");
}
// -->
</script>
</head>
<body>
<form action="#">
<input type="button" value="OK" onclick="hanshu()">
</form>
</body>
</html>
```

在<a>和<input type="submit">上使用onClick句柄时，如果设定返回值为false，那么可以使此事件无效，示例代码如下。

```
<script type="text/javascript">
<!--
function queding() {
if (window.confirm("确定吗？")) {
return true;}
else {return false;}
}
// -->
</script>
<a href="xxx.htm" onclick="return queding()">XXX</a>
```

```
<form action="xxx.cgi">
<input type="submit" value="OK"
onclick="return queding('OK');">
</form>
```

各种事件句柄如下所示。

（1）onclick=scripts，ondblclick=scripts。

当鼠标单击（onclick）、鼠标双击时（ondblclick）触发，示例代码如下。

```
<form action="#">
<input type="button" value="OK" onclick="alert('OK')">
</form>
```

（2）onkeydown=scripts，onkeypress=scripts，onkeyup=scripts。

当按下键盘按键（onkeydown）、按下并放开键盘按键（onkeypress）、放开键盘按键时（onkeyup）触发，示例代码如下。

```
<form action="#">
<input type="text" onkeypress="alert('OK')">
</form>
```

（3）onmousedown=scripts，onmouseup=scripts，onmouseover=scripts，onmouseout=scripts，onmousemove=scripts。

当按下鼠标按键（onmousedown）、放开鼠标按键（onmouseup）、鼠标指针移动到对象上（onmouseover）、鼠标指针从对象上离开（onmouseout）、鼠标指针移动时（onmouse-move）触发，示例代码如下。

```
<a href="#"
    onmouseover="alert('OVER')"
    onmouseout="alert('OUT')"><img alt="xxx"
    src="xxx.gif" height=100 width=100></a>
```

（4）onload=scripts，onunload=scripts。

当页面或图像加载完毕（onload）、跳转到其他页面或退出页面时（onunload）触发，示例代码如下。

```
<body onload="alert('Hello')" onunload="alert('Bye')">
```

（5）onfocus=scripts，onblur=scripts。

当对象获得焦点（onfocus）、对象失去焦点时（onblur）触发，示例代码如下。

```
<form action="#">
<input type="text" onfocus="alert('Hello')">
</form>
```

（6）onsubmit=scripts，onreset=scripts。

当表单被提交（onsubmit）、表单中的重置按钮被单击时（onreset）触发。把返回值设定为false时，可以使这些按钮本来的动作无效，示例代码如下。

```
<form action="xxx.cgi" onsubmit="return queding()">
<input type="text" name="WORD">
<input type="submit" value="OK">
</form>
```

（7）onchange=scripts。

当表单元素的内容被改变时触发，示例代码如下。

```
<form action="#">
<select onchange="alert('changed')">
<option>AAA</option>
<option>BBB</option>
</select>
</form>
```

（8）onresize=scripts，onmove=scripts。

当窗口被调整大小（onresize）、窗口被移动时（onmove）触发，示例代码如下。

```
<body onresize="alert('Resize')" onmove="alert('Move')">
```

（9）ondragdrop=scripts。

当文件被拖拽到窗口内时触发。要取得被拖拽进窗口文件的URL时，需使用event.data，并且需要更改安全设定，示例代码如下。

```
<body ondragdrop="alert(event.type)">
```

（10）onerror=scripts。

当读取失败时触发。可以在 <body>、<img> 等标签中使用，示例代码如下。

```
<img src="xx.gif" alt="xx" onerror="alert('图像读取失败')">
```

17.3.3 事件处理

如果产生了事件，则就要去处理它，JavaScript事件处理程序主要有三种方式。

1. HTML事件处理程序

直接在HTML代码中添加事件处理程序，示例代码如下。

```
<input id="btn1" value="按钮" type="button" onclick="showmsg();">
<script>
    function showmsg(){
        alert("HTML添加事件处理");
    }
```

```
</script>
```

从上面的代码中可以看出，事件处理直接嵌套在元素里，这样HTML代码和JS的耦合性太强。如果想改变showmsg，那么不但要在JS中修改，还需要到HTML中修改。如果需要修改的代码达到万行级别，那么工作量非常大，并不推荐使用。

2. DOMO级事件处理程序

为指定对象添加事件处理，示例代码如下。

```
<input id="btn2" value="按钮" type="button">
<script>
var btn2= document.getElementById("btn2");
    btn2.onclick=function(){
alert("DOM0级添加事件处理");}
btn.onclick=null;//如果想要删除btn2的点击事件，将其置为null即可
</script>
```

从上面的代码可以看出，HTML代码和JS代码的耦合性大大降低。

3. DOM2级事件处理程序

DOM2也是对特定的对象添加事件处理程序，有两个方法用于处理指定和删除事件处理程序的操作：addEventListener()和removeEventListener()。

它们都接收三个参数：要处理的事件名、作为事件处理程序的函数和一个布尔值（是否在捕获阶段处理事件），示例代码如下。

```
<input id="btn3" value="按钮" type="button">
<script>
var btn3=document.getElementById("btn3");
btn3.addEventListener("click",showmsg,false);//这里我们把最后一个值置为false，即不在捕获阶段处理，一般来说冒泡处理在各浏览器中兼容性较好
function showmsg(){
alert("DOM2级添加事件处理程序");
}
btn3.removeEventListener("click",showmsg,false);//如果想要把这个事件删除，只需要传入同样的参数即可
</script>
```

从以上代码可以看到，在添加删除事件处理的时候，最后一种方法更直接，也最简便。需要注意的是，在删除事件处理的时候，传入的参数一定要跟之前的参数一致，否则删除失效。

17.4 表单事件

17.4.1 鼠标单击和双击事件

在div中使用onclick方法就可以实现鼠标单击事件。

【例17.4】制作鼠标事件

示例代码如下所示。

```
<html>
<body>
<div id="d1" style="background:yellow;width:100px;height:100px" onclick="test()">
</div>
</body>
</html>
<script type="text/javascript">
function test(){
alert("test");
}
</script>
```

把onclick换成ondblick，可以实现双击事件，示例代码如下所示。

```
<html>
<body>
<div id="d1" style="background:yellow;width:100px;height:100px"
ondblclick="test()">
</div>
</body>
</html>
<script type="text/javascript">
function test(){
alert("test");
}
</script>
```

单击时会弹出内容为test的弹框，如图17-5所示。

图17-5

17.4.2 鼠标移动事件

鼠标移动事件可以使用JavaScript自定义。

【例17.5】制作鼠标滑动的效果

示例代码如下所示。

```
<style type="text/css">
.style0{
background-color:#FFFF00;
}
.style1{
background-color:#00FFFF;
}
</style>
</head>


<body>
<table width="576" height="79" border="1">
<tr>
<td id="td1" onmousemove="document.getElementById('td1').className='style0';"
onmouseout="document.getElementById('td1').className='style1'"> <div align="center"
class="STYLE2">主页</div></td>
<td><div align="center" class="STYLE2">男</div></td>
<td><div align="center" class="STYLE2">女</div></td>
</tr>
</table>
</body>
```

代码的运行效果如图17-6所示，当事件改变时背景颜色也随着改变。

图17-6

17.5 键盘事件

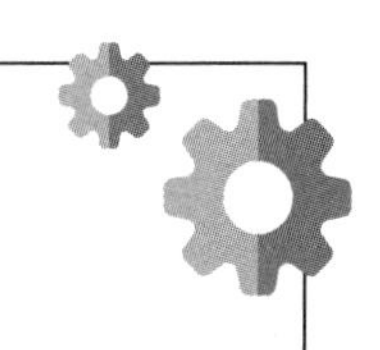

在按下键盘时会触发onkeydown事件。它与onkeypress事件不同的是，onkeydown事件响应任意键按下的处理（包括功能键），而onkeypress事件只响应字符键按下后的处理。

【例17.6】制作键盘事件

示例代码如下所示。

```
<html>
<meta charset="UTF-8">
    <body>
    <script type="text/javascript">

function noNumbers(e)
    {
            var keynum;
            var keychar;

        keynum = window.event ? e.keyCode : e.which;
            keychar = String.fromCharCode(keynum);
            alert(keynum+':'+keychar);
    }
```

```
</script>
    <input type="text" onkeydown="return noNumbers(event)" />
    </body>
    </html>
```

IE、Chrome浏览器使用event.keyCode取回被按下的字符，而Netscape、Firefox、Opera等浏览器使用event.which，运行结果如图17-7所示。

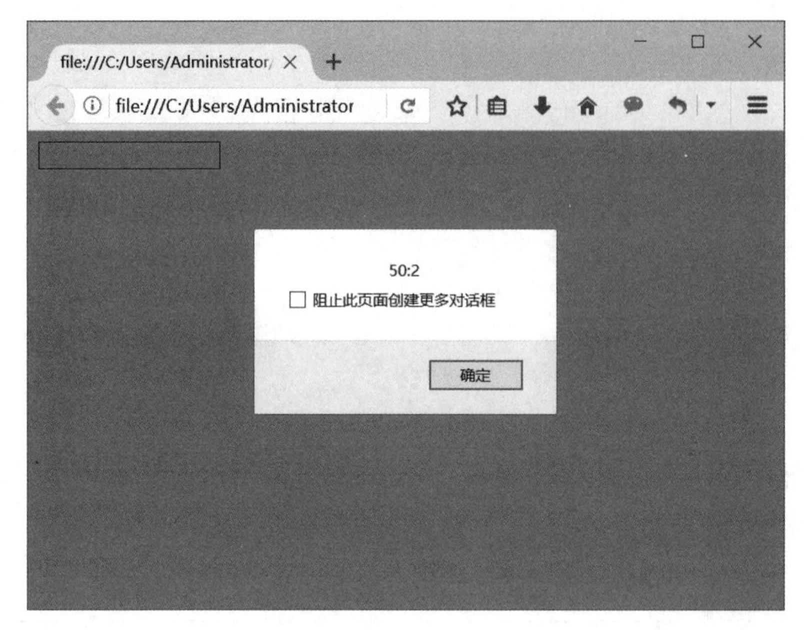

图17-7

event.keyCode/event.which得到的是一个按键对应的数字值（Unicode编码），常用键值的对应如表17-2所示。

表17-2　键值对应

数字值	实际键值
48到57	0～9
65到90	a～z（A到Z）
112到135	F1到F24
8	BackSpace（退格）
9	Tab
13	Enter（回车）
20	CapsLock（大写锁定）
32	Space（空格键）

（续表）

数字值	实际键值
37	Left（左箭头）
38	Up（上箭头）
39	Right（右箭头）
40	Down（下箭头）

在Web应用中，常常利用onkeydown事件的event.keyCode/event.which获取用户的一些键盘操作，从而运行某些运用的例子。例如，在用户登录时，如果按下了大写锁定键（20），则提示大写锁定；在有翻页的时候，如果用户按下左右箭头，则触发上下翻页等。

获得Unicode编码值之后，如果需要得到实际对应的按键值，可以通过Srting对象的fromChar-Code方法（String.fromCharCode()）获得。

17.6 窗口事件

当浏览器的窗口大小被改变时触发事件window.onresize。

【例17.7】制作窗口事件

示例代码如下所示。

```
window.onresize = function(){

}
```

浏览器可见区域信息的代码如下所示。

```
<span id="info_jb51_net">请改变浏览器窗口大小</span>
<script>
window.onresize = function(){
document.getElementById("info_jb51_net").innerHTML="宽度: "+document.documentElement.clientWidth+", 高度: "+document.documentElement.clientHeight;
}</script>
```

如图17-8所示，取消浏览器全屏，并改变浏览器窗口大小的时候，显示的数值随之改变。

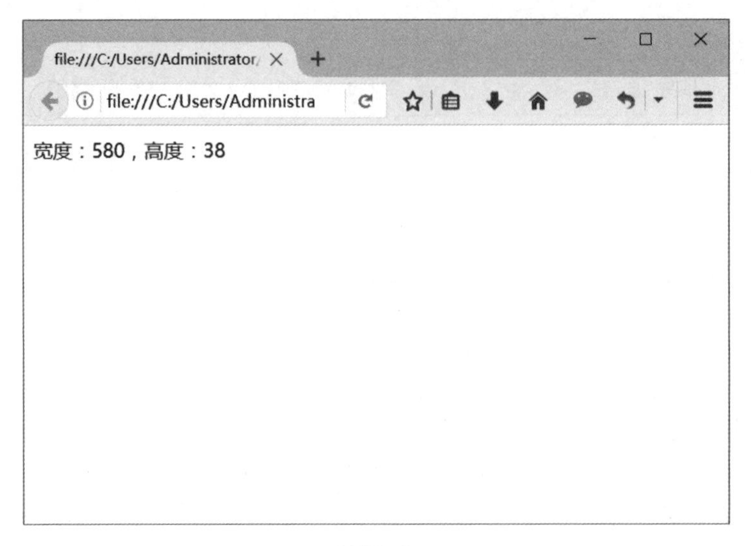

图17-8

17.7 JavaScript事件分析

本节讲解JavaScript事件的分析，介绍一下网页中经常用到的网页效果，比如鼠标滑过、轮播图的效果等。

17.7.1 轮播图效果

【例17.8】制作网页的轮播图

经常在众多网站中看到图片轮播，各种轮播特效在有限的空间上，可以展示几倍于空间大小的内容，并且有良好的视觉效果。

打开网页文档，在<head></head>之间输入以下代码。

```
<div id="wrapper"><!-- 最外层部分 -->
<div id="banner"><!-- 轮播部分 -->
<ul class="imgList"><!-- 图片部分 -->
<li><a href="#"><img src="./img/test1.jpg" width="400px" height="200px"
alt="puss in boots1"></a></li>
<li><a href="#"><img src="./img/test2.jpg" width="400px" height="200px"
alt="puss in boots2"></a></li>
<li><a href="#"><img src="./img/test3.jpg" width="400px" height="200px"
alt="puss in boots3"></a></li>
<li><a href="#"><img src="./img/test4.jpg" width="400px" height="200px"
alt="puss in boots4"></a></li>
<li><a href="#"><img src="./img/test5.jpg" width="400px" height="200px"
alt="puss in boots5"></a></li>
```

```
    </ul>
    <img src="./img/prev.png" width="20px" height="40px" id="prev">
    <img src="./img/next.png" width="20px" height="40px" id="next">
    <div class="bg"></div> <!-- 图片底部背景层部分-->
    <ul class="infoList"><!-- 图片左下角文字信息部分 -->
    <li class="infoOn">puss in boots1</li>
    <li>puss in boots2</li>
    <li>puss in boots3</li>
    <li>puss in boots4</li>
    <li>puss in boots5</li>
    </ul>
    <ul class="indexList"><!-- 图片右下角序号部分 -->
    <li class="indexOn">1</li>
    <li>2</li>
    <li>3</li>
    <li>4</li>
    <li>5</li>
    </ul>
    </div>
    </div>
```

左右切换采用图片li浮动，父层元素ul总宽度为总图片宽，并设定为有限banner宽度下隐藏超出宽度的部分。想切换到某序号的图片时，采用其ul定位left样式设定相应属性值。比如，显示第一张图片初始定位left为0px, 显示第二张图片则需要定位left为-400px。

示例代码如下所示。

```
    <style type="text/css">
        body,div,ul,li,a,img{margin: 0;padding: 0;}
        ul,li{list-style: none;}
        a{text-decoration: none;}

        #wrapper{position: relative;margin: 30px auto;width: 400px;height: 200px;}
        #banner{position:relative;width: 400px;height: 200px;overflow: hidden;}
        .imgList{position:relative;width:2000px;height:200px;z-index: 10;overflow:
hidden;}
        .imgList li{float:left;display: inline;}
        #prev,
        #next{position: absolute;top:80px;z-index: 20;cursor: pointer;opacity:
0.2;filter:alpha(opacity=20);}
        #prev{left: 10px;}
        #next{right: 10px;}
        #prev:hover,
        #next:hover{opacity: 0.5;filter:alpha(opacity=50);}
        .bg{position: absolute;bottom: 0;width: 400px;height: 40px;z-index:20;
opacity: 0.4;filter:alpha(opacity=40);background: black;}
        .infoList{position: absolute;left: 10px;bottom: 10px;z-index: 30;}
        .infoList li{display: none;}
        .infoList .infoOn{display: inline;color: white;}
```

```
        .indexList{position: absolute;right: 10px;bottom: 5px;z-index: 30;}
        .indexList li{float: left;margin-right: 5px;padding: 2px 4px;border: 2px
solid black;background: grey;cursor: pointer;}
        .indexList .indexOn{background: red;font-weight: bold;color: white;}
   </style>
```

现在，页面基本已经构建完成，下面就可以完成JavaScript中的七个部分。

全局变量如下所示。

```
   var curIndex = 0,               //当前index
        imgArr = getElementsByClassName("imgList")[0].
getElementsByTagName("li"),        //获取图片组
        imgLen = imgArr.length,
        infoArr = getElementsByClassName("infoList")[0].
getElementsByTagName("li"),        //获取图片info组
        indexArr = getElementsByClassName("indexList")[0].
getElementsByTagName("li");        //获取控制index组
```

自动切换定时器的代码如下所示。

```
            // 定时器自动变换2.5秒每次
        var autoChange = setInterval(function(){
            if(curIndex < imgLen -1){
                curIndex ++;
            }else{
                curIndex = 0;
            }
            //调用变换处理函数
            changeTo(curIndex);
        },2500);
```

同样的，有一个重置定时器的函数。

```
   //清除定时器时候的重置定时器--封装
        function autoChangeAgain(){
            autoChange = setInterval(function(){
            if(curIndex < imgLen -1){
                curIndex ++;
            }else{
                curIndex = 0;
            }
            //调用变换处理函数
                changeTo(curIndex);
            },2500);
            }
```

因为有一些class，所以需要几个class函数的模拟。

```
   //通过class获取节点
```

```
    function getElementsByClassName(className){
        var classArr = [];
        var tags = document.getElementsByTagName('*');
        for(var item in tags){
            if(tags[item].nodeType == 1){
                if(tags[item].getAttribute('class') == className){
                    classArr.push(tags[item]);
                }
            }
        }
        return classArr; //返回
    }

    // 判断obj是否有此class
    function hasClass(obj,cls){  //class位于单词边界
        return obj.className.match(new RegExp('(\\s|^)' + cls + '(\\s|$)'));
        }
        //给 obj添加class
    function addClass(obj,cls){
        if(!this.hasClass(obj,cls)){
            obj.className += cls;
        }
    }
    //移除obj对应的class
    function removeClass(obj,cls){
        if(hasClass(obj,cls)){
            var reg = new RegExp('(\\s|^)' + cls + '(\\s|$)');
                obj.className = obj.className.replace(reg,'');
        }
    }
```

要左右切换，就得模拟jq的animate-->left，动态地设置element.style.left进行定位。因为要有一个渐进过程，所以加上阶段处理。定位的时候left的设置要考虑方向等情况。

```
//图片组相对原始左移dist px距离
function goLeft(elem,dist){
if(dist == 400){ //第一次时设置left为0px 或者直接使用内嵌法 style="left:0;"
elem.style.left = "0px";
}
var toLeft;                                   //判断图片移动方向是否为左
dist = dist + parseInt(elem.style.left);      //图片组相对当前移动距离
if(dist<0){
toLeft = false;
dist = Math.abs(dist);
}else{
toLeft = true;
}
for(var i=0;i<= dist/20;i++){                 //这里设定缓慢移动，10阶每阶40px
 (function(_i){
```

```
var pos = parseInt(elem.style.left);          //获取当前left
setTimeout(function(){
pos += (toLeft)? -(_i * 20) : (_i * 20);     //根据toLeft值指定图片组位置改变
//console.log(pos);
elem.style.left = pos + "px";
},_i * 25); //每阶间隔50毫秒
})(i);
}
}
```

上述代码把left的值初始为0px。如果不初始或者把初始的left值写在行内CSS样式表里边，就总会报错而取不到。

接下来完成切换的函数，比如要切换到序号为num的图片。

```
//左右切换处理函数
function changeTo(num){
//设置image
var imgList = getElementsByClassName("imgList")[0];
goLeft(imgList,num*400); //左移一定距离
//设置image的info
var curInfo = getElementsByClassName("infoOn")[0];
removeClass(curInfo,"infoOn");
addClass(infoArr[num],"infoOn");
//设置image的控制下标index
var _curIndex = getElementsByClassName("indexOn")[0];
removeClass(_curIndex,"indexOn");
addClass(indexArr[num],"indexOn");
}
```

给左右箭头、右下角的图片index绑定事件处理。

```
//给左右箭头和右下角的图片index添加事件处理
function addEvent(){
for(var i=0;i<imgLen;i++){
//闭包防止作用域内活动对象item的影响
(function(_i){
//鼠标滑过则清除定时器，并作变换处理
indexArr[_i].onmouseover = function(){
clearTimeout(autoChange);
changeTo(_i);
curIndex = _i;
};
//鼠标滑出则重置定时器处理
indexArr[_i].onmouseout = function(){
autoChangeAgain();
};
})(i);
}
//给左箭头prev添加上一个事件
```

```
var prev = document.getElementById("prev");
prev.onmouseover = function(){
//滑入清除定时器
clearInterval(autoChange);
};
prev.onclick = function(){
//根据curIndex进行上一个图片处理
curIndex = (curIndex > 0) ? (--curIndex) : (imgLen - 1);
changeTo(curIndex);
};
prev.onmouseout = function(){
//滑出则重置定时器
autoChangeAgain();
};
//给右箭头next添加下一个事件
var next = document.getElementById("next");
next.onmouseover = function(){
clearInterval(autoChange);
};
next.onclick = function(){
curIndex = (curIndex < imgLen - 1) ? (++curIndex) : 0;
changeTo(curIndex);
};
next.onmouseout = function(){
autoChangeAgain();
};
}
```

代码的运行效果如图17-9所示。

图17-9

17.7.2 闪烁效果

使用style对象设置CSS属性，结合定时器就可以实现文字的闪烁特效。

【例17.9】制作文字闪烁特效

示例代码如下所示。

```
<html>
    <head>
    <meta charset="gb2312" />
    <title>制作文字闪烁特效</title>
    </head>
<script>
    var flag = 0;
    function start(){
    var text = document.getElementById("myDiv");
    if (!flag)
    {
    text.style.color = "red";
    text.style.background = "#0000ff";
    flag = 1;
    }else{
    text.style.color = "";
    text.style.background = "";
    flag = 0;
    }
    setTimeout("start()",500);
    }
</script>
    <body onload="start()">
    <span id="myDiv">css的世界是如此的精彩！</span>
    </body>
</html>
```

代码的运行效果如图17-10所示。

图17-10

17.7.3 鼠标滑过时图片的震动效果

【例17.10】制作鼠标滑过图片时的震动效果

示例代码如下所示。

```
<html>
<head>
<meta http-equiv="Content-Type" content="text/html; charset=gb2312">
<title>鼠标滑过 图片震动效果</title>
<STYLE>.shakeimage {
 POSITION: relative
}
</STYLE>
</head>
<body>
<SCRIPT language=JavaScript1.2>
<!--
var rector=3
var stopit=0
var a=1
function init(which){
stopit=0
shake=which
shake.style.left=0
shake.style.top=0
}
function rattleimage(){
if ((!document.all&&!document.getElementById)||stopit==1)
return
if (a==1){
shake.style.top=parseInt(shake.style.top)+rector
}
else if (a==2){
shake.style.left=parseInt(shake.style.left)+rector
}
else if (a==3){
shake.style.top=parseInt(shake.style.top)-rector
}
else{
shake.style.left=parseInt(shake.style.left)-rector
}
if (a<4)
a++
else
a=1
setTimeout("rattleimage()",50)
}
function stoprattle(which){
stopit=1
which.style.left=0
```

```
which.style.top=0
}
//-->
</SCRIPT>
<img
class="shakeimage" onMouseOver="init(this);rattleimage()" onMouseOut="stoprattle
(this)" src="images/csrcode.ico" border="0" style="cursor:pointer;"/>
<img
class="shakeimage" onmouseover="init(this);rattleimage()" onmouseout="stoprattle
(this)" src="images/changshi.ico"  border="0" style="cursor:pointer;"/>
<img
class="shakeimage" onmouseover="init(this);rattleimage()" onmouseout="stoprattle
(this)" src="images/links.ico" border="0" style="cursor:pointer;"/>
</body>
</html>
```

代码的运行效果如图17-11所示。

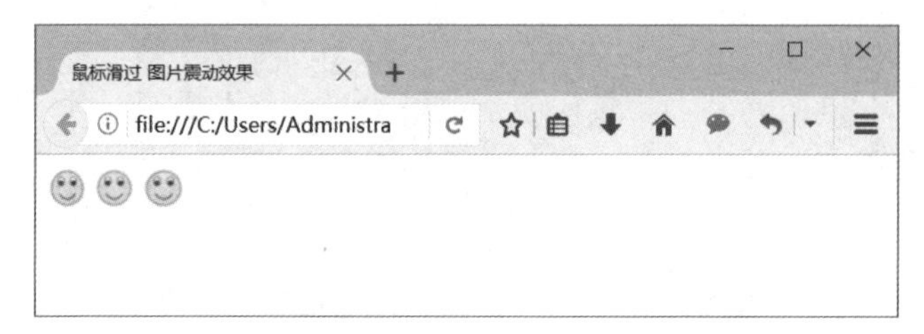

图17-11

17.8 窗口特效

在网页中打开窗口的时候也需要一些特效，比如定时关闭和全屏显示的窗口。下面将讲解窗口特效的设计方法。

17.8.1 定时关闭窗口

【例17.11】制作定时关闭窗口

示例代码如下所示。

```
<script type="text/javascript">
function webpageClose(){
window.close();
}
setTimeout( webpageClose,10000)//10s钟后关闭
</script>
```

这个例子所用函数为setTimeout(fun_name,otime);fun_name为所运行函数的名称，Otime表示多长时间后执行，以ms为单位，代码的运行效果如图17-12所示。

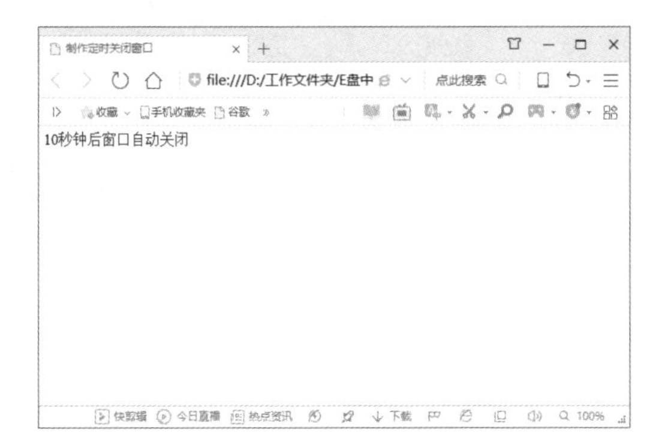

图17-12

17.8.2 全屏显示窗口

【例17.12】制作全屏显示的窗口

示例代码如下所示。

```
<form>
<input type="BUTTON" name="FullScreen" value="全屏显示" onClick="window.
open(document.location, 'big', 'fullscreen=yes')">
    </form>
```

如果全屏显示的不是本页，则只需把document.location换为对应的网址即可，示例代码如下所示。

```
<form>
<input type=BUTTON name=FullScreen value=全屏显示 onClick="window.open('URL地
址','big','fullscreen=yes')">
    </form>
```

在已经打开的普通网页上，单击“全屏显示”，然后可进入该网页对应的全屏模式。

17.9 时间特效

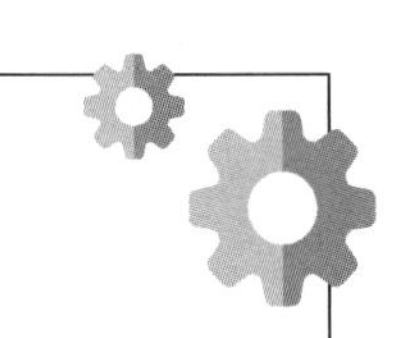

“在设计网页时也会用到时间特效，即显示用户在网页中停留的时间，以及当前的日期。下面讲解时间特效的设计方法。”

17.9.1 显示网页停留时间

显示网页停留时间相当于设计一个计时器，用于显示浏览者在该页面停留的时间。

思路是设置三个变量：second、minute、hour。让second不停地+1，并且利用setTimeout实现页面每隔一秒刷新一次，当second大于等于60时，minute开始+1，并且让second归零。同理，当minute大于等于60时，则hour开始+1。这样即可实现计时功能。

【例17.13】显示网页停留时间

示例代码如下所示。

```
<!DOCTYPE>
<html >
<head>
<meta http-equiv="Content-Type" content="text/html; charset=utf-8" />
<title>显示网页停留时间</title>
</head>
<body onload="timeCount()">
<script type="text/javascript">
var second=0;
var minute=0;
var hour=0;
function timeCount(){
second=second+1;
setTimeout("timeCount()",1000);
while(second>=60){
minute=minute+1;
second=0;
while(minute>=60){
hour=hour+1;
minute=0;
second=0;
}
}
window.status="你在本网页停留了"+hour+"小时"+minute+"分"+second+"秒";
}
</script>
</body>
</html>
```

代码的运行结果如图17-13所示。

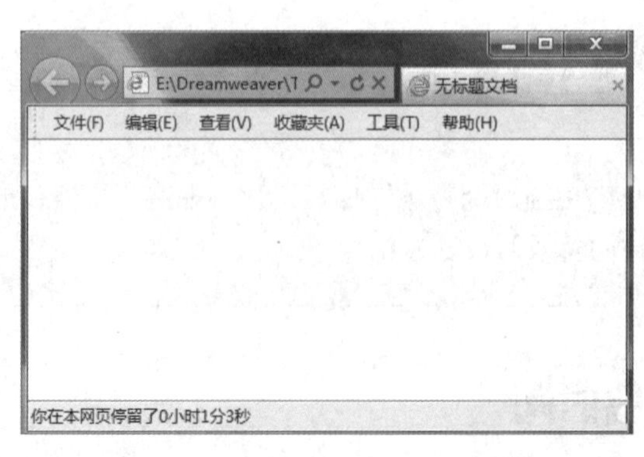

图17-13

17.9.2 显示当前日期和时间

【例17.14】显示当前日期

示例代码如下所示。

```
//获取完整的日期
var date=new Date;
var year=date.getFullYear();
var month=date.getMonth()+1;
month =(month<10 ? "0"+month:month);
var mydate = (year.toString()+month.toString());
```

【TIPS】

year.toString()+month.toString()不能写成year+month。否则，月份大于等于10时，月份作为数字，会和年份相加，如201710，则会变为2022，所以需要加.toString()。

以下是获取时间的函数。

- myDate.getYear()：获取当前年份（2位）。
- myDate.getFullYear()：获取完整的年份（4位,1970-????）。
- myDate.getMonth()：获取当前月份（0-11,0代表1月）。
- myDate.getDate()：获取当前日（1-31）。
- myDate.getDay()：获取当前星期X（0-6,0代表星期天）。
- myDate.getTime()：获取当前时间（从1970.1.1开始的毫秒数）。
- myDate.getHours()：获取当前小时数（0-23）。
- myDate.getMinutes()：获取当前分钟数（0-59）。
- myDate.getSeconds()：获取当前秒数（0-59）。
- myDate.getMilliseconds()：获取当前毫秒数（0-999）。
- myDate.toLocaleDateString()：获取当前日期。
- var mytime=myDate.toLocaleTimeString()：获取当前时间。
- myDate.toLocaleString( )：获取日期与时间。

【例17.15】显示当前时间

示例代码如下所示。

```
//第一步先获取系统时间。
var dateTime=new Date();
var hh=dateTime.getHours();
var mm=dateTime.getMinutes();
var ss=dateTime.getSeconds();
//将时间显示到ID为time的位置，时间格式形如：19:18:02
document.getElementById("time").innerHTML=hh+":"+mm+":"+ss;
```

Chapter

18

制作一场梦幻流星雨

本章概述

学习完前面章节的内容，本章就来做一个练习，它的效果非常漂亮，同样运用到的知识也很多，其中重点运用了HTML 5中的canvas绘图，例如在网页中梦幻绚丽的流星雨的绘制方法，下面就一起动手制作吧。

重点知识

- 制作一颗流星
- 鼠标移动的效果
- 整场流星雨的全部代码

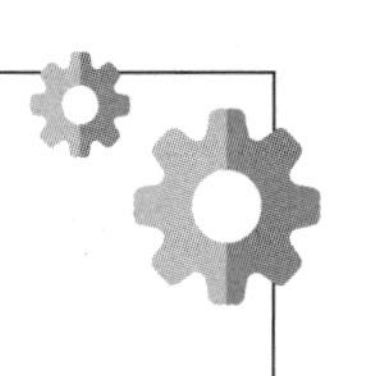

18.1 制作一颗流星

先来看一下一颗流星的效果，如图18-1所示。

图18-1

流星因速度过快而产生大量的热量，带动周围的空气发光发热，所以飞过的地方看起来就像流星的尾巴。在流星的运动轨迹中，当前位置最亮，轮廓最清晰，划过的地方离当前位置越远时，越暗淡越模糊。

在canvas上的每一帧都会重绘一次，每一帧之间的时间间隔很短。可以在每一帧用线段画一段流星的运动轨迹，最后画出流星的效果。可以使Photoshop绘制草图，如图18-2所示。缩小后的草图如18-3所示。

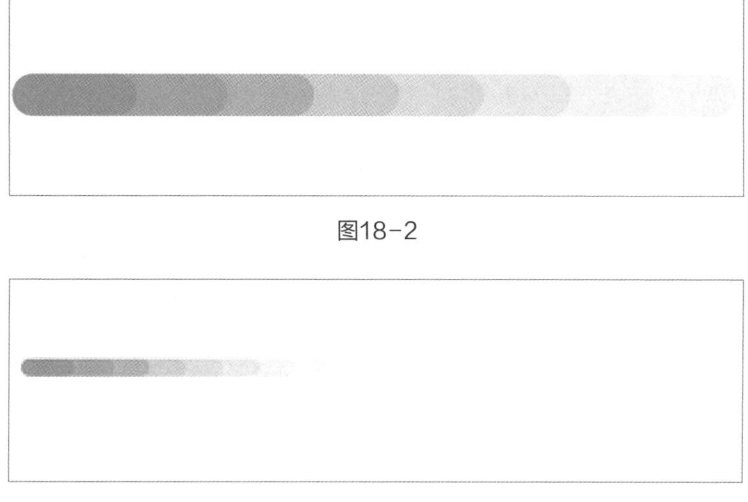

图18-2

图18-3

本质上，Photoshop也是在画布上绘制的，下面可以在canvas上试试，代码如下所示。

```
// 坐标
class Crood {
    constructor(x=0, y=0) {
        this.x = x;
        this.y = y;
    }
    setCrood(x, y) {
        this.x = x;
        this.y = y;
    }
    copy() {
        return new Crood(this.x, this.y);
    }
}

// 流星
class ShootingStar {
    constructor(init=new Crood, final=new Crood, size=3, speed=200, onDistory=null) {
        this.init = init;       // 初始位置
        this.final = final;     // 最终位置
        this.size = size;       // 大小
        this.speed = speed;     // 速度：像素/s

        // 飞行总时间
        this.dur = Math.sqrt(Math.pow(this.final.x-this.init.x, 2) + Math.pow
(this.final.y-this.init.y, 2)) * 1000 / this.speed;

        this.pass = 0; // 已过去的时间
        this.prev = this.init.copy();       // 上一帧位置
        this.now = this.init.copy();        // 当前位置
        this.onDistory = onDistory;
    }
    draw(ctx, delta) {
        this.pass += delta;
        this.pass = Math.min(this.pass, this.dur);

        let percent = this.pass / this.dur;

        this.now.setCrood(
            this.init.x + (this.final.x - this.init.x) * percent,
            this.init.y + (this.final.y - this.init.y) * percent
        );

        // canvas
        ctx.strokeStyle = '#fff';
        ctx.lineCap = 'round';
        ctx.lineWidth = this.size;
```

```
        ctx.beginPath();
        ctx.moveTo(this.now.x, this.now.y);
        ctx.lineTo(this.prev.x, this.prev.y);
        ctx.stroke();

        this.prev.setCrood(this.now.x, this.now.y);
        if (this.pass === this.dur) {
            this.distory();
        }
    }
    distory() {
        this.onDistory && this.onDistory();
    }
}


// effet
let cvs = document.querySelector('canvas');
let ctx = cvs.getContext('2d');

let T;
let shootingStar = new ShootingStar(
                                new Crood(100, 100),
                                new Crood(400, 400),
                                3,
                                200,
                                ()=>{cancelAnimationFrame(T)}
                            );


let tick = (function() {
    let now = (new Date()).getTime();
    let last = now;
    let delta;
    return function() {
        delta = now - last;
        delta = delta > 500 ? 30 : (delta < 16? 16 : delta);
        last = now;
        // console.log(delta);

        T = requestAnimationFrame(tick);

        ctx.save();
        ctx.fillStyle = 'rgba(0,0,0,0.2)'; // 每一帧用 "半透明" 的背景色清除画布
        ctx.fillRect(0, 0, cvs.width, cvs.height);
        ctx.restore();
        shootingStar.draw(ctx, delta);
    }
})();
tick();
```

代码的运行效果如图18-4所示，一颗闪亮的流星出现了。

图18-4

18.2 制作流星雨

现在加一个流星雨MeteorShower类，并且多生成一些随机位置的流星，绘制出流星雨，示例代码如下所示。

```
// 坐标
class Crood {
    constructor(x=0, y=0) {
        this.x = x;
        this.y = y;
    }
    setCrood(x, y) {
        this.x = x;
        this.y = y;
    }
    copy() {
        return new Crood(this.x, this.y);
    }
}

// 流星
class ShootingStar {
    constructor(init=new Crood, final=new Crood, size=3, speed=200, onDistory=null) {
        this.init = init;        // 初始位置
        this.final = final;      // 最终位置
```

```
        this.size = size;       // 大小
        this.speed = speed;     // 速度：像素/s

        // 飞行总时间
        this.dur = Math.sqrt(Math.pow(this.final.x-this.init.x, 2) + Math.pow
(this.final.y-this.init.y, 2)) * 1000 / this.speed;

        this.pass = 0;                          // 已过去的时间
        this.prev = this.init.copy();           // 上一帧位置
        this.now = this.init.copy();            // 当前位置
        this.onDistory = onDistory;
    }
    draw(ctx, delta) {
        this.pass += delta;
        this.pass = Math.min(this.pass, this.dur);

        let percent = this.pass / this.dur;

        this.now.setCrood(
            this.init.x + (this.final.x - this.init.x) * percent,
            this.init.y + (this.final.y - this.init.y) * percent
        );

        // canvas
        ctx.strokeStyle = '#fff';
        ctx.lineCap = 'round';
        ctx.lineWidth = this.size;
        ctx.beginPath();
        ctx.moveTo(this.now.x, this.now.y);
        ctx.lineTo(this.prev.x, this.prev.y);
        ctx.stroke();

        this.prev.setCrood(this.now.x, this.now.y);
        if (this.pass === this.dur) {
            this.distory();
        }
    }
    distory() {
        this.onDistory && this.onDistory();
    }
}

class MeteorShower {
    constructor(cvs, ctx) {
        this.cvs = cvs;
        this.ctx = ctx;
        this.stars = [];
        this.T;
        this.stop = false;
        this.playing = false;
    }
```

```
        createStar() {
            let angle = Math.PI / 3;
            let distance = Math.random() * 400;
            let init = new Crood(Math.random() * this.cvs.width|0, Math.random()
* 100|0);
            let final = new Crood(init.x + distance * Math.cos(angle), init.y +
distance * Math.sin(angle));
            let size = Math.random() * 2;
            let speed = Math.random() * 400 + 100;
            let star = new ShootingStar(
                            init, final, size, speed,
                            ()=>{this.remove(star)}
                        );
            return star;
        }

        remove(star) {
            this.stars = this.stars.filter((s)=>{ return s !== star});
        }

        update(delta) {
            if (!this.stop && this.stars.length < 20) {
                this.stars.push(this.createStar());
            }
            this.stars.forEach((star)=>{
                star.draw(this.ctx, delta);
            });
        }

        tick() {
            if (this.playing) return;
            this.playing = true;

            let now = (new Date()).getTime();
            let last = now;
            let delta;

            let  _tick = ()=>{
                if (this.stop && this.stars.length === 0) {
                    cancelAnimationFrame(this.T);
                    this.playing = false;
                    return;
                }

                delta = now - last;
                delta = delta > 500 ? 30 : (delta < 16? 16 : delta);
                last = now;
                // console.log(delta);

                this.T = requestAnimationFrame(_tick);
```

```
            ctx.save();
            ctx.fillStyle = 'rgba(0,0,0,0.2)'; // 每一帧用 "半透明" 的背景色清除画布
            ctx.fillRect(0, 0, cvs.width, cvs.height);
            ctx.restore();
            this.update(delta);
        }
        _tick();
    }

    start() {
        this.stop = false;
        this.tick();
    }

    stop() {
        this.stop = true;
    }
}

// effet
let cvs = document.querySelector('canvas');
let ctx = cvs.getContext('2d');

let meteorShower = new MeteorShower(cvs, ctx);
meteorShower.start();
```

代码的运行效果如图18-5所示，其实流星雨还加了鼠标移动的效果。

图18-5

18.3 鼠标移动的效果

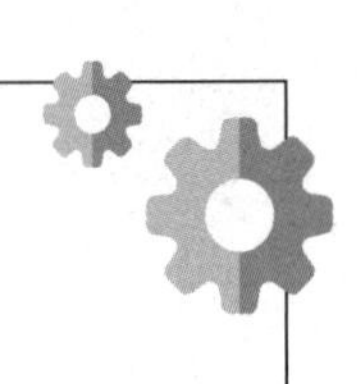

在这场流星雨中，流星雨随着鼠标的移动而移动，而且单击鼠标还可以使流星的样式发生改变，代码如下所示。

```
function mouse_wheel(evt)
    {
        evt=evt||event;
        var delta=0;
        if(evt.wheelDelta)
        {
            delta=evt.wheelDelta/120;
        }
        else if(evt.detail)
        {
            delta=-evt.detail/3;
        }
        star_speed+=(delta>=0)?-0.2:0.2;
        if(evt.preventDefault) evt.preventDefault();
    }
```

单击并按住鼠标左键不放的效果，如图18-6所示。

图18-6

随着鼠标的移动效果如图18-7所示。再次单击流星雨的效果如图18-8所示。

图18-7

图18-8

光标位于中间时，流星雨的移动变慢了，如图18-9所示。光标位于边上时，流星雨的移动速度明显变快，如图18-10所示。

图18-9

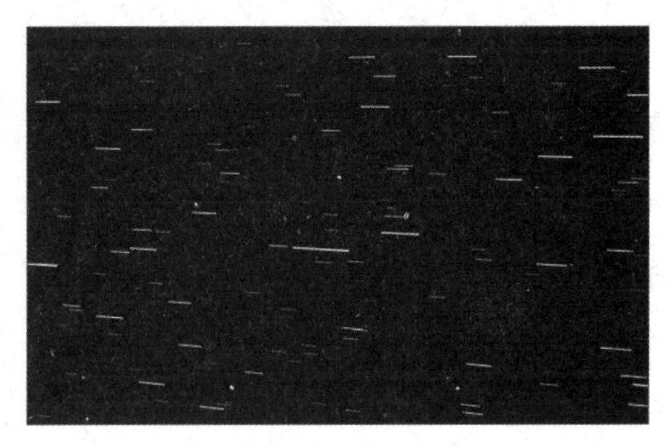

图18-10

18.4 整场流星雨

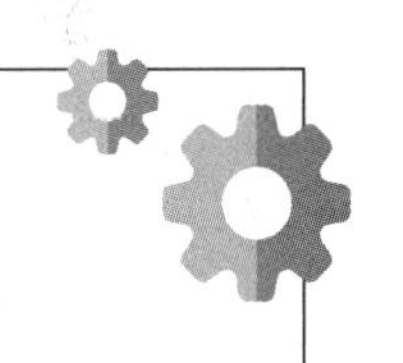

前面是流星雨制作的部分过程，下面带来完整的代码。

```
<!DOCTYPE HTML PUBLIC "-//W3C//DTD HTML 4.01//EN" "http://www.w3.org/TR/html4/strict.dtd"> <html lang="zh-CN">
<head>
    <title>制作流星雨</title>
    <meta http-equiv="content-type" content="text/html;charset=utf-8">
    <meta http-equiv="content-language" content="zh-CN">
    <style type="text/css">
        body {margin:0;padding:0;background-color:#000000;font-size:0;overflow:hidden}
        div {margin:0;padding:0;position:absolute;font-size:0;overflow:hidden}
        canvas{background-color:#000000;overflow:hidden}
    </style>
</head>
```

```
    <script type="text/javascript">
        function $i(id) { return document.getElementById(id); }
        function $r(parent,child) { (document.getElementById(parent)).removeChild
(document.getElementById(child)); }
        function $t(name) { return document.getElementsByTagName(name); }
        function $c(code) { return String.fromCharCode(code); }
        function $h(value) { return ('0'+Math.max(0,Math.min(255,Math.round(value))).
toString(16)).slice(-2); }
        function _i(id,value) { $t('div')[id].innerHTML+=value; }
        function _h(value) { return !hires?value:Math.round(value/2); }
        function get_screen_size()
        {
            var w=document.documentElement.clientWidth;
            var h=document.documentElement.clientHeight;
            return Array(w,h);
        }
        var url=document.location.href;
        var flag=true;
        var test=true;
        var n=parseInt((url.indexOf('n=')!=-1)?url.substring(url.indexOf('n=')+2,
((url.substring(url.indexOf('n=')+2,url.length)).indexOf('&')!=-1)?url.indexOf
('n=')+2+(url.substring(url.indexOf('n=')+2,url.length)).indexOf('&'):url.length)
:512);
        var w=0;
        var h=0;
        var x=0;
        var y=0;
        var z=0;
        var star_color_ratio=0;
        var star_x_save,star_y_save;
        var star_ratio=256;
        var star_speed=4;
        var star_speed_save=0;
        var star=new Array(n);
        var color;
        var opacity=0.1;
        var cursor_x=0;
        var cursor_y=0;
        var mouse_x=0;
        var mouse_y=0;
        var canvas_x=0;
        var canvas_y=0;
        var canvas_w=0;
        var canvas_h=0;
        var context;
        var key;
        var ctrl;
        var timeout;
        var fps=0;
        function init()
```

```
    {
        var a=0;
        for(var i=0;i<n;i++)
        {
            star[i]=new Array(5);
            star[i][0]=Math.random()*w*2-x*2;
            star[i][1]=Math.random()*h*2-y*2;
            star[i][2]=Math.round(Math.random()*z);
            star[i][3]=0;
            star[i][4]=0;
        }
        var starfield=$i('starfield');
        starfield.style.position='absolute';
        starfield.width=w;
        starfield.height=h;
        context=starfield.getContext('2d');
        context.fillStyle='rgb(0,0,0)';
        context.strokeStyle='rgb(255,255,255)';
        var adsense=$i('adsense');
        adsense.style.left=Math.round((w-728)/2)+'px';
        adsense.style.top=(h-15)+'px';
        adsense.style.width=728+'px';
        adsense.style.height=15+'px';
        adsense.style.display='block';
    }
    function anim()
    {
        mouse_x=cursor-x-x;
        mouse_y=cursor-y-y;
        context.fillRect(0,0,w,h);
        for(var i=0;i<n;i++)
        {
            test=true;
            star_x_save=star[i][3];
            star_y_save=star[i][4];
            star[i][0]+=mouse_x>>4; if(star[i][0]>x<<1) { star[i][0]-=w<<1;
test=false; } if(star[i][0]<-x<<1) { star[i][0]+=w<<1; test=false; }
            star[i][1]+=mouse_y>>4; if(star[i][1]>y<<1) { star[i][1]-=h<<1;
test=false; } if(star[i][1]<-y<<1) { star[i][1]+=h<<1; test=false; }
            star[i][2]-=star_speed; if(star[i][2]>z) { star[i][2]-=z; test=
false; } if(star[i][2]<0) { star[i][2]+=z; test=false; }
            star[i][3]=x+(star[i][0]/star[i][2])*star_ratio;
            star[i][4]=y+(star[i][1]/star[i][2])*star_ratio;
   if(star_x_save>0&&star_x_save<w&&star_y_save>0&&star_y_save<h&&test)
            {
                context.lineWidth=(1-star_color_ratio*star[i][2])*2;
                context.beginPath();
                context.moveTo(star_x_save,star_y_save);
                context.lineTo(star[i][3],star[i][4]);
                context.stroke();
```

```
                context.closePath();
            }
        }
        timeout=setTimeout('anim()',fps);
    }
    function move(evt)
    {
        evt=evt||event;
        cursor_x=evt.pageX-canvas_x;
        cursor_y=evt.pageY-canvas_y;
    }
    function key_manager(evt)
    {
        evt=evt||event;
        key=evt.which||evt.keyCode;
        switch(key)
        {
            case 27:
                flag=flag?false:true;
                if(flag)
                {
                    timeout=setTimeout('anim()',fps);
                }
                else
                {
                    clearTimeout(timeout);
                }
                break;
            case 32:
                star_speed_save=(star_speed!=0)?star_speed:star_speed_save;
                star_speed=(star_speed!=0)?0:star_speed_save;
                break;
            case 13:
                context.fillStyle='rgba(0,0,0,'+opacity+')';
                break;
        }
        top.status='key='+((key<100)?'0':'')+((key<10)?'0':'')+key;
    }
    function release()
    {
        switch(key)
        {
            case 13:
                context.fillStyle='rgb(0,0,0)';
                break;
        }
    }
    function mouse_wheel(evt)
    {
        evt=evt||event;
```

```
        var delta=0;
        if(evt.wheelDelta)
        {
            delta=evt.wheelDelta/120;
        }
        else if(evt.detail)
        {
            delta=-evt.detail/3;
        }
        star_speed+=(delta>=0)?-0.2:0.2;
        if(evt.preventDefault) evt.preventDefault();
    }
    function start()
    {
        resize();
        anim();
    }
    function resize()
    {
  w=parseInt((url.indexOf('w=')!=-1)?url.substring(url.indexOf('w=')+2,((url.
substring(url.indexOf('w=')+2,url.length)).indexOf('&')!=-1)?url.indexOf('w=')
+2+(url.substring(url.indexOf('w=')+2,url.length)).indexOf('&'):url.length):get_
screen_size()[0]);
  h=parseInt((url.indexOf('h=')!=-1)?url.substring(url.indexOf('h=')+2,((url.
substring(url.indexOf('h=')+2,url.length)).indexOf('&')!=-1)?url.indexOf('h=')
+2+(url.substring(url.indexOf('h=')+2,url.length)).indexOf('&'):url.length):get_
screen_size()[1]);
        x=Math.round(w/2);
        y=Math.round(h/2);
        z=(w+h)/2;
        star_color_ratio=1/z;
        cursor_x=x;
        cursor_y=y;
        init();
    }
    document.onmousemove=move;
    document.onkeypress=key_manager;
    document.onkeyup=release;
    document.onmousewheel=mouse_wheel; if(window.addEventListener) window.ad
dEventListener('DOMMouseScroll',mouse_wheel,false);
  </script>
  <body onload="start()" onresize="resize()" onorientationchange="resize()"
onmousedown="context.fillStyle='rgba(0,0,0,'+opacity+')'" onmouseup="context.
fillStyle='rgb(0,0,0)'">
  <canvas id="starfield" style="background-color:#000000"></canvas>
  <div id="adsense" style="position:absolute;background-color:transparent;disp
lay:none">
  </div>
  </body>
  </html>
```

Chapter

19

制作一个炫酷的网站

本章概述

学习完HTML 5的基本内容后，需要把学习的知识应用到实践中，当然，考虑到本书的读者主要是网页开发者，所以本章就通过制作一个炫酷的网页来巩固之前学习的知识。

重点知识

- 网站主体结构设计
- 订阅页面的设计
- 颜色自选模式设计
- 导航栏的设计
- 下拉按钮设计

19.1 网站预览

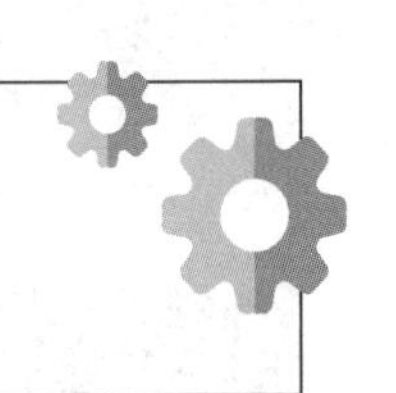

静态网页一般没有数据库支持，这样会增加网站的工作量，而且缺乏一定的交互功能，无法承载过多的信息和功能。动态网页虽然没有这些问题，但是大量动态网页会影响网站的后期优化。通常，在建立网站的时候宜“动静结合”，接下来将创建如图19-1所示的网页。

图19-1

企业网站的首页，如图19-2所示，单击左侧导航栏，可以跳转到相应的页面。

在“关于我们”页面中，放在照片上的时候，会显示此人的信息，如图19-3所示。

图19-2

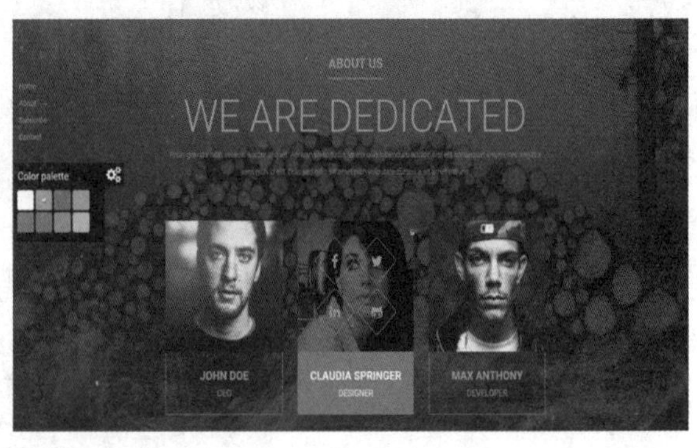

图19-3

“关注我们”页面没有太多的特效，只有光标滑过的效果，如图19-4所示。

如果浏览者需要联系我们，就需要填写相关信息，以便企业可以联系浏览者本人，如图19-5所示。

图19-4

图19-5

网页的尾部如图19-6所示。

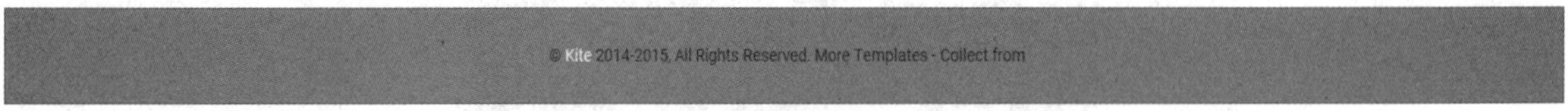

© Kite 2014-2015. All Rights Reserved. More Templates - Collect from

图19-6

为了达到更好的浏览效果，还设计了可以自行改变网页字体颜色的操作，如图19-7所示。

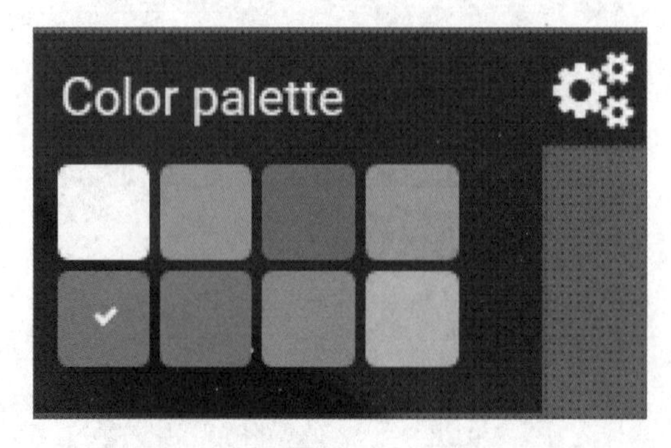

图19-7

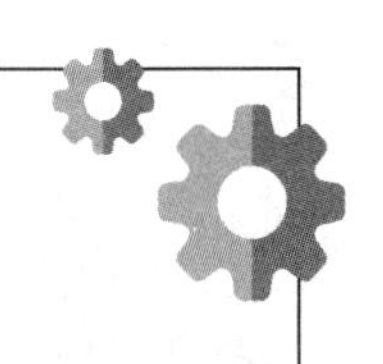

19.2 网站主体结构设计

这里没有花哨的排版，只是利用舒服的色调和交互，让浏览者一目了然地知道企业是做什么的。

设计企业网站时使用了HTML 5中的一些主体结构元素，分别是header结构元素、aside结构元素、section结构元素和footer结构元素。在大型网站中，网页通常由这几个结构元素组成。

还没有加入任何实际内容之前的网页代码，如下所示。

```
<!DOCTYPE html>
<html>
<head>
<meta charset="UTF-8">
<title>制作一个炫酷的网站 </title>
<link href="assets/css/bootstrap.min.css" rel="stylesheet">
<link href="assets/css/font-awesome.min.css" rel="stylesheet">
<link href="assets/css/style.css" rel="stylesheet">
<link rel="stylesheet" type="text/css" id="color" href="assets/css/colors/
default.css"/>
</head>
<body>
<header></header>
<section id=" content" >
<article></article>
</section>
<aside></aside>
<footer></footer>
</body>
</html>
```

在上述代码中，页面开头使用了HTML 5中的<!DOCTYPE html>语句，来声明页面中将使用HTML 5。

19.3 首页倒计时的设计

首页设计了一个倒计时的时钟，具体的HTML代码如下所示。

```
<div class="time-box">
<div class="time-box-inner dash hours_dash animated" data-animation="rollIn"
data-animation-delay="600">
<span class="time-number">
```

```
<span class="digit">0</span>
<span class="digit">0</span>
</span>
<span class="time-name">Hours</span>
</div>
</div>
</div>
<div class="col-sm-3">
<div class="time-box">
<div class="time-box-inner dash minutes_dash animated" data-animation="rollIn"
data-animation-delay="900">
<span class="time-number">
<span class="digit">0</span>
<span class="digit">0</span>
</span>
<span class="time-name">Minutes</span>
</div>
</div>
</div>
<div class="col-sm-3">
<div class="time-box">
<div class="time-box-inner dash seconds_dash animated" data-animation="rollIn"
data-animation-delay="1200">
<span class="time-number">
<span class="digit">0</span>
<span class="digit">0</span>
</span>
<span class="time-name">Seconds</span>
</div>
</div>
</div>
```

CSS部分的具体代码如下所示。

```
.time-count-container{
    min-height:300px;
    margin-top:50px;
}
.time-box{
    width:150px;
    height:150px;
    display:table;
    border:1px solid #fff;
    margin:50px auto;

    -webkit-border-radius:15px;
        -moz-border-radius:15px;
            -ms-border-radius:15px;
                -o-border-radius:15px;
```

```
                    border-radius:15px;

    -webkit-transform:rotate(45deg);
        -moz-transform:rotate(45deg);
            -ms-transform:rotate(45deg);
                -o-transform:rotate(45deg);
                    transform:rotate(45deg);
}
.time-box-inner{
    width:150px;
    height:150px;
    display:table;
    text-align:center;

    -webkit-transform:rotate(-45deg);
        -moz-transform:rotate(-45deg);
            -ms-transform:rotate(-45deg);
                -o-transform:rotate(-45deg);
                    transform:rotate(-45deg);
}
.time-number{
    font-size:65px;
    width:100%;
    display:inline-block;
    font-weight:300;
    padding-top: 15%;

    -webkit-transition:all .25s;
        -moz-transition:all .25s;
            -ms-transition:all .25s;
                -o-transition:all .25s;
                    transition:all .25s;
}
.time-number .digit{
    line-height: 60px;
    display: inline-block;
    overflow: hidden;
}

.time-name{
    font-size:15px;
    text-transform:uppercase;
    font-weight:700;
}
.time-until{
    text-align:center;
    margin:0;
}
.time-until span{
```

```
        color: #fff;
        font-size:18px;
        line-height:40px;
        display:inline-block;
        background-color:#3498db;
        text-transform:uppercase;
        padding:0px 25px;
    }
```

此部分的效果如图19-8所示。

图19-8

19.4 导航栏的设计

导航栏没有安排在网页的最上方，这是为了创新，也是为了便于实现动态，代码如下所示。

```
    <div class="navbar-header">
    <button type="button" class="navbar-toggle" data-toggle="collapse" data-
target=".navbar-collapse">
    <span class="sr-only">Toggle navigation</span>
    <i class="fa fa-bars"></i>
    </button>
    </div>
    <nav class="collapse navbar-collapse">
    <ul id="headernavigation" class="nav navbar-nav">
    <li class="active"><a href="#page-top">Home</a></li>
    <li><a href="#about">About</a></li>
    <li><a href="#subscribe">Subscribe</a></li>
    <li><a href="#contact">Contact</a></li>
    </ul>
    </nav>
    </div>
```

导航栏的样式代码如下所示。

```
.navbar-default .navbar-nav>li>a:hover,
.navbar-default .navbar-nav>li>a:focus,
.navbar-default .navbar-nav>li>a,
.navbar-default .navbar-nav>.active>a,
.navbar-default .navbar-nav>.active>a:hover,
.navbar-default .navbar-nav>.active>a:focus{
    color:#fff;
    background-color:transparent;
}
.navbar-default{
    background-color:transparent;
    border-color:transparent;
}
.navbar-default .navbar-nav>.active>a:after{
    content:"\2192";
    display:inline-block;
    font-style:normal;
    font-weight:normal;
    line-height:1;
    margin-left:10px;
    -webkit-font-smoothing:antialiased;
    -moz-osx-font-smoothing:grayscale;

    -webkit-transition:all .25s;
        -moz-transition:all .25s;
            -ms-transition:all .25s;
                -o-transition:all .25s;
                    transition:all .25s;
}
.navbar-nav>li>a{
    padding:5px 15px;
    font-weight:400;
    font-style:italic;

    -webkit-transition:all .25s;
        -moz-transition:all .25s;
            -ms-transition:all .25s;
                -o-transition:all .25s;
                    transition:all .25s;
}
.navbar-nav>li>a:hover{
    padding-left:25px;
}
.navbar-default .navbar-collapse,
.navbar-default .navbar-form{
    border-color: transparent;
}
```

代码的运行效果如图19-9所示。

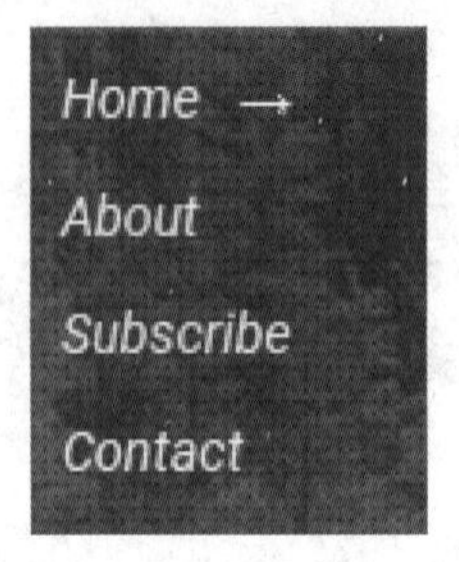

图19-9

19.5 关于我们页面的制作

此页面介绍了企业的结构，加入了照片，设计了光标滑动到照片时出现信息的动态效果。下面以其中一张照片的代码做示例，具体的代码如下所示。

```
<div class="col-sm-4">
<div class="team-member">
<figure>
<img src="images/team/team-member-1.jpg" alt="Team Member">
<figcaption>
<p class="member-name">John Doe</p>
<p class="designation">
CEO
</p>
</figcaption>
</figure>
<div class="social-btn-container">
<div class="team-socail-btn">
<span class="social-btn-box facebook-btn-container">
<a href="#" class="facebook-btn">
<i class="fa fa-facebook"></i>
</a>
</span>
<span class="social-btn-box twitter-btn-container">
<a href="#" class="twitter-btn">
<i class="fa fa-twitter"></i>
</a>
</span>
<span class="social-btn-box linkedin-btn-container">
<a href="#" class="linkedin-btn">
<i class="fa fa-linkedin"></i>
</a>
```

```
</span>
<span class="social-btn-box github-btn-container">
<a href="#" class="github-btn">
<i class="fa fa-github-alt"></i>
</a>
</span>
</div>
</div>
</div>
</div>
```

CSS部分的代码如下所示。

```
.team-container .col-sm-4{
    padding:60px 15px 0 15px;
}
.team-container .team-member{
    max-width:245px;
    margin:auto;
    position:relative;
    overflow:hidden;
}


.team-container figcaption{
    text-align:center;
    text-transform:uppercase;
    width:100%;
    height:110px;
    border:1px solid #fff;
    border-top-color:transparent;
    margin:0;
}
.team-container figcaption h4{
    font-size:22px;
    font-weight:700;
    padding-top:20px;
}
.team-container .member-name {
    font-size: 1.5em;
    font-weight: 700;
    margin: 0;
    padding: 26px 10px 5px 10px;
}
.team-container figcaption p{
    font-size: 1.125em;
}
.team-container .social-buttons{
    display:inline-block;
```

```
    margin:auto;
    text-align:center;
    width:100%;
}

.team-member .social-btn-container,
.team-member .social-btn-container .social-btn-box{
    -webkit-transition:all .25s;
        -moz-transition:all .25s;
            -ms-transition:all .25s;
                -o-transition:all .25s;
                    transition:all .25s;
}

.team-member .social-btn-container {
    position: absolute;
    top: 0px;
    margin: 0 auto;
    left: 0;
}
.team-member:hover .social-btn-container{
    background: rgba(0,0,0,.5);
}
.team-member .social-btn-container .team-socail-btn{
    overflow: hidden;
    position: relative;
    width:245px;
    height: 230px;
}
.team-member .social-btn-container .social-btn-box{
    position: absolute;

}
.team-member .social-btn-container .facebook-btn-container{
    bottom: 220px;
    right: 230px;
}
.team-member .social-btn-container .twitter-btn-container{
    bottom: 220px;
    left: 230px;
}
.team-member .social-btn-container .linkedin-btn-container{
    top: 220px;
    right: 230px;
}
.team-member .social-btn-container .github-btn-container{
    top: 220px;
    left: 230px;
}
```

```
.team-member:hover .social-btn-container .facebook-btn-container{
    bottom: 115px;
    right: 122px;
}
.team-member:hover .social-btn-container .twitter-btn-container{
    bottom: 115px;
    left: 122px;
}
.team-member:hover .social-btn-container .linkedin-btn-container{
    top: 115px;
    right: 122px;
}
.team-member:hover .social-btn-container .github-btn-container{
    top: 115px;
    left: 122px;
}
.team-container .social-buttons a{
    color:#fff;
    width:24px;
    height:24px;
    display:inline-block;
    font-size:24px;
    text-align:center;
}
.team-container .team-member figure,
.team-container .team-member figcaption,
.team-container .team-member img,
.team-container .team-member .social-buttons{

    -webkit-transition:all .25s;
        -moz-transition:all .25s;
            -ms-transition:all .25s;
                -o-transition:all .25s;
                    transition:all .25s;
}
.team-container .team-member:hover figure{
    background-color:#3498db;
    color:#fff;
}
.team-container .team-member:hover figcaption{
    border-color:#3498db;
    color:#fff;
}

.team-container .team-member:hover .social-buttons{
    top:90px;
}
```

代码的运行效果如图19-10所示。

图19-10

19.6 订阅页面的设计

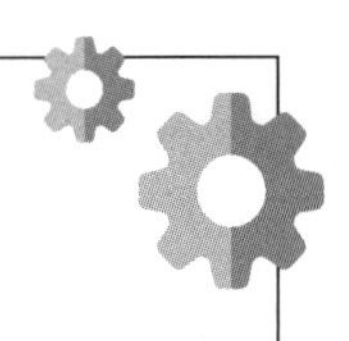

在此页面中需要设计一个表格的镶嵌，示例代码如下所示。

```
<form class="news-letter" action="php/subscribe.php" method="post">
<div class="subscribe-hide">
<input class="form-control" type="email" id="subscribe-email" name="subscribe
-email" placeholder="Email Address"  required>
<button  type="submit" id="subscribe-submit" class="btn"><i class="fa fa-
envelope"></i></button>
<span id="subscribe-loading" class="btn"><i class="fa fa-refresh fa-spin"></
i></span>
<div class="subscribe-error"></div>
</div>
<div class="subscribe-message"></div>
</form>
```

CSS样式的代码如下所示。

```
form.news-letter{
    max-width:550px;
    margin:auto;
```

```
    height:60px;
    margin-top:70px;
    position:relative;
}
form.news-letter .form-control{
    height:60px;
    padding-right:75px;
}
form.news-letter .btn{
    width:60px;
    height:60px;
    border:1px solid #fff;
    position:absolute;
    top:0;
    right:0;
    font-size:25px;
}

form.news-letter .btn:hover{
    color:#3498db;
}
#subscribe-loading {
    display: none;
    line-height: 45px;
    cursor: inherit;
}
#subscribe-loading:hover{
    color: inherit;
}
.subscribe-message{
    text-align: center;
    font-size: 1.125em;
}

.subscribe-error{
    color: #ffffff;
    position: absolute;
    background: rgba(52, 152, 219,1);
    display: none;
    left: 25px;
    bottom:60px;
    padding: 5px 10px;
    border-radius: 3px;
}
.subscribe-error:after{
    position: absolute;
    content: "";
    width: 0;
    height: 0;
```

```
        border-style: solid;
        border-width: 12px;
        border-color: rgba(52, 152, 219,1) transparent  transparent transparent;
        left: 25px;
        bottom: -24px;
    }
```

代码的运行效果如图19-11所示。

图19-11

19.7 联系我们页面的表单设计

这个页面中出现了一个提交表单，此表单要时尚大方，代码如下所示。

```
  <form id="contact-form" action="#" method="post" class="clearfix">
  <div class="contact-box-hide">
  <div class="col-sm-6">
  <input type="text"  class="form-control" id="first_name" name="first_name" required placeholder="First Name">
  <span class="first-name-error"></span>
  </div>
  <div class="col-sm-6">
  <input type="text"  class="form-control" id="last_name" name="last_name" required placeholder="Last Name">
  <span class="last-name-error"></span>
  </div>
  <div class="col-sm-6">
  <input type="email" class="form-control"  id="contact_email" name="contact_email" required placeholder="Email Address">
  <span class="contact-email-error"></span>
  </div>
  <div class="col-sm-6">
  <input type="text"  class="form-control" id="subject" name="contact_subject" required placeholder="Subject">
  <span class="contact-subject-error"></span>
  </div>
  <div class="col-sm-10">
  <textarea class="form-control" rows="5" id="message" name="message" required placeholder="Message"></textarea>
```

```
<span class="contact-message-error"></span>
</div>
<div class="col-sm-2">
<button id="contact-submit" class="btn custom-btn col-xs-12" type="submit"
name="submit"><i class="fa fa-rocket"></i></button>
<span id="contact-loading" class="btn custom-btn col-xs-12"><i class="fa fa-
refresh fa-spin"></i></span>
</div>
</div><!-- /.contact-box-hide -->
<div class="contact-message"></div>
</form>
```

此提交表单的样式代码如下所示。

```
#contact .next-section a{
    -webkit-transform:rotate(180deg);
        -moz-transform:rotate(180deg);
            -ms-transform:rotate(180deg);
                -o-transform:rotate(180deg);
                    transform:rotate(180deg);
}
#contact-form .col-sm-6,
#contact-form .col-sm-10,
#contact-form .col-sm-2{
    padding:0;
}
#contact-form{
    margin-top:70px;
    margin-bottom:10px;
}
#contact-form  input{
    height:60px;
}
#contact-form #first_name{
    border-right:0px solid transparent;
    border-bottom:0px solid transparent;
}
#contact-form #last_name{
    border-bottom:0px solid transparent;
}
#contact-form  #email{
    border-right:0px solid transparent;
}
#contact-form textarea.form-control{
    height:130px;
    border-top:0px solid transparent;
    padding-top: 20px;
}
#contact-form  .btn{
```

```
    font-size:50px;
    height:130px;
    border:1px solid #fff;
    border-left:0px solid transparent;
    border-top:0px solid transparent;
}
#contact-form  .btn:hover{
    color:#3498db;
}
#contact-form  .col-sm-6,
#contact-form  .col-sm-10{
    position: relative;
}
.first-name-error,
.last-name-error,
.contact-email-error,
.contact-subject-error,
.contact-message-error{
    color: #ffffff;
    position: absolute;
    background: rgba(52, 152, 219,1);
    display: none;
    left: 25px;
    top: -30px;
    padding: 5px 10px;
    border-radius: 3px;
}

.first-name-error:after,
.last-name-error:after,
.contact-email-error:after,
.contact-subject-error:after,
.contact-message-error:after{
    position: absolute;
    content: "";
    width: 0;
    height: 0;
    border-style: solid;
    border-width: 12px;
    border-color: rgba(52, 152, 219,1) transparent  transparent transparent;
    left: 25px;
    bottom: -24px;
}
#contact-loading{
    display: none;
    cursor: inherit;
    line-height: 110px;
}
#contact-loading:hover{
```

```
    color: inherit;
}
.contact-message{
    text-align: center;
    font-size: 1.125em;
}
```

代码的运行效果如图19-12所示。

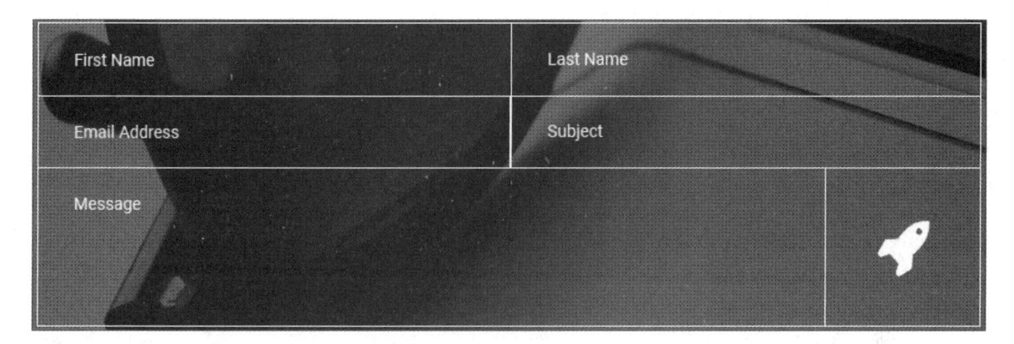

图19-12

19.8 下拉按钮设计

每个页面都有一个下拉按钮，它的设计代码如下所示。

```
<div class="next-section">
<a class="go-to-about"><span></span></a>
</div>
```

样式的代码如下所示。

```
.next-section{
    text-align:center;
}
.next-section a{
    cursor:pointer;
    display:inline-block;
    width:120px;
    height:120px;

    -webkit-border-radius:100%;
        -moz-border-radius:100%;
            -ms-border-radius:100%;
                -o-border-radius:100%;
```

```
                    border-radius:100%;

    background-color:rgba(0,0,0,.2);
    box-shadow: 0 0 1px rgba(255,255,255,.2);
    margin:70px;
    padding-top:45px;
    position:relative;
}

.next-section a span{
    display:inline-block;
    width:50px;
    height:50px;
    border:2px solid #fff;
    border-left-color:transparent;
    border-top-color:transparent;
    position:absolute;
    top:20px;
    left:35px;

    -webkit-transform:rotate(45deg);
        -moz-transform:rotate(45deg);
            -ms-transform:rotate(45deg);
                -o-transform:rotate(45deg);
                    transform:rotate(45deg);

    opacity:.4;

    -webkit-transition:all .25s;
        -moz-transition:all .25s;
            -ms-transition:all .25s;
                -o-transition:all .25s;
                    transition:all .25s;
}
.next-section a:hover span{
    opacity:1;
}
```

代码的运行效果如图19-13所示。

图19-13

19.9 颜色自选模式设计

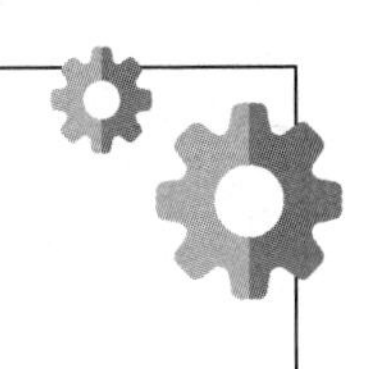

在此企业官网中，可以让浏览者挑选自己喜欢的颜色，具体代码如下所示。

```
<div id="color-style-switcher">
<div>
<h3>Color palette</h3>
<ul class="colors">
<li><a class="color1 active" href="#"></a></li>
<li><a class="color2" href="#"></a></li>
<li><a class="color3" href="#"></a></li>
<li><a class="color4" href="#"></a></li>
<li><a class="color5" href="#"></a></li>
<li><a class="color6" href="#"></a></li>
<li><a class="color7" href="#"></a></li>
<li><a class="color8" href="#"></a></li>
</ul>
</div>
<div class="bottom">
<a href="#" class="settings"><i class="fa fa-cogs icon-2x"></i></a>
</div>
</div>
```

部分样式的代码如下所示。

```
#color-style-switcher div h3 {
    color: #ffffff;
    font-size: 19px;
    margin: 8px 3px 12px;
}
#color-style-switcher {
    background: none repeat scroll 0 0 rgba(0,0,0,.7);
    box-shadow: 2px 2px 0 0 rgba(0, 0, 0, 0.08);
    left: -189px;
    position: fixed;
    top: 250px;
    width: 195px;
    z-index: 9999;
}
#color-style-switcher div {
    padding: 5px 10px;
}
#color-style-switcher .bottom {
    background: none repeat scroll 0 0 rgba(0,0,0,.7);
    color: #252525;
```

```
    padding: 0;
}
#color-style-switcher .bottom a.settings {
    background: none repeat scroll 0 0 rgba(0,0,0,.7);
    box-shadow: 2px 2px 0 0 rgba(0, 0, 0, 0.08);
    display: block;
    height: 41px;
    position: absolute;
    right: -40px;
    top: 0;
    width: 40px;
    padding: 3px;
}
#color-style-switcher .bottom a.settings i {
    margin-left: 1px;
    margin-top: 3px;
    color: #ffffff;
}
#color-style-switcher select {
    background: none repeat scroll 0 0 #F6F6F6;
    border: 1px solid #FFFFFF;
    line-height: 1;
    margin-bottom: 10px;
    padding: 5px 10px;
    width: 150px;
}
```

代码的运行效果如图19-14所示。

图19-14

至此，此网页中的一些关键效果设计完毕。

19.10 HTML代码

下面介绍整个网页的代码组成，以便更直观地感受整个网页具体的组成方式，代码如下所示。

```
<!DOCTYPE html>
<html>
<head>
<meta charset="UTF-8">
<title>   Kite Coming Soon </title>
<meta name="description" content="Kite Coming Soon HTML ">
<meta name="author" content=" Theme">
<!-- Mobile Specific Meta -->
<meta name="viewport" content="width=device-width, initial-scale=1">
<!--[if IE]><meta http-equiv='X-UA-Compatible' content='IE=edge,chrome=1'><!
[endif]-->
<!-- Bootstrap  -->
<link href="assets/css/bootstrap.min.css" rel="stylesheet">
<!-- icon fonts font Awesome -->
<link href="assets/css/font-awesome.min.css" rel="stylesheet">
<!-- Custom Styles -->
<link href="assets/css/style.css" rel="stylesheet">
<!--Color Style -->
<link rel="stylesheet" type="text/css" id="color" href="assets/css/colors/
default.css"/>
<!--[if lt IE 9]>
<script src="assets/js/html5shiv.js"></script>
<![endif]-->
</head>
<body>
<!-- Preloader -->
<div id="preloader">
<div id="loader">
<div class="dot"></div>
<div class="dot"></div>
<div class="dot"></div>
<div class="dot"></div>
<div class="dot"></div>
<div class="dot"></div>
<div class="dot"></div>
<div class="dot"></div>
<div class="lading"></div>
</div>
</div><!-- /#preloader -->
<!-- Preloader End-->
<!-- Main Menu -->
<div id="main-menu" class="navbar navbar-default navbar-fixed-top" role="navigation">
<div class="navbar-header">
<!-- responsive navigation -->
<button type="button" class="navbar-toggle" data-toggle="collapse" data-target=".
navbar-collapse">
<span class="sr-only">Toggle navigation</span>
<i class="fa fa-bars"></i>
</button><!-- /.navbar-toggle -->
</div><!-- /.navbar-header -->
<nav class="collapse navbar-collapse">
```

```
<!-- Main navigation -->
<ul id="headernavigation" class="nav navbar-nav">
<li class="active"><a href="#page-top">Home</a></li>
<li><a href="#about">About</a></li>
<li><a href="#subscribe">Subscribe</a></li>
<li><a href="#contact">Contact</a></li>
</ul><!-- /.nav .navbar-nav -->
</nav><!-- /.navbar-collapse  -->
</div><!-- /#main-menu -->
<!-- Main Menu End -->
<div class="copyrights">Collect from <a href="http://www.cssmoban.com/">搭建
网站 </a></div>
<!-- Page Top Section -->
<section id="page-top" class="section-style" data-background-image="images/
background/page-top.jpg">
<div class="pattern height-resize">
<div class="container">
<h1 class="site-title">
Kite
</h1><!-- /.site-title -->
<h3 class="section-name">
<span>
We Are
</span>
</h3><!-- /.section-name -->
<h2 class="section-title">
Coming Soon
</h2><!-- /.Section-title  -->
<div id="time_countdown" class="time-count-container">
<div class="col-sm-3">
<div class="time-box">
<div class="time-box-inner dash days_dash animated" data-animation="rollIn"
data-animation-delay="300">
<span class="time-number">
<span class="digit">0</span>
<span class="digit">0</span>
<span class="digit">0</span>
</span>
<span class="time-name">Days</span>
</div>
</div>
</div>
<div class="col-sm-3">
<div class="time-box">
<div class="time-box-inner dash hours_dash animated" data-animation="rollIn"
data-animation-delay="600">
<span class="time-number">
<span class="digit">0</span>
<span class="digit">0</span>
</span>
<span class="time-name">Hours</span>
```

```
</div>
</div>
</div>
<div class="col-sm-3">
<div class="time-box">
<div class="time-box-inner dash minutes_dash animated" data-animation="rollIn" data-animation-delay="900">
<span class="time-number">
<span class="digit">0</span>
<span class="digit">0</span>
</span>
<span class="time-name">Minutes</span>
</div>
</div>
</div>
<div class="col-sm-3">
<div class="time-box">
<div class="time-box-inner dash seconds_dash animated" data-animation="rollIn" data-animation-delay="1200">
<span class="time-number">
<span class="digit">0</span>
<span class="digit">0</span>
</span>
<span class="time-name">Seconds</span>
</div>
</div>
</div>
</div><!-- /.time-count-container -->
<p class="time-until">
<span>Time Until Launce</span>
</p><!-- /.time-until -->
<div class="next-section">
<a class="go-to-about"><span></span></a>
</div><!-- /.next-section -->
</div><!-- /.container -->
</div><!-- /.pattern -->
</section><!-- /#page-top -->
<!-- Page Top Section  End -->
<!-- About Us Section -->
<section id="about" class="section-style" data-background-image="images/background/about-us.jpg">
<div class="pattern height-resize">
<div class="container">
<h3 class="section-name">
<span>
About Us
</span>
</h3><!-- /.section-name -->
<h2 class="section-title">
We Are dedicated
</h2><!-- /.Section-title  -->
```

```
<p class="section-description">
Proin gravida nibh vel velit auctor aliquet. Aenean sollicitudin, lorem quis bibendum auctor, nisi elit consequat ipsum, nec sagittis sem nibh id elit. Duis sed odio sit amet nibh vulputate cursus a sit amet mauris.
</p><!-- /.section-description -->
<div class="team-container">
<div class="row">
<div class="col-sm-4">
<div class="team-member">
<figure>
<img src="images/team/team-member-1.jpg" alt="Team Member">
<figcaption>
<p class="member-name">John Doe</p>
<p class="designation">
CEO
</p><!-- /.designation -->
</figcaption>
</figure>
<div class="social-btn-container">
<div class="team-socail-btn">
<span class="social-btn-box facebook-btn-container">
<a href="#" class="facebook-btn">
<i class="fa fa-facebook"></i>
</a><!-- /.facebook-btn -->
</span><!-- /.social-btn-box -->
<span class="social-btn-box twitter-btn-container">
<a href="#" class="twitter-btn">
<i class="fa fa-twitter"></i>
</a><!-- /.twitter-btn -->
</span><!-- /.social-btn-box -->
<span class="social-btn-box linkedin-btn-container">
<a href="#" class="linkedin-btn">
<i class="fa fa-linkedin"></i>
</a><!-- /.linkedin-btn -->
</span><!-- /.social-btn-box -->
<span class="social-btn-box github-btn-container">
<a href="#" class="github-btn">
<i class="fa fa-github-alt"></i>
</a><!-- /.github-btn -->
</span><!-- /.social-btn-box -->
</div><!-- /.team-socail-btn -->
</div><!-- /.social-btn-container -->
</div><!-- /.team-member -->
</div><!-- /.col-sm-4 -->
<div class="col-sm-4">
<div class="team-member">
<figure>
<img src="images/team/team-member-2.jpg" alt="Team Member">
<figcaption>
<p class="member-name">
Claudia Springer
```

```
</p><!-- /.member-name -->
<p class="designation">
Designer
</p><!-- /.designation -->
</figcaption>
</figure>
<div class="social-btn-container">
<div class="team-socail-btn">
<span class="social-btn-box facebook-btn-container">
<a href="#" class="facebook-btn">
<i class="fa fa-facebook"></i>
</a><!-- /.facebook-btn -->
</span><!-- /.social-btn-box -->
<span class="social-btn-box twitter-btn-container">
<a href="#" class="twitter-btn">
<i class="fa fa-twitter"></i>
</a><!-- /.twitter-btn -->
</span><!-- /.social-btn-box -->
<span class="social-btn-box linkedin-btn-container">
<a href="#" class="linkedin-btn">
<i class="fa fa-linkedin"></i>
</a><!-- /.linkedin-btn -->
</span><!-- /.social-btn-box -->
<span class="social-btn-box github-btn-container">
<a href="#" class="github-btn">
<i class="fa fa-github-alt"></i>
</a><!-- /.github-btn -->
</span><!-- /.social-btn-box -->
</div><!-- /.team-socail-btn -->
</div><!-- /.social-btn-container -->
</div><!-- /.team-member -->
</div><!-- /.col-sm-
<div class="col-sm-4">
<div class="team-member">
<figure>
<img src="images/team/team-member-3.jpg" alt="Team Member">
<figcaption>
<p class="member-name">
Max Anthony
</p><!-- /.member-name -->
<p class="designation">
Developer
</p><!-- /.designation -->
</figcaption>
</figure>
<div class="social-btn-container">
<div class="team-socail-btn">
<span class="social-btn-box facebook-btn-container">
<a href="#" class="facebook-btn">
<i class="fa fa-facebook"></i>
</a><!-- /.facebook-btn -->
```

```
</span><!-- /.social-btn-box -->
<span class="social-btn-box twitter-btn-container">
<a href="#" class="twitter-btn">
<i class="fa fa-twitter"></i>
</a><!-- /.twitter-btn -->
</span><!-- /.social-btn-box -->
<span class="social-btn-box linkedin-btn-container">
<a href="#" class="linkedin-btn">
<i class="fa fa-linkedin"></i>
</a><!-- /.linkedin-btn -->
</span><!-- /.social-btn-box -->
<span class="social-btn-box github-btn-container">
<a href="#" class="github-btn">
<i class="fa fa-github-alt"></i>
</a><!-- /.github-btn -->
</span><!-- /.social-btn-box -->
</div><!-- /.team-socail-btn -->
</div><!-- /.social-btn-container -->
</div><!-- /.team-member -->
</div><!-- /.col-sm-4 -->
</div><!-- /.row -->
</div><!-- /.team-container -->
<div class="next-section">
<a class="go-to-subscribe"><span></span></a>
</div><!-- /.next-section -->
</div><!-- /.container -->
</div><!-- /.pattern -->
</section><!-- /#about -->
<!-- About Us Section End -->
<!-- Subscribe Section -->
<section id="subscribe" class="section-style" data-background-image="images/
background/newsletter.jpg">
<div class="pattern height-resize">
<div class="container">
<h3 class="section-name">
<span>
Subscribe
</span>
</h3><!-- /.section-name -->
<h2 class="section-title">
Our Newsletter
</h2><!-- /.Section-title  -->
<p class="section-description">
Proin gravida nibh vel velit auctor aliquet. Aenean sollicitudin, lorem quis
bibendum auctor, nisi elit consequat ipsum, nec sagittis sem nibh id elit. Duis
sed odio sit amet nibh vulputate cursus a sit amet mauris.
</p><!-- /.section-description -->
<form class="news-letter" action="php/subscribe.php" method="post">
<div class="subscribe-hide">
<input class="form-control" type="email" id="subscribe-email" name="subscribe-
email" placeholder="Email Address"  required>
```

```
<button type="submit" id="subscribe-submit" class="btn"><i class="fa fa-
envelope"></i></button>
<span id="subscribe-loading" class="btn"><i class="fa fa-refresh fa-spin"></
i></span>
<div class="subscribe-error"></div>
</div><!-- /.subscribe-hide -->
<div class="subscribe-message"></div>
</form><!-- /.news-letter -->
<div class="social-btn-container">
<span class="social-btn-box">
<a href="#" class="facebook-btn">
<i class="fa fa-facebook"></i></a>
</span><!-- /.social-btn-box -->
<span class="social-btn-box">
<a href="#" class="twitter-btn"><i class="fa fa-twitter"></i></a>
</span><!-- /.social-btn-box -->
<span class="social-btn-box">
<a href="#" class="linkedin-btn"><i class="fa fa-linkedin"></i></a>
</span><!-- /.social-btn-box -->
<span class="social-btn-box">
<a href="#" class="google-plus-btn"><i class="fa fa-google-plus"></i></a>
</span><!-- /.social-btn-box -->
<span class="social-btn-box">
<a href="#" class="youtube-btn"><i class="fa fa-youtube"></i></a>
</span><!-- /.social-btn-box -->
</div><!-- /.social-btn-container -->
<div class="next-section">
<a class="go-to-contact"><span></span></a>
</div><!-- /.next-section -->
</div><!-- /.container -->
</div><!-- /.pattern -->
</section><!-- /#subscribe -->
<!-- Subscribe Section End -->
<!-- Contact Section -->
<section id="contact" class="section-style" data-background-image="images/
background/contact.jpg">
<div class="pattern height-resize">
<div class="container">
<h3 class="section-name">
<span>
Contact
</span>
</h3><!-- /.section-name -->
<h2 class="section-title">
Get in Touch
</h2><!-- /.Section-title  -->
<p class="section-description">
Proin gravida nibh vel velit auctor aliquet. Aenean sollicitudin, lorem quis
bibendum auctor, nisi elit consequat ipsum, nec sagittis sem nibh id elit. Duis
sed odio sit amet nibh vulputate cursus a sit amet mauris.
</p><!-- /.section-description -->
```

```
<form id="contact-form" action="#" method="post" class="clearfix">
<div class="contact-box-hide">
<div class="col-sm-6">
<input type="text"  class="form-control" id="first_name" name="first_name" 
required placeholder="First Name">
<span class="first-name-error"></span>
</div>
<div class="col-sm-6">
<input type="text"  class="form-control" id="last_name" name="last_name" required 
placeholder="Last Name">
<span class="last-name-error"></span>
</div>
<div class="col-sm-6">
<input type="email" class="form-control"  id="contact_email" name="contact_
email" required placeholder="Email Address">
<span class="contact-email-error"></span>
</div>
<div class="col-sm-6">
<input type="text"  class="form-control" id="subject" name="contact_subject" 
required placeholder="Subject">
<span class="contact-subject-error"></span>
</div>
<div class="col-sm-10">
<textarea class="form-control" rows="5" id="message" name="message" required 
placeholder="Message"></textarea>
<span class="contact-message-error"></span>
</div>
<div class="col-sm-2">
<button id="contact-submit" class="btn custom-btn col-xs-12" type="submit" 
name="submit"><i class="fa fa-rocket"></i></button>
<span id="contact-loading" class="btn custom-btn col-xs-12"><i class="fa fa-
refresh fa-spin"></i></span>
</div>
</div><!-- /.contact-box-hide -->
<div class="contact-message"></div>
</form><!-- /#contact-form -->
<div class="next-section">
<a class="go-to-page-top"><span></span></a>
</div><!-- /.next-section -->
</div><!-- /.container -->
</div><!-- /.pattern -->
</section><!-- /#contact -->
<!-- Contact Section End -->
<!-- Footer Section -->
<footer id="footer-section">
<p class="copyright">
&copy; <a href="html/kite/">Kite</a> 2014-2015, All Rights Reserved. More 
Templates <a href="#" target="_blank" title=""></a> - Collect from <a href="#" 
title="" target="_blank"></a>
</p>
</footer>
```

```
<!-- Footer Section End -->
<!-- Color Variation Switcher  -->
<div id="color-style-switcher">
<div>
<h3>Color palette</h3>
<ul class="colors">
<li><a class="color1 active" href="#"></a></li>
<li><a class="color2" href="#"></a></li>
<li><a class="color3" href="#"></a></li>
<li><a class="color4" href="#"></a></li>
<li><a class="color5" href="#"></a></li>
<li><a class="color6" href="#"></a></li>
<li><a class="color7" href="#"></a></li>
<li><a class="color8" href="#"></a></li>
</ul>
</div>
<div class="bottom">
<a href="#" class="settings"><i class="fa fa-cogs icon-2x"></i></a>
</div>
</div>
<!-- Color Variation Switcher End -->
<!-- jQuery Library -->
<script type="text/javascript" src="assets/js/jquery-2.1.0.min.js"></script>
<!-- Modernizr js -->
<script type="text/javascript" src="assets/js/modernizr-2.8.0.min.js"></script>
<!-- Plugins -->
<script type="text/javascript" src="assets/js/plugins.js"></script>
<!-- Custom JavaScript Functions -->
<script type="text/javascript" src="assets/js/functions.js"></script>
<!-- Color Style Switcher -->
<script type="text/javascript" src="assets/js/switcher.js"></script>
</body>
</html>
```

从上面的代码中可以看到，整个网页中还包括JS效果，下面来介绍其主要的部分，代码如下所示。

```
window.console = window.console || (function(){
var c = {}; c.log = c.warn = c.debug = c.info = c.error = c.time = c.dir =
c.profile = c.clear = c.exception = c.trace = c.assert = function(){};
return c;
})();
jQuery(document).ready(function($) {

$("ul.colors .color1" ).click(function(){
$("#color" ).attr("href", "assets/css/colors/default.css" );
return false;
});
$("ul.colors .color2" ).click(function(){
$("#color" ).attr("href", "assets/css/colors/orange.css" );
return false;
});
```

```
$("ul.colors .color3" ).click(function(){
$("#color" ).attr("href", "assets/css/colors/alizarin.css" );
return false;
});

$("ul.colors .color4" ).click(function(){
$("#color" ).attr("href", "assets/css/colors/emerald.css" );
return false;
});

$("ul.colors .color5" ).click(function(){
$("#color" ).attr("href", "assets/css/colors/green-see.css" );
return false;
});
$("ul.colors .color6" ).click(function(){
$("#color" ).attr("href", "assets/css/colors/peter-river.css" );
return false;
});

$("ul.colors .color7" ).click(function(){
$("#color" ).attr("href", "assets/css/colors/turquoise.css" );
return false;
});
$("ul.colors .color8" ).click(function(){
$("#color" ).attr("href", "assets/css/colors/sun-flower.css" );
return false;
});
$("#color-style-switcher .bottom a.settings").click(function(e){
e.preventDefault();
var div = $("#color-style-switcher");
if (div.css("left") === "-189px") {
$("#color-style-switcher").animate({
left: "0px"
});
} else {
$("#color-style-switcher").animate({
left: "-189px"
});
}
})
$("ul.colors li a").click(function(e){
e.preventDefault();
$(this).parent().parent().find("a").removeClass("active");
$(this).addClass("active");
})
});
```

此网页的设计到此结束，可以运行代码查看效果。

Chapter

20

HTML 5的开发软件

本章概述

HTML代码编辑器是一个非常方便的开发工具，它可以节约时间，提高效率。想要快速编写代码就要知道编辑器的各种快捷键，对于程序员来讲，时间比金钱都真贵，所以熟练掌握一款HTML编辑器，也是学习HTML 5课程最基本的要求之一。本章就给大家推荐一款HTML的编辑器。

重点知识

- 安装HBuilder
- 创建HTML页面
- 使用HBuilder创建App
- 使用HBuilder新建项目
- 编辑器怎样实现分栏
- 编写一个登录界面

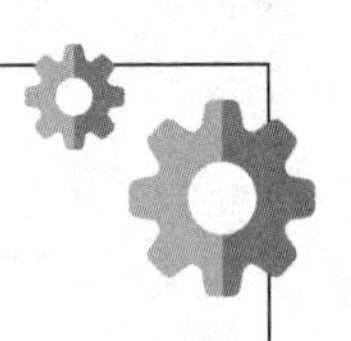

20.1 什么是HBuilder

HBuilder是DCloud（数字天堂）推出的一款支持HTML 5的Web开发IDE，使用Java、C、Web和Ruby技术。HBuilder通过完整的语法提示和代码输入法、代码块等，大幅提升对HTML、JavaScript、CSS的开发效率。

20.1.1 安装HBuilder

在HBuilder的官网http://www.dcloud.io/可免费下载最新版的HBuilder。目前有两个版本，一个是Windows版，一个是mac版，可以根据自己的电脑选择适合的版本。

20.1.2 使用HBuilder新建项目

执行“文件→新建→选择Web项目”命令，或按快捷键Ctrl+N，可新建项目，如图20-1和图20-2所示。

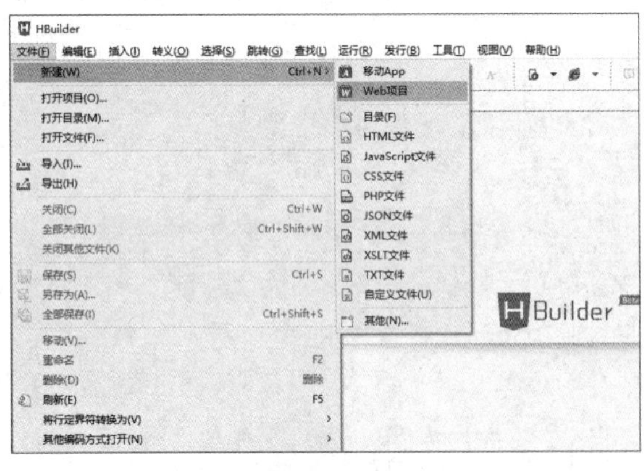

图20-1

图20-2

在“项目名称”中填写新建项目的名称。在“位置”中填写项目保存路径，或单击“浏览”按钮选择路径。在“选择模板”选项组中可选择使用的模板。

20.1.3 使用HBuilder创建HTML页面

在项目资源管理器中选择刚才新建的项目，执行“文件→新建→选择HTML文件”命令（快捷键为Ctrl+N或Command+N），再选择空白文件模板，如图20-3所示。

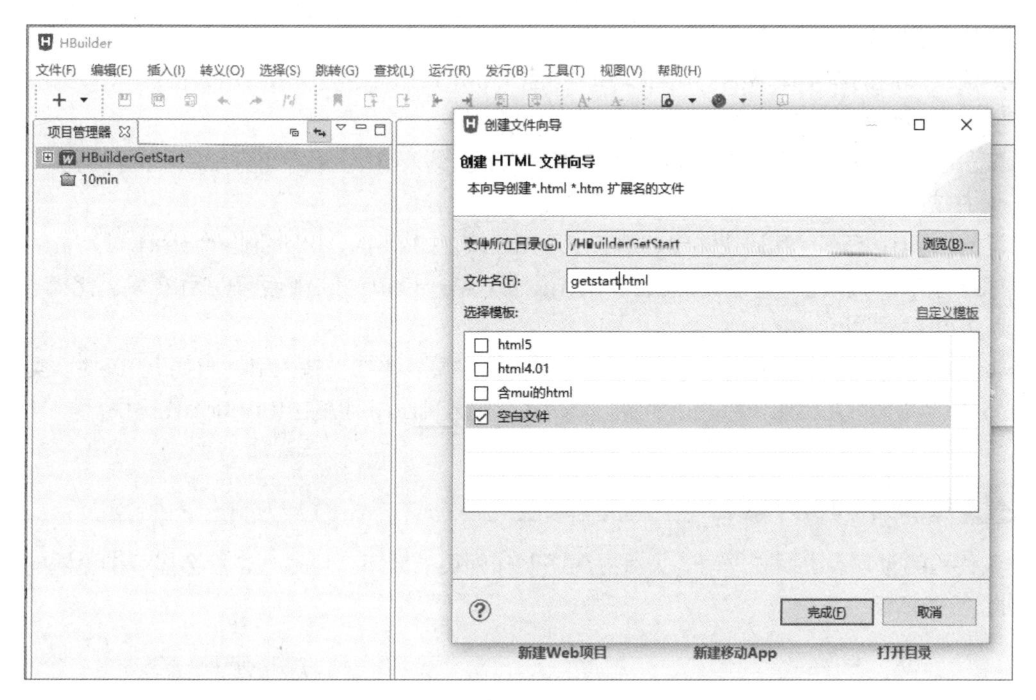

图20-3

在Windows系统下按Ctrl+P（MacOS为Command+P）进入边改边看模式。在此模式下，如果当前打开的是HTML文件，那么每次保存均会自动刷新以显示当前页面效果。如果打开的是JS、CSS文件，且与当前浏览器视图打开的页面有引用关系，则也会刷新。

在打开的getstart.html中输入H，如图20-4所示。按8键，自动生成HTML的基本代码，如图20-5所示。

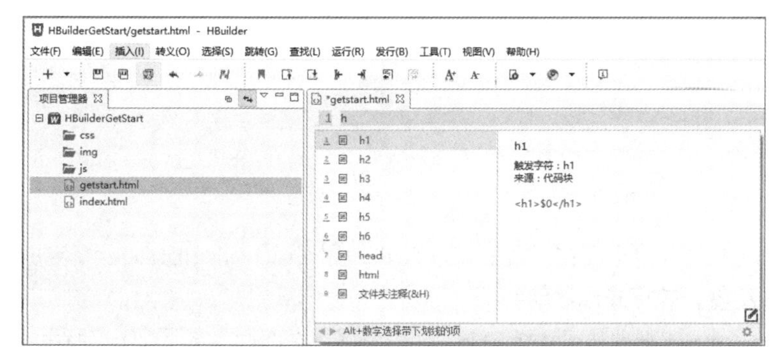

图20-4

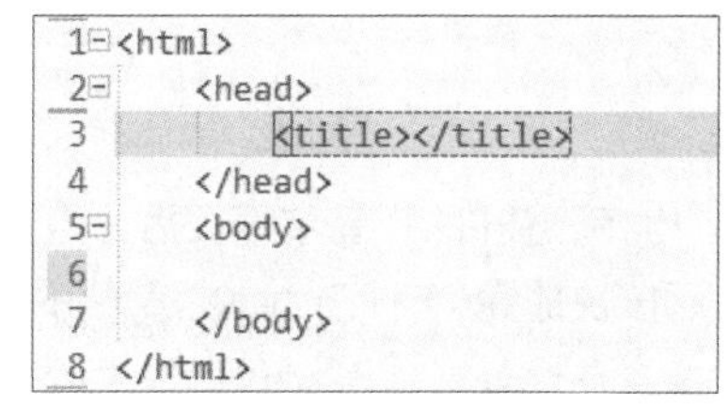

图20-5

20.2 代码块

> 代码块是常用的代码组合，可以选择相应的代码块进行查看和编辑。同时也可以在激活代码块的代码助手中进行修改和查看。

代码块激活字符的原则如下。

- 用连续单词的首字母激活。比如，dg激活document.getElementById("")，vari激活var i=0，dn激活display: none。
- 整段HTML一般使用tag的名称激活。通常，最多输入4个字母即可匹配需要的代码块，如输入sc并按Enter键，即可完成script标签的输入。
- 同一个tag，有多个代码块输出，则在最后加后缀，如meta、metau、metag。
- 如果原始语法超过4个字符，针对常用语法，第一个单词的激活符使用缩写。比如，input button缩写为inbutton。
- JS的关键字代码块是在关键字最后加一个重复字母。比如，输入iff，出现if代码块。类似的有forr、withh等。比如，funtion可缩写为fun，输入funn，可输出function代码块。

20.2.1 使用代码块编程

输入代码的时候会出现联想词，大大提高了制作网页的效率，且输入之后会显示浏览器的支持情况，如图20-6所示。

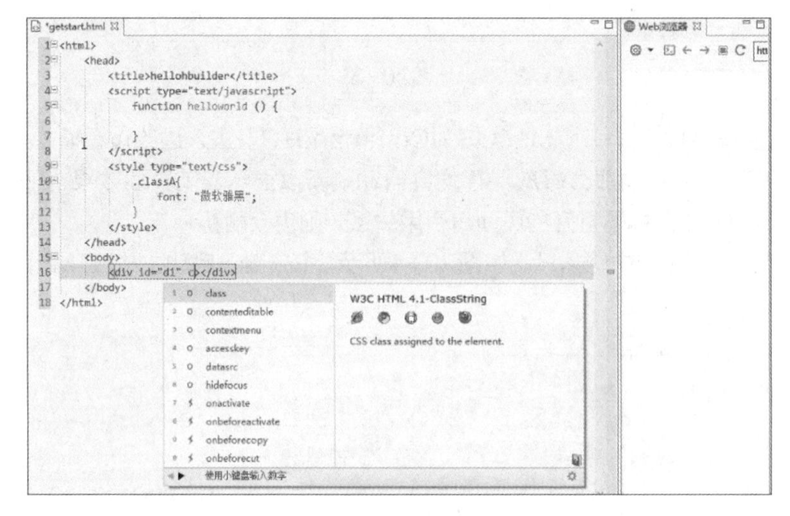

图20-6

新建HTML基本模板后，当前光标处于title标签内，此时给HTML设置title:hellohbuilder，完成后按快捷键Ctrl+Enter在下一行插入空行，并将光标移动到下一行。

在此处，使用sc代码块生成一个script块来编写JS代码（输入sc，按Enter键），如图20-7所示。

图20-7

使用funn代码块编写一个JS方法helloworld（输入funn，按Enter键），如图20-8所示。

此时的方法名处于选中状态，直接输入新的方法名helloworld即可，如图20-9所示。

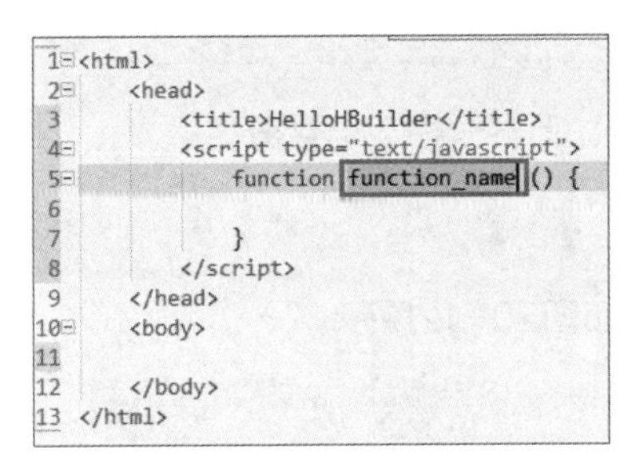

图20-8

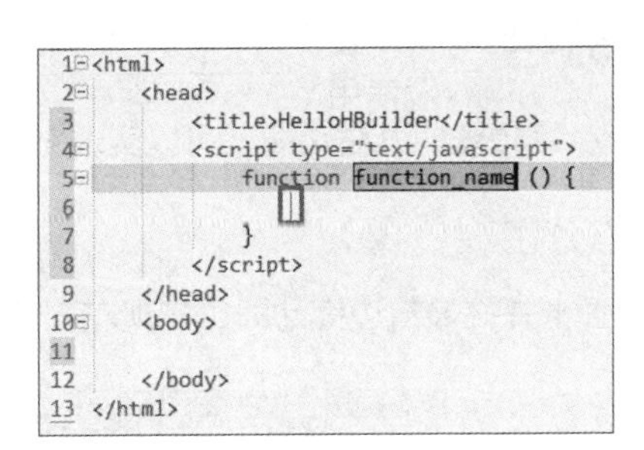

图20-9

上图中的绿色竖线是代码块中指定的下一个编辑位置，按下Enter键会直接跳转至竖线位置；将光标移动到空白区域，按住Ctrl+Enter快捷键，输入<style>，按Enter键，此时就生成CSS代码区域；接着定义一个CSS类classA：输入. class A { 回车,font 回车 回车 回车；然后按Alt+下，跳转至下一个编辑区域；依次输入<div也可输入<dv回车、<iv回车，语法助手可以通过模糊匹配获知想要生成的标签。

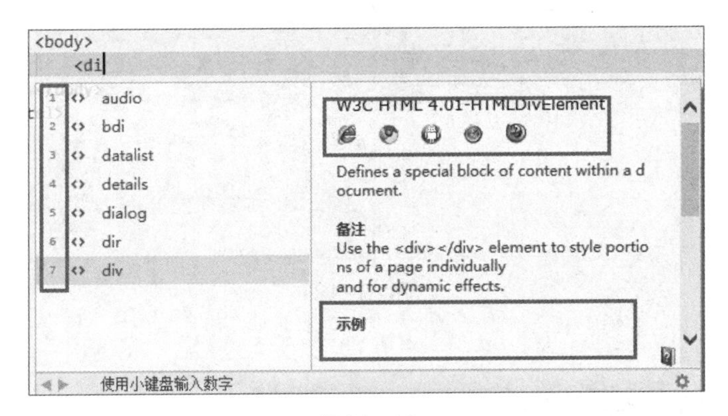

图20-10

20.2.2 使用CSS选择器语法来快速开发HTML和CSS

在HBuilder中输入div#page>div.logo+ul#navigation>li*2>a，按下Tab键生成代码如图20-11所示。

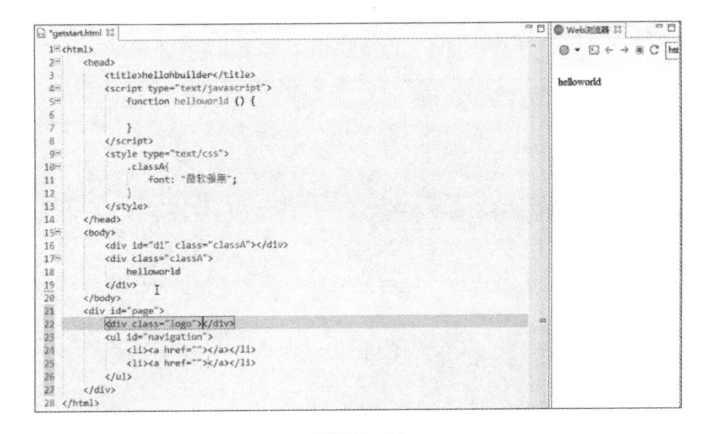

图20-11

HBuilder集成了Emmet功能，可以通过CSS选择器语法来快速开发HTML和CSS。

20.2.3 分栏

HBuilder编辑器的分栏功能，可以实现左右分栏、上下分栏、组合分栏。

1. 左右分栏

选择选项卡并往最右边拖动即可实现左右分栏，如图20-12所示。

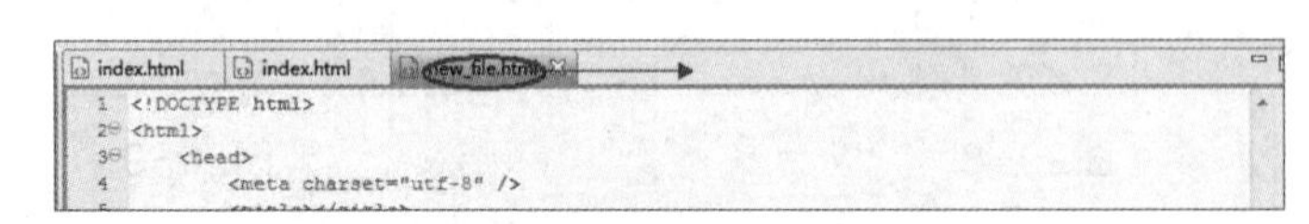

图20-12

左右分栏的效果如图20-13所示。

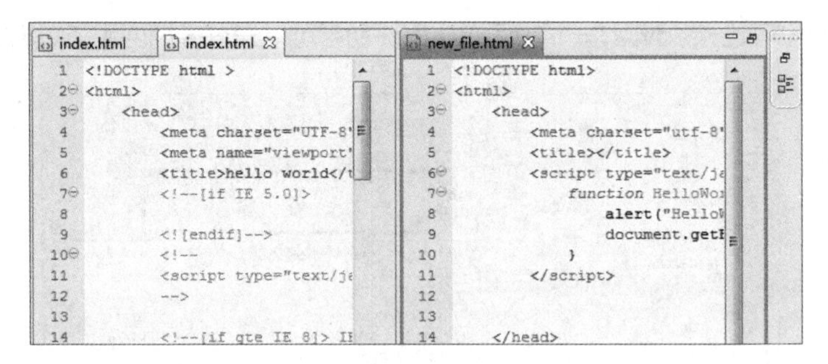

图20-13

2. 上下分栏

选择选项卡并往最下边拖动即可实现上下分栏，如图20-14所示。

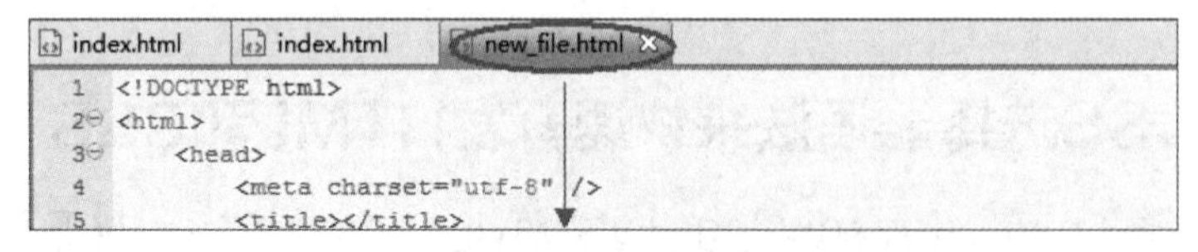

图20-14

上下分栏的效果如图20-15所示。

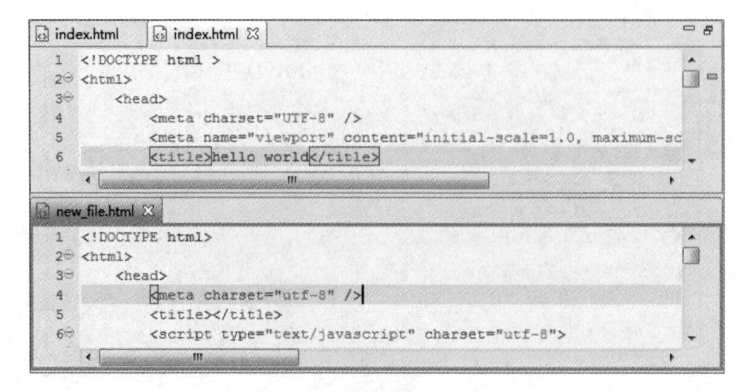

图20-15

3. 组合分栏

有的文件向下拖动，有的文件向右拖动，效果如图20-16、图20-17和图20-18所示。

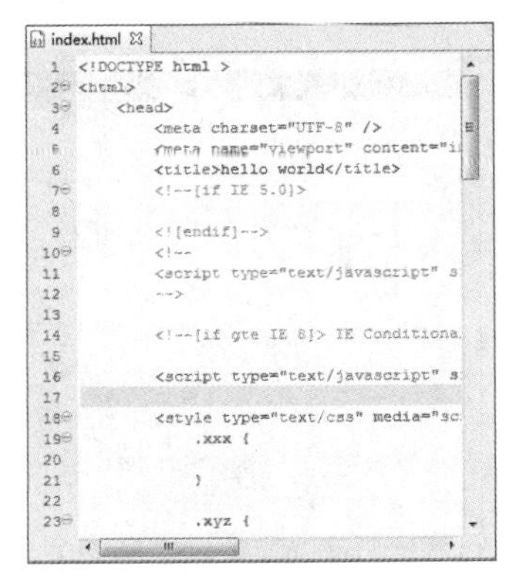

图20-16

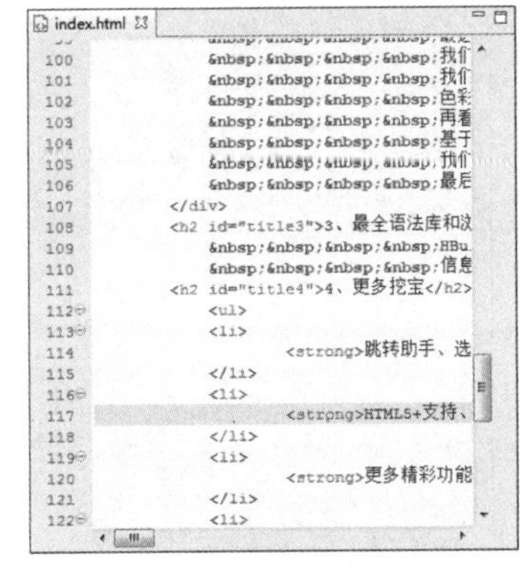

图20-17

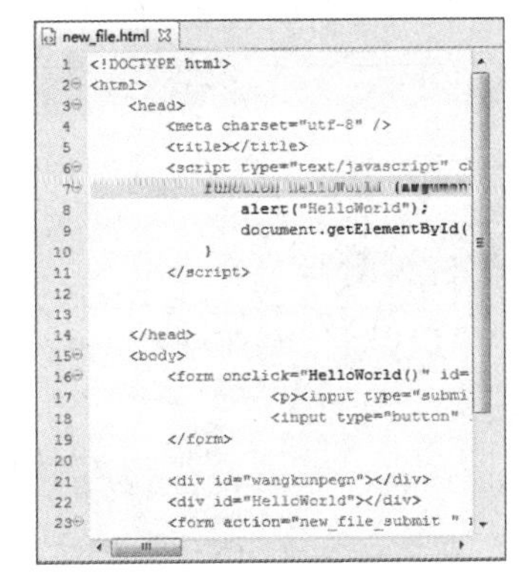

图20-18

20.3 使用HBuilder创建App

不需要搭建ios和android的开发环境，只需要下载hbuilder，估计需要Java环境支持。目前推荐mui，效果不错。通过JS调用原生方法实现App效果。

【例20.1】使用HBuilder创建App

文件结构如图20-19所示。

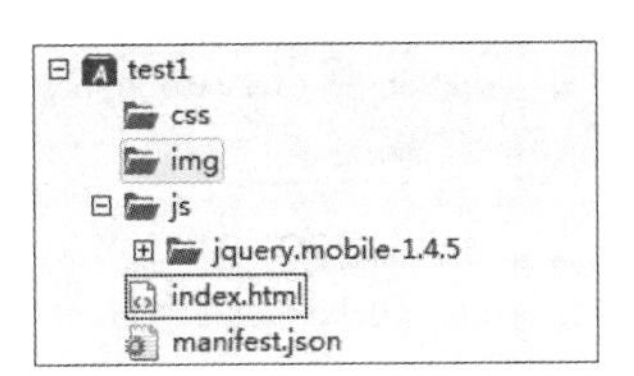

图20-19

页面代码如图20-20所示。

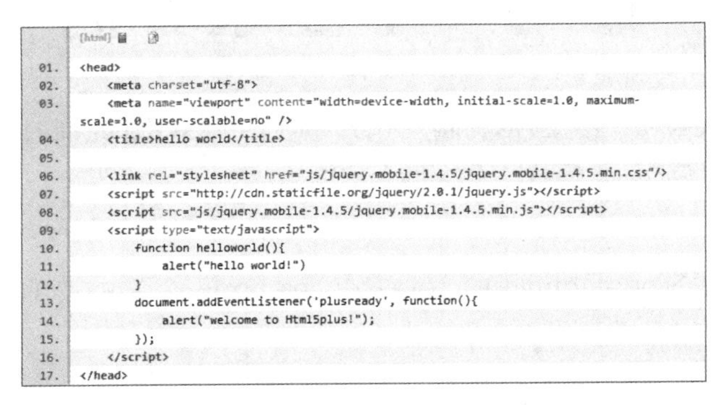

```
01. <head>
02.     <meta charset="utf-8">
03.     <meta name="viewport" content="width=device-width, initial-scale=1.0, maximum-
scale=1.0, user-scalable=no" />
04.     <title>hello world</title>
05.
06.     <link rel="stylesheet" href="js/jquery.mobile-1.4.5/jquery.mobile-1.4.5.min.css"/>
07.     <script src="http://cdn.staticfile.org/jquery/2.0.1/jquery.js"></script>
08.     <script src="js/jquery.mobile-1.4.5/jquery.mobile-1.4.5.min.js"></script>
09.     <script type="text/javascript">
10.         function helloworld(){
11.             alert("hello world!")
12.         }
13.         document.addEventListener('plusready', function(){
14.             alert("welcome to Html5plus!");
15.         });
16.     </script>
17. </head>
```

图20-20

普通页面的代码如图20-21所示。

手机连接到电脑，然后在HBuilder下运行——手机运行——在设备上运行，就可以直接在手机上查看效果了，如图20-22所示。

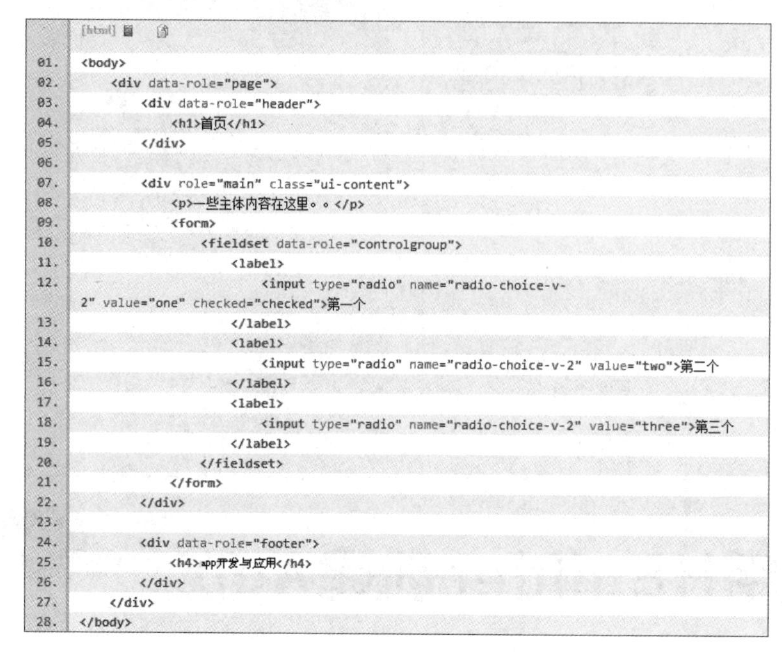

```
01. <body>
02.     <div data-role="page">
03.         <div data-role="header">
04.             <h1>首页</h1>
05.         </div>
06.
07.         <div role="main" class="ui-content">
08.             <p>一些主体内容在这里。。</p>
09.             <form>
10.                 <fieldset data-role="controlgroup">
11.                     <label>
12.                         <input type="radio" name="radio-choice-v-2" value="one" checked="checked">第一个
13.                     </label>
14.                     <label>
15.                         <input type="radio" name="radio-choice-v-2" value="two">第二个
16.                     </label>
17.                     <label>
18.                         <input type="radio" name="radio-choice-v-2" value="three">第三个
19.                     </label>
20.                 </fieldset>
21.             </form>
22.         </div>
23.
24.         <div data-role="footer">
25.             <h4>app开发与应用</h4>
26.         </div>
27.     </div>
28. </body>
```

图20-21

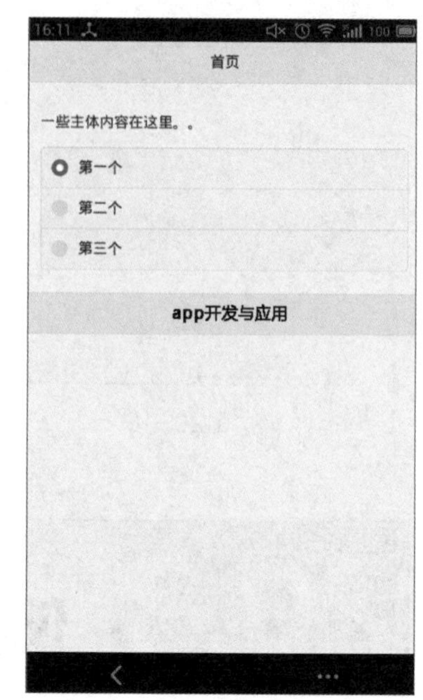

图20-22

在HBuilder中App打包，然后交给云端去打包，打包之后会自动下载，如图20-23所示。

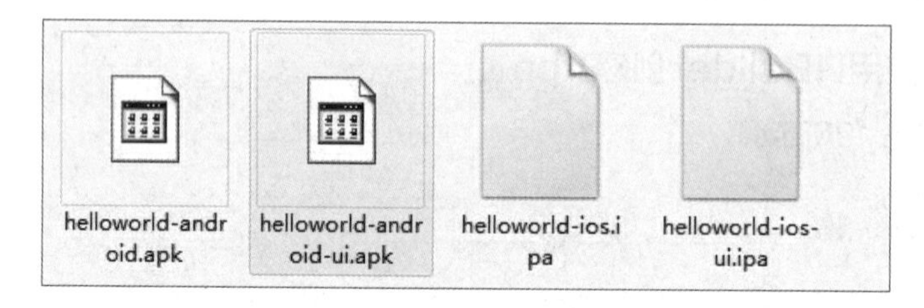

图20-23

20.4 编写一个登录界面

> 本小节来做一个最基本的页面——登录页面。构思登录页面的内容，包括用户名、密码、登录按钮，还可以适当进行美化。

HBuilder默认生成的index.html里的meta只有viewport一个属性，HTML代码如下所示。

```
<meta name="viewport" content="width=device-width, initial-scale=1,maximum-scale=1, user-scalable=no">
<meta name="apple-mobile-web-app-capable" content="yes">
<meta name="apple-mobile-web-app-status-bar-style" content="black">
```

引入mui需要的CSS，以及相应的JavaScript文件，代码如下所示。

```
<link rel="stylesheet" href="css/mui.min.css">
<script src="js/mui.min.js"></script>
<script src="js/app.js"></script>
```

如果不用mui和默认的app.js，可能会遇到很多意想不到的问题。

另外，尽量不要用JS类库，否则会严重影响应用的速度。

至此，HTML的head部分就结束了，接着写body部分。页面中所有的内容都应该放入一个div中。如果使用mui，这个div的class应该是"mui-content"。

HTML代码如下所示。

```
<body>
<divclass="mui-barmui-bar-tab"style="height:20px;line-height:20px;font-size:10px;text-align:center;">
这是底部信息
</div>
<div class="mui-content">
</div>
<body>
```

上面的mui-bar中加了一些样式，用于控制高度。接下来，放入一些mui的组件——输入框。

HTML代码如下所示。

```
<div class="mui-content-padded" style="margin: 5px;">
    <form class="mui-input-group">
        <div class="mui-input-row">
            <label>用户名</label>
            <input type="text" id="username" placeholder="用户名">
        </div>
        <div class="mui-input-row">
            <label>密码</label>
            <input type="password" id="userpassword" placeholder="密码">
        </div>
    </form>
</div>
<div style="margin-top:20px;text-align: center;">
    <button class="mui-btn mui-btn-primary" id="loginBtn">登录</button>
      <button class="mui-btn mui-btn-primary" id="regBtn">注册</button>
</div>
```

这里的输入框和button按钮都是mui提供的组件，使用了margin等属性控制位置。登录按钮与服务器交互的方式如下。

- 定义一个表单（form）。单击登录按钮的时候提交到后台。后台处理完毕后，会显示新的页面给前端。
- 在登录按钮上绑定一个click方法。单击的时候，使用Ajax发送数据到后台，接受到数据后，前端页面更新。

对于手机应用，如果出现页面刷新或者白页是不好的体验。在手机的HTML 5开发中，绝对不会使用form提交，只用Ajax。

尽量不要使用JQuery和onclick，应该绑定一个事件。

JS代码如下所示。

```
document.getElementById("loginBtn").addEventListener('tap', function(){
处理内容；当然肯定是ajax 了。
});
```

这个事件叫tap，也就是点击屏幕的事件。

在mui组件和页面组件全部加载完毕后，用ready的方法添加手势事件。

JS代码如下所示。

```
<script>
    mui.init();
    mui.plusReady(
        function() {
            这里写上刚才的事件绑定方法。
        }
    );
</script>
```

至此，画面的部分基本完成，HTML代码如下所示。

```
<html>
    <head>
        <meta charset="utf-8">
        <title>测试</title>
        <meta name="viewport" content="width=device-width, initial-scale=1,
maximum-scale=1, user-scalable=no">
        <meta name="apple-mobile-web-app-capable" content="yes">
        <meta name="apple-mobile-web-app-status-bar-style" content="black">

        <link rel="stylesheet" href="css/mui.min.css">
        <script src="js/mui.min.js"></script>
        <script src="js/app.js"></script>
    </head>
    <body>
        <div class="mui-bar mui-bar-tab" style="height:20px;line-height:20px;
font-size:10px;text-align:center;">
                        这是底部信息
```

```
        </div>
        <div class="mui-content-padded" style="margin: 5px;">
            <form class="mui-input-group">
                <div class="mui-input-row">
                    <label>用户名</label>
                    <input type="text" id="username" placeholder="用户名">
                </div>
                <div class="mui-input-row">
                    <label>密码</label>
                    <input type="password" id="userpassword" placeholder="密码">
                </div>
            </form>
        </div>
        <div style="margin-top:20px;text-align: center;">
                <button class="mui-btn mui-btn-primary" id="loginBtn">登录</
button>
                  <button class="mui-btn mui-btn-primary" id="regBtn">
注册</button>
        </div>
        <script>
            mui.init();
            mui.plusReady(
                function() {
                    document.getElementById("loginBtn").addEventListener('tap',
function(){
                        alert("点击了登录按钮");
                    });
                }
            );
        </script>
    </body>
</html>
```

这时，把手机连接到电脑上进行调试，就可以看到第一个登录画面。点击“登录”按钮，会弹出“点击了登录按钮”对话框。

对于mui，可以不使用mui组件，但是可以使用mui.init、mui.plusReady等方法。

另外，mui的布局方案中没有垂直居中的方式，可以使用CSS Transform让百分比宽高布局元素实现水平垂直居中。

读书笔记